DIE GRUNDLEHREN DER MATHEMATISCHEN WISSENSCHAFTEN

IN EINZELDARSTELLUNGEN MIT BESONDERER BERÜCKSICHTIGUNG DER ANWENDUNGSGEBIETE

GEMEINSAM MIT

W. BLASCHKE
HAMBURG

M. BORN
GÖTTINGEN

C. RUNGE
GÖTTINGEN

HERAUSGEGEBEN VON

R. COURANT
GÖTTINGEN

BAND XXI

EINFÜHRUNG IN DIE ANALYTISCHE GEOMETRIE

VON

A. SCHOENFLIES

BERLIN
VERLAG VON JULIUS SPRINGER
1925

EINFÜHRUNG IN DIE ANALYTISCHE GEOMETRIE DER EBENE UND DES RAUMES

VON

A. SCHOENFLIES

ORD. PROFESSOR DER MATHEMATIK
AN DER UNIVERSITÄT FRANKFURT

MIT 83 TEXTFIGUREN

BERLIN
VERLAG VON JULIUS SPRINGER
1925

ISBN-13: 978-3-642-88998-1   e-ISBN-13: 978-3-642-90854-5
DOI: 10.1007/978-3-642-90854-5

Vorwort.

Zwischen schulmäßiger und höherer Betrachtung besteht in der analytischen Geometrie vielleicht ein stärkerer Gegensatz als in irgend einem anderen Gebiet der Mathematik. Seine Überwindung sollte man den Studierenden möglichst erleichtern; am besten so, daß sie selbst die Wandlung ihrer Denkweise innerlich mitschaffend vollziehen. Dem habe ich Rechnung zu tragen gesucht. Die mir bekannten neueren Lehrbücher verfahren freilich zumeist etwas anders. Die projektive Denkweise beherrscht für sie von vornherein und in einheitlicher Darstellung den Aufbau; was zugleich den baldigsten Gebrauch homogener Koordinaten mit sich bringt. Die methodische Konsequenz dieses Verfahrens kann nicht bestritten werden. Für das vorliegende Lehrbuch ist jedoch außer den gebieterischen Forderungen der Wissenschaft auch die Rücksicht auf die ebenfalls gebieterischen Bedürfnisse des Lernenden bestimmend gewesen. Dies gilt insbesondere auch von der Anordnung des Stoffes. Ich hielt es für richtig, die sachlichen und methodischen Grundgedanken dem Studierenden zunächst in der inhomogenen analytischen Sprache zu vermitteln, die er mitzubringen pflegt.

Immer wird ein Kompromiß persönlich gefärbt sein. Ich stehe nicht an zu sagen, daß ich mich wesentlich auf die Seite der Lernenden gestellt habe; ein einführendes Lehrbuch soll in erster Linie ein Lernbuch sein. Unter dem Gesichtspunkt des wissenschaftlichen Aufbaues mag allerdings manches in ihm als ein Mangel erscheinen, worin ich selbst eine pädagogische Notwendigkeit sehe. Von diesem Gesichtspunkt aus bitte ich den kritischen Leser, Plan und Ausführung meiner Arbeit zu beurteilen. Ich hoffe mit ihr auch dem Grundgedanken dieser Sammlung zu entsprechen, der die Bedürfnisse der Anwendungsgebiete besonders berücksichtigen will.

Auch die Abgrenzung des Inhalts ist wesentlich durch pädagogische Erwägungen bestimmt. Er beschränkt sich im wesentlichen auf das lineare Gebiet; dazu wird man auch die Polarität und die Transformation der quadratischen Formen rechnen; bestehen doch ihre Hauptteile in der Diskussion einer Matrix. Dagegen ist der Linienraum sowie die projektive Behandlung der Metrik außerhalb des behandelten Stoffes geblieben.

In einem Anhang habe ich über Determinanten, Substitutionen, Formen usw. alles das zusammengestellt und kurz abzuleiten gesucht, was die notwendigen algebraischen Hilfsmittel der analytisch-geometrischen Schlüsse ausmacht, die das Lehrbuch benutzt.

Bei der Korrektur bin ich von den Herren *Bieberbach*, *Hellinger* und *Walther* freundlichst unterstützt worden. Ich verdanke ihnen mancherlei mir wertvolle Hinweise und sage ihnen auch an dieser Stelle herzlichen Dank.

Frankfurt, im Mai 1925.

A. Schoenflies.

Inhaltsverzeichnis.

Erstes Kapitel.
Einleitende Betrachtungen.

Zweites Kapitel.
Die Punktkoordinaten.

Drittes Kapitel.
Die Kurvengleichung.

Viertes Kapitel.
Allgemeine Formeln für Parallelkoordinaten.

Fünftes Kapitel.
Die gerade Linie.

Sechzehntes Kapitel.

Die räumliche Dualität.

Siebzehntes Kapitel.

Die Flächen der zweiten Ordnung.

Anhang.

Einleitende Betrachtungen.

Vorbemerkung.

Die analytische Geometrie untersucht die geometrischen Gebilde *mit Hilfe von Gleichungen.* Gleichungen sind aus *Zahlgrößen* aufgebaut. Es muß also eine Methode geben, die den geometrischen Gebilden (Punkt, Gerade usw.) gewisse Zahlen so zuordnet, daß ein Schließen vom arithmetischen Gebiet auf das geometrische und seine Eigenschaften möglich ist. Das Verdienst, eine solche Methode erdacht und darauf ein wissenschaftliches Lehrgebäude errichtet zu haben, gebührt dem auch als Philosophen wohlbekannten Mathematiker René Descartes. Die Schrift, in der es geschah, hat den einfachen Titel Géométrie und erschien im Jahre 1637[1]). Seitdem hat sich die analytische Geometrie zu einer der erfolgreichsten Erkenntnismethoden für die gesamte Mathematik entwickelt.

Die elementare mathematische Denkweise haftet an den Begriffen des *Endlichen*, des *Rationalen* und des *Reellen*; die höhere Auffassung hat sich genötigt gesehen, darüber hinaus zu den Begriffen des *Unendlichen*, des *Irrationalen* und des *Imaginären* fortzuschreiten. Worin dies begründet ist, soll in diesem einleitenden Kapitel kurz erörtert werden. Dazu kommen einige Formeln für Strecken, Winkel und Projektionen, die für den gesamten Aufbau der analytischen Geometrie grundlegend sind und deshalb hier vorangestellt werden.

§ 1. Arithmetisches und geometrisches Kontinuum.

Die folgende Vorstellung ist uns geläufig. Nehmen wir auf einer Geraden g einen festen Punkt O an, und ist P ein beliebiger Punkt von ihr, so entspricht der Strecke OP eine gewisse reelle Zahl, die ihre Länge darstellt, und wenn P die Gerade g durchläuft, so nimmt diese Zahl der Reihe nach alle reellen Werte an. Freilich ist diese Vorstellung keineswegs so selbstverständlich, wie es scheinen mag; sie bedarf vielmehr einer eingehenden Erörterung. Hier soll es genügen, auf die Probleme, die sie einschließt, kurz hinzuweisen.

---

[1]) Eine deutsche Ausgabe von L. Schlesinger erschien 1894; 2. Auflage 1923.

Auf unserer Geraden nehmen wir (Fig. 1) außer dem Punkt O noch einen Punkt E an; er möge rechts von O liegen. Dem Punkt O ordnen wir die Zahl 0 zu, dem Punkt E die Zahl 1. Es stellt dann OE die *Maßeinheit* auf der Geraden dar (E heißt daher der *Einheits*punkt der Maßbestimmung), und die Richtung von O zu E ist die *positive* Richtung. Jeder *rationalen* Zahl läßt sich dann in bekannter Weise ein Punkt auf g zuordnen. Der positiven ganzen Zahl p entspricht der Punkt P rechts von O, für den $OP = p \cdot OE$ ist; analog einer negativen ganzen Zahl ein Punkt Q links von O. Den Punkt M, der dem positiven Bruch m/n entspricht, erhalten wir so, daß wir OE in n gleiche Teile teilen und OM gleich m solcher Teile machen. So finden wir zu jedem positiven oder negativen Bruch einen Punkt von g. Geben wir dem Nenner n der Reihe nach die Werte $1, 2, \ldots, \nu + 1$, und zeichnen für jeden dieser Werte alle zugehörigen Punkte m/n, so ist der Abstand zweier benachbarter von ihnen sicher kleiner als $1/\nu$. Mit wachsendem ν bedeckt sich also die Gerade immer dichter mit Teilpunkten; *es gibt kein noch so kleines Intervall, in das bei diesem Verfahren nicht schließlich Teilpunkte hineinfielen.* Man sagt deshalb, die rationalen Punkte erfüllen die Gerade *überall dicht*.

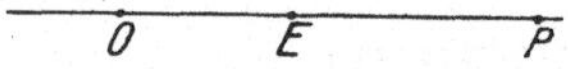

Doch aber gibt es geometrische Strecken, deren Länge durch kein Stück der Geraden dargestellt werden kann, das in O beginnt und in einem der erhaltenen Punkte endigt. Eine solche Länge besitzt z. B. die Diagonale eines Quadrats über der Längeneinheit. Ihr kommt der Wert $\sqrt{2}$ zu, ein Wert, der keiner rationalen Zahl gleich ist[1]). Wir stellen ihn durch einen unendlichen nicht periodischen Dezimalbruch dar, von dem wir beliebig viele Stellen berechnen können. Von solchen Brüchen wissen wir, daß sie den gewöhnlichen Rechnungsregeln ausnahmslos folgen. Hiervon ausgehend hat die Mathematik die folgenden grundlegenden Vorstellungen ausgebildet: 1. Auch jedem solchen unendlichen Dezimalbruch legen wir einen (*irrationalen*) Zahlenwert bei; der Größe nach geordnet bilden die rationalen und irrationalen Zahlen das *arithmetische Kontinuum*. 2. Es gibt genau so viele Punkte der Geraden g, wie es Zahlen des Zahlenkontinuums gibt. Die den rationalen Zahlen zugehörigen Punkte heißen *rationale* Punkte, die anderen *irrationale*; beide zusammen bilden das *geometrische Kontinuum*. 3. Durchläuft die Zahl der Größe nach alle Zahlenwerte, so durchläuft der ihr zugeordnete Punkt genau einmal die ganze Gerade.

---

[1]) Hätte die Diagonale eine rationale Länge m/n, wo m und n ohne gemeinsamen Teiler sein sollen, so hätte man zunächst $2n^2 = m^2$; es müßte also m den Teiler 2 haben, d. h. $m = 2m_1$. Daraus folgte weiter $n^2 = 2m_1^2$ und es wäre auch n durch 2 teilbar, im Gegensatz dazu, daß m und n teilerfremd sind.

§ 2. Streckenrelationen.

Die soeben eingeführte Beziehung zwischen den Zahlen und den Punkten hat zur Folge, daß wir auch das *Rechnen* mit den Zahlen auf die Strecken übertragen, und zwar auf folgender Grundlage:

1. Zwei Punkte A und B der Geraden bestimmen zwei Strecken derselben Länge, aber entgegengesetzter Richtung; um sie zu unterscheiden, bezeichnen wir sie durch AB und BA und setzen

$$(1) \qquad AB + BA = 0 .$$

2. Sind A, B, C drei Punkte in natürlicher Reihenfolge, so ist

$$(2) \qquad AB + BC = AC .$$

Addieren wir hier beiderseits CA, so erhält die Gleichung gemäß (1) die mehr symmetrische Form

$$(2\,\mathrm{a}) \qquad AB + BC + CA = 0 .$$

Diese Gleichungen gelten aber auch für jede andere Anordnung von A, B, C. Setzen wir (2a) in die Form $BC + CA + AB = 0$, so gilt sie für drei Punkte B, C, A, die die Reihenfolge A, B, C haben, und analog kann sie für jede Reihenfolge erwiesen werden.

Mit Hilfe dieser Gleichungen kann man eine *jede* Strecke AB durch die den Punkten A und B zugehörigen Zahlen $OA = a$ und $OB = b$ ausdrücken. Gemäß (2a) ist

$$OA + AB + BO = 0,$$

woraus weiter

$$(3) \qquad AB = OB - OA = b - a$$

folgt; und dies gilt, wie wir eben zeigten, für *jede Lage* der Punkte A und B. Damit ist nunmehr *jeder* Strecke der Geraden, nach einheitlichem Verfahren und unabhängig von ihrer Lage, eine (positive oder negative) Zahl zugewiesen.

Beispiel. Sei $OA = 3$, $OB = 4$ (Reihenfolge OAB), so ist $AB = 4 - 3 = 1$; ist $OA = -3$, $OB = 4$ (Reihenfolge AOB), so ist $AB = 4 + 3 = 7$; ist $OA = -3$, $OB = -4$ (Reihenfolge BAO), so ist $AB = -4 + 3 = -1$.

Da jeder Strecke eine Zahl zugewiesen ist, so müssen die Gleichungen (1), (2) und (2a) in gewissen Zahlenrelationen ihren Ausdruck finden. Diese Relationen sind für (1) und (2a)

$$(b - a) + (a - b) = 0 \quad \text{und} \quad (b - a) + (c - b) + (a - c) = 0 .$$

Sie gelten für *beliebige* Zahlen a, b, c, genau wie die Streckenrelationen für beliebig liegende Punkte gelten. Man erkennt hieraus, daß sich die Gleichungen (2) und (2a) auf beliebig viele Punkte ausdehnen lassen, unabhängig von ihrer Anordnung. Sind also A, B, C, ..., L, M solche Punkte, so ist

$$(4) \qquad AB + BC + \cdots + LM = AM$$

und

$$(4\,\text{a}) \qquad AB + BC + \cdots + LM + MA = 0\,.$$

Für vier Punkte A, B, C, D besteht die wichtige Relation

$$(5) \qquad AB \cdot CD + AC \cdot DB + AD \cdot BC = 0\,.$$

Es ist nämlich

$$AB \cdot CD = AB\,(CA + AD)\,,$$
$$AC \cdot DB = AC\,(DA + AB)\,,$$
$$AD \cdot BC = AD\,(BA + AC)\,,$$

und die Addition dieser Gleichungen ergibt rechts das Ergebnis Null. Der arithmetische Ausdruck von (5) ist

$$(b - a)\,(d - c) + (c - a)\,(b - d) + (d - a)\,(c - b) = 0,$$

und auch diese Gleichung ist für beliebige Zahlen a, b, c, d erfüllt.

§ 3. Das Teilungsverhältnis.

Ein Punkt P der Geraden g bestimmt mit der Strecke AB ein *Teilungsverhältnis* (Fig. 2); wir bezeichnen es durch (ABP) und verstehen darunter den (positiven oder negativen) Zahlenwert

$$(6) \qquad (ABP) = \frac{AP}{BP} = \mu\,.$$

Durchläuft der Punkt P die Gerade, so ändert sich auch der Wert von μ; *er nimmt alle Werte des Zahlenkontinuums an, und jeden genau einmal.*

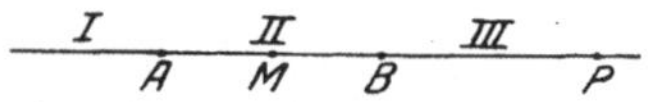

Fig. 2.

Zunächst erkennt man, daß μ (bedingt durch das Vorzeichen, das den Strecken AP und BP zukommt) auf dem Teil *II* negativ ist, auf den Teilen *I* und *III* aber positiv. Genauer gilt folgendes: Wir nehmen P zunächst verschieden von A und B an; setzen wir dann

$$\mu = \frac{AB + BP}{BP} = 1 + \frac{AB}{BP} = 1 - \frac{AB}{PB}\,,$$

so ergibt sich:

1. Wenn P von B an den Teil *III* durchläuft, so durchläuft der Bruch $AB : BP$ abnehmend alle positiven Zahlen bis 0, und daher durchläuft μ abnehmend alle positiven Zahlen bis 1.

2. Durchläuft P von links nach rechts den Teil *I*, so durchläuft der Quotient $AB : PB$ alle positiven Zahlen von 0 bis 1, also μ alle positiven Zahlen von 1 bis 0.

3. Durchläuft P den Teil II von A bis B, so durchläuft offenbar μ alle negativen Zahlen, und zwar so, daß die absoluten Werte zunehmen. Dem Wert $\mu = -1$ entspricht die Mitte M der Strecke AB. Weiter ist klar, daß $\mu = 0$ ist, wenn P in den Punkt A fällt.

Damit ist bereits jedem positiven und negativen Wert μ eine Lage von P zugewiesen, mit alleiniger Ausnahme von $\mu = 1$; es gibt keine endliche Lage des Punktes P, für die der Quotient $AP : BP$ den Wert 1 annimmt. Außerdem ist auch dem Punkt B noch keine Zahl zugewiesen. Diese Unvollkommenheiten beseitigen wir folgendermaßen: Offenbar kommt μ abnehmend dem Wert 1 näher und näher, je weiter sich P nach rechts von O entfernt, und ebenso kommt μ dem Wert 1 zunehmend näher und näher, je weiter sich P nach links von O entfernt. Wir legen daher der Geraden *einen* unendlich fernen (uneigentlichen) Punkt P_∞ bei; ihm können wir die Zahl $\mu = 1$ zuweisen. Fällt ferner P in B, so kann μ keinen endlichen Wert haben; wie wir oben sahen, wird μ absolut genommen größer und größer, je näher P von links oder rechts an B rückt. Wir ergänzen daher auch das Zahlenkontinuum durch einen uneigentlichen Wert; wir bezeichnen ihn durch $\pm\infty$ und weisen ihm den Punkt B zu[1]). *Zwischen dem so erweiterten Zahlenkontinuum und dem so erweiterten Punktkontinuum besteht dann in der Tat das oben behauptete eineindeutige Entsprechen.* Insbesondere entsprechen den Werten

$$\mu = 0, 1, \pm\infty, -1 \text{ die Punkte } A, P_\infty, B, M.$$

Die Berechtigung dieser Einführungen wird durch die folgenden Entwicklungen und ihre volle Harmonie dargetan.

§ 4. Winkelrelationen.

Zwei sich in einem Punkt O schneidende Geraden zerlegen die Ebene in vier Winkelräume, von denen je zwei einander gleich sind. Die Winkel messen wir durch die Kreisbogen, die ihnen auf dem um O als Mittelpunkt gelegten Einheitskreis (vom Radius 1) entsprechen. Auf diese Bogen lassen sich die in § 2 für die Gerade dargelegten Entwicklungen übertragen. Je nachdem dem Winkel ein positiver oder negativer Drehungssinn anhaftet, kommt dem Bogen eine positive oder negative Zahl zu, die seiner Länge und zugleich dem ihm zugehörigen Drehungssinn entspricht[2]).

---

1) Man könnte die Einführung dieses Symbols dadurch umgehen, daß man sagt, bei Annäherung an B nehme $1/\mu$ allmählich den Wert ± 0 an. Sachlich kommt dies auf das gleiche hinaus, formal rechnerisch ist das obige vorzuziehen.

2) Sie wird auch öfters in Graden angegeben. Der positive Drehungssinn wird im allgemeinen entgegengesetzt zur Uhrzeigerdrehung vorausgesetzt.

Dies allgemeine Resultat bedarf einiger Ergänzungen. Wir haben es zumeist mit dem Fall zu tun, daß die Geraden mit einer Richtung versehen sind (*gerichtete* Gerade, auch *Speer*); kommen sie insbesondere nur von einem ihrer Punkte aus in Betracht, so heißen sie *Halbstrahlen*. Auf sie beschränken wir uns daher. Will man auf sie die Formeln von § 2 ausdehnen, so tritt zunächst ein wesentlicher Gegensatz zutage. Zwei Punkte A und B einer Geraden bestimmen nur *eine* endliche

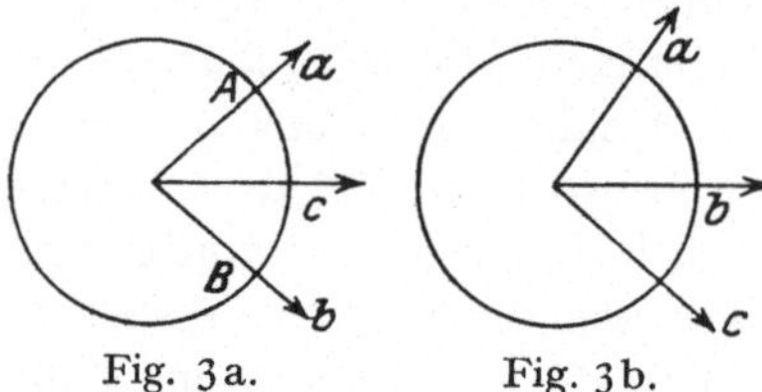

Fig. 3a.   Fig. 3b.

Strecke AB, während (Fig. 3a, b) zwei von O ausgehende Halbstrahlen a und b an sich *zwei* Bogen AB, also auch *zwei* Winkel $(a\,b)$ liefern[1]). Sie unterscheiden sich durch den Drehungssinn und ergänzen sich, absolut genommen, zu $2\,\pi$; ebenso gibt es auch zwei solche Winkel $(b\,a)$.

An Stelle der einen Gleichung (2) von § 2 haben wir also hier für das Verhältnis von $(a\,b)$ und $(b\,a)$ zueinander mehrere Möglichkeiten; je nachdem $(b\,a)$ in demselben Sinn entsteht wie $(a\,b)$ oder im entgegengesetzten, haben wir

$$(7) \qquad (a\,b) + (b\,a) = +\,2\,\pi \quad \text{oder} \quad -\,2\,\pi \ \text{oder} \ 0.$$

Analog findet man für drei Halbstrahlen a, b, c, daß die Summe

$$(a\,b) + (b\,c) + (c\,a) = 0 \quad \text{oder} \quad \pm\,2\,\pi \quad \text{oder} \quad \pm\,4\,\pi$$

sein kann[2]), in allen Fällen also ein Vielfaches von $2\,\pi$, wofür man auch

$$(a\,b) + (b\,c) + (c\,a) \equiv 0 \quad \text{mod} \quad 2\,\pi$$

schreibt. Es ist leicht, eine analoge Gleichung auf Grund von (7) für beliebig viele Halbstrahlen zu erweisen.

Uns muß aber daran liegen, die in den Gleichungen auftretende Unbestimmtheit zum Verschwinden zu bringen. Dies tritt ein, wenn jeder Winkel auf *eindeutige Weise definiert* ist. Wir können es folgendermaßen erreichen. Nachdem der Winkel $(a\,b)$ eindeutig definiert ist, soll unter $(b\,a)$ derjenige Winkel verstanden werden, für den

$$(8) \qquad\qquad\qquad (a\,b) + (b\,a) = 0$$

ist; nachdem $(a\,b)$ und $(b\,c)$ eindeutig definiert sind, soll $(a\,c)$ der Winkel sein, für den

$$(9) \qquad (a\,b) + (b\,c) = (a\,c), \quad \text{also} \quad (a\,b) + (b\,c) + (c\,a) = 0$$

ist. Dies sind die Fälle, die uns im folgenden allein beschäftigen werden.

----

[1]) Lassen wir Winkel zu, die größer als $2\,\pi$ sind, gibt es sogar unendlich viele. Davon wird hier abgesehen.

[2]) Bei positivem Umlaufssinn umgekehrt zur Uhrzeigerrichtung ist die Summe in Fig. 3a $2\,\pi$, in Fig. 3b $4\,\pi$.

Bei der getroffenen Festsetzung übertragen sich also die bezüglichen Relationen von § 2 unmittelbar.

Die Relationen lassen sich auf beliebige gerichtete Geraden g, h, k ... und ihre Winkel übertragen. Sie gelten für parallele Halbstrahlen g', h', k', ... durch einen Punkt O, also auch für g, h, k, ...

§ 5. Projektionen von Strecken.

Sei s eine gerichtete Gerade und AB eine Strecke. Werden durch A und B Parallelen zu einer Richtung p gezogen, die die Gerade s in A' und B' treffen (Fig. 4), so heißt $A'B'$ die *Parallelprojektion* (kürzer Projektion) von AB auf s. Wir bezeichnen sie durch

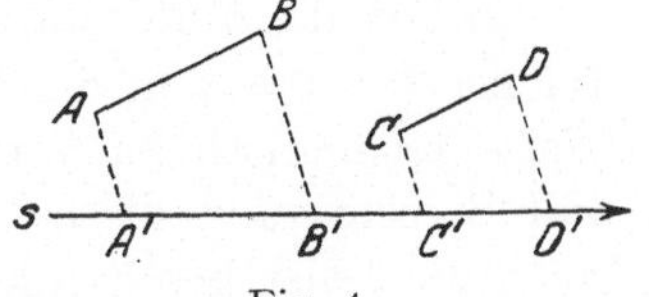

Fig. 4.

$$(10) \qquad A'B' = \Pi(AB, p, s).$$

Ihr Wert ist positiv oder negativ, je nachdem die Richtung $A'B'$ mit der Richtung von s identisch ist oder nicht.

Wenn die Richtung p und die Gerade s für die Projektion aller in Betracht kommenden Strecken dieselbe ist, so können wir die Projektion $A'B'$ einfacher durch

$$(10a) \qquad A'B' = \Pi(AB)$$

bezeichnen; es gelten alsdann folgende elementargeometrisch evidente Sätze, in denen die Eigenart der Geraden enthalten ist:

1. Ist $CD \parallel AB$, so ist

$$(11) \qquad A'B' : AB = C'D' : CD;$$

je nachdem AB und CD gleich oder entgegengesetzt gerichtet sind, sind es auch $A'B'$ und $C'D'$ auf s. Das Verhältnis der Projektion zur Strecke hat also für alle parallelen und gleich gerichteten Strecken *denselben* numerischen Wert. Ist er c, so haben wir

$$(12) \qquad \Pi(AB) = A'B' = c \cdot AB,$$

und es soll c die *Projektionskonstante* für die zu AB parallelen Strecken heißen.

2. Sei $ABC \ldots LM$ irgendein Streckenzug (Fig. 5), so soll unter seiner Projektion auf s die *Summe der Projektionen* der einzelnen Strecken verstanden werden. Man hat also

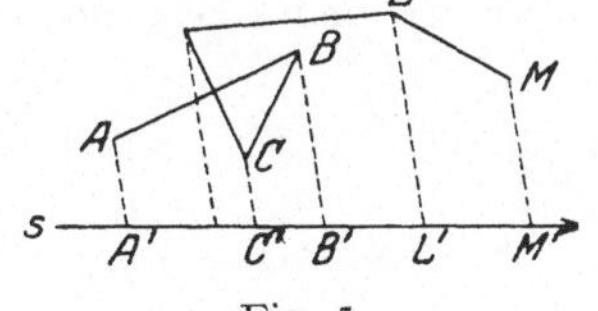

Fig. 5.

$$\Pi(AB \ldots LM) = A'B' + B'C' + \cdots + L'M'$$

und gemäß § 2 daher

$$(13) \qquad \Pi(AB \ldots LM) = A'M' = \Pi(AM);$$

die Projektion des Streckenzuges ist also gleich der Projektion der Strecke, die von seinem Anfangspunkt zum Endpunkt führt.

3. Ist der projizierende Strahl p senkrecht zu s, so heißt die Projektion auch *rechtwinklig*. In diesem Fall ist

$$(14) \qquad A'B' = AB \cos(AB, s)^1).$$

Für die senkrechte Projektion eines Streckenzuges $AB \ldots LM$ besteht daher die Gleichung

$$(15) \quad \Pi(AB \ldots LM) = AB \cos(AB, s) + BC \cos(BC, s) + \cdots + LM \cos(LM, s).$$

§ 6. Das Imaginäre.

Schon die Auflösung quadratischer Gleichungen führt darauf, das Zeichen $\sqrt{-1} = i$ in die Mathematik einzuführen und es in gleicher Weise rechnerisch zu verwenden wie die reellen Zahlen. Bedeutung und Berechtigung dieses Verfahrens bedarf freilich eingehender Betrachtung; hier beschränken wir uns auf einige Hinweise.

Man zeigt leicht, daß das Rechnen mit Ausdrücken $a + b\sqrt{-1}$ $(a + bi)$ nach denselben Regeln ausführbar ist, die für reelle Zahlen gelten; auch ist das Resultat der Rechnung immer ein Ausdruck derselben Form. Die so eingeführten „imaginären (oder komplexen) Größen" bilden in diesem Sinne einen „Zahlkörper", innerhalb dessen Addition, Multiplikation usw. folgerichtig ausführbar sind. Darin ist die mögliche Zulassung dieser Größen als wohlberechtigter mathematischer Objekte jedenfalls *formal* begründet.

Dem werden wir auch in der analytischen Geometrie begegnen, wenn ein Problem auf die Auflösung quadratischer oder höherer algebraischer Gleichungen führt. Freilich müssen wir uns hier mit diesem vorläufigen allgemeinen Hinweis begnügen und für die Einzelheiten auf die kommenden Entwicklungen verweisen. Eine rechnerische Einführung der komplexen Größen enthält der Anhang, § 4. Übrigens werden wir das Eingehen auf imaginäre Verhältnisse auf das unabweislich Notwendige beschränken.

---

¹) Man beachte, daß die Richtungen AB und s zwar zwei verschiedene Winkel bestimmen (§ 4), daß aber ihr Kosinus denselben Wert hat, also die Reihenfolge von AB und s belanglos ist.

Zweites Kapitel.

Die Punktkoordinaten.

§ 1. Parallelkoordinaten (kartesische Koordinaten).

Seien (Fig. 6) $X'X$ und $Y'Y$ zwei *gerichtete* Geraden (*Koordinatenachsen*), die sich in einem Punkt O (*Anfangspunkt*) schneiden. Der Winkel XOY soll positiv und kleiner als π sein. Durch einen Punkt P der Ebene ziehen wir je eine Parallele zu den Achsen; sie mögen die Gerade $X'X$ (*x-Achse*) in Q und die Gerade $Y'Y$ (*y-Achse*) in R schneiden; es sei $OQ = a$ und $OR = b$. Dann heißen die so durch P bestimmten Zahlen a und b die *Koordinaten* von P, und man schreibt

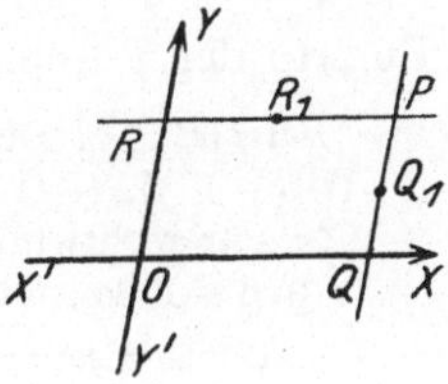

(1) $$x = a, \quad y = b.$$

Insbesondere heißt auch a die *Abszisse* und b die *Ordinate* von P.

Den Punkt mit den Koordinaten a, b bezeichnen wir durch (a, b) oder auch $(a\,b)$.

Fig. 6.

Jedem Punkt P entspricht also eindeutig ein Zahlenpaar a, b; ebenso entspricht auch jedem Zahlenpaar eindeutig ein Punkt. Der Punkt mit den Koordinaten $x = 3$, $y = 4$ wird so erhalten, daß man auf der x-Achse die Strecke $OQ = 3$, auf der y-Achse die Strecke $OR = 4$ bestimmt und durch Q und R Parallelen zu den Achsen zieht. Wir haben so eine geometrische Vorschrift, die vom Punkt zum Zahlenpaar und vom Zahlenpaar zum Punkt führt.

Das durch P und die Achsen bestimmte Parallelogramm $OQPR$ hat folgende evidenten Eigenschaften: 1. Zwei seiner Seiten stellen nach Länge und Richtung die x-Koordinate dar (nämlich OQ und RP), die zwei anderen ebenso die y-Koordinate (OR und QP). 2. Jeder der beiden Streckenzüge, die von O nach P führen, setzt sich aus zwei Strecken zusammen, deren eine eine x- und deren andere eine y-Koordinate darstellt. 3. Die Strecken OQ und OR sind Parallelprojektionen von OP auf den Achsen (S. 7); der projizierende Strahl ist für die Projektion OQ parallel zur y-Achse, für OR ist er parallel zur x-Achse. Ferner leuchtet ein: 4. Ist Q_1 *irgendein* Punkt der durch Q und P gehenden Geraden, so ist auch für ihn $x = OQ = a$; ebenso hat y für jeden Punkt R_1 der Geraden RP den Wert $y = OR = b$.

Der Winkel (xy) heißt der *Achsenwinkel*. Ist er ein rechter, so heißen die Koordinaten *rechtwinklig* oder *orthogonal*, sonst *schiefwinklig*.

Wir ergänzen das Parallelogramm der Fig. 6 zu dem Parallelogramm $P P_1 P_2 P_3$ (Fig. 7), dessen Seiten den Achsen parallel laufen, und dessen Mittelpunkt O ist; dann haben P, P_1, P_2, P_3 die Koordinaten

$$(2) \qquad\qquad a, b; \quad -a, b; \quad -a, -b; \quad a, -b.$$

Hieraus folgt: 1. Zwei Punkte (a, b) und $(-a, -b)$ liegen *zentrisch-symmetrisch*[1]); und falls die Achsen rechtwinklig sind, folgt außerdem: 2. Die Punkte (a, b) und $(a, -b)$ liegen *spiegelbildlich (symmetrisch)* zur x-Achse, ebenso (a, b) und $(-a, b)$ spiegelbildlich zur y-Achse.

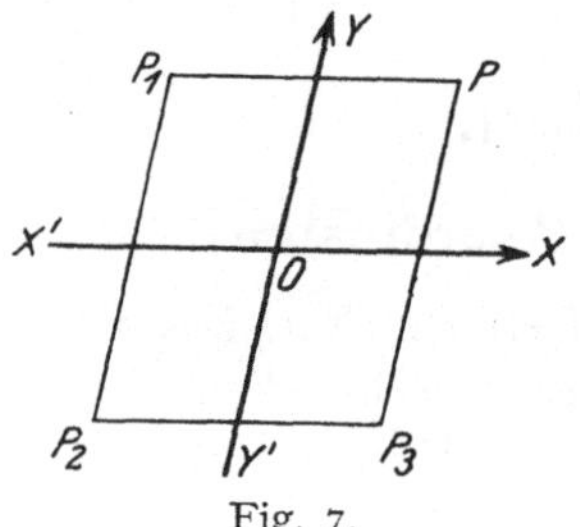

Fig. 7.

Die vier Teile, in die die Ebene durch die Achsen zerfällt, heißen *Quadranten;* die Punkte P, P_1, P_2, P_3 liegen je im ersten, zweiten, dritten, vierten Quadranten.

Der Anfangspunkt O hat die Koordinaten $x = 0$, $y = 0$; für alle Punkte der x-Achse ist $y = 0$ und für alle Punkte der y-Achse ist $x = 0$.

Beispiele. 1. Der Achsenwinkel sei $60°$, so bilden die sechs Punkte $(1, 0)$, $(0, 1)$, $(-1, 1)$, $(-1, 0)$, $(0, -1)$, $(1, -1)$ die Ecken eines regulären Sechsecks.

2. Für rechtwinklige Achsen bilden die vier Punkte $(3, 4)$, $(-4, 3)$, $(-3, -4)$ $(4, -3)$ die Ecken eines Quadrats mit O als Mittelpunkt.

3. Der Achsenwinkel sei $45°$; die drei Punkte $(0, 0)$, $(1, 0)$, $(0, \sqrt{2})$ bilden drei Ecken eines Quadrats; welches ist die vierte Ecke?

§ 2. Polarkoordinaten.

Den Polarkoordinaten liegt (Fig. 8) ein fester Punkt O (*Pol* oder *Anfangspunkt*) und ein von ihm ausgehender Halbstrahl s (*Polarachse*)

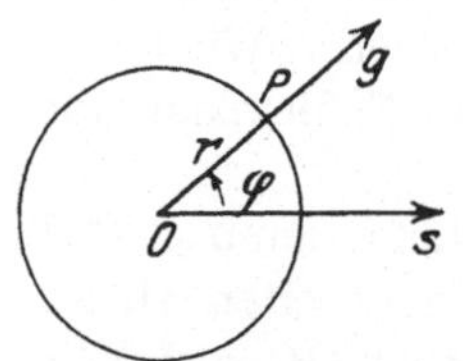

Fig. 8.

zugrunde. Ein Punkt P bestimmt mit ihnen einen Abstand $OP = r$ und einen Winkel $\varphi = (s, OP)$[2]); die so eingeführten Zahlen r und φ bilden die *Polarkoordinaten* von P. Um zu einem Wertepaar

$$(3) \qquad\qquad r = \varrho, \quad \varphi = \alpha$$

den zugehörigen Punkt P zu finden, hat man durch O den Halbstrahl g zu ziehen, für den $\sphericalangle (s, g) = \alpha$ ist, und auf ihm $OP = \varrho$ abzutragen. Damit ist die geometrische Vorschrift, die einem Punkt ein Zahlenpaar und einem Zahlenpaar einen Punkt zuordnet, wiederum vorhanden.

---

[1]) Zwei Punkte heißen zentrisch symmetrisch (oder *invers*) inbezug auf O, wenn ihre Verbindungslinie durch O geht und in O halbiert wird.

[2]) Für die Bezeichnung vgl. S. 6.

Die Zahlen, die sich für r und φ ergeben, erfüllen keineswegs das ganze Zahlenkontinuum. Man gelangt zu jedem Punkt der Ebene, wenn r alle Werte von 0 bis ∞ annimmt, während φ die Werte von 0 bis 2π durchläuft, also für

$$(4) \qquad 0 \leq r < \infty; \qquad 0 \geq \varphi < 2\pi\,{}^{1}).$$

Alle Punkte, für die $r = \varrho$ ist, liegen auf einem Kreis um O mit dem Radius ϱ, und alle Punkte, für die $\varphi = \alpha$ ist, erfüllen den von O ausgehenden Halbstrahl g. Kreis und Halbstrahl bestimmen in ihrem Schnittpunkt den Punkt $P(\varrho, \alpha)$.

Wählt man O als Anfangspunkt eines rechtwinkligen Koordinatensystems und s als positive x-Achse, so bestehen zwischen den rechtwinkligen Koordinaten und den Polarkoordinaten die Beziehungen (Fig. 9)

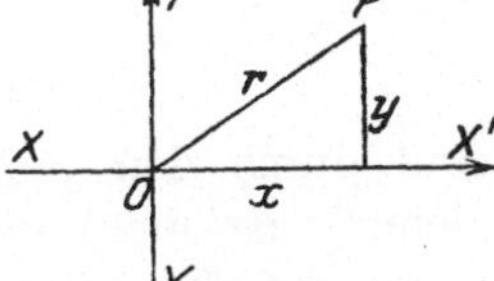

$$(5) \quad \begin{cases} x = r\cos\varphi, & y = r\sin\varphi; \\ r^2 = x^2 + y^2, & \operatorname{tg}\varphi = \dfrac{y}{x}, \end{cases} \qquad \varphi = (xr),$$

und es ist der Wert von φ durch das Vorzeichen von x und y eindeutig bestimmt.

Fig. 9.

Beispiel. Eine Ecke P_0 eines regulären Sechsecks mit O als Mittelpunkt habe die rechtwinkligen Koordinaten x_0, y_0. Die übrigen Ecken seien $P_1, P_2, \ldots P_5$. Man hat, wenn $\varphi_1, \varphi_2, \ldots \varphi_5$ die zugehörigen Winkel sind, für jeden Index n

$$\varphi_n = \varphi_0 + n \cdot \frac{\pi}{3} \; (n = 1, 2, 3, 4, 5);$$

ihre Koordinaten sind daher

$$x_n = x_0 \cos\frac{n\pi}{3} - y_0 \sin\frac{n\pi}{3}, \qquad y_n = x_0 \sin\frac{n\pi}{3} + y_0 \cos\frac{n\pi}{3}.$$

Bemerkung. Die Wertbeschränkung, der wir die Koordinatenwerte r und φ gemäß (4) unterworfen haben, ist keine notwendige. Es steht nichts im Wege, für r auch negative Werte zuzulassen; solche Werte hat man auf dem Strahl g von O aus in umgekehrter Richtung abzutragen. Allerdings bestimmen dann die Werte

$$r = \varrho, \quad \varphi = \alpha \qquad \text{und} \qquad r = -\varrho, \quad \varphi = \alpha + \pi$$

denselben Punkt P. Zu einem Punkt P gehören also zwei Wertepaare (r, φ), doch streitet dies an sich keineswegs gegen den allgemeinen Koordinatenbegriff. Eine noch weiter gehende Verallgemeinerung bringt Kap. III, § 5.

§ 3. Biangulare und bipolare Koordinaten.

Man kann den Punkten einer Ebene auf mannigfache Art Zahlenpaare zuweisen, die sie geometrisch bestimmen. Zwei weitere einfache

---

$^{1})$ Der Wert 2π selbst ist auszuschließen. Das Zeichen $\leq$ bedeutet kleiner oder gleich.

Beispiele erhalten wir, wenn wir zwei feste Punkte O_1 und O_2 zugrunde legen (Fig. 10) und als Koordinaten des Punktes P entweder die Abstände O_1P und O_2P benutzen (*bipolare Koordinaten*) oder die Winkel, die diese Abstände mit der Geraden O_1O_2 bilden (*biangulare Koordinaten*).

Die biangularen Koordinaten

$$(6) \qquad \sphericalangle\, PO_1O_2 = \varphi_1 \quad \text{und} \quad \sphericalangle\, PO_2O_1 = \varphi_2$$

sind durch den Punkt P *eindeutig* bestimmt; sie bewegen sich beide

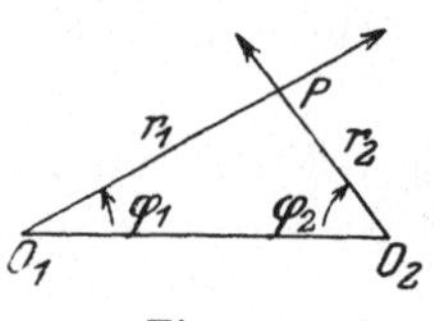

Fig. 10.

von 0 bis 2π [1]). Umgekehrt entspricht jedem Wertepaar $\varphi_1 = \alpha_1$, $\varphi_2 = \alpha_2$ eindeutig ein Punkt P. Der Wert α_1 bestimmt den Strahl g_1, der mit O_1O_2 den Winkel α_1 bildet, ebenso α_2 den durch O_2 gehenden Strahl g_2.

Auch die bipolaren Koordinaten

$$(7) \qquad O_1P = r_1 \quad \text{und} \quad O_2P = r_2$$

sind durch den Punkt P eindeutig bestimmt. Die umgekehrte Beziehung ist nicht mehr eindeutig. Alle Punkte, für die $r_1 = \varrho_1$ ist, liegen auf einem Kreis um O_1, ebenso alle Punkte, für die $r_2 = \varrho_2$ ist, auf einem Kreis um O_2, es ergeben sich also zu einem Zahlenpaar ϱ_1, ϱ_2 im allgemeinen *zwei* zugehörige Punkte. Eigentliche Punkte P werden nur zu solchen Zahlenpaaren ϱ_1, ϱ_2 geliefert, für die $\varrho_1 + \varrho_2 \geqq O_1O_2$ ist. Es treten also hier Besonderheiten auf, die sich in den anderen Fällen nicht einstellen, die aber doch den Gebrauch der Koordinaten an sich nicht hindern.

§ 4. Die charakteristischen Kurvenscharen.

Die Betrachtungen von § 3 zeigen, daß die Einführung von Koordinaten auf mannigfache Weise geschehen kann; sie sollen außerdem lehren, daß sie in allen Fällen aus derselben geometrischen Quelle fließt. Es treten in allen Fällen *zwei Scharen von Kurven* auf, die durch ihr Schneiden die einzelnen Punkte der Ebene geometrisch bestimmen.

Für die Parallelkoordinaten sind es die beiden Geradenscharen, die den Achsen parallel laufen. Wie wir S. 9 sahen, haben alle Punkte der durch P und Q gehenden Geraden dieselbe Abszisse $x = a$, ebenso alle Punkte der durch P und R gehenden Geraden dieselbe Ordinate $y = OR$. Die erste Gerade ist der x-Achse parallel, die zweite der y-Achse. Wir können dies auch so ausdrücken, daß die erste Parallele eine Gerade $x = \text{const}$ darstellt; die sämtlichen Parallelen zur y-Achse bilden mithin eine Geraden*schar*

$$(8) \qquad x = \text{const} \quad \text{oder} \quad x = \lambda,$$

wo die Zahl λ jeden Wert zwischen $-\infty$ und $+\infty$ erhalten kann

---

[1]) Der positive Sinn von φ_2 ist ausnahmsweise wie der Uhrzeigersinn gewählt.

Berichtigungen.

S. 12, Zusatz zur Anmerkung: Ferner geht $\alpha_1 + \alpha_2$ nur von 0 bis π oder von 3π bis 4π; auch gibt es Ausnahmen von der Eindeutigkeit des Entsprechens.

S. 32, Zeile 11 von unten lies: -10 statt 10.

S. 63, Zeile 10 und 11 lies: (56) statt (45).

S. 64, Zeile 12 nach Punktepaare schalte ein: von denen nicht jedes außerhalb des anderen liegt.

S. 69, Zeile 15 nach dann schalte ein: haben alle Differenzen des Zählers das gleiche Zeichen oder es.

S. 75 fehlt vor der obersten Gleichung (26a).

S. 116, Zeile 7 von unten statt jeder wird . . . lies: alle berühren einander auf $z = 0$ in $\mathfrak{J}_\infty$ und J_∞.

S. 133, Zeile 5 nach alle schalte ein: solchen.

S. 134, Zeile 13 füge hinzu: falls $\varepsilon\varepsilon' = -1$ ist.

S. 175, Zeile 3 statt kann . . . werden, lies: sowie eine.

S. 178, Zeile 14 ist (23) und (34) zu vertauschen.

S. 221, Zeile 11 von unten statt daher lies: da $\varepsilon \perp \eta$, so.

S. 263, Zeile 4 von unten lies: 225 statt 255.

und jeder solche Wert eine Parallele kennzeichnet. Ebenso bilden die sämtlichen Parallelen zur x-Achse eine Geradenschar

$$(8\,\mathrm{a}) \qquad\qquad y = \text{const} \quad \text{oder} \quad y = \mu,$$

wo auch μ alle Werte zwischen $-\infty$ und $+\infty$ annehmen kann und jeder Wert μ eine dieser Parallelen bestimmt. Jede Gerade der einen Schar schneidet jede Gerade der anderen Schar; die Geraden $x = \lambda$ und $y = \mu$ schneiden sich insbesondere in dem Punkt (λ, μ).

Ebenso ist es bei den anderen Koordinatensystemen. Bei den Polarkoordinaten sind die Kurven $r = \text{const}$ Kreise um O, die Kurven $\varphi = \text{const}$ sind die von O ausgehenden Halbstrahlen. Durch jeden Punkt der Ebene geht je einer dieser Halbstrahlen und je ein Kreis, ihrem Schnittpunkt kommen wieder die bezüglichen Koordinatenwerte $r = \lambda$, $\varphi = \mu$ zu.

Bei den biangularen Koordinaten bilden sowohl die Kurven $\varphi_1 = \text{const}$, wie auch $\varphi_2 = \text{const}$ je ein Büschel von Halbstrahlen; die einen gehen durch O_1, die anderen durch O_2; jeder Strahl des einen Büschels und jeder des anderen bestimmen einen Punkt P als gemeinsamen Schnittpunkt. Bei den bipolaren Koordinaten sind die beiden Kurvenscharen konzentrische Kreise um O_1 und O_2; durch jeden Punkt P geht ein Kreis der einen Schar und einer der anderen. Wie wir bereits erwähnten (S. 12), können sich zwei solche Kreise in zwei Punkten schneiden; man wird also diese Koordinaten gerade bei solchen Figuren gut verwenden können, die sich zu der durch O_1 und O_2 gehenden Geraden symmetrisch verhalten.

In Verallgemeinerung hiervon gelangt man zu folgender Erwägung. Hat man in der Ebene zwei Kurvenscharen (c) und (c') von der Art, daß man den Kurven der einen und der anderen Schar — nach irgendeinem Verfahren — alle Zahlenwerte des Kontinuums oder auch einen Teil von ihnen zuordnen kann, und schneidet jede Kurve c der einen Schar jede Kurve c' der anderen Schar, so begründen diese Kurvenscharen eine Koordinatenbestimmung, und zwar so, daß den Schnittpunkten (c, c') die beiden Zahlen als Koordinaten zugehören, die den bezüglichen Kurven c und c' zukommen. *Hiermit ist das allgemeine Prinzip der Koordinatenbestimmung für Punkte gekennzeichnet.*

Drittes Kapitel

Die Kurvengleichung.

Vorbemerkung.

Eine Zahlengleichung zwischen x und y wird durch unendlich viele Wertepaare befriedigt; man kann für eine der beiden Größen (z. B. x) einen beliebigen Zahlenwert einsetzen und die zugehörigen Werte der anderen berechnen. Sind sie reell, so liefern sie einen oder mehrere Punkte (xy). Je mehr solcher Punkte man für eine Gleichung zeichnet, je mehr pflegen sie sich einem gewissen „Kurvenbild" anzunähern. So entsteht zu einer Zahlengleichung in x und y ein graphisches Bild und damit auch eine gewisse Einsicht in den Zusammenhang zwischen Gleichung und Kurve[1]. Die tiefere Erkenntnis dieses Zusammenhangs erwächst erst auf anderer Grundlage; sie fließt aus dem Lehrgebäude der analytischen Geometrie. Zweierlei Aufgaben stehen hier im Vordergrund. Erstens sind aus der Gleichung Art und Eigenschaften der ihr entsprechenden Kurve abzuleiten; zweitens ist zu einer geometrisch definierten Kurve die zugehörige Gleichung aufzustellen. Wir beschäftigen uns in diesem Kapitel nur mit einigen Beispielen zur zweiten Aufgabe; die Behandlung der ersten wird einen Hauptteil der folgenden Kapitel einnehmen.

Dem mit der analytischen Geometrie unbekannten Leser wird geraten, die Bilder zu folgenden Gleichungen zu entwerfen[2]: 1. $y^2 = x + 5$ (gemäß § 2 eine Parabel), 2. $2x - y + 3 = 0$ (gemäß § 4 eine Gerade), 3. $y = e^x$ und $y = \ln x$. Für diese beiden Gleichungen erhält man gestaltlich das gleiche Kurvenbild, nur mit Vertauschung der x- und y-Achse.

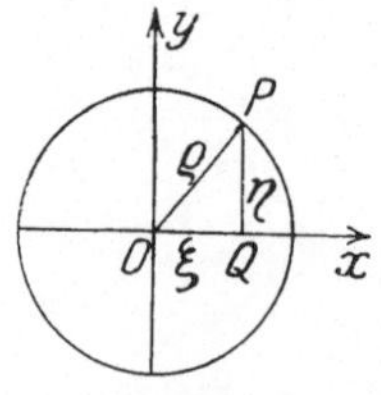

Fig. 11.

§ 1. Kreis und Parabel.

Wir legen rechtwinklige Parallelkoordinaten zugrunde. Sei O Mittelpunkt eines *Kreises*, ϱ sein Radius und $P(\xi\eta)$ einer seiner Punkte (Fig. 11). Dann besteht die Gleichung (S. 11)

$$\xi^2 + \eta^2 = \varrho^2 \, .$$

---

[1] Wir haben bisher für beide Achsen dieselbe Maßeinheit benutzt. Es steht aber nichts im Wege, verschiedene Maßeinheiten anzuwenden, was bei den graphischen Darstellungen der Praxis auch vielfach geschieht.

[2] Man benutzt zweckmäßig das sog. Koordinatenpapier.

Hier ist $(\xi\,\eta)$ ein beliebiger Punkt des Kreises. Nun besteht für alle Punkte des Kreises *dieselbe geometrische Definition*; eine Gleichung, die für einen *beliebigen* Punkt von ihm gilt, gilt damit auch für *jeden* seiner Punkte. Benutzen wir noch die Koordinatenbezeichnung x, y, um auszudrücken, daß es sich um *irgendeinen* Punkt des Kreises handelt, so können wir sagen, daß die Gleichung

$$(1) \qquad\qquad x^2 + y^2 - \varrho^2 = 0$$

für jeden Punkt des Kreises erfüllt ist; sie heißt deshalb die *Gleichung des Kreises*.

Durchläuft der Punkt P den Kreis, so ändern sich zwar seine Koordinaten dauernd, aber doch so, daß sie stets der Gleichung (1) genügen. Sie heißen daher *veränderliche* (variable) oder *laufende* Koordinaten. Es ist eine Eigenart der analytischen Geometrie, daß sie den Punkt (x, y) bald als einzelnen (festen) Punkt auffaßt, bald als Vertreter der vielen Punkte, die einer Gleichung genügen, und daß sie auch oft von der einen Auffassung zur andern übergeht.

2. Die *Parabel* ist der Ort aller Punkte, die von einer festen Geraden (*Direktrix*) und einem festen Punkt (*Brennpunkt*) gleichen Abstand haben. Die Achsen legen wir zweckmäßig so (Fig. 12), daß das vom Brennpunkt F auf die Direktrix d gefällte Lot FD die x-Achse gibt, und das Mittellot von FD die y-Achse. Die Richtung OF sei die positive Achsenrichtung, endlich sei $DF = p$.

Ist LP das vom Parabelpunkt P auf die Direktrix gefällte Lot, so ist

$$(2) \qquad\qquad FP = LP$$

die definierende Gleichung der Parabel. Sind $OQ = x$, $QP = y$ die Koordinaten von P[1]), so hat man $OF = \tfrac{1}{2}p$, also $FQ = x - \tfrac{1}{2}p$, und daher

$$FP^2 = (x - \tfrac{1}{2}p)^2 + y^2, \quad LP = \tfrac{1}{2}p + x;$$

die vorstehende Gleichung geht also in

$$(x - \tfrac{1}{2}p)^2 + y^2 = (\tfrac{1}{2}p + x)^2$$

über, woraus sich weiter

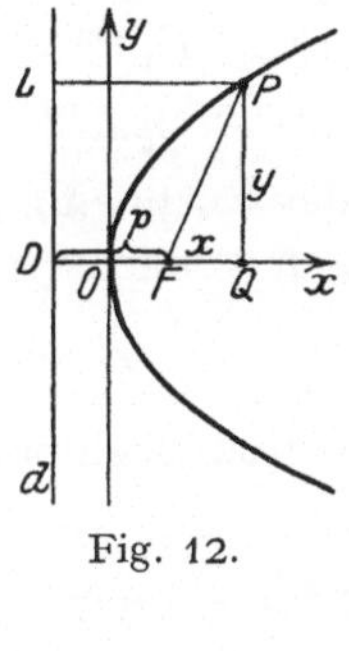

$$(3) \qquad\qquad y^2 = 2px$$

Fig. 12.

ergibt; als die Gleichung, die von den Koordinaten x, y des beliebigen Parabelpunktes P erfüllt wird. Sie ist die *Gleichung der Parabel*.

Ist P' der Punkt, dessen Koordinaten x und $-y$ sind, der also (S. 10) symmetrisch zu P in bezug auf die x-Achse liegt, so genügen auch seine Koordinaten der Gleichung (3). Die x-Achse ist daher eine *Symmetrieachse* der Parabel. Die Gleichung lehrt weiter, daß reelle Punkte der Parabel nur für positive Werte von x existieren.

---

[1]) Der Einfachheit halber bezeichnen wir sie nicht erst durch ξ, η.

§ 2. Ellipse und Hyperbel.

Ellipse und *Hyperbel* führen wir als geometrischen Ort eines Punktes ein, für den Summe oder Differenz der Abstände von zwei festen Punkten F_1 und F_2 einen konstanten Wert hat.

Die Gleichungen beider Kurven können gemeinsam abgeleitet werden. Ihre definierenden geometrischen Gleichungen lauten (Fig. 13a, b)

$$(4) \qquad F_1 P + F_2 P = 2a \quad \text{und} \quad F_1 P - F_2 P = \pm 2a\,^{1)}.$$

Die erste Gleichung gilt für die Ellipse, die zweite für die Hyperbel.

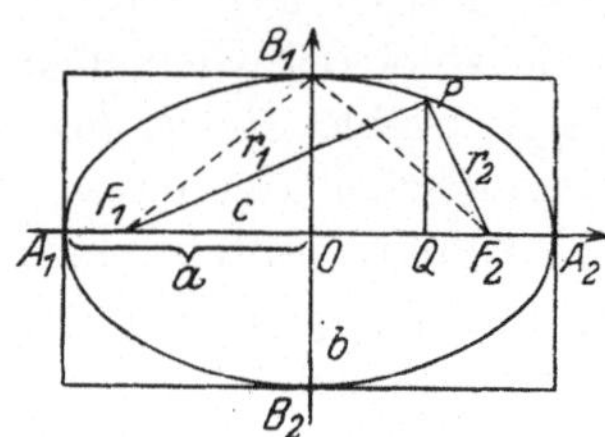

Fig. 13a.

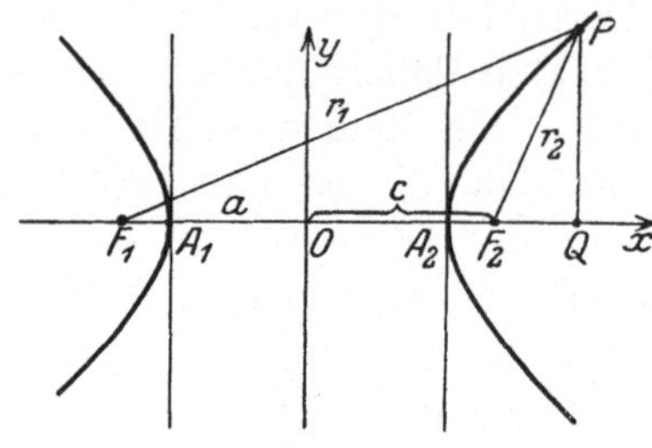

Fig. 13b.

Wir setzen noch $F_1 F_2 = 2c$. Wird die Gerade $F_1 F_2$ als x-Achse gewählt, und das Mittellot von $F_1 F_2$ als y-Achse, so ergibt sich für den Punkt $P(x, y)$

$$F_1 Q = c + x, \quad F_2 Q = x - c,$$

also

$$(5) \qquad F_1 P^2 = r_1^2 = (x + c)^2 + y^2, \quad F_2 P^2 = r_2^2 = (x - c)^2 + y^2.$$

Die so gewonnenen Werte sind in Gleichung (4) einzusetzen. Um aber das Rechnen mit Wurzelzeichen zu vermeiden, erheben wir die Gleichungen zunächst ins Quadrat und finden gemeinsam

$$r_1^2 \pm 2r_1 r_2 + r_2^2 = 4a^2, \quad r_1^2 + r_2^2 - 4a^2 = \pm 2r_1 r_2.$$

Durch nochmaliges Quadrieren folgt hieraus

$$(r_1^2 + r_2^2)^2 - 8a^2(r_1^2 + r_2^2) + 16a^4 = 4r_1^2 r_2^2$$

oder endlich

$$(r_1^2 - r_2^2)^2 - 8a^2(r_1^2 + r_2^2) + 16a^4 = 0.$$

Aus den Gleichungen (5) erhalten wir

$$r_1^2 + r_2^2 = 2(x^2 + y^2 + c^2), \quad r_1^2 - r_2^2 = 4cx,$$

und daher ergibt sich weiter

$$16c^2 x^2 - 16a^2(x^2 + y^2 + c^2) + 16a^4 = 0,$$

$^{1)}$ Das Doppelzeichen ist nötig, weil sowohl $F_1 P > F_2 P$ wie auch $F_1 P < F_2 P$ sein kann.

woraus schließlich

$$x^2(a^2 - c^2) + y^2 a^2 = a^2(a^2 - c^2),$$

also

(6)
$$\frac{x^2}{a^2} + \frac{y^2}{a^2 - c^2} = 1$$

hervorgeht. *Diese Gleichung stellt also sowohl die Ellipse wie auch die Hyperbel dar.*

Wann das eine und wann das andere der Fall ist, lehrt folgende Überlegung: Bei der Ellipse ist

(7)
$$r_1 + r_2 > F_1 F_2; \qquad 2a > 2c,$$

da die Summe zweier Dreiecksseiten größer ist als die dritte; bei der Hyperbel ist $r_1 - r_2$ die Differenz zweier Seiten und daher

(7a)
$$r_1 - r_2 < F_1 F_2; \qquad 2a < 2c.$$

Bei der Ellipse dürfen wir daher

(8)
$$a^2 - c^2 = + b^2 \quad (a^2 = b^2 + c^2)$$

setzen; bei der Hyperbel können wir

(8a)
$$a^2 - c^2 = - b^2 \quad (c^2 = a^2 + b^2)$$

setzen, und so finden wir als Gleichung der Ellipse

(9)
$$\frac{x^2}{a^2} + \frac{y^2}{b^2} = 1$$

und als Gleichung der Hyperbel

(9a)
$$\frac{x^2}{a^2} - \frac{y^2}{b^2} = 1.$$

Über die Gestalt beider Kurven läßt sich aus ihren Gleichungen folgendes entnehmen:

1. Ellipsengleichung und Hyperbelgleichung enthalten nur Glieder mit x^2 und y^2. Daraus folgt, daß je vier Punkte

(10)
$$(x, y), \quad (x, -y), \quad (-x, y), \quad (-x, -y)$$

zugleich auf unseren Kurven liegen; es sind also (S. 10) sowohl die x-Achse wie die y-Achse *Symmetrieachsen* der Kurven; ferner geht die Verbindungslinie von (x, y) und $(-x, -y)$ durch O und wird in O halbiert. Der Punkt O heißt deshalb *Mittelpunkt*.

2. Ellipse und Hyperbel enthalten die Punkte A_1 und A_2 ($x = \pm a$, $y = 0$); sie heißen ihre *Scheitel*. Die Ellipse enthält auch die Scheitelpunkte B_1 und B_2 ($x = 0$, $y = \pm b$), zur Hyperbel gehören dagegen keine reellen Punkte der y-Achse. $A_1 A_2$ ($= 2a$) und $B_1 B_2$ ($= 2b$) heißen *große* und *kleine* Achse der Ellipse; bei der Hyperbel wird

$A_1 A_2 \, (= 2\,a)$ als ihre *reelle* Achse bezeichnet, $2\,b$ heißt auch ihre *imaginäre* Achse[1]).

3. Für weitere Schlüsse setzen wir die Gleichungen (9) und (9a) besser in die Form

$$(11) \qquad \frac{y}{b} = \sqrt{1 - \frac{x^2}{a^2}} \quad \text{und} \quad \frac{y}{b} = \sqrt{\frac{x^2}{a^2} - 1}\,.$$

Sie zeigen, daß bei der Ellipse y nur reell ist, wenn $x^2 \le a^2$ ist; ferner ist $y^2 \le b^2$, und so folgt, daß die Ellipse ganz in dem Rechteck $A_1 A_2 B_1 B_2$ enthalten ist. Aus Gleichung (8) findet man noch $F_1 B_1 = F_1 B_2 = F_2 B_1 = F_2 B_2 = a$.

Bei der Hyperbel ist y nur reell, wenn $x^2 \ge a^2$ ist, die Hyperbel liegt also nur außerhalb des Streifens, der von den Vertikalen durch A_1 und A_2 gebildet wird. Mit x^2 nimmt auch y^2 beständig zu.

§ 3. Die Gerade.

Wir legen beliebige Parallelkoordinaten zugrunde und fassen die verschiedenen Lagen der Geraden zu den Achsen gesondert ins Auge. Die geometrische Eigenschaft, von der wir hier ausgehen, ist der in Kap. I, § 5 enthaltene Projektionssatz für gleichgerichtete Strecken.

Möge die Gerade zunächst durch den Anfangspunkt gehen. Sind dann $P(x,y)$ und $P_1(x_1 y_1)$ zwei ihrer Punkte, so hat man stets (Fig. 14)

$$OR : OQ = OR_1 : OQ_1 \quad \text{oder} \quad y : x = y_1 : x_1,$$

der Quotient $y : x$ hat also für alle Punkte der Geraden denselben Wert. Bezeichnen wir ihn durch m, so haben wir für *jeden* Punkt

$$(12) \qquad \frac{y}{x} = m, \qquad y = m\,x\,.$$

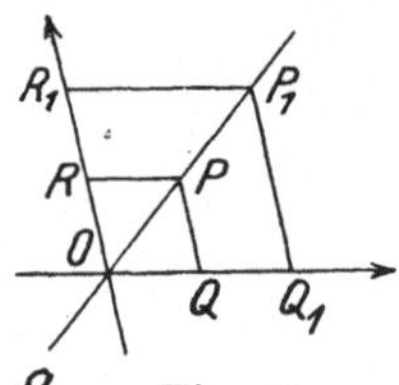
Fig. 14.

Dies ist die Gleichung einer durch O gehenden Geraden.

Beispiel. Die Halbierungslinien der Koordinatenwinkel haben die Gleichungen $y = x$ und $y = -x$.

Von den weiteren Fällen betrachten wir zunächst die, daß die Gerade einer Koordinatenachse parallel ist. Für solche Geraden haben wir ihre Gleichung schon abgeleitet (S. 12). Wir fanden, daß jede Parallele zur y-Achse durch

$$(13) \qquad\qquad x = \text{const}$$

gegeben ist, und analog jede Parallele zur x-Achse durch eine Gleichung

$$(13\,\text{a}) \qquad\qquad y = \text{const}\,.$$

---

[1]) Die Größe b tritt auch an der Hyperbelfigur reell in die Erscheinung; vgl. Kap. X, § 6.

Es ist also nur noch der Fall zu erledigen, daß die Gerade jede Achse in einem besonderen Punkte schneidet. Seien $OA = a$ und $OB = b$ die Abschnitte auf der x- und y-Achse. Wir gehen davon aus, daß für jeden Punkt P (Fig. 15)

$$RB : RP = QP : QA$$

ist; dies liefert, wenn wieder x, y die Koordinaten von P sind,

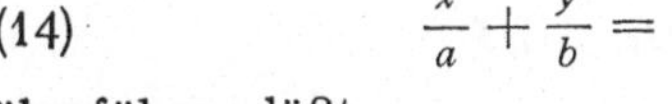

$$(b - y) : x = y : (a - x),$$

was sich in

$$(14) \qquad \frac{x}{a} + \frac{y}{b} = 1$$

überführen läßt.

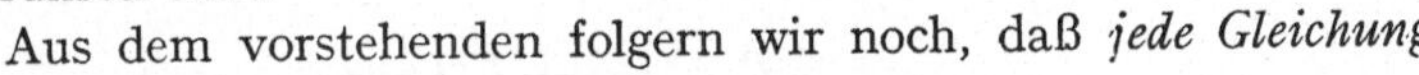

Fig. 15.

Aus dem vorstehenden folgern wir noch, daß *jede Gleichung*

$$(15) \qquad A x + B y + C = 0,$$

in der A, B, C irgendwelche Zahlen sein können, die Gleichung einer Geraden ist[1]). Ist zunächst keine der drei Größen A, B, C gleich Null, so läßt sich die Gleichung in

$$-\frac{A}{C} x - \frac{B}{C} y = 1$$

überführen; gemäß (14) stellt sie eine Gerade dar, die auf den Achsen die Abschnitte $a = -C/A$, $b = -C/B$ abschneidet.

Beispiel. Der Gleichung $x + y - 4 = 0$ entspricht eine Gerade, für die beide Achsenabschnitte die Länge 4 haben; $x - y + 4 = 0$ eine Gerade, für die $a = -4$, $b = 4$ ist.

Ist nur $C = 0$, hat also die Gleichung die Form

$$A x + B y = 0,$$

so können wir sie auch in die Form

$$y = -\frac{A}{B} x = m x$$

setzen; sie stellt gemäß (12) eine Gerade durch den Anfangspunkt dar. Ist nur $B = 0$ oder nur $A = 0$, so hat die Gleichung eine der Formen

$$A x + C = 0, \qquad x = -\frac{C}{A} = a,$$

$$B y + C = 0, \qquad y = -\frac{C}{B} = b$$

und stellt dann eine Parallele zur y-Achse oder zur x-Achse dar. Ist außerdem auch noch $C = 0$, so ergeben sich die Achsen selbst. Es bleibt also nur noch der Fall $A = 0$, $B = 0$; ihn behandeln wir in Kap. VIII, § 1.

---

[1]) Natürlich dürfen nicht alle drei Größen Null sein.

§ 4. Ellipse, Parabel, Hyperbel in Polarkoordinaten.

Ein erstes Beispiel für Polarkoordinaten bilde der Ort eines Punktes, für den die Entfernungen von einem festen Punkt (*Brennpunkt*) und einer festen Geraden (*Direktrix*) in einem konstanten Verhältnis stehen (Fig. 16).

Wir nehmen den festen Punkt F als Pol und das von F auf die Direktrix d gefällte Lot als Achse der Koordinaten; ihre positive Richtung sei DF, und es sei $DF = l$. Der Wert des konstanten Verhältnisses sei e, und LP das Lot von P auf d. Die definierende Gleichung

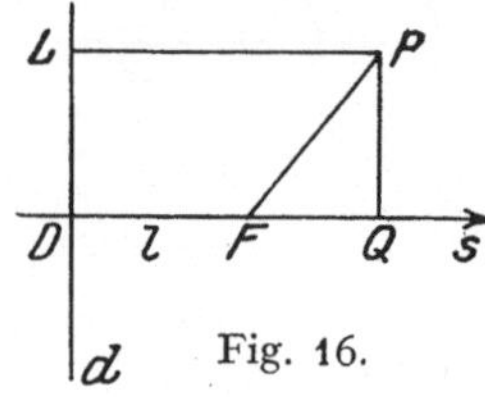

Fig. 16.

$$(16) \qquad FP = e \cdot LP$$

geht wegen

$$LP = DF + FQ = l + r \cos \varphi$$

unmittelbar in

$$(17) \qquad r = el + er \cos \varphi, \qquad r = \frac{el}{1 - e \cos \varphi}$$

über, und dies ist bereits die gesuchte Gleichung.

Für $e = 1$ ist der Ort gemäß § 1 eine Parabel; wie später (Kap. X, § 1) gezeigt wird, ist er für $e < 1$ eine Ellipse, für $e > 1$ eine Hyperbel[1]).

§ 5. Archimedische Spirale.

Als zweite Aufgabe behandeln wir die Frage, welche Kurve durch eine Gleichung

$$(18) \qquad Ar + B\varphi + C = 0$$

dargestellt wird, die äußerlich der allgemeinen Gleichung der Geraden nachgebildet ist. Dazu ist zunächst der in Kap. II entwickelte Koordinatenbegriff etwas zu verallgemeinern. Wir lassen nämlich jetzt Winkel *beliebiger positiver Größe* zu und denken sie so entstanden, daß sich die Achse s beliebig oft in positivem Sinne um O herumdreht, der zugehörige Bogen auf dem Einheitskreis also alle Werte von 0 bis ∞ annimmt. Jedem beliebig vorgegebenen Wertepaar $r = \varrho$, $\varphi = \alpha$ entspricht dann immer noch eindeutig ein bestimmter Punkt P der Ebene[2]).

Wir wollen nun alle Punkte ermitteln, die bei der vorstehenden Koordinatenerweiterung den die Gleichung (18) befriedigenden Koordi-

---

[1]) Genauer ein Hyperbelast; der andere entspricht dem Wert $-e$ (statt e).

[2]) Einem Punkt P entspricht zwar auch *ein* Wert von r, aber unendlich viele Werte von φ; ist α der eine, so sind $\alpha + 2\pi$, $\alpha + 4\pi$, ... die übrigen. Für die hier behandelte Aufgabe ist dies belanglos.

natenpaaren r, φ entsprechen. Wir behandeln zunächst den Fall $C = 0$. Alsdann können wir die Gleichung in die Form

$$(19) \qquad r = -\frac{B}{A}\,\varphi = c\,\varphi$$

setzen und nehmen insbesondere $c > 0$ an. Wir ziehen (Fig. 17) durch O einen Halbstrahl g unter dem Winkel φ_1, er entspricht dann zugleich den Winkeln

$$\varphi_1 + 2\pi = \varphi_2, \quad \varphi_1 + 4\pi = \varphi_3 \quad \text{usw.}$$

und enthält daher die sämtlichen diesen Winkeln entsprechenden Punkte $P_1(r_1\varphi_1)$, $P_2(r_2\varphi_2)$, $P_3(r_3\varphi_3)\ldots$ Nun ist

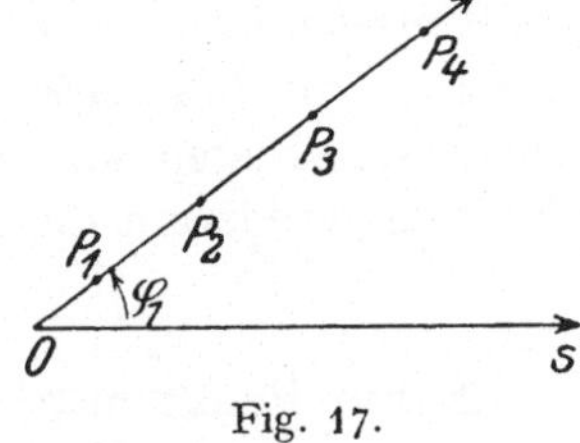

Fig. 17.

$$r_1 = c\,\varphi_1, \quad r_2 = c\,\varphi_2 = c\,\varphi_1 + 2\pi c = r_1 + 2\pi c,$$
$$r_3 = c\,\varphi_3 = c\,\varphi_2 + 2\pi c = r_2 + 2\pi c,$$

also

$$(20) \qquad r_2 - r_1 = r_3 - r_2 = \cdots = 2\pi c,$$

die Punkte P_1, P_2, $P_3\ldots$ folgen also auf dem Halbstrahl g *im konstanten Abstand* $2\pi c$ aufeinander. Dies gilt für jeden von O ausgehenden Halbstrahl; die Eigenart unserer Kurve besteht also darin, daß sie jeden von O ausgehenden Halbstrahl g in unendlich vielen Punkten schneidet, von denen je zwei aufeinander folgende den konstanten Abstand $2\pi c$ besitzen. Die Kurve heißt *Spirale*, insbesondere *Archimedische* Spirale. Sie geht, da ihr das Wertepaar $r = 0$, $\varphi = 0$ genügt, durch den Anfangspunkt.

Auch die Gleichung

$$A\,r + B\,\varphi + C = 0$$

stellt eine Archimedische Spirale dar. Setzen wir nämlich

$$C = B\,\gamma, \quad \text{also} \quad B\,\varphi + C = B\,(\varphi + \gamma) = B\,\psi,$$

so nimmt unsere Gleichung die Form

$$A\,r + B\,\psi = 0$$

an. Ziehen wir nun durch O eine neue Polarachse s', so daß $(s's) = \gamma$ ist, so ist $(s'g) = \psi$, und unsere Gleichung stellt eine Archimedische Spirale dar, bezogen auf eine Achse s', die mit der Achse s den Winkel $(s's) = \gamma$ bildet.

Bemerkung. Die beiden in § 4 und § 5 behandelten Kurvengleichungen unterscheiden sich in der Weise, daß in der ersten nur trigonometrische Funktionen von φ auftreten, in der zweiten aber φ selbst. Im ersten Falle entspricht daher den Koordinatenwerten r, φ und r, $\varphi \pm 2\,m\,\pi$ *derselbe* Punkt; im zweiten sind es verschiedene Punkte. Darin ist der heterogene Charakter beider Kurvenbilder begründet; man sieht auch, warum das Wertgebiet von φ im ersten Falle nur die Werte $0 \leq \varphi < 2\,\pi$ zu umfassen braucht.

§ 6. Darstellung von Kurven mittels eines Parameters.

Es gibt noch eine wesentlich andere Art, die Punkte eines geometrischen Ortes durch Gleichungen darzustellen. Folgende Beispiele mögen sie kenntlich machen:

1. Für den Punkt $P(x, y)$ eines um den Anfangspunkt O geschlagenen Kreises folgt aus S. 11 (Fig. 9)

$$(21) \qquad x = a \cos\varphi, \quad y = a \sin\varphi, \quad \varphi = (xr),$$

und wenn wir in diesen Gleichungen den Winkel φ alle Werte $0 \leq \varphi < 2\pi$ durchlaufen lassen, so durchläuft der durch (21) dargestellte Punkt P genau einmal den ganzen Kreis. Man hat auf diese Weise alle Punkte des Kreises mittels *einer einzigen neuen unabhängigen Variablen* φ (*Parameter*) und mittels *zweier* Gleichungen (eine für x, eine für y) dargestellt. Durch Quadrieren und Addieren (also durch Elimination von φ) erhält man wiederum die Kreisgleichung

$$x^2 + y^2 = a^2.$$

2. Ein Punkt möge sich so in der Ebene bewegen, daß er sich im Nullpunkt der Zeit an der Stelle $M(\xi, \eta)$ befindet, und daß im übrigen seine Koordinaten der Zeit proportional zunehmen. Werde die Zeit (d. h. die Zahl der Zeiteinheiten, z. B. der Sekunden) durch t dargestellt. Da sich der Punkt zur Zeit $t = 0$ in M befindet, haben wir für jede andere Lage gemäß obiger Definition

$$x - \xi = \alpha t, \qquad y - \eta = \beta t,$$

wo α und β die Proportionalitätsfaktoren sind. Die Gleichungen

$$(22) \qquad x = \xi + \alpha t, \qquad y = \eta + \beta t$$

stellen daher die Koordinaten von P für den ganzen Verlauf der Bewegung dar. Durch Division erhält man aus ihnen

$$\frac{y - \eta}{x - \xi} = \frac{\beta}{\alpha}, \quad \beta(x - \xi) - \alpha(y - \eta) = 0,$$

also die Gleichung einer Geraden.

Ein letztes Beispiel seien die Gleichungen

$$(23) \qquad x = a \cos\varphi, \quad y = b \sin\varphi,$$

in denen φ, wie beim Kreis, eine Winkelgröße darstellt, die alle Werte $0 \leq \varphi < 2\pi$ annimmt. Die Achsen seien rechtwinklig. Für jeden Wert von φ erhält man sofort (durch Quadrieren und Addieren)

$$\frac{x^2}{a^2} + \frac{y^2}{b^2} = 1,$$

es erfüllen also alle durch (23) dargestellten Punkte eine *Ellipse*.

Um zur geometrischen Bedeutung von φ zu gelangen, schlagen wir (Fig. 18) über der großen Achse $2a$ einen Kreis und verlängern die Ordinate QP bis zum Schnitt P' mit dem Kreis. Sind x', y' die Koordinaten

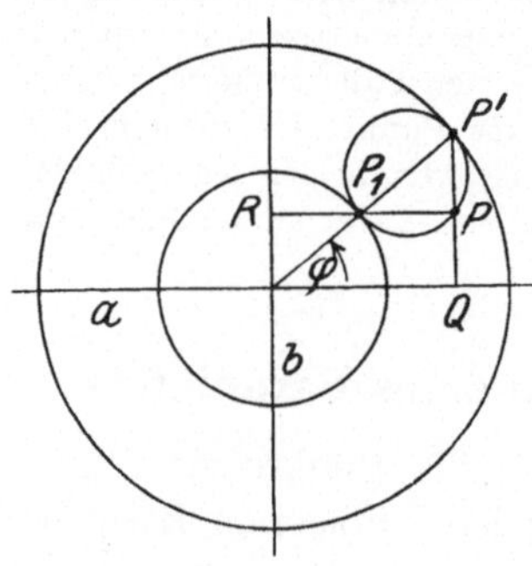

Fig. 18.

von P', so ist

$$x' = x = a \cos\varphi, \quad \text{also} \quad y' = a \sin\varphi.$$

Wir finden daher $\varphi = \sphericalangle\,(x, OP')$, woraus die geometrische Bedeutung von φ erhellt. Legt man um O auch einen Kreis mit dem Radius b, ist P_1 sein Schnitt mit RP, und sind x_1, y_1 die Koordinaten von P_1, so ist

$$y_1 = y = b \sin\varphi, \quad \text{also} \quad x_1 = b \cos\varphi.$$

Die vorstehenden Gleichungen ergeben noch

$$(24) \qquad\qquad y : y' = b : a = x_1 : x;$$

jede Ellipsen*ordinate* ist also gegen die Ordinate des großen Kreises im Verhältnis $b : a$ *verkleinert*, jede *Abszisse* im gleichen Verhältnis gegen die Abszisse des kleinen Kreises *vergrößert*.

Man kann die beiden Kreise zu einer punktweisen Zeichnung der Ellipse benutzen. Zieht man durch O einen Halbstrahl, bestimmt auf ihm die Punkte P' und P_1, und zieht durch sie je eine Parallele zu den Achsen, so ist deren Schnittpunkt der Ellipsenpunkt P. Die Punkte P, P', P_1 liegen auf einem Kreis über $P_1 P'$, dessen Durchmesser den festen Wert $a - b$ hat.

Viertes Kapitel.

Allgemeine Formeln für Parallelkoordinaten.

§ 1. Strecken und Winkel.

Sei (xg) der Winkel, den eine Gerade g mit der positiven x-Achse bildet (also der Winkel, um den die positive x-Achse im positiven Sinn zu drehen ist, bis sie mit g oder mit der Richtung von g zusammenfällt). Ferner sei (xy) der positiv genommene Achsenwinkel, der also (S. 9) kleiner als π ist. Dann soll unter (yg) (S. 6) der Winkel

$$(1) \qquad (yg) = (yx) + (xg) = (xg) - (xy)$$

verstanden werden. Damit ist der Winkel (yg) für alle Lagen von g *gleichmäßig* und *eindeutig* definiert[1]).

Seien nun $P_1(x_1y_1)$ und $P_2(x_2y_2)$ zwei beliebige Punkte, Q_1, Q_2 und R_1, R_2 ihre Projektionen auf den Achsen, und seien die Koordinaten zunächst rechtwinklig (Fig. 19). Dann ist (S. 3 und 8)

$$(2) \qquad \begin{cases} Q_1 Q_2 = x_2 - x_1 = P_1 P_2 \cos(x, P_1 P_2), \\ R_1 R_2 = y_2 - y_1 = P_1 P_2 \cos(y, P_1 P_2). \end{cases}$$

Setzen wir $P_1 P_2 = r$ und $\sphericalangle(x, P_1 P_2) = (xr) = \varphi$, also $(yr) = \varphi - \tfrac{1}{2}\pi$, so wird

$$(2a) \qquad x_2 - x_1 = r \cos \varphi, \quad y_2 - y_1 = r \sin \varphi.$$

Hieraus ergibt sich

$$(3) \qquad r^2 = (x_2 - x_1)^2 + (y_2 - y_1)^2,$$

$$(4) \qquad \operatorname{tg} \varphi = \frac{y_2 - y_1}{x_2 - x_1};$$

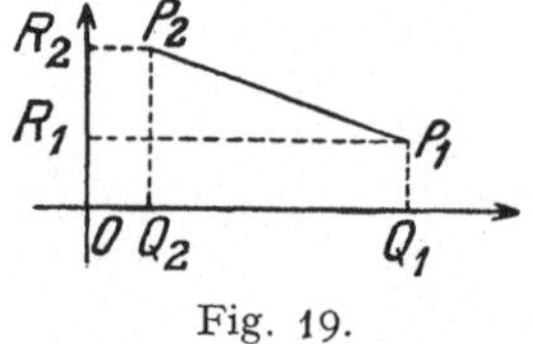

Fig. 19.

und wenn wir die Gleichungen (2) mit $\cos \varphi$ und $\sin \varphi$ multiplizieren und dann addieren,

$$(5) \qquad (x_2 - x_1) \cos \varphi + (y_2 - y_1) \sin \varphi = r.$$

---

[1]) Man beachte, daß die Quelle dieser Formel nicht eine Einzelfigur ist, sondern die Gleichung (9) von Kap. I (S. 6). Analoges gilt auch für die folgenden Formeln.

Für schiefwinklige Achsen entnehmen wir die Gleichungen dem Dreieck $P_1 P_2 S$ (Fig. 20); man erhält zunächst

$$P_1 P_2^2 = P_1 S^2 + SP_2^2 + 2\, P_1 S \cdot SP_2 \cos(xy)\,,$$

$$P_1 S : SP_2 = \sin(xg) : \sin(gy)$$

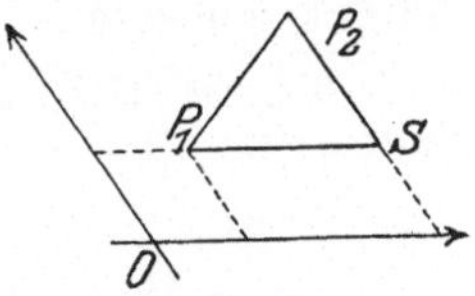

und hieraus weiter

Fig. 20.

$$(6) \qquad r^2 = (x_2 - x_1)^2 + (y_2 - y_1)^2 + 2(x_2 - x_1)(y_2 - y_1)\cos(xy),$$

$$(6a) \qquad \frac{y_2 - y_1}{x_2 - x_1} = \frac{\sin(xg)}{\sin(gy)} \cdot \; {}^{1})$$

Sei $P(\xi\eta)$ der Punkt, der die Strecke $P_1 P_2$ im Verhältnis μ teilt (S. 4). Dann folgt für beliebige Achsen nach dem Projektionssatz

$$(7) \qquad \frac{Q_1 Q}{Q_2 Q} = \frac{R_1 R}{R_2 R} = \frac{P_1 P}{P_2 P} = \mu\,,$$

oder

$$\frac{\xi - x_1}{\xi - x_2} = \frac{\eta - y_1}{\eta - y_2} = \mu$$

und daraus weiter

$$(7a) \qquad \xi = \frac{x_1 - \mu x_2}{1 - \mu}\,, \qquad \eta = \frac{y_1 - \mu y_2}{1 - \mu}\,.$$

Insbesondere ist, wenn P die Mitte von $P_1 P_2$ ist, also für $\mu = -1$

$$(8) \qquad \xi = \frac{x_1 + x_2}{2}\,, \qquad \eta = \frac{y_1 + y_2}{2}\,.$$

Dem Wert $\mu = 1$ entspricht der S. 5 eingeführte uneigentliche Punkt P_∞. Für verschiedene Punkte $(x_1 y_1)$ und $(x_2 y_2)$ ist im allgemeinen $x_1 - x_2 \gtrless 0$ und $y_1 - y_2 \gtrless 0$; eine der beiden Differenzen kann aber auch Null sein. Ist es für keine der Fall, so folgt aus (7), daß dem uneigentlichen Punkt P_∞ auch die Punkte Q_∞ und R_∞ entsprechen und umgekehrt. Keine der beiden Koordinaten ξ, η hat also einen endlichen Wert. Ist nur eine Differenz gleich Null, z. B. $x_1 - x_2$, so hat in (7) der Quotient $Q_1 Q = Q_2 Q$ für *jedes* Q den Wert 1; es bleibt aber $(R_1 R_2 R) = (P_1 P_2 P)$, und es entsprechen einander P_∞ und R_∞. Alsdann hat η keinen endlichen Wert. Damit ist die Behauptung erwiesen.

Für den Schwerpunkt $S(\xi,\eta)$ eines Dreiecks $P_1 P_2 P_3$ ist

$$(8a) \qquad \xi = \frac{x_1 + x_2 + x_3}{3}\,, \qquad \eta = \frac{y_1 + y_2 + y_3}{3}\,.$$

Man erhält diese Formeln, wenn man die Mitte M von $P_2 P_3$ mit P_1 verbindet und $P_1 M$ innerhalb im Verhältnis $2:1$ teilt ($\mu = -2$). Ihre Symmetrie für die drei Indizes zeigt, daß die Konstruktion von S auch mittels der Mitten von $P_1 P_2$ und $P_1 P_3$ erfolgen kann; dies liefert

---

${}^{1})$ S. 30 werden diese Formeln ohne Benutzung einer Figur abgeleitet.

unmittelbar den Satz, daß sich die drei Seitenhalbierenden in einem Punkt schneiden.

Beispiel. Das Dreieck der Punkte $(2, 1)$, $(3, -2)$, $(-4, -1)$ hat die Seitenmitten $(\frac{5}{2}, -\frac{1}{2})$, $(-1, 0)$, $(-\frac{1}{2}, -\frac{3}{2})$ und den Schwerpunkt $(\frac{1}{3}, -\frac{2}{3})$.

§ 2. Das Lot von einem Punkt auf eine Gerade.

Das Koordinatensystem sei beliebig, $P(\xi\,\eta)$ ein Punkt, g eine Gerade (Fig. 21). Durch O ziehen wir den Halbstrahl $n \perp g$; es sei

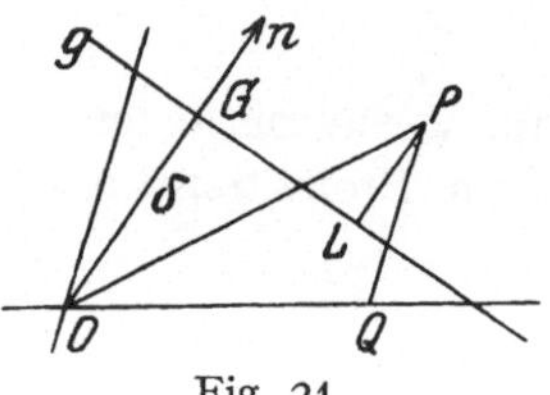

Fig. 21.

$OG = \delta$ und OG die positive Richtung von n. Dem von P auf die Gerade g gefällten Lot $LP = l$ legen wir ebenfalls ein *Vorzeichen* bei; wir rechnen es als positiv, wenn die Richtung LP die gleiche ist wie die Richtung OG, als negativ, wenn sie ihr entgegengesetzt ist.

Projizieren wir OP senkrecht auf die Gerade n, so ist diese Projektion nach S. 7 gleich der Projektion des Linienzuges OQP, also

$$(9) \qquad \Pi(OP, n) = \Pi(OQP, n).$$

Gemäß der Festsetzung über das Vorzeichen von l ist

$$\Pi(OP, n) = OG + LP,$$

andererseits ist gemäß S. 8, Gleichung (15)

$$\Pi(OPQ, n) = \xi \cos(n\,x) + \eta \cos(n\,y),$$

und so finden wir

$$\delta + l = \xi \cos(n\,x) + \eta \cos(n\,y),$$
$$(10) \qquad l = \xi \cos(n\,x) + \eta \cos(n\,y) - \delta.$$

In dieser Gleichung haben wir *eine der wichtigsten Hilfsformeln der analytischen Geometrie* zu erblicken.

Beispiel. Der Achsenwinkel sei $120°$, und es bilde n gleiche Winkel mit den Achsen, so daß $\cos(n\,x) = \cos(n\,y) = \frac{1}{2}$ ist; ferner sei $\delta = 1$. Für jeden Punkt $(\xi\,\eta)$ ist dann

$$l = \tfrac{1}{2}\xi + \tfrac{1}{2}\eta - 1.$$

Für den Punkt $(2, 2)$, der auf n liegt, ist also $l = 1$, was auch geometrisch evident ist.

§ 3. Die Transformation der Koordinaten.

Da das Achsensystem willkürlich ist, so entsteht die Aufgabe, die Koordinaten desselben Punktes P für verschiedene Achsensysteme miteinander zu vergleichen.

Mögen die Achsen zweier Systeme zunächst parallel und gleichgerichtet sein; die Koordinaten von P für das eine System seien $x, y,$

für das andere X, Y (Fig. 22); der Anfangspunkt O_1 des XY-Systems habe im $x\,y$-System die Koordinaten

$$OA_1 = a, \quad OB_1 = b.$$

Man hat dann unmittelbar

$$OQ = OA_1 + A_1Q, \quad OR = OB_1 + B_1R,$$

also

$$(11) \qquad x = X + a, \quad y = Y + b.$$

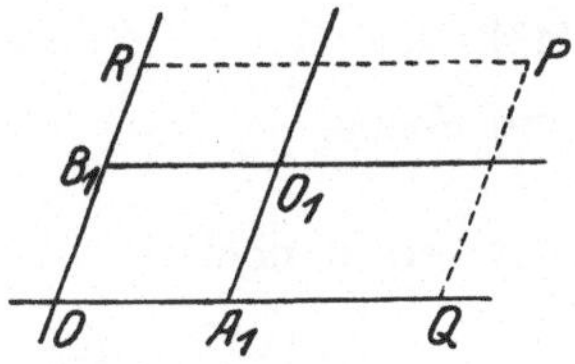

Beispiele. 1. Die Gleichung $y^2 - 2\,p\,x - p^2 = 0$ stellt eine Parabel dar, für die der Brennpunkt der Anfangspunkt ist; sie geht durch die Gleichungen $y = Y$, $x = X - \tfrac{1}{2}p$ in $Y^2 - 2\,p\,X = 0$ über. Für $p > 0$ liegt die Parabel im ersten und vierten Quadranten, für $p < 0$ im zweiten und dritten.

Fig. 22.

2. Wir zeigen, daß sich die Parabel als Grenzfall der Ellipse oder Hyperbel einstellt, wenn wir die Achsen unendlich groß werden lassen. Dazu führen wir in die Ellipsengleichung (S. 17) neue Koordinaten mit derselben x-Achse und dem Scheitel A_1 als Anfangspunkt ein (Fig. 13). Für diese X, Y-Koordinaten folgt

$$x = X - a, \quad y = Y;$$

setzen wir diese Werte in die Ellipsengleichung ein, so ergibt sich als Gleichung für die X, Y-Koordinaten

$$\frac{(X - a)^2}{a^2} + \frac{Y^2}{b^2} = 1;$$

und hieraus folgt weiter

$$\frac{b^2}{a^2} X^2 - 2\,\frac{b^2}{a} X + Y^2 = 0.$$

Nun mögen a und b unendlich groß werden, aber so, daß $b^2 : a$ einen festen endlichen Wert p bewahrt. Dann strebt $b^2 : a^2 = p : a$ gegen Null, und die Gleichung geht in

$$Y^2 - 2\,p\,X = 0; \qquad p = \frac{b^2}{a}$$

über. Dies ist die Parabelgleichung. Sie kann in derselben Weise aus der Hyperbelgleichung mit A_2 als neuem Anfangspunkt abgeleitet werden.

Mit dem Scheitel A_2 rücken auch F_2 und der Mittelpunkt O ins Unendliche.

Die Achsensysteme mögen zweitens denselben Anfangspunkt haben; die x, y-Achsen seien rechtwinklig, während die x', y'-Achsen beliebig bleiben (Fig. 23). Ein Punkt P habe im ersten System die Koordinaten x, y, im zweiten die Koordinaten x', y' [1]). Dann sind x, y die senkrechten Projektionen von OP auf der x- und der y-Achse und daher (S. 7) gleich den senkrechten Projektionen des Streckenzuges $OQ'P$; für die Projektion auf jeder der beiden Achsen ist also

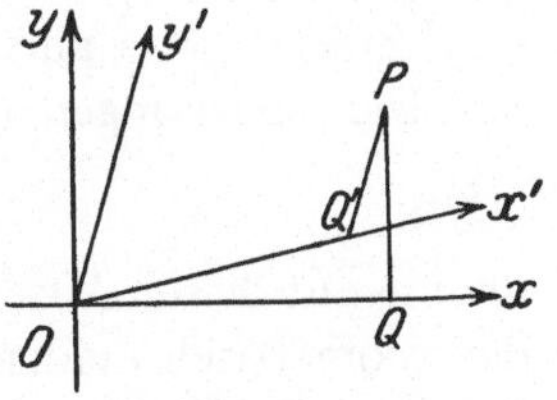

$$(12) \qquad \Pi(OP) = \Pi(OQ') + \Pi(Q'P).$$

Fig. 23.

---

[1]) Es wird kein Mißverständnis verursachen, wenn in den obigen Formeln x, y, x', y' einmal als Koordinaten, einmal als Zeichen für die Achsenrichtungen auftreten.

Diese Gleichung wenden wir zuerst auf die x-Achse und dann auf die y-Achse an. Da $OQ' = x'$ in die x'-Achse fällt und $Q'P' = y'$ der y'-Achse parallel ist, so ergibt sich (S. 8, Gleichung 15)

$$(13) \qquad x = x' \cos(x'x) + y' \cos(y'x)$$

und ebenso

$$y = x' \cos(x'y) + y' (\cos y'y).$$

Wir setzen noch

$$(x x') = \alpha, \quad (x y') = \beta, \quad \text{also} \quad (x'y') = \beta - \alpha,$$

so wird

$$(y x') = (y x) + (x x') = -\tfrac{1}{2}\pi + \alpha, \quad (y y') = (y x) + (x y') = -\tfrac{1}{2}\pi + \beta.$$

und unsere Gleichungen verwandeln sich in

$$(13\,\text{a}) \qquad x = x' \cos\alpha + y' \cos\beta, \quad y = x' \sin\alpha + y' \sin\beta.$$

Durch Auflösung nach x' und y' ergibt sich hieraus

$$(13\,\text{b}) \qquad \begin{cases} \sin(\beta - \alpha)\, x' = x \sin\beta - y \cos\beta, \\ \sin(\beta - \alpha)\, y' = -x \sin\alpha + y \cos\alpha. \end{cases}$$

Sind auch die $x'y'$-Achsen rechtwinklig, ist also $\beta = \tfrac{1}{2}\pi + \alpha$, so erhalten wir die einfacheren Formeln

$$(14) \qquad x = x' \cos\alpha - y' \sin\alpha, \quad y = x' \sin\alpha + y' \cos\alpha$$

und als Auflösung

$$(14\,\text{a}) \qquad x' = x \cos\alpha + y \sin\alpha, \quad y' = -x \sin\alpha + y \cos\alpha. \;{}^{1})$$

Stillschweigend wurde hier vorausgesetzt, daß $\sphericalangle (xy) = (x'y') = \tfrac{1}{2}\pi$ ist, daß also die beiden Achsensysteme *kongruente* Figuren sind. Ist dagegen $(x'y') = -\tfrac{1}{2}\pi$, so stellen beide Achsensysteme nur *spiegelbildlich* (symmetrisch) gleiche Figuren dar${}^{2})$; man hat $\beta = \alpha - \tfrac{1}{2}\pi$, und die Formeln (14) gehen in

$$(14\,\text{b}) \qquad x = x' \cos\alpha + y' \sin\alpha, \quad y = x' \sin\alpha - y' \cos\alpha$$

über; sie gehen formal aus (14) in der Weise hervor, daß man y' durch $-y'$ ersetzt, was auch geometrisch evident ist.

Die Gleichungen (14) und (14b) liefern gemeinsam

$$(15) \qquad x^2 + y^2 = x'^2 + y'^2;$$

man nennt diesen Ausdruck deshalb eine *Invariante* der Transformation; der geometrisch evidenten Tatsache entsprechend, daß der Abstand OP für die rechtwinkligen Achsensysteme mit O als Anfangspunkt dieselbe Darstellung finden muß.

${}^{1})$ Diese Gleichungen ergeben sich auch direkt aus (14), indem man x, y mit x', y' vertauscht und α durch $(x'x) = -\alpha$ ersetzt.

${}^{2})$ Hier wird nur die Beziehung *in der Ebene selbst* in Betracht gezogen.

Für die Determinante der Gleichungen (14) und (14b) (Anhang, 3) folgt

$$\delta = \begin{vmatrix} \cos\alpha, & -\sin\alpha \\ \sin\alpha, & \cos\alpha \end{vmatrix} = 1 \quad \text{und} \quad \delta = \begin{vmatrix} \cos\alpha, & \sin\alpha \\ \sin\alpha, & -\cos\alpha \end{vmatrix} = -1 .$$

Darin kommt der Gegensatz beider Transformationen analytisch zum Ausdruck.

Auch in dem Falle, daß *beide* Achsensysteme schiefwinklig sind, können wir das Resultat unmittelbar aus dem Projektionssatz von S. 7 entnehmen. Seien wieder x, y und x', y' die Koordinaten von P[1]), so sind jetzt x und y die Parallelprojektionen von OP auf der x- und y-Achse im Sinne von S. 9 und wieder gleich den analogen Projektionen des Streckenzuges $OQ'P$. Doch kommen diesmal nicht die Gleichungen (14), sondern die allgemeinen Formeln (12) zur Anwendung. Setzen wir insbesondere

$$\Pi(OQ', x) = a\,x', \quad \Pi(Q'P, x) = b\,y',$$
$$\Pi(OQ', y) = c\,x', \quad \Pi(Q'P, y) = d\,y',$$

wo a, b, c, d die bezüglichen Projektionskonstanten sind, so ergibt sich

(16) $$x = a\,x' + b\,y', \quad y = c\,x' + d\,y'.$$

Ganz analog findet sich

(16a) $$x' = a'x + b'y, \quad y' = c'x + d'y,$$

die Koordinaten sind also durch eine lineare Substitution miteinander verbunden.

Bemerkung. Die Koeffizienten a, b, c, d und a', b', c', d' sind durch die Achsenrichtungen bestimmt. Seien (Fig. 24) A' und B' Punkte der x'- und y'-Achse, so daß $OA' = 1$, $OB' = 1$ ist; es sind dann $x' = 1$, $y' = 0$ die x', y'-Koordinaten von A' und $x' = 0$, $y' = 1$ die x', y'-Koordinaten von B'. Für ihre x, y-Koordinaten folgt daher aus (16)

$$x = OA = a, \quad y = AA' = c,$$

und aus dem Dreieck OAA' ergibt sich nun

$$a : c : 1 = \sin(x'y) : \sin(xx') : \sin(xy).$$

Ebenso erhält man für die x, y-Koordinaten von B'

$$x = OB = b, \quad y = BB' = d,$$

und aus dem Dreieck OBB' entnimmt man

$$b : d : 1 = \sin(y'y) : \sin(xy') : \sin(xy).$$

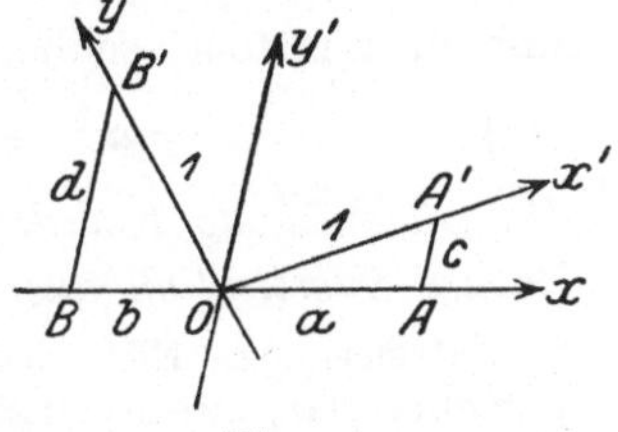

Fig. 24.

Setzen wir noch $(xy) = \omega$, so gehen die Formeln (16) über in

(16b) $$\begin{cases} \sin\omega \cdot x = \sin(x'y)\,x' + \sin(y'y)\,y', \\ \sin\omega \cdot y = \sin(xx')\,x' + \sin(xy')\,y'. \end{cases}$$

Analoges gilt für die Gleichungen (16a).

Beispiele. 1. Eine Hyperbel heißt *gleichseitig*, wenn $a = b$ ist; ihre Gleichung lautet also

$$x^2 - y^2 = a^2.$$

---

[1]) Man benutze wieder die Fig. 23.

Wir nehmen die Halbierungslinien der Koordinatenachsen als x', y'-Achsen; sie sind rechtwinklig und es sei $(x\,x') = -45°$. Man hat dann die Transformationsgleichungen

$$x = \tfrac{1}{2}\sqrt{2}\,x' + \tfrac{1}{2}\sqrt{2}\,y', \qquad y = -\tfrac{1}{2}\sqrt{2}\,x' + \tfrac{1}{2}\sqrt{2}\,y'.$$

Sie führen die Hyperbelgleichung in

$$2\,x'y' = a^2$$

über. Über die Bedeutung dieser Gleichung und der Koordinatenachsen vgl. Kap. X, § 6.

2. Mittels der Gleichungen (13) läßt sich ohne Benutzung einer Figur eine Formel für den Abstand OP für schiefwinklige Koordinaten ableiten. Man erhält

$$OP^2 = x^2 + y^2 = x'^2 + y'^2 + 2\,x'y'\,(\cos\alpha\cos\beta + \sin\alpha\sin\beta)$$
$$= x'^2 + y'^2 + 2\,x'y'\cos(x'\,y')\,.$$

Durch Anwendung auf zwei schiefwinklige Systeme folgt

$$x'^2 + y'^2 + 2\,x'y'\cos(x'y') = x''^2 + y''^2 + 2\,x''\,y''\cos(x''y''),$$

der vorstehende Ausdruck ist also wieder eine *Invariante* der Transformation.

Bei Koordinatensystemen mit verschiedenem Anfangspunkt und beliebigen Achsenrichtungen führt eine Verbindung der vorstehenden

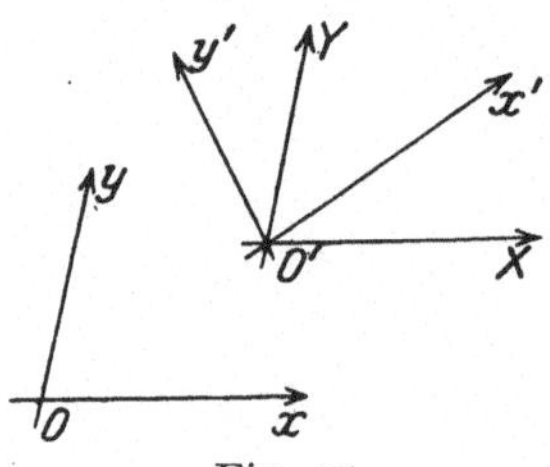

Fig. 25.

Formeln zum Ziele. Sei O' der Anfangspunkt der x', y'-Achsen. Will man die x, y-Koordinaten durch die x', y'-Koordinaten ausdrücken, so nimmt man ein X, Y-Achsensystem mit O' als Anfangspunkt zu Hilfe, das den x, y-Achsen parallel ist (Fig. 25). Dann bestehen für die x', y'- und die X, Y-Achsen Formeln der Form

$$X = a\,x' + b\,y', \quad Y = c\,x' + d\,y';$$

andererseits gelten für die x, y- und die X, Y-Koordinaten (S. 27) Formeln der Form

$$x = X + e, \quad y = Y + f,$$

und daraus folgt schließlich

$$(17) \qquad x = a\,x' + b\,y' + e, \quad y = c\,x' + d\,e' + f\,.$$

Die allgemeinste Koordinatentransformation drückt sich also durch eine lineare Substitution aus.

Bemerkung. Nicht jede lineare Substitution stellt eine Koordinatentransformation dar; ihre Koeffizienten müssen den Gleichungen (16b) genügen. Setzt man z. B. $x' = x$, $y' = 2y$, so folgt aus $x' = 0$ auch $x = 0$, ebenso aus $y' = 0$ auch $y = 0$; es muß daher die x-Achse mit der x'-Achse und die y-Achse mit der y'-Achse identisch sein. Also müßten auch die x, y- und x', y'-Koordinaten identisch sein, was nicht der Fall ist.

§ 4. Der Dreiecksinhalt[1]).

Zwei Punkte $P_1(x_1 y_1)$ und $P_2(x_2 y_2)$ bestimmen mit dem Anfangspunkt O ein Dreieck; sein Flächeninhalt $\mathfrak{F}$ ist zu berechnen, zunächst

---

[1]) Vgl. Anhang, § 1, besonders 3, 19 und das letzte Beispiel zu 17b.

für rechtwinklige Achsen. Es sei $OP_1 = r_1$, $OP_2 = r_2$. Wir legen die Flächenformel (Fig. 26)

$$2\,\mathfrak{F} = OP_1 \cdot OP_2 \cdot \sin\,(P_1 O P_2)$$

zugrunde. Hier ist

$$\sphericalangle\,(P_1 O P_2) = \sphericalangle\,(r_1 r_2) = (r_1 x) + (x r_2) = (x r_2) - (x r_1)\,,$$

wir finden also

$$2\,\mathfrak{F} = r_1 r_2 \left\{ \sin\,(x r_2)\,\cos\,(x r_1) - \cos\,(x r_2)\,\sin\,(x r_1) \right\}\,,$$

und daraus folgt gemäß S. 11

$$(18) \qquad 2\,\mathfrak{F} = x_1 y_2 - x_2 y_1 = \begin{vmatrix} x_1 & y_1 \\ x_2 & y_2 \end{vmatrix}.$$

Die rechte Seite dieser Formel ändert ihr Vorzeichen, wenn die Indizes 1 und 2, also die Punkte P_1 und P_2 vertauscht werden. *Der Dreiecksfläche legen wir deshalb ebenfalls ein Vorzeichen bei*; es entspricht dem Umstand, daß wir sie im positiven oder negativen Sinn umfahren können. Das Vorzeichen ist dasselbe wie das des Winkels $P_1 O P_2$; dem positiven Sinn des Winkels entspricht das positive, dem negativen Sinn das negative Zeichen. Wird die positive Fläche mit $\mathfrak{F}_{12}$, die negative mit $\mathfrak{F}_{21}$ bezeichnet, so ist also

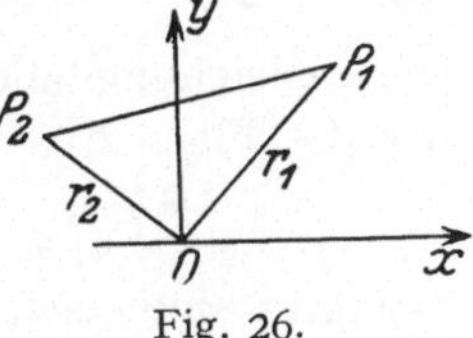
Fig. 26.

$$(19) \qquad \mathfrak{F}_{12} + \mathfrak{F}_{21} = 0\,.$$

Sind die Achsen schiefwinklig, so führen die Gleichungen (13) zum Resultat; wir haben nur die in ihnen enthaltenen Werte in die Determinante (18) einzusetzen. Zunächst wird

$$\begin{vmatrix} x_1 & y_1 \\ x_2 & y_2 \end{vmatrix} = \begin{vmatrix} x_1' \cos\,(x x') + y_1' \cos\,(x y'), & x_1' \cos\,(y x') + y_1' \cos\,(y y') \\ x_2' \cos\,(x x') + y_2' \cos\,(x y'), & x_2' \cos\,(y x') + y_2' \cos\,(y y') \end{vmatrix},$$

und daraus folgt gemäß dem Multiplikationssatz der Determinanten

$$\begin{vmatrix} x_1 & y_1 \\ x_2 & y_2 \end{vmatrix} = \begin{vmatrix} x_1' & y_1' \\ x_2' & y_2' \end{vmatrix} \cdot \begin{vmatrix} \cos\,(x x'), & \cos\,(x y') \\ \cos\,(y x'), & \cos\,(y y') \end{vmatrix}.$$

Nun ist $(x y) = \tfrac{1}{2}\pi$, also

$$(y x') = -\tfrac{1}{2}\pi + (x x') = -\tfrac{1}{2}\pi - (x' x)\,, \qquad (y y') = -\tfrac{1}{2}\pi + (x y')\,,$$

und daher erhält die Determinante der Kosinus den Wert

$$\cos\,(x' x)\,\sin\,(x y') + \cos\,(x y')\,\sin\,(x' x) = \sin\,(x' x + x y') = \sin\,(x' y')\,.$$

Für den Dreiecksinhalt ergibt sich daher

$$(20) \qquad 2\,\mathfrak{F} = \sin\,(x' y') \begin{vmatrix} x_1' & y_1' \\ x_2' & y_2' \end{vmatrix}.$$

Liege allgemeiner ein aus drei beliebigen Punkten $(x_1 y_1)$, $(x_2 y_2)$, $(x_3 y_3)$ gebildetes Dreieck vor; die Achsen seien beliebig. Wir legen durch

$(x_1 y_1)$ eine X- und Y-Achse, parallel zur x- und y-Achse, so können wir zunächst die vorstehenden Gleichungen benutzen und erhalten

$$2\mathfrak{F} = \sin(X\,Y) \begin{vmatrix} X_2 & Y_2 \\ X_3 & Y_3 \end{vmatrix}.$$

Andererseits ist gemäß (11)

$$X = x - x_1, \quad Y = y - y_1,$$

und daraus folgt weiter

$$(21) \qquad 2\mathfrak{F} = \sin(xy) \begin{vmatrix} x_2 - x_1 & y_2 - y_1 \\ x_3 - x_1 & y_3 - y_1 \end{vmatrix} = \sin(xy) \begin{vmatrix} x_1 & y_1 & 1 \\ x_2 & y_2 & 1 \\ x_3 & y_3 & 1 \end{vmatrix}.$$

Durch Entwicklung der letzten Determinante nach den Elementen der letzten Kolonne folgt schließlich

$$(21a) \qquad 2\mathfrak{F} = \sin(xy) \left\{ (x_2 y_3 - x_3 y_2) + (x_3 y_1 - x_1 y_3) + (x_1 y_2 - x_2 y_1) \right\}.$$

Diese Gleichung läßt eine einfache geometrische Deutung zu. Bezeichnen wir die Flächen der Dreiecke

$$OP_2 P_3 = \mathfrak{F}_{23}, \quad OP_3 P_1 = \mathfrak{F}_{31}, \quad OP_1 P_2 = \mathfrak{F}_{12},$$

so ergibt sich nach (20)

$$2\mathfrak{F}_{23} = \sin(xy)(x_2 y_3 - x_3 y_2), \quad 2\mathfrak{F}_{31} = \sin(xy)(x_3 y_1 - x_1 y_3),$$
$$2\mathfrak{F}_{12} = \sin(xy)(x_1 y_2 - x_2 y_1),$$

was schließlich

$$\mathfrak{F} = \mathfrak{F}_{23} + \mathfrak{F}_{31} + \mathfrak{F}_{12}$$

zur Folge hat; eine Gleichung, deren geometrische Bedeutung ersichtlich ist.

Ähnlich erhält man den Flächeninhalt $\mathfrak{F}$ eines einfachen n-Ecks, indem man von

$$\mathfrak{F} = \mathfrak{F}_{12} + \mathfrak{F}_{23} + \cdots + \mathfrak{F}_{n1}$$

ausgeht und die $\mathfrak{F}_{ik}$ durch ihre Koordinatenwerte ersetzt.

Beispiel. Das Dreieck der drei Punkte $(2, 1)$, $(3, -2)$, $(-4, -1)$ hat den Inhalt 10.

Bemerkung. Für die drei Punkte P_1, P_2, P_3 gibt es bekanntlich sechs Anordnungen entsprechend den sechs Permutationen der Indizes 1, 2, 3. Bei den zyklischen Permutationen ändert sich die in (21) enthaltene Determinante nicht; bei den anderen ändert sie ihr Vorzeichen — in Übereinstimmung mit der oben über den Dreiecksinhalt getroffenen Festsetzung.

§ 5. Doppelte Bedeutung der Transformationsformeln.

Die linearen Substitutionen der Koordinaten von § 3 lassen noch eine zweite Deutung zu. Der Ableitung nach stellen sie Koordinaten *desselben* Punktes für *verschiedene* Achsen dar, es wird sich zeigen, daß sie auch als Formeln für *verschiedene* Punkte in bezug auf *dieselben*

Achsen gedeutet werden können. Wir beginnen mit den Formeln einfachster Art,

$$(22) \qquad x = x' + a, \quad y = y' + b.$$

Die Achsen mögen beliebig sein. Die Beziehung zweier solcher Punkte $P(x,y)$ und $P'(x'y')$ zueinander ergibt sich aus Fig. 22 (S. 27), wenn man OO_1P durch einen Punkt P' zum Parallelogramm OO_1PP' ergänzt; sie zeigt dann, daß der Punkt P aus P' durch eine Schiebung (Translation) um die Strecke $OO_1 = P'P$ hervorgeht. Man sagt, daß die Formeln eine *Schiebung der Ebene* um die Strecke (den Vektor) OO_1 darstellen.

Wir gehen zu den Gleichungen

$$(23) \qquad x' = \alpha\, x, \quad y' = \beta\, y$$

über; das Achsensystem sei wieder beliebig. Man sagt, daß die Punkte P' zu den Punkten P eine *affine* Beziehung haben. Folgende Eigenschaften ergeben sich für sie ohne weiteres: 1. Bilden die Punkte P' eine Gerade g', so tun es auch die Punkte P' und umgekehrt; ist nämlich $A x' + B y' + C = 0$ die Gerade g', so erfüllen die Punkte P die Gerade $A \alpha x + B \beta y + C = 0$. Einem Dreieck entspricht also ein Dreieck[1]).

2. *Die Flächen entsprechender Figuren stehen in konstantem Verhältnis zueinander.* Sind $\mathfrak{F}$ und $\mathfrak{F}'$ die Inhalte entsprechender Dreiecke, so ist (§ 4)

$$(24) \qquad \mathfrak{F}':\mathfrak{F} = \sin(x\,y) \begin{vmatrix} x_1' & y_1' & 1 \\ x_2' & y_2' & 1 \\ x_3' & y_3' & 1 \end{vmatrix} : \sin(x\,y) \begin{vmatrix} x_1 & y_1 & 1 \\ x_2 & y_2 & 1 \\ x_3 & y_3 & 1 \end{vmatrix}.$$

Bezeichnen wir die beiden Determinanten durch D' und D, so folgt aus dem Anhang, § 1, daß $D' = \alpha\beta D$ ist; daher wird

$$(24a) \qquad \mathfrak{F}':\mathfrak{F} = \alpha\beta = \text{const}.$$

Hiermit ist die Behauptung zunächst für zwei entsprechende Dreiecke erwiesen. Daraus folgt sie (durch Zerlegung in entsprechende Dreiecke) auch für alle polygonal berandeten Figuren, und auf Grund hiervon kann sie auch für beliebige Flächenstücke geschlossen werden[2]).

3. Sind P_1, P_2, P drei Punkte einer Geraden, so bleibt das Teilungsverhältnis $(P_1 P_2 P)$ *ungeändert*; die Gleichungen (7a) gehen nämlich durch (23) in

$$\xi' = \frac{x_1' - \mu x_2'}{1 - \mu}, \quad \eta' = \frac{y_1' - \mu y_2'}{1 - \mu}$$

über. Mitte geht also in Mitte über, Schwerpunkt in Schwerpunkt.

---

[1]) Wir werden später lernen, daß einem Parallelogramm sogar ein Parallelogramm entspricht. Vgl. Kap. XII, § 3, wo die Affinität ausführlicher zur Untersuchung gelangt.

[2]) Man erkennt leicht, daß die Affinität für $\beta = \alpha$ in die Ähnlichkeit übergeht.

Beispiel. Aus der Gleichung

$$y : y' = b : a = x_1 : x$$

von S. 23 ist zu schließen, daß Kreis und Ellipse affine Figuren sind. Die Ellipsenpunkte (x, y) hängen mit den Punkten (x', y') des Kreises vom Durchmesser $2\,a$ durch die Gleichungen

$$x' = \frac{b}{a}\,x, \qquad y' = y$$

zusammen, mit den Punkten des Kreises vom Durchmesser $2b$ durch

$$x_1 = x, \qquad y_1 = \frac{a}{b}\,y\,;$$

jedes dieser Gleichungspaare hat die Form (23). Aus dem obigen Satz (2) erhält man für die Inhalte von Kreis und Ellipse

$$\mathfrak{F}_e : \mathfrak{F}_k = b : a\,,$$

und daher findet sich für den Inhalt der Ellipse der Wert $a\,b\,\pi$.

Die an die Gleichung (23) geknüpften Schlüsse bleiben bestehen, wenn wir sie allgemeiner so deuten, daß sie sich auf *verschiedene* Achsensysteme beziehen; auf ein xy-System und ein $x'y'$-System, die beliebig in der Ebene liegen sollen (Fig. 25). Auch dann noch wird durch sie jedem Punkt $P(xy)$ ein Punkt $P'(x'y')$ zugeordnet, und es bleiben die unter (1.), (2.) und (3.) genannten Sätze in Kraft. An Stelle der Gleichung (24) erscheint, wenn wir die in (24a) enthaltenen Determinanten wie oben durch D' und D bezeichnen, die Gleichung

$$(24\mathrm{b}) \qquad \mathfrak{F}' : \mathfrak{F} = \sin(x'y')\,D' : \sin(xy)\,D\,;$$

sie zeigt ebenfalls, daß $\mathfrak{F}' : \mathfrak{F}$ einen konstanten Wert hat. Die Zuordnung heißt ebenfalls eine *affine.*

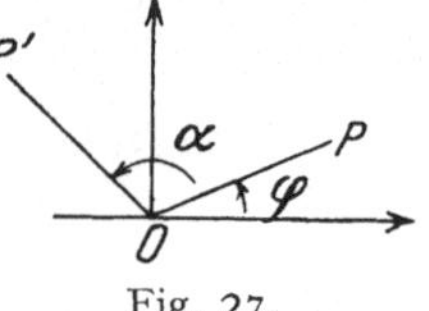

Fig. 27.

Auch den Formeln (14) von § 3 können wir eine analoge Deutung geben; sie stellen *Drehungen* um den Anfangspunkt dar. Seien die Achsen *rechtwinklig.* Wir drehen die ganze Ebene um den Anfangspunkt; dadurch gehe Punkt P in P' über, und es sei der Drehungswinkel $(OP, OP') = \alpha$. Man hat dann unmittelbar (Fig. 27)

$$(25) \qquad \begin{cases} x' = r\cos(\varphi + \alpha) = x\cos\alpha - y\sin\alpha\,, \\ y' = r\sin(\varphi + \alpha) = x\sin\alpha + y\cos\alpha\,, \end{cases}$$

und dies sind die nämlichen Formeln, die bei der Drehung der Koordinatenachsen um den Winkel $-\alpha$ auftreten.

Endlich lassen auch die Formeln (14b) eine derartige Deutung zu. Sie gehen (S. 28) aus (14) dadurch hervor, daß man y' durch $-y'$ ersetzt. Das bedeutet eine Spiegelung an der x'-Achse; sie entsprechen also einer Drehung um den Winkel α und einer nachfolgenden Spiegelung. Eine solche Transformation heißt *Umlegung*; sie kehrt den Anordnungssinn um.

Fünftes Kapitel

Die gerade Linie.

§ 1. Gleichungsformen der Geraden.

Für eine Gerade *allgemeiner* Lage haben wir in Kap. III, § 3 die Gleichungen

$$(1) \qquad \frac{x}{a} + \frac{y}{b} - 1 = 0$$

und

$$(2) \qquad A\,x + B\,y + C = 0$$

abgeleitet. Hier bedeuten a und b die Abschnitte, die die Gerade auf den Achsen abschneidet. A, B, C sind Konstanten, die beliebige Werte haben können; die Abschnitte a und b drücken sich aus ihnen durch die Formeln

$$a = -\frac{C}{A}, \quad b = -\frac{C}{B}$$

aus[1]). Die Gleichung (2) heißt die *allgemeine* Gleichung der Geraden. Eine weitere vielfach nützliche Gleichungsform ergibt sich aus der ersten Gleichung, wenn man diese in die Form

$$(3) \qquad y = m\,x + b; \quad m = -\frac{b}{a}$$

setzt; aus der Fig. 15 (S. 9) erhält man für m den Wert

$$(3\,\mathrm{a}) \qquad m = \frac{\sin(x\,g)}{\sin(g\,y)} = -\frac{\sin(x\,g)}{\sin(y\,g)}\,{}^{2)}.$$

Für rechtwinklige Koordinaten hat man einfacher nach Gleichung (1) von S. 24

$$(3\,\mathrm{b}) \qquad m = \operatorname{tg}(x\,g) = \operatorname{tg}\alpha; \quad \alpha = (x\,g).$$

Während die Gleichung (1) die Gerade durch zwei Punkte bestimmt, ist sie in Gleichung (3) durch einen Punkt und ihre Richtung festgelegt; m heißt auch *Richtungskonstante*.

Beispiel. Bei rechtwinkligen Koordinaten erhalten wir für die Gleichung $x + y - 4 = 0$ die Werte $a = 4$, $b = 4$, $m = -1$, $\alpha = 135°$.

---

[1]) Von den Werten $A = 0$, $B = 0$ ist zunächst vielfach abzusehen, ebenso von $a = 0$, $b = 0$. Die Deutung erfolgt in Kap. VIII.

[2]) Eine von der Figur unabhängige Ableitung bringt § 2.

Eine Gerade kann auch als Verbindungslinie zweier Punkte $(x_1 y_1)$ und $(x_2 y_2)$ definiert sein. Die dieser Definition entsprechende Gleichung entnehmen wir aus dem vorstehenden durch die folgenden, für das analytisch-geometrische Verfahren charakteristischen Schlüsse[1]). Sicher hat die Gleichung für gewisse noch unbekannte Werte m und b die Form

$$y = m x + b.$$

Da die Gerade durch $(x_1 y_1)$ und $(x_2 y_2)$ geht, bestehen auch die Gleichungen

$$y_1 = m x_1 + b, \quad y_2 = m x_2 + b.$$

Aus ihnen lassen sich die Werte von m und b berechnen und dann in die erste Gleichung einsetzen. Man hat also — anders ausgedrückt — m und b aus den vorstehenden drei Gleichungen zu *eliminieren*. Dazu bilden wir zunächst durch Subtraktion die Gleichungen

$$y - y_1 = m (x - x_1), \quad y - y_2 = m (x - x_2), \quad y_2 - y_1 = m (x_2 - x_1);$$

aus ihnen entsteht durch Division weiter

$$(4) \quad \frac{y - y_1}{y - y_2} = \frac{x - x_1}{x - x_2} \quad \text{oder} \quad \frac{y - y_1}{y_2 - y_1} = \frac{x - x_1}{x_2 - x_1} \quad \text{oder} \quad \frac{y - y_1}{x - x_1} = \frac{y_2 - y_1}{x_2 - x_1} (= m),$$

jede dieser Gleichungen stellt also die Gerade dar. Nach x und y geordnet erhält sie, von welcher Gleichung wir auch ausgehen, die Form

$$(4\,\text{a}) \qquad x (y_2 - y_1) - y (x_2 - x_1) + x_2 y_1 - x_1 y_2 = 0.$$

Die Bedeutung dieser letzten Umformung ist nur eine formale; sie läßt die gewonnene Gleichung als eine Gleichung ersten Grades erkennen. Dagegen drückt jede der Gleichungen (4) unmittelbar aus, daß die Gerade erstens die Punkte $(x_1 y_1)$ und $(x_2 y_2)$ enthält, und daß sie zweitens die für sie grundlegende Eigenschaft hat, die im Projektionssatz von S. 7 zum Ausdruck kommt. Sie kann auf Grund dieser Erwägung auch unmittelbar hingeschrieben werden.

Eine zweite Betrachtung, die zur Gleichung einer Geraden durch zwei Punkte führt, ist folgende. Wir gehen davon aus, die Bedingung zu suchen, daß drei Punkte $P_0 (x_0 y_0)$, $P_1 (x_1 y_1)$, $P_2 (x_2 y_2)$ auf derselben Geraden liegen, und wählen diesmal $A x + B y + C = 0$ als Gleichung der Geraden. Es ist dann, *wie die Punkte auch liegen*,

$$A x_0 + B y_0 + C = 0$$
$$A x_1 + B y_1 + C = 0$$
$$A x_2 + B y_2 + C = 0.$$

Dies sind drei homogene Gleichungen für die Größen A, B, C. Sie bestehen in der Weise, daß A, B, C Werte haben, die nicht sämtlich

---

Null sind, und daraus folgt (Anhang, 10a) die Determinantengleichung

$$(4\,\mathrm{b}) \qquad \begin{vmatrix} x_0 & y_0 & 1 \\ x_1 & y_1 & 1 \\ x_2 & y_2 & 1 \end{vmatrix} = 0$$

als gesuchte Bedingung. Lassen wir den Punkt $(x_0\,y_0)$ variabel werden, und ersetzen ihn insofern durch $(x\,y)$, so ergibt sich

$$(4\,\mathrm{c}) \qquad \begin{vmatrix} x & y & 1 \\ x_1 & y_1 & 1 \\ x_2 & y_2 & 1 \end{vmatrix} = 0$$

als Gleichung der Geraden. Die Entwicklung der Determinante liefert wiederum die Gleichung (4a). Die geometrische Bedeutung der Gleichung (4c) ist die, daß jeder Punkt (x, y) der Geraden mit den Punkten $(x_1\,y_1)$ und $(x_2\,y_2)$ eine Dreiecksfläche vom *Inhalt Null* bestimmt (S. 32).

Beispiele. 1. Die durch $(2, 3)$ und $(5, -4)$ gehende Gerade hat die Gleichung

$$\frac{y-3}{x-2} = \frac{-4-3}{5-2} = -\frac{7}{3} \quad \text{oder} \quad 7\,x + 3\,y - 23 = 0;$$

Achsenabschnitte und Richtungskonstante sind $a = \tfrac{23}{7}$, $b = \tfrac{23}{3}$, $m = -\tfrac{7}{3}$.

2. Als Gleichungen der Seiten des Dreiecks der Punkte $(2, 1)$, $(3, -2)$, $(-4, -1)$ findet man: $x + 7\,y + 11 = 0$, $3\,y - x - 1 = 0$, $3\,x + y - 7 = 0$.

3. Man bilde die Gleichungen der drei Seitenhalbierenden dieses Dreiecks (vgl. Kap. IV, Gl. 8).

Wir knüpfen nochmals an die Gleichungen (4) an. Führen wir für die erste der drei Gleichungen den Wert der beiden einander gleichen Quotienten ein, setzen also

$$\frac{y-y_1}{y-y_2} = \frac{x-x_1}{x-x_2} = k,$$

so erhalten wir daraus

$$(5) \qquad x = \frac{x_1 - kx_2}{1-k}, \quad y = \frac{y_1 - ky_2}{1-k}.$$

Dies sind dieselben Gleichungen, die wir S. 25 gefunden haben. Sie drücken (im Sinn von Kap. III, § 6) die variablen Koordinaten x, y mittels des Parameters k aus, und es ist k das Teilungsverhältnis $(P_1 P_2 P)$, das (S. 4) der Punkt (x, y) mit $(x_1\,y_1)$ und $(x_2\,y_2)$ bestimmt.

Eine allgemeinere Darstellung dieser Art ist

$$(5\,\mathrm{a}) \qquad x = \frac{a + \alpha\,t}{c + \gamma\,t}, \quad y = \frac{b + \beta\,t}{c + \gamma\,t};$$

auch ihr entsprechen alle Punkte einer Geraden. Dividiert man die Zähler und Nenner beider Quotienten durch c und setzt

$$-\frac{\gamma}{c}\,t = k, \quad \frac{a}{c} = x_1, \quad \frac{\alpha}{\gamma} = x_2, \quad \frac{b}{c} = y_1, \quad \frac{\beta}{\gamma} = y_2,$$

so erkennt man, daß die Gleichungen (5a) in (5) übergehen.

Für rechtwinklige Koordinaten bestehen insbesondere folgende Gleichungen: Sei $M(x_1\,y_1)$ ein beliebiger Punkt der Geraden. Wird dann $MP = s$ gesetzt und $(xg) = \varphi$, so folgt gemäß S. 24

$$(6) \qquad x - x_1 = s\cos\varphi, \quad y - y_1 = s\sin\varphi,$$

und es ist s der variable Parameter, der alle Werte des Kontinuums durchläuft.

§ 2. Die Hessesche Normalform.

Wir knüpfen an die Formel (10) an, die wir in Kap. IV (S. 26) für den Abstand eines Punktes (ξ, η) von einer Geraden g gefunden haben. Setzen wir abkürzend

$$(7) \qquad N(\xi, \eta) = \xi\cos(n\,x) + \eta\cos(n\,y) - \delta,$$

so können wir das dort gefundene Resultat folgendermaßen aussprechen:

Der Ausdruck $N(\xi, \eta)$ hat für alle Punkte (ξ, η) eine einheitliche Bedeutung; er stellt nach Länge und Richtung das von (ξ, η) auf die Gerade g gefällte Lot dar. Die Gerade g erscheint hier so bestimmt, daß sie von O den Abstand δ hat, während n die von O auf g gefällte Normale ist.

Liegt ein Punkt $P(x, y)$ auf der Geraden g selbst, so ist die Länge des Lotes *gleich Null* und umgekehrt. Daraus folgt, daß

$$(7\,\mathrm{a}) \qquad N(x, y) = 0 \quad \text{oder} \quad x\cos(x\,n) + y\cos(y\,n) - \delta = 0$$

die Gleichung der Geraden g ist (Hessesche Normalform).

Die so gefundene Gleichung ist von großer Wichtigkeit. Wir behandeln zunächst ihre Beziehung zu den anderen Gleichungsformen; ausgehend von den beiden Gleichungen (Fig. 21, S. 26)

$$a\cos(x\,n) = \delta, \quad b\cos(y\,n) = \delta,$$

die sich aus (14) von S. 8 ergeben. Diese Werte führen von (7a) unmittelbar zur Gleichung

$$\frac{x}{a} + \frac{y}{b} - 1 = 0.$$

Weiter erhält man für m den Wert

$$m = -\frac{b}{a} = -\frac{\cos(x\,n)}{\cos(y\,n)}.$$

Nun ist aber

$$(x\,n) = (x\,g) + (g\,n) = (x\,g) \pm \tfrac{1}{2}\pi; \quad (y\,n) = (y\,g) + (g\,n) = (y\,g) \pm \tfrac{1}{2}\pi, \,{}^{1)}$$

und daher wird (vgl. Gleichung 3a)

$$m = -\frac{\sin(x\,g)}{\sin(y\,g)} = \frac{\sin(x\,g)}{\sin(g\,y)}.$$

---

    [1]) Da die Richtung von g hier unbestimmt bleibt, ist das doppelte Zeichen nötig.

Die Beziehung der Normalform zur Gleichung

$$(8) \qquad A x + B y + C = 0$$

soll nur für rechtwinklige Achsen erörtert werden; wir behandeln die Aufgabe, die vorstehende allgemeine Gleichung einer Geraden in ihre Normalform überzuführen. Für rechtwinklige Achsen ist

$$(y\,n) = (y\,x) + (x\,n) = (x\,n) - \tfrac{1}{2}\,\pi\,;$$

setzen wir also $(x\,n) = \alpha$, so nimmt $N(x, y)$ die einfachere Form

$$(9) \qquad N(x, y) = x \cos\alpha + y \sin\alpha - \delta$$

an, und die Normalgleichung lautet

$$(9\,\mathrm{a}) \qquad x \cos\alpha + y \sin\alpha - \delta = 0\,.$$

Nun ändert sich die durch eine Gleichung gegebene Beziehung zwischen x und y nicht, wenn die Gleichung mit einer Konstanten multipliziert wird; demgemäß suchen wir Gleichung (8) so mit einer Größe λ zu multiplizieren, daß ihre linke Seite in die linke Seite von (9a), also in den Ausdruck $N(x, y)$ übergeht; dazu muß

$$(9\,\mathrm{b}) \qquad \lambda A = \cos\alpha, \quad \lambda B = \sin\alpha, \quad \lambda C = -\delta$$

werden. Dies geschieht, wenn $\lambda^2 (A^2 + B^2) = 1$ ist, also ergibt sich

$$(10) \quad \cos\alpha = \frac{A}{\sqrt{A^2 + B^2}}\,, \quad \sin\alpha = \frac{B}{\sqrt{A^2 + B^2}}\,, \quad -\delta = \frac{C}{\sqrt{A^2 + B^2}}\,.$$

Hier ist nur noch das Vorzeichen der Wurzel zu bestimmen. Da $\delta > 0$, also $\lambda C < 0$ ist, hat man der Wurzel das umgekehrte Vorzeichen von dem zu geben, das C besitzt.

Für $N(x, y)$ findet sich also der Wert

$$(11) \qquad N(x, y) = \frac{A x + B y + C}{\sqrt{A^2 + B^2}}\,,$$

und die Normalgleichung, die der Gleichung (8) entspricht, ist

$$(12) \qquad \frac{A x + B y + C}{\sqrt{A^2 + B^2}} = 0\,.$$

Bemerkung. Geht die Gerade durch den Anfangspunkt, so verliert die Festsetzung über das Vorzeichen der Wurzel ihren Inhalt. An sich kann man dann das Zeichen noch beliebig wählen; es wird dadurch die Richtung der Normale n festgelegt. Sollte diese Richtung bereits festgelegt sein, so ist dadurch auch das Zeichen der Wurzel bestimmt. Soll also im folgenden Beispiel die Festsetzung für alle Geraden $b \geq 0$ und $b \leq 0$ gleichmäßig sein, so muß für $b = 0$ die Wurzel in beiden Fällen das nachstehend genannte Vorzeichen haben.

Vielfach wird auch g gerichtet angenommen und dann n durch $\sphericalangle(n\,g) = \tfrac{1}{2}\pi$ bestimmt.

Beispiele. 1. Für die Gleichung $y = m x + b$ lautet die Normalform

$$\frac{m x - y + b}{\sqrt{1 + m^2}} = 0\,; \quad \cos\alpha = \frac{m}{\sqrt{1 + m^2}}\,, \quad \sin\alpha = \frac{-1}{\sqrt{1 + m^2}}\,,$$

wo die Wurzel positiv oder negativ ist, je nachdem b negativ oder positiv ist.

2. Das vom Punkte (ξ, η) auf die Gerade $4x - 5y + 2 = 0$ gefällte Lot zu bestimmen. Die Normalform lautet

$$-\frac{1}{\sqrt{41}}\,(4x - 5y + 2) = 0; \quad \sqrt{41} > 0,$$

das Lot hat also die Länge

$$l = -\frac{1}{\sqrt{41}}\,(4\xi - 5\eta + 2).$$

Der Halbstrahl n ist durch $\cos\alpha = -4 : \sqrt{41}$, $\sin\alpha = 5 : \sqrt{41}$ bestimmt; er fällt also in den zweiten Quadranten.

3. Die Höhen des Dreiecks vom Beispiel 2 (§ 1) haben die Längen $2\sqrt{2}$, $\sqrt{10}$, $2\sqrt{10}$; der Anfangspunkt liegt innerhalb des Dreiecks.

§ 3. Zwei Gerade.

Seien g und g' zwei verschiedene Geraden und

$$(13) \qquad A\,x + B\,y + C = 0, \quad A'x + B'y + C' = 0$$

ihre Gleichungen. Ihr Winkel bestimmt sich geometrisch durch

$$(g\,g') = (g\,x) + (x\,g') = (x\,g') - (x\,g),$$

woraus

$$\operatorname{tg}(g\,g') = \frac{\operatorname{tg}(x\,g') - \operatorname{tg}(x\,g)}{1 + \operatorname{tg}(x\,g)\,\operatorname{tg}(x\,g')}$$

folgt[1]). Für rechtwinklige Achsen ist insbesondere

$$\operatorname{tg}(x\,g) = m = -\frac{A}{B}, \quad \operatorname{tg}(x\,g') = m' = -\frac{A'}{B'},$$

und so folgt weiter

$$(14) \qquad \operatorname{tg}(g\,g') = \frac{m' - m}{1 + m\,m'} = \frac{A\,B' - B\,A'}{A\,A' + B\,B'}.$$

Für die Orthogonalität $(g \perp g')$ ergeben sich also die Gleichungen

$$(15) \qquad 1 + m\,m' = 0; \quad A\,A' + B\,B' = 0,$$

für den Parallelismus $(g \parallel g')$ ist

$$(16) \qquad m = m'; \quad A\,B' - B\,A' = 0; \quad A : B = A' : B'.$$

Diese Gleichungen gelten für beliebige A, B, A', B'.

Beispiele. 1. Die Gleichung einer Geraden g' aufzustellen, die durch einen Punkt $(x_1 y_1)$ geht und zu einer Geraden g parallel oder senkrecht ist. Ist die Gerade g in der Form $Ax + By + C = 0$ gegeben, so wird man für g' die Gleichung

$$A'x + B'y + C' = 0$$

ansetzen; da der Punkt $(x_1 y_1)$ auf ihr liegen soll, hat man zunächst auch

$$A'x_1 + B'y_1 + C' = 0$$

und erhält durch Subtraktion

$$A'(x - x_1) + B'(y - y_1) = 0.\ [2])$$

---

[1]) Da g und g' keine gerichteten Geraden sind, so kommt nur ein Winkel $(g\,g') < \pi$ in Frage.

[2]) Man kann diese Gleichung auch unmittelbar ansetzen, auf Grund davon, daß sie 1. vom ersten Grad in x und y ist, und 2. für die Werte x_1, y_1 erfüllt ist.

Ist nun $g' \| g$, so ist $A':B' = A:B$; ist $g' \perp g$, so ist $A':B' = -B:A$, und daher hat die gesuchte Gerade im einen und anderen Falle die Gleichung

$$A(x - x_1) + B(y - y_1) = 0; \quad B(x - x_1) - A(y - y_1) = 0.$$

Ist die Gerade g als Verbindungslinie zweier Punkte (a, b) und $(a_1\, b_1)$ gegeben, so schließt man nach (4) folgendermaßen: Für die Gerade g ist $m = (b_1 - b):(a_1 - a)$. Ist also $g' \| g$, so hat man $m' = m$, ist $g' \perp g$, so hat man $m\, m' + 1 = 0$ und erhält als Gleichung von g direkt

$$\frac{y - y_1}{x - x_1} - \frac{b_1 - b}{a_1 - a} = 0 \quad \text{und} \quad \frac{y - y_1}{x - x_1} + \frac{a_1 - a}{b_1 - b} = 0.$$

2. Die Höhen des im Beispiel 3 von § 1 benutzten Dreiecks haben die Gleichungen

$$7x - y - 13 = 0, \quad 3x + y - 7 = 0, \quad 3y - x + 1 = 0,$$

das Dreieck ist also rechtwinklig.

Werde jetzt angenommen, daß uns die Beziehung der beiden durch (13) gegebenen Geraden ganz unbekannt ist. Es sind dann an sich folgende drei Fälle möglich. Sie haben keinen im Endlichen gelegenen Punkt gemein, oder einen, oder zwei und damit alle. Wir wollen die analytischen Bedingungen dafür ableiten. Ist $(x_0\, y_0)$ ein gemeinsamer Punkt beider Geraden, so ist x_0, y_0 gemeinsames Lösungssystem der Gleichungen (13), und es ist (Anhang, § 1)

$$(17) \qquad x_0 : y_0 : 1 = \begin{vmatrix} B & C \\ B' & C' \end{vmatrix} : \begin{vmatrix} C & A \\ C' & A' \end{vmatrix} : \begin{vmatrix} A & B \\ A' & B' \end{vmatrix}.$$

Von den drei hier auftretenden Determinanten hängt das Eintreten der drei genannten Fälle ab. Seien zunächst alle drei Determinanten gleich Null. Dann folgt

$$A': A = B': B = C': C.$$

Ist also μ der gemeinsame Wert dieser Quotienten, so daß

$$A' = \mu A, \quad B' = \mu B, \quad C' = \mu C$$

ist, so geht die zweite der Gleichungen (13) aus der ersten durch Multiplikation mit μ hervor, und die zugehörigen Geraden sind identisch. *Die Gleichungen (13) stellen also dann und nur dann dieselbe Gerade dar, wenn die linke Seite der einen durch Multiplikation mit einem gewissen Faktor in die linke Seite der anderen übergeht.*

Sind die Geraden nicht identisch, so können dem vorstehenden gemäß nicht alle drei Determinanten Null sein. Es ist dann zu unterscheiden, ob

$$AB' - BA' \gtrless 0 \quad \text{oder} \quad AB' - BA' = 0$$

ist. Im ersten Fall geben die Gleichungen (17) einen im Endlichen gelegenen Punkt $(x_0\, y_0)$; im zweiten Fall jedoch nicht. Wie wir soeben sahen, sind g und g' dann parallel; gemäß S. 25 haben sie alsdann ihren uneigentlichen (unendlichfernen) Punkt gemein. Insbesondere sind also die Geraden $Ax + By + C = 0$, $Ax + By + C' = 0$ für $C \gtrless C'$ einander parallel. Demgemäß gibt es also für zwei *verschiedene*

Geraden stets einen gemeinsamen Punkt, der im Endlichen wie im Unendlichen liegen kann[1]).

Bemerkung. Sind alle Koeffizienten A, B, C, A', B', C' von Null verschieden, und sind zwei der in (17) stehenden Determinanten Null, so ist es auch die dritte. Ein Beispiel, daß nur eine einzelne Determinante von Null verschieden sein kann, ist folgendes. Für die Geraden

$$Ax + C = 0, \quad A'x + C' = 0$$

ist $B = 0$ und $B' = 0$, also sind es auch die beiden Determinanten, die B und B' enthalten. Ist auch $AC' - A'C = 0$, so fallen beide Geraden zusammen; ist $AC' - A'C \gtrless 0$, so haben sie nur ihren unendlich fernen Punkt gemein.

§ 4. Das Geradenbüschel.

Durch den Schnittpunkt zweier Geraden g und g' gehen unendlich viele Geraden; sie bilden ein *Geradenbüschel* oder *Strahlenbüschel*. Sind die Geraden g und g' wieder durch die Gleichungen (13) gegeben, so wird *jede von g und g' verschiedene Gerade des Büschels durch*

$$(18) \qquad Ax + By + C + \lambda\,(A'x + B'y + C') = 0$$

dargestellt, wo λ einen endlichen Wert $\gtrless 0$ bedeutet.

Wir zeigen zuerst, daß der Gleichung (18) für jeden solchen Wert von λ eine Gerade durch den Schnittpunkt (g, g') entspricht. Zunächst ist sie nämlich eine Gleichung ersten Grades; sie hat, nach x und y geordnet, die Form

$$(18a) \qquad (A + \lambda A')\,x + (B + \lambda B')\,y + (C + \lambda C') = 0\,.$$

Ist ferner $(x_0 y_0)$ der Schnittpunkt von g und g', der zunächst im Endlichen liege, so ist sowohl

$$Ax_0 + By_0 + C = 0 \quad \text{wie} \quad A'x_0 + B'y_0 + C' = 0;$$

daher hat auch die linke Seite von (18) für die Koordinaten x_0, y_0 den Wert Null, und die entsprechende Gerade geht durch $(x_0 y_0)$ hindurch.

Zweitens läßt sich die Zahl λ so bestimmen, daß die Gleichung (18) eine *beliebige* von g und g' verschiedene Gerade durch $(x_0 y_0)$ darstellt. Eine solche ist so bestimmbar, daß sie noch einen von $(x_0 y_0)$ verschiedenen Punkt $(x_1 y_1)$ enthält. Es muß dann auch

$$Ax_1 + By_1 + C + \lambda\,(A'x_1 + B'y_1 + C') = 0$$

sein, also

$$(19) \qquad \lambda = -\,\frac{Ax_1 + By_1 + C}{A'x_1 + B'y_1 + C'}\,,$$

---

[1]) Die Auffassung, daß zwei parallele Geraden ihren uneigentlichen Punkt gemein haben, liegt durchaus im Sinne der Anschauung. Sehen wir in der einen oder anderen Richtung längs zweier Eisenbahnschienen, so erscheinen sie beidemal 1. konvergierend und 2. ohne gemeinsamen Punkt; gerade dem tut die Einführung *eines* uneigentlichen Punktes Genüge. Man sagt auch, daß man die mathematische Gerade als eine geschlossene, das Unendliche durchziehende Linie aufzufassen habe. Diese hier zuerst auftretende Notwendigkeit wird uns im Kap. XII, § 2 erneut begegnen.

womit der fragliche Wert $\lambda \gtrless 0$ bestimmt ist. Den Werten $\lambda = 0$ und $\lambda = \infty$ entsprechen insbesondere die Geraden g und g' selbst. Das letzte bedeutet, daß man λ zunächst durch $1/\mu$ ersetzt; dem Wert $\mu = 0$ entspricht dann die Gerade g', also auch dem Wert $\lambda = \infty$. In diesem Sinn soll der Parameterwert $\lambda = \infty$ in diesem Lehrbuch angewendet werden[1]).

Der Parameter λ hat die folgende einfache Bedeutung (Fig. 28). Sei h die durch (18) dargestellte Gerade und (x, y) einer ihrer Punkte. Von ihm fällen wir die Lote l und l' auf die Geraden g und g', dann hat man einerseits

$$ l : l' = \sin(g\,h) : \sin(g'h), $$

andererseits folgt aus § 2 (S. 39)

$$ l = \frac{Ax + By + C}{\sqrt{A^2 + B^2}}, \quad l' = \frac{A'x + B'y + C'}{\sqrt{A'^2 + B'^2}}. $$

Nun besteht für den Punkt (xy) die Gleichung (18); führen wir in sie l und l' mittels der vorstehenden Gleichungen ein, so ergibt sich

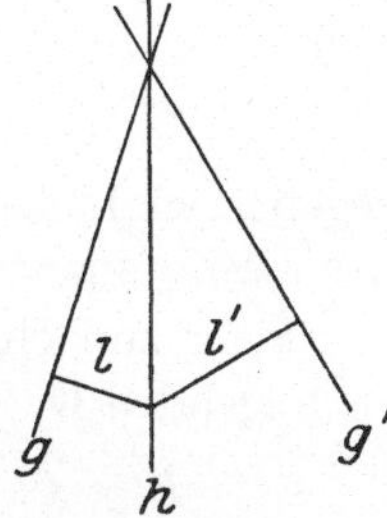

Fig. 28.

$$ l\sqrt{A^2 + B^2} + \lambda\, l' \sqrt{A'^2 + B'^2} = 0, $$

also

$$ (20) \qquad \lambda = -\frac{l}{l'}\, \frac{\sqrt{A^2 + B^2}}{\sqrt{A'^2 + B'^2}} = -\frac{\sqrt{A^2 + B^2}}{\sqrt{A'^2 + B'^2}} \cdot \frac{\sin(g\,h)}{\sin(g'\,h)}. $$

Die Winkel $(g\,h)$ und $(g'\,h)$ sind dadurch eindeutig definiert, daß jeder absolut genommen kleiner als π ist.

Liegen die Gleichungen der beiden Geraden in der Normalform

$$ N(x, y) = 0 \quad \text{und} \quad N'(x, y) = 0 $$

vor, so erhält man einfacher

$$ (21) \qquad \lambda = -\frac{\sin(g\,h)}{\sin(g'h)}, $$

und wenn man insbesondere noch $(g\,g') = \tfrac{1}{2}\pi$ voraussetzt,

$$ (21\,\mathrm{a}) \qquad \lambda = \operatorname{tg}(g\,h). $$

Das hier auftretende Verhältnis $\sin(g\,h) : \sin(g'h)$ soll das *Teilungsverhältnis* der Strahlen g, g', h heißen und durch $(g\,g'h)$ bezeichnet werden.

Es ist noch der Fall $g \,\|\, g'$ zu erledigen. Dann können wir (18) in die Form

$$ Ax + By + C + \lambda(Ax + By + C') = 0 $$

setzen, und (18a) lautet:

$$ A(1 + \lambda)x + B(1 + \lambda)y + C + \lambda C' = 0. $$

Sie stellt eine zu g und g' parallele Gerade dar, und der Satz ist wiederum bewiesen.

---

[1]) Will man den Wert $\lambda = \infty$ umgehen, so wird man (18) in der Form $\lambda'(Ax + By + C) + \lambda(Ax + By + C) = 0$ schreiben, dann werden g und g' durch $\lambda = 0$, $\lambda' = 0$ geliefert. Das Verhältnis von $\lambda : \lambda'$ gibt die Werte des Textes.

§ 5. Drei Gerade.

Drei voneinander verschiedene Geraden g, g', g'' gehen entweder durch denselben Punkt (1), oder sie besitzen drei voneinander verschiedene Schnittpunkte (2). Sind die Geraden nicht alle verschieden, so fallen entweder zwei zusammen (3) oder alle drei (4). Es sollen die analytischen Bedingungen für diese vier Fälle gefunden werden, wenn die Geraden durch die Gleichungen

$$(22) \qquad \begin{cases} Ax \ + By \ + C = 0 \\ A'x \ + B'y \ + C' = 0 \\ A''x + B''y + C'' = 0 \end{cases}$$

gegeben sind. Die Untersuchung stützt sich auf ausgiebige Benutzung der Determinanteneigenschaften.

Seien zunächst die drei Geraden verschieden. Wir erinnern zunächst an folgenden Determinantensatz (Anhang, 15 a). Setzen wir abkürzend

$$\begin{vmatrix} B' & C' \\ B'' & C'' \end{vmatrix} = \alpha, \qquad \begin{vmatrix} C' & A' \\ C'' & A'' \end{vmatrix} = \beta, \qquad \begin{vmatrix} A' & B' \\ A'' & B'' \end{vmatrix} = \gamma,$$

so gestattet die Determinante D der Gleichungen (22) die Darstellung

$$(23) \qquad D = \begin{vmatrix} A & B & C \\ A' & B' & C' \\ A'' & B'' & C'' \end{vmatrix} = A\alpha + B\beta + C\gamma.$$

Sei nun $(x_0\, y_0)$ der gemeinsame Punkt von g' und g''. Er ergibt sich durch Auflösung der beiden letzten Gleichungen (22); d. h. es ist

$$x_0 : y_0 : 1 = \begin{vmatrix} B' & C' \\ B'' & C'' \end{vmatrix} : \begin{vmatrix} C' & A' \\ C'' & A'' \end{vmatrix} : \begin{vmatrix} A' & B' \\ A'' & B'' \end{vmatrix} = \alpha : \beta : \gamma.$$

Wir nehmen zunächst an, daß er im Endlichen enthalten ist. Soll er auch auf der Geraden g liegen, so muß $Ax_0 + By_0 + C = 0$ sein; gemäß (23) ist also notwendig

$$(23\,a) \qquad D = A\alpha + B\beta + C\gamma = 0.$$

Liegt der Punkt $(x_0\, y_0)$ nicht im Endlichen, so sind g' und g'' parallel; sollen also g, g', g'' durch denselben Punkt gehen, so heißt dies $g \,\|\, g' \,\|\, g''$, also

$$A : B = A' : B' = A'' : B'',$$

und es folgt ebenfalls $D = 0$ (Anhang, 14).

Ist also $D \gtrless 0$, so können g, g', g'' *nicht* durch denselben Punkt gehen. Die Gleichung $D = 0$ bildet daher die *notwendige* Bedingung dafür, daß drei verschiedene Geraden durch einen und denselben Punkt gehen.

Die Bedingung ist aber auch hinreichend. Werde also jetzt $D = 0$ vorausgesetzt, und sei zunächst wieder $(x_0\, y_0)$ der gemeinsame im

Endlichen enthaltene Punkt von g' und g'', also

$$x_0 : y_0 : 1 = \alpha : \beta : \gamma \,.$$

Hier ist γ *nicht* Null. Aus $D = 0$ folgt demnach weiter

$$A\alpha + B\beta + C\gamma = 0, \quad \text{also auch} \quad Ax_0 + By_0 + C = 0,$$

und damit ist $(x_0 y_0)$ als Punkt der Geraden g erwiesen.

Ist aber $g' \parallel g''$, und nimmt man

$$A'x + B'y + C' = 0, \quad A'x + B'y + C'' = 0$$

als Gleichungen von g' und g'', so ist

$$\alpha = B'(C'' - C'), \quad \beta = A'(C' - C''), \quad \gamma = 0,$$

und aus (23) folgt $AB' - BA' = 0$, also $g \parallel g' \parallel g''$.

Die Fälle (3) und (4) erledigen sich folgendermaßen. Möge im Fall (3) g' mit g'' identisch sein, so ist

$$\alpha = 0, \quad \beta = 0, \quad \gamma = 0;$$

also ist auch wieder $D = 0$. Die Determinante verschwindet daher jetzt in der Weise, daß zugleich die drei Unterdeterminanten α, β, γ der ersten Zeile den Wert Null haben. Dies gilt auch wieder umgekehrt. Ist $D = 0$ und $\alpha = 0$, $\beta = 0$, $\gamma = 0$, so folgt zunächst, daß g' mit g'' identisch ist, und es gibt daher notwendig mindestens einen Punkt, den g mit diesen Geraden gemein hat.

Im Fall (4) sind alle drei Geraden identisch; es sind daher die Unterdeterminanten *aller drei* Zeilen, also

$$\alpha, \beta, \gamma, \quad \alpha', \beta', \gamma', \quad \alpha'', \beta'', \gamma''$$

sämtlich gleich Null und naturgemäß auch D selbst. Beachtet man endlich, daß die drei Geraden nicht sämtlich identisch sind, wenn auch nur eine Unterdeterminante einer der drei Zeilen von Null verschieden ist, so folgt schließlich das folgende Gesamtresultat.

Dann und nur dann, wenn $D = 0$ ist, gibt es mindestens einen gemeinsamen (eigentlichen oder uneigentlichen) Punkt der drei Geraden g, g', g''. Die Unterdeterminanten von D können entweder für keine Zeile sämtlich verschwinden, oder für eine, oder für alle drei. Im ersten Fall sind alle drei Geraden verschieden, im zweiten Fall sind zwei Geraden identisch, im dritten alle drei.

Beispiel. Die drei Geraden

$$3x - 4y + 1 = 0, \quad 2x + y - 3 = 0, \quad x - 5y + 4 = 0$$

gehen durch einen Punkt. Wird in der zugehörigen Determinante die zweite und dritte Zeile von der ersten subtrahiert, so ergibt sich

$$\begin{vmatrix} 3 & -4 & 1 \\ 2 & 1 & -3 \\ 1 & -5 & 4 \end{vmatrix} = \begin{vmatrix} 0 & 0 & 0 \\ 2 & 1 & -3 \\ 1 & -5 & 4 \end{vmatrix} = 0\,.$$

Keine zwei der drei Geraden fallen zusammen, da die Koeffizienten für keine zwei proportional sind.

§ 6. Die Identität für drei Gerade.

Für drei durch denselben Punkt laufende Geraden besteht noch ein zweiter wichtiger Satz. Wir setzen die Eigenschaft, auf die es ankommt, zuerst an einem Zahlenbeispiel in Evidenz. Die drei Geraden g, g', g'' des vorstehenden Beispiels haben die Gleichungen

$$3x - 4y + 1 = 0, \quad 2x + y - 3 = 0, \quad x - 5y + 4 = 0.$$

Als Schnittpunkt der Geraden g' und g'' ergibt sich der Punkt $(1, 1)$. Nun erfüllen die linken Seiten der drei Gleichungen offenbar die Relation

$$(24) \qquad 3x - 4y + 1 = (2x + y - 3) + (x - 5y + 4),$$

und zwar in dem Sinn, daß die rechte Seite durch Umordnung in die linke übergeht, daß also die Relation für *alle* Werte von x und y richtig ist[1]). Beide Seiten nehmen daher für *jedes* Wertepaar x, y denselben Zahlenwert an. Für den Punkt $(1, 1)$ haben beide linearen Ausdrücke der rechten Seite den Wert Null, also auch ihre Summe, und daher auch die linke Seite. Auf diese Weise läßt sich also folgern, daß die Gerade g durch $(1, 1)$ geht.

Bezeichnen wir die obigen drei linearen Ausdrücke allgemeiner durch

$$G(x, y), \quad G'(x, y), \quad G''(x, y),$$

so daß also

$$G(x, y) = 0, \quad G'(x, y) = 0, \quad G''(x, y) = 0$$

die Gleichungen der Geraden g, g', g'' sind, so nimmt die Gleichung (24) die Gestalt

$$(24\,\text{a}) \qquad G(x, y) = G'(x, y) + G''(x, y)$$

an, und es gilt von ihr wieder folgendes: 1. Die linke Seite stellt nur eine Umordnung der rechten Seite dar; 2. die linke Seite hat für *jedes* Wertepaar x, y denselben Wert wie die rechte; 3. nehmen insbesondere $G'(x, y)$ und $G''(x, y)$ für (x_0, y_0) den Wert Null an, so tut es auch $G(x, y)$. Man sagt, daß die Gleichung (24a) *identisch* erfüllt ist, und schreibt sie, um dies hervortreten zu lassen, auch in der Form

$$(24\,\text{b}) \qquad G(x, y) \equiv G'(x, y) + G''(x, y) \, .$$

Aus ihr folgt noch

$$G(x, y) - G'(x, y) - G''(x, y) \equiv 0,$$

und zwar wieder in dem Sinn, daß sich links bei der Umordnung und Zusammenfassung alles gegeneinander weghebt.

Die Verallgemeinerung hiervon führt zu folgendem Satz:

Seien $G(x, y) = 0$, $G'(x, y) = 0$, $G''(x, y) = 0$ die Gleichungen dreier verschiedener Geraden, so gehen sie dann und nur dann durch einen und denselben Punkt, wenn es drei von Null verschiedene Zahlen λ, λ', λ'' gibt, so daß $\lambda G + \lambda' G' + \lambda'' G''$ identisch gleich Null ist[2]).

---

[1]) Ebenso wie z. B. $(x - y)(x + y) = x^2 - y^2$.

[2]) In abgekürzter Schreibweise wird G statt $G(x, y)$ gesetzt.

Werde zunächst die Gleichung

$$(25) \qquad \lambda G + \lambda'G' + \lambda''G'' \equiv 0$$

als bestehend angenommen; wir setzen sie in die Form

$$\lambda''G'' \equiv - \lambda G - \lambda'G'.$$

Dann haben wieder linke und rechte Seite für jedes Wertepaar x, y denselben Wert; und wenn insbesondere die rechte für ein Wertepaar x, y gleich Null ist, so ist es auch die linke. Die Gleichungen

$$G''(x, y) = 0 \quad \text{und} \quad \lambda G(x, y) + \lambda'G'(x, y) = 0$$

sind daher für dieselben Werte (x, y) erfüllt und also Gleichungen *derselben* Geraden. Die erste Gleichungsform zeigt, daß es die Gerade g'' ist, die zweite, daß diese Gerade durch den Schnitt von g und g' geht; und das war zu beweisen.

Weiß man umgekehrt, daß g'' durch den Schnitt von g und g' geht, so läßt sich (S. 42) ihre Gleichung für geeignetes $\lambda' \gtrless 0$ in die Form

$$G(x, y) + \lambda'G'(x, y) = 0$$

setzen. Diese Gleichung stellt also dieselbe Gerade dar wie $G''(x, y) = 0$. Die linken Seiten können sich daher nur um einen konstanten Faktor unterscheiden (S. 41); es gibt also eine geeignete Zahl (sie heiße $-\lambda''$), so daß

$$- \lambda''G''(x, y) \equiv G(x, y) + \lambda'G'(x, y)$$

ist, oder aber

$$G + \lambda'G' + \lambda''G'' \equiv 0,$$

und das ist die Behauptung.

Beispiel. Man wähle die Seiten OA und OB eines Dreiecks als Koordinatenachsen. Ist $OA = 2a$, $OB = 2b$, so haben die drei Seitenhalbierenden die Gleichungen

$$\frac{x}{2a} + \frac{y}{b} - 1 = 0, \quad \frac{x}{a} + \frac{y}{2b} - 1 = 0, \quad \frac{x}{a} - \frac{y}{b} = 0;$$

werden sie mit $+1$, -1, $+\frac{1}{2}$ multipliziert und addiert, so hebt sich links alles weg, und die Summe ist identisch Null. Sie gehen also durch einen Punkt.

Das Gegenstück hierzu bildet der folgende Satz: *Sind*

$$G = 0, \quad G' = 0, \quad G'' = 0$$

die Gleichungen von drei Geraden, die ein Dreieck bilden, und ist $H = 0$ die Gleichung irgendeiner Geraden h, so besteht für geeignete Werte $\alpha, \alpha', \alpha''$ die identische Relation

$$(26) \qquad H \equiv \alpha G + \alpha'G' + \alpha''G''.$$

Die Gleichung $H = 0$ laute ausführlicher

$$H \equiv h_1 x + h_2 y + h_3 = 0.$$

Soll dann die Identität (26) bestehen, so müssen sich die $\alpha, \alpha', \alpha''$ aus den Gleichungen

$$h_1 = \alpha A + \alpha' A' + \alpha'' A'', \quad h_2 = \alpha B + \alpha' B' + \alpha'' B'',$$
$$h_3 = \alpha C + \alpha' C' + \alpha'' C''$$

als endliche Größen bestimmen lassen. Da hier die Determinante (23) nicht Null ist, so ist dies der Fall, und der Satz ist bewiesen.

Man kann die gewonnene Relation formal vereinfachen. Führen wir die Bezeichnungen

$$\alpha G \equiv G_1, \quad \alpha' G' \equiv G_2, \quad \alpha'' G'' \equiv G_3, \quad H \equiv - H_1$$

ein, so geht (26) in

$$(26\mathrm{a}) \qquad\qquad G_1 + G_2 + G_3 + H_1 \equiv 0$$

über, und es sind $G_1 = 0$, $G_2 = 0$, $G_3 = 0$, $H_1 = 0$ die Gleichungen der vier Geraden.

§ 7. Die Schnittpunktsätze für das Dreieck.

Wir stützen uns auf das folgende in § 2 gefundene Resultat: Seien g_1 und g_2 zwei Geraden, $N_1(x, y) = 0$ und $N_2(x, y) = 0$ ihre Normalgleichungen, $(\xi\,\eta)$ ein beliebiger Punkt, und l_1 und l_2 die von ihm auf g_1 und g_2 gefällten Lote, so ist

$$l_1 = N_1(\xi\,\eta) \quad\text{und}\quad l_2 = N_2(\xi\,\eta)\,.$$

Hiervon machen wir zunächst in der Weise Anwendung, daß wir $(\xi\,\eta)$ auf einer der beiden Halbierungslinien w' und w'' des Winkels $(g_1\,g_2)$ annehmen; für jeden solchen Punkt $(\xi\,\eta)$ sind l_1 und l_2 absolut genommen einander gleich; sie haben (Fig. 29) für den Winkelraum I, der den Anfangspunkt enthalten soll, und seinen Scheitelraum II dasselbe Vorzeichen, für die Winkelräume III und IV entgegengesetztes. Im ersten Fall ist also $l_1 - l_2 = 0$, im zweiten $l_1 + l_2 = 0$. Setzen wir hier die obigen Werte ein, so folgt, daß alle Punkte $(\xi\,\eta)$, für die

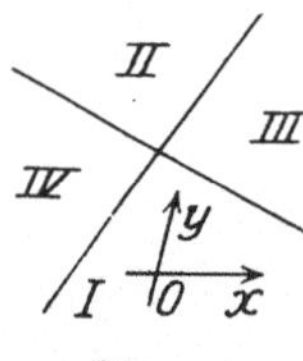

Fig. 29.

$$(27) \qquad N_1(\xi\,\eta) - N_2(\xi\,\eta) = 0 \quad\text{oder}\quad N_1(\xi\,\eta) + N_2(\xi\,\eta) = 0$$

ist, die Halbierungslinie w' der Winkel I und II und die Halbierungslinie w'' von III und IV erfüllen. *Es stellen also*

$$(27\mathrm{a}) \qquad\qquad N_1 - N_2 = 0 \quad\text{und}\quad N_1 + N_2 = 0$$

die beiden Halbierungslinien der Winkel $(g_1\,g_2)$ *dar.*

Seien nun g_1, g_2, g_3 die drei Geraden eines Dreiecks und

$$N_1 = 0, \quad N_2 = 0, \quad N_3 = 0$$

ihre Normalgleichungen; wir nehmen an, daß der Anfangspunkt im

Innern des Dreiecks enthalten ist. Dann sind nach dem Vorstehenden

$$N_1 - N_2 = 0, \quad N_2 - N_3 = 0, \quad N_3 - N_1 = 0$$

die Gleichungen der drei Winkelhalbierenden, und

$$N_1 + N_2 = 0, \quad N_2 + N_3 = 0, \quad N_3 + N_1 = 0$$

die Gleichungen der Halbierenden der drei Außenwinkel. Nun ist

$$(N_1 - N_2) + (N_2 - N_3) + (N_3 - N_1) \equiv 0,$$

und damit ist bewiesen, daß *die drei Winkelhalbierenden durch einen Punkt gehen.* Analog hat man

$$(N_1 + N_2) - (N_2 + N_3) + (N_3 - N_1) \equiv 0$$
$$(N_2 + N_3) - (N_3 + N_1) + (N_1 - N_2) \equiv 0$$
$$(N_3 + N_1) - (N_1 + N_2) + (N_2 - N_3) \equiv 0,$$

und folgert ebenso, daß *die Halbierungslinien zweier Außenwinkel und des dritten inneren Winkels ebenfalls durch je einen Punkt gehen.*

Auf Grund des Vorstehenden gelangt man zu folgenden weiteren Sätzen. Die Gleichung

$$N_1 + N_2 + N_3 = 0$$

ist eine Gleichung ersten Grades, stellt also eine Gerade dar. Offenbar geht sie durch den Punkt, für den sowohl $N_1 + N_2 = 0$ wie auch $N_3 = 0$ ist; es ist der Punkt, in dem die Gerade g_3 von der Halbierungslinie des Außenwinkels $(g_1 g_2)$ geschnitten wird. Dasselbe gilt für die Schnittpunkte von $N_1 = 0$ mit $N_2 + N_3 = 0$ und von $N_2 = 0$ mit $N_1 + N_3 = 0$. Dies liefert den folgenden Satz: *Die Halbierungslinien der drei Außenwinkel eines Dreiecks schneiden die Gegenseiten in drei Punkten, die auf einer Geraden liegen*[1]).

Je ein analoger Satz besteht für die Gleichungen

$$N_1 + N_2 - N_3 = 0, \quad N_1 - N_2 + N_3 = 0, \quad -N_1 + N_2 + N_3 = 0$$

und die durch sie dargestellten Geraden.

Nach derselben Methode zeigt man, daß *die drei Höhen oder die drei Mittellinien durch einen Punkt gehen* (Fig. 30). Ist $(\xi\,\eta)$ ein Punkt der Höhe h_3, sind $\alpha_1, \alpha_2, \alpha_3$ die Dreieckswinkel, und l_1 und l_2 wieder die von $(\xi\,\eta)$ auf g_1 und g_2 gefällten Lote, so beweist man leicht, daß

$$l_1 : l_2 = \sin(g_1 h_3) : \sin(g_2 h_3) = \cos\alpha_2 : \cos\alpha_1$$

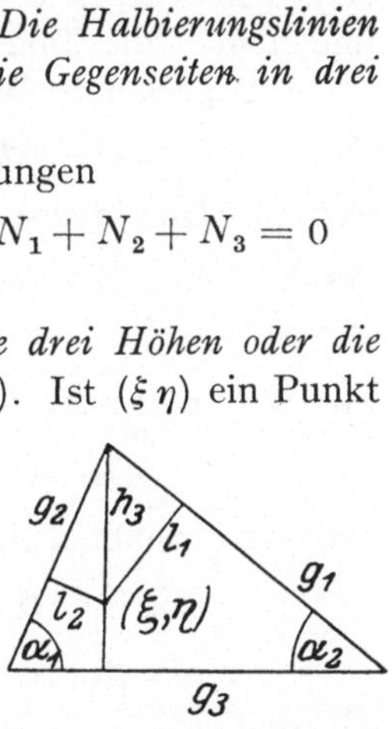

ist, und daher wird — wir nehmen wieder O innerhalb des Dreiecks an —

Fig. 30.

$$N_1 \cos\alpha_1 - N_2 \cos\alpha_2 = 0$$

die Gleichung der Höhe. Ebenso haben die anderen beiden Höhen

---

[1]) Es sind die drei äußeren Ähnlichkeitspunkte der drei äußeren Berührungskreise. Analoges gilt für die drei folgenden Geraden.

die Gleichungen

$$N_2 \cos \alpha_2 - N_3 \cos \alpha_3 = 0, \quad N_3 \cos \alpha_3 - N_1 \cos \alpha_1 = 0,$$

und die Summe der linken Seiten dieser drei Gleichungen verschwindet identisch.

Für die Mittellinien erhält man ebenso die Gleichungen

$$N_2 \sin \alpha_2 - N_3 \sin \alpha_3 = 0$$
$$N_3 \sin \alpha_3 - N_1 \sin \alpha_1 = 0$$
$$N_1 \sin \alpha_1 - N_2 \sin \alpha_2 = 0,$$

deren Summe gleichfalls identisch verschwindet.

§ 8. Geradenpaare.

Die Gleichung

$$(28) \qquad (A x + B y + C)(A_1 x + B_1 y + C_1) = 0$$

wird befriedigt, wenn man entweder den ersten oder den zweiten Faktor der linken Seite gleich Null setzt; also sowohl durch die Punkte der einen wie auch der anderen so bestimmten Geraden. Die Gleichung heißt deshalb Gleichung eines Geradenpaars. Von besonderem Interesse ist der Fall, daß beide Geraden durch den Anfangspunkt gehen. Eine Gleichung

$$(29) \qquad a x^2 + 2 b x y + c y^2 = 0$$

stellt ein solches Geradenpaar dar; man erhält die beiden Geraden, indem man die linke Seite in Faktoren zerlegt.

Für geeignete Werte A, B, A_1, B_1 muß alsdann

$$(30) \qquad a x^2 + 2 b x y + c y^2 = (A x + B y)(A_1 x + B_1 y)$$

werden. Dies liefert die Gleichungen

$$(30\text{a}) \qquad A A_1 = a, \quad B B_1 = c, \quad A B_1 + B A_1 = 2 b; \quad \text{also}$$
$$(A B_1 - B A_1)^2 = 4(b^2 - a c).$$

Für $A B_1$ und $B A_1$ ergeben sich hieraus die Werte

$$A B_1 = b + \sqrt{b^2 - a c}, \quad B A_1 = b - \sqrt{b^2 - a c},$$

und man erhält schließlich

$$A : B = A A_1 : B A_1 = a : \left(b - \sqrt{b^2 - a c}\right),$$
$$A_1 : B_1 = A A_1 : A B_1 = a : \left(b + \sqrt{b^2 - a c}\right).$$

Für $b^2 - a c < 0$ sind $A : B$ und $A_1 : B_1$ konjugiert komplex; man sagt, daß auch in diesem Fall jedem Faktor von (30) eine Gerade entspricht, und zwar eine *imaginäre* (zwei konjugiert komplexe). Da man (Anhang § 4) mit den komplexen Größen wie mit den reellen rechnen kann, so behalten die analytisch gewonnenen Formeln auch für solche Geraden ihre Geltung. Dies darf jedenfalls als formale Berechtigung des eingeführten Sprachgebrauchs dienen. Jede der beiden Geraden hat in $x = 0$, $y = 0$ ihren einzigen reellen Punkt.

Die Gleichungen (30a) liefern unmittelbar die Bedingung, daß die Geraden orthogonal sind (für rechtwinklige Achsen) oder zusammenfallen; sie lauten

$$(31) \quad AA_1 + BB_1 = a + c = 0; \quad (AB_1 - BA_1)^2 = 4(b^2 - ac) = 0.$$

Für $a + c = 0$ ist $ac < 0$, also $b^2 - ac > 0$; orthogonale durch (29) dargestellte Geraden sind daher *stets reell*.

Gehen wir zu neuen rechtwinkligen $x'y'$-Achsen durch O über, so wird die Gleichung (29) in

$$(32) \qquad a'x'^2 + 2b'x'y' + c'y'^2 = 0$$

übergehen; es ist geometrisch evident, daß Orthogonalität und Zusammenfallen sich durch

$$(32\text{a}) \qquad a' + c' = 0, \quad b'^2 - a'c' = 0$$

darstellen. Dies muß sich auch analytisch ableiten lassen; in dem Sinn, daß sich die Gleichungen (32a) als Folgen der Bedingungen (31) und der Transformationsformeln von S. 28 ergeben. Die Gleichung (32) entsteht, wenn wir in (29) für x und y die Werte gemäß diesen Formeln einführen; man erhält für a', b', c'

$$2a' = 2a\cos^2\alpha + 2b\sin 2\alpha + 2c\sin^2\alpha = a + c + (a - c)\cos 2\alpha + 2b\sin 2\alpha$$
$$2c' = 2a\sin^2\alpha - 2b\sin 2\alpha + 2c\cos^2\alpha = a + c - (a - c)\cos 2\alpha - 2b\sin 2\alpha$$
$$2b' = (c - a)\sin 2\alpha + 2b\cos 2\alpha.$$

Hieraus folgt zunächst

$$(33) \quad a' + c' = a + c, \quad a' - c' = (a - c)\cos 2\alpha + 2b\sin 2\alpha.$$

Nun besteht offenbar die Identität

$$4(b'^2 - a'c') = 4b'^2 + (a' - c')^2 - (a' + c')^2,$$

und mittels der vorstehenden Gleichungen folgt weiter

$$4b'^2 + (a' - c')^2 = 4b^2 + (a - c)^2,$$

also insgesamt

$$(34) \quad 4(b'^2 - a'c') = 4b^2 + (a - c)^2 - (a + c)^2 = 4(b^2 - ac).$$

Man bezeichnet die Größen $a + c$ und $b^2 - ac$, weil sie bei der betrachteten Koordinatentransformation ihre Form nicht ändern, wieder als *Invarianten*.

Als Anwendung behandeln wir die Aufgabe, zu einem durch (29) gegebenen Geradenpaar das Paar der Halbierungslinien zu bestimmen. Hat die Gleichung (29) die einfachere Form

$$y^2 - m^2x^2 = (y + mx)(y - mx) = 0,$$

so fallen die Halbierungslinien in die Achsen; ihre Gleichung lautet also

4*

$xy = 0$. Demgemäß wollen wir in Gleichung (29) neue x', y'-Achsen so einführen, daß in (32) $b' = 0$ wird, also

$$a'x'^2 + c'y'^2 = 0$$

die Gleichung des Geradenpaars ist; die Halbierungslinien sind dann

$$x' = 0, \quad y' = 0.$$

Für die so gewählten neuen Achsen ist also die Aufgabe bereits gelöst, und es ist nur noch nötig, die Gleichungen der Geraden $x' = 0$ und $y' = 0$ für die x, y-Achsen zu finden. Dazu dienen die Transformationsformeln (14a) von S. 28. Die Gleichung

$$b' = 0, \quad \text{also} \quad \operatorname{ctg} 2\alpha = \frac{a - c}{2b}$$

bestimmt den in ihnen auftretenden Winkel $\alpha = (xx')$. Ferner ist

$$x' = x \cos\alpha + y \sin\alpha, \quad y' = -x \sin\alpha + y \cos\alpha,$$

und daraus folgt

$$x'y' = (y^2 - x^2) \cos\alpha \sin\alpha + xy (\cos^2\alpha - \sin^2\alpha).$$

Die Gleichung $x'y' = 0$ erhält also die Form

$$by^2 + (a - c) xy - bx^2 = 0.$$

Diese Gleichung hat eine höchst bemerkenswerte Eigenschaft. Ihre Diskriminante ist positiv, welche Werte die Koeffizienten a, b, c auch haben mögen; also auch in dem Fall, daß die Gleichung (29) ein imaginäres Geradenpaar darstellt. Es entspricht dem oben gefundenen Resultat, daß im Fall der Orthogonalität das Paar (29) stets reell ist.

Beispiel. Man bestimme das durch $y^2 - 2xy \operatorname{tg}\vartheta - x^2 = 0$ gegebene Geradenpaar.

Sechstes Kapitel

Linienkoordinaten und Dualität.

§ 1. Koordinaten der Geraden.

Wie der Punkt, so kann auch die Gerade durch ein Zahlenpaar geometrisch bestimmt werden (*Linienkoordinaten*). Den Punkt faßten wir (S. 12) als Schnitt zweier Geraden auf, und jede dieser beiden Geraden lieferte uns eine der beiden Koordinaten. Analog führen wir eine Gerade als Verbindungslinie zweier Punkte ein, nämlich ihrer Schnittpunkte mit den Achsen. Ihnen entspricht je ein Achsenabschnitt a und b; an sich könnte also dieses Zahlenpaar die Koordinaten der Geraden liefern. Wir wählen aber nicht a und b selbst, sondern ihre *negativen reziproken* Werte

$$(1) \qquad u = -\frac{1}{a}, \quad v = -\frac{1}{b};$$

von $a = 0$, $b = 0$ wird zunächst abgesehen, ebenso in (1a) von $C = 0$[1]). Zweckmäßigkeit und Notwendigkeit werden sich alsbald ergeben. Die Gerade, die den Koordinaten $u = 1$, $v = -\frac{1}{4}$ entspricht, schneidet also auf den Achsen die Abschnitte $a = -1$, $b = 4$ ab und ist so bestimmt. Die geometrische Vorschrift, die dem Koordinatenbegriff der Geraden zugrunde liegt, ist damit evident. Die Achsen können beliebige Lage und Richtung haben.

Ist die Gerade durch eine Gleichung

$$Ax + By + C = 0$$

gegeben, so hat man $a = -C:A$, $b = -C:B$, also

$$(1a) \qquad u = \frac{A}{C}, \quad v = \frac{B}{C}; \quad u:v:1 = A:B:C,$$

man kann daher die Koordinaten u und v auch so einführen, daß man von der Gleichung der Geraden ausgeht und die Koordinaten direkt mittels der Gleichungen (1a) definiert[2]).

---

[1]) Vgl. Anm. 1 von S. 35.

[2]) Die Linienkoordinaten sind 1829 von J. Plücker eingeführt worden. Auch M. Chasles hatte um die gleiche Zeit die Idee dieser Koordinaten; er benutzte dazu aber a und b selbst. Plücker ging den oben zuletzt angedeuteten Weg; er ging von der Erwägung aus, daß eine Gerade ihrer Lage nach durch die Konstanten A, B, C ihrer Gleichung (genauer durch deren Verhältnisse) bestimmt ist. Darin liegt ein *analytisches Prinzip*, das sich auch auf Gleichungen anderer Kurven ausdehnen läßt.

Beispiel. Für die Gerade $3x - 4y + 1 = 0$ ist $u = 3$, $v = -4$; umgekehrt entspricht den Koordinaten $u = -\frac{1}{2}$, $v = 2$ die Gerade $x - 4y - 2 = 0$[1]).

Wie zwei Punkte eine Strecke bestimmen, so bestimmen zwei Geraden eine Winkelgröße[2]); für rechtwinklige Achsen gilt (S. 40)

$$\operatorname{tg}(g'g'') = \frac{A'B'' - B'A''}{A'A'' + B'B''}.$$

Dies kann leicht in eine Formel für die Koordinaten von g' und g'' übergeführt werden. Nach (1a) ist

$$u':v' = A':B' \quad \text{und} \quad u'':v'' = A'':B'',$$

und so folgt

(2)
$$\operatorname{tg}(g'g'') = \frac{u'v'' - v'u''}{u'u'' + v'v''}.$$

Die Geraden sind also *parallel* oder *senkrecht* zueinander für

(2a)
$$u'v'' - v'u'' = 0 \quad \text{oder} \quad u'u'' + v'v'' = 0.$$

Als zweite Aufgabe bestimmen wir (für rechtwinklige Achsen) die Länge des Lotes, das man von einem Punkt $(\xi\eta)$ auf eine Gerade (uv) fällen kann. Auch hier führt eine früher abgeleitete Formel direkt zum Ziel. Wir fanden (S. 39)

$$l = \frac{A\xi + B\eta + C}{\sqrt{A^2 + B^2}},$$

und da sich $A:B:C = u:v:1$ verhält, so folgt weiter

(3)
$$l = \frac{u\xi + v\eta + 1}{\sqrt{u^2 + v^2}}.\quad ^3)$$

§ 2. Gleichungen in Linienkoordinaten.

Eine Gleichung in u und v wird von unendlich vielen Wertepaaren (u, v) befriedigt; jedem entspricht eine Gerade, und wir fragen, in welcher Weise oder nach welchem Gesetz diese Geraden durch die Ebene verteilt sind, und welche geometrischen Gebilde durch sie bestimmt werden.

1. Zunächst möge ein geometrisches Resultat für die Gleichung

(4)
$$Au - Bv = 0$$

abgeleitet werden. Diese Gleichung bedeutet, wenn wir u und v durch ihre Werte von Gleichung (1) ersetzen,

$$\frac{A}{a} - \frac{B}{b} = 0; \quad a:b = A:B.$$

Jede Gerade, die der Gleichung (4) genügt, schneidet also auf den Achsen proportionale Stücke $a:b$ ab; alle diese Geraden sind also

---

[1]) Für das Wertsystem $u = 0$, $v = 0$ vgl. Kap. VIII, § 2.
[2]) Die Geraden sind nicht gerichtet.
[3]) Für das Zeichen der Wurzel gilt die Festsetzung von S. 39.

parallel und gehen mithin (S. 41) durch einen gewissen unendlich-fernen Punkt G_∞.

2. Als zweites Beispiel behandeln wir die Gleichungen

$$(5) \qquad u = \lambda \quad \text{und} \quad v = \mu,$$

in denen λ und μ irgendwelche Konstanten bedeuten. In die Gleichung $u = \lambda$ geht v nicht ein; ihr entspricht also *jede* Gerade, für die $u = \lambda$ ist, während v einen beliebigen Wert haben kann. Alle diese Geraden schneiden die x-Achse im Punkt $a = -1 : \lambda$; sie sind es also, die der Gleichung $u = \lambda$ genügen. Ebenso genügen der Gleichung $v = \mu$ alle Geraden, die die y-Achse im Punkte $b = -1 : \mu$ treffen.

In beiden Beispielen gehen die sämtlichen Geraden durch einen und denselben Punkt; wir werden alsbald erkennen (§ 3), daß dies durch den linearen Charakter der Gleichungen und die definierenden Gleichungen (1) und (1a) bedingt ist.

3. Eine Kurve haben wir bisher nur als Ort der Punkte aufgefaßt, die auf ihr liegen; man kann aber auch die Tangenten ins Auge fassen, von denen sie berührt wird, und die Gleichung suchen, der die Koordinaten aller dieser Tangenten genügen. Wir behandeln als Beispiel den Kreis (für rechtwinklige Achsen).

Ist $(\alpha\,\beta)$ der Mittelpunkt des Kreises, ϱ sein Radius und (u, v) irgendeine seiner Tangenten, so hat das von $(\alpha\,\beta)$ auf (u, v) gefällte Lot die Länge ϱ; man erhält daher aus Gleichung (3)

$$\varrho = \frac{\alpha\,u + \beta\,v + 1}{\sqrt{u^2 + v^2}}$$

oder

$$(6) \qquad \varrho^2(u^2 + v^2) - (\alpha\,u + \beta\,v + 1)^2 = 0.$$

Dieser Gleichung wird von den Koordinaten u, v jeder Kreistangente genügt; sie heißt deshalb *Gleichung des Kreises in Linienkoordinaten.*

Fällt der Mittelpunkt $(\alpha\,\beta)$ in den Anfangspunkt, so lautet sie einfacher

$$(7) \qquad \varrho^2(u^2 + v^2) - 1 = 0.$$

§ 3. Gleichung des Punktes in Linienkoordinaten.

Wir gehen von der Gleichung

$$(8) \qquad \frac{x}{a} + \frac{y}{b} - 1 = 0$$

aus [1]); sie geht, wenn wir die Koordinaten u, v der durch sie dargestellten Geraden in sie einführen, in

$$(9) \qquad u\,x + v\,y + 1 = 0$$

---

[1]) Auch hier und in § 4 ist (vorläufig) von $a = 0$, $b = 0$, $C = 0$, also von den Geraden durch O abzusehen; vgl. Anm. 1 von S. 35.

über. Hier haben also u, v *bestimmte* Werte, während für x, y die Koordinaten jedes Punktes der Geraden gesetzt werden können. Ist (ξ, η) ein solcher, so ist

$$(10) \qquad u\,\xi + v\,\eta + 1 = 0\,;$$

dies ist also die Bedingung dafür, daß der Punkt (ξ, η) auf der Geraden (u, v) liegt, oder — was dasselbe ist — daß die Gerade (u, v) durch den Punkt (ξ, η) hindurchgeht [*Bedingung der vereinigten Lage für Punkt und Gerade*[1])]. Halten wir jetzt (ξ, η) fest und lassen (u, v) variabel werden, so wird die Gleichung von unendlich vielen Wertepaaren (u, v) befriedigt; jede zugehörige Gerade geht durch den Punkt (ξ, η), und die Gleichung (10) heißt deshalb *Gleichung des Punktes* (ξ, η) *in Linienkoordinaten*[2]). Man kann sie auch als Gleichung des durch (ξ, η) gehenden *Strahlenbüschels* bezeichnen.

Wir gehen zur allgemeinen Gleichung

$$(11) \qquad Au + Bv + C = 0$$

über. Setzt man sie in die Form

$$\frac{A}{C}u + \frac{B}{C}v + 1 = 0\,,$$

so erkennt man, daß sie die Gleichung des Punktes $\xi = A:C$, $\eta = B:C$ in Linienkoordinaten ist.

Beispiele. 1. $u - v = 0$ ist die Gleichung eines Punktes P_∞ in einer Richtung, die den zweiten und vierten Quadranten halbiert; $u + v = 0$ die eines Punktes Q_∞ in der Richtung, die den ersten und dritten Quadranten halbiert (vgl. auch § 2, Beispiel 1).

2. Gehen bei der Drehung rechtwinkliger Achsen die Koordinaten u, v einer Geraden in u', v' über, so bestehen für jeden ihrer Punkte die Gleichungen

$$u\,x + v\,y + 1 = 0 \quad \text{und} \quad u'x' + v'y' + 1 = 0\,,$$

und es geht $u\,x + v\,y$ in $u'x' + v'y'$ über. Für x', y' und x, y gelten die Gleichungen (14) von S. 28. Daraus folgen für u', v' die Formeln

$$u' = u\cos\alpha + v\sin\alpha\,, \quad v' = -u\sin\alpha + v\cos\alpha\,.$$

Man folgert hieraus

$$u^2 + v^2 = u'^2 + v'^2\,,$$

der Ausdruck $u^2 + v^2$ ist also bei der Drehung rechtwinkliger Achsen *invariant*. Beim Übergang zu parallelen Achsen folgt aus (11) (S. 27) ebenso

$$u' = \frac{u}{u\,a + v\,b + 1}\,, \quad v' = \frac{v}{u\,a + v\,b + 1}\,.$$

---

[1]) Dies Resultat hat die in (1) und (1a) enthaltene Wahl von u und v veranlaßt.

[2]) Die unendlich vielen Geraden durch den Punkt $(\xi\,\eta)$ kann man als Grenzfall der Tangenten eines Kreises für $\varrho = 0$ auffassen. In der Tat geht die Gleichung (6) für $\varrho = 0$ in Gleichung (10) über.

§ 4. Dualistisches für Punkte und Geraden.

Die im vorstehenden auftretende Analogie zwischen Punkten und Geraden durchzieht die gesamte ebene Geometrie; sie wird als *Dualität* bezeichnet. Analytisch kommt sie darin zum Ausdruck, daß alle Rechnungen und Schlüsse, die wir in Kap. V mit den Punktkoordinaten x, y und ihren Gleichungen ausführten, sich in der gleichen Weise für die Linienkoordinaten u, v und ihre Gleichungen ausführen lassen. Die für die Geraden und ihre Schnittpunkte gefundenen Sätze müssen sich daher auf die Punkte und ihre Verbindungslinien übertragen. Dies wird durch die folgenden Beziehungen beleuchtet; das am Ende von § 3 gefundene Resultat führen wir nochmals an.

Die allgemeine Gleichung

$$Ax + By + C = 0$$

ist die Gleichung einer Geraden in Punktkoordinaten, und zwar der Geraden

$$u = \frac{A}{C}, \quad v = \frac{B}{C}.$$

Die Gleichungen

$$Ax + By + C = 0$$
$$A'x + B'y + C' = 0$$

stellen dann und nur dann dieselbe Gerade dar, wenn

$$A : B : C = A' : B' : C'$$

ist. Sind sie verschieden, so ist

$$x_0 : y_0 : 1 = \begin{vmatrix} B & C \\ B' & C' \end{vmatrix} : \begin{vmatrix} C & A \\ C' & A' \end{vmatrix} : \begin{vmatrix} A & B \\ A' & B' \end{vmatrix}$$

ihr Schnittpunkt (der Punkt, dessen Koordinaten beiden Gleichungen genügen, der also auf beiden Geraden liegt).

Seien

$$Ax + By + C = 0$$
$$A'x + B'y + C' = 0$$
$$A''x + B''y + C'' = 0$$

die Gleichungen dreier Geraden in Punktkoordinaten. Sollen sie durch einen und denselben Punkt $(x_0\, y_0)$ gehen, so muß

$$D = \begin{vmatrix} A & B & C \\ A' & B' & C' \\ A'' & B'' & C'' \end{vmatrix} = 0$$

Die allgemeine Gleichung

$$Au + Bv + C = 0$$

ist die Gleichung eines Punktes in Linienkoordinaten, und zwar des Punktes

$$x = \frac{A}{C}, \quad y = \frac{B}{C}.$$

Die Gleichungen

$$Au + Bv + C = 0$$
$$A'u + B'v + C' = 0$$

stellen dann und nur dann denselben Punkt dar, wenn

$$A : B : C = A' : B' : C'$$

ist. Sind sie verschieden, so ist

$$u_0 : v_0 : 1 = \begin{vmatrix} B & C \\ B' & C' \end{vmatrix} : \begin{vmatrix} C & A \\ C' & A' \end{vmatrix} : \begin{vmatrix} A & B \\ A' & B' \end{vmatrix}$$

ihre Verbindungslinie (die Gerade, deren Koordinaten beiden Gleichungen genügen, die also durch beide Punkte geht).

Seien

$$Au + Bv + C = 0$$
$$A'u + B'v + C' = 0$$
$$A''u + B''v + C'' = 0$$

die Gleichungen dreier Punkte in Linienkoordinaten. Sollen sie auf einer und derselben Geraden $(u_0\, v_0)$ liegen, so muß

$$D = \begin{vmatrix} A & B & C \\ A' & B' & C' \\ A'' & B'' & C'' \end{vmatrix} = 0$$

sein. Diese Bedingung ist notwendig und hinreichend. Ebenso ist

$$D = \begin{vmatrix} x & y & 1 \\ x' & y' & 1 \\ x'' & y'' & 1 \end{vmatrix} = 0$$

die Bedingung, daß die Punkte (x, y), (x', y'), (x'', y'') auf einer Geraden liegen, also für variables (x, y) die Gleichung der Geraden durch die Punkte (x', y') und (x'', y''), also ihrer Verbindungslinie usw. [1]).

sein. Diese Bedingung ist notwendig und hinreichend. Ebenso ist

$$D = \begin{vmatrix} u & v & 1 \\ u' & v' & 1 \\ u'' & v'' & 1 \end{vmatrix} = 0$$

die Bedingung, daß die Geraden (u, v), (u', v'), (u'', v'') durch denselben Punkt gehen, also für variables (u, v) die Gleichung des Punktes, der sowohl auf (u', v') wie auf (u'', v'') liegt, also ihres Schnittpunktes usw. [1]).

Zu weiteren dualistischen Resultaten gelangen wir folgendermaßen.

1. Seien

$$(12) \qquad A'u + B'v + C' = 0, \quad A''u + B''v + C'' = 0$$

die Gleichungen zweier verschiedener Punkte, und sei, wie oben, (u_0, v_0) die Gerade, deren Koordinaten u_0, v_0 beiden Gleichungen genügen, die also beide Punkte verbindet. Wir bilden die Gleichung

$$(13) \qquad A'u + B'v + C' + \lambda(A''u + B''v + C'') = 0,$$

so ist dies die Gleichung eines Punktes, der auf (u_0, v_0) liegt. Sie ist nämlich eine Gleichung ersten Grades in u, v und wird außerdem durch (u_0, v_0) befriedigt.

2. Nach u und v geordnet geht (13) in

$$(A' + \lambda A'')u + (B' + \lambda B'')v + C' + \lambda C'' = 0$$

über; ist (ξ, η) der durch sie dargestellte Punkt, so hat man

$$\xi = \frac{A' + \lambda A''}{C' + \lambda C''}, \quad \eta = \frac{B' + \lambda B''}{C' + \lambda C''}.$$

Nun seien $P'(x', y')$ und $P''(x'', y'')$ die den Gleichungen (12) entsprechenden Punkte, dann ist

$$x' = \frac{A'}{C'}, \quad y' = \frac{B'}{C'}, \quad x'' = \frac{A''}{C''}, \quad y'' = \frac{B''}{C''},$$

und man erhält die Formeln

$$(14) \qquad \begin{cases} \xi = \dfrac{A'/C' + \lambda A''/C'' \cdot C''/C'}{1 + \lambda \cdot C''/C'} = \dfrac{x' - \mu x''}{1 - \mu} \\[2ex] \eta = \dfrac{B'/C' + \lambda B''/C'' \cdot C''/C'}{1 + \lambda \cdot C''/C'} = \dfrac{y' - \mu y''}{1 - \mu} \end{cases} ; \quad \mu = -\lambda \cdot C''/C'.$$

Durch sie wird auch die geometrische Bedeutung von λ und die Lage des Punktes $(\xi\eta)$ geklärt; $(\xi\eta)$ ist der Punkt, der mit den Punkten P'

---

[1]) Man beachte noch, daß die obere Determinante links und die untere rechts, ebenso die obere rechts und die untere links sich nur in den Bezeichnungen voneinander unterscheiden.

und P'' das Teilungsverhältnis $(P'P''P) = \mu$ bestimmt, und da C' und C'' Konstanten sind, so kann man kurz sagen, daß λ *dem Teilungsverhältnis μ proportional ist.*

3. Die analogen Betrachtungen gelten dualistisch. Seien g' und g'' zwei Geraden mit den Gleichungen

$$(15) \qquad A'x + B'y + C' = 0, \quad A''x + B''y + C'' = 0;$$

eine durch ihren Schnittpunkt gehende Gerade sei h, ihre Koordinaten u, v, und

$$(16) \qquad A'x + B'y + C' + \lambda\,(A''x + B''y + C'') = 0$$

ihre Gleichung. Wir erhalten dann in der gleichen Weise wie vorher

$$(17) \qquad u = \frac{u' - \mu\,u''}{1 - \mu}, \quad v = \frac{v' - \mu\,v''}{1 - \mu}, \quad \mu = -\,\lambda\,C''/C',$$

und zwar für die Geraden durch den Schnitt von (u', v') und $(u''v'')$. Es dualisiert sich aber auch die Bedeutung von λ und μ. Wie wir S. 43 sahen, ist der Parameter λ von (16) *dem Teilungsverhältnis*

$$(g'g''h) = \sin(g'h) : \sin(g''h)$$

proportional; dasselbe gilt daher auch von μ. Die beiden für das Teilungsverhältnis eingeführten Definitionen stehen sich also ebenfalls dualistisch gegenüber.

4. Wir führen noch die Bezeichnung $Au + Bv + C = Q(uv)$ ein und ersetzen sie abkürzend durch Q. Dann folgt aus dem Satz von S. 46 das zu ihm dualistische Resultat:

Sind $Q = 0$, $Q' = 0$, $Q'' = 0$ die Gleichungen dreier verschiedener Punkte, so liegen die Punkte stets und nur dann auf einer und derselben Geraden, wenn es drei von Null verschiedene Multiplikatoren λ, λ', λ'' gibt, so daß identisch ist

$$(18) \qquad \lambda Q + \lambda'Q' + \lambda''Q'' \equiv 0.$$

Ebenso überträgt sich der Satz von S. 47 und die ihm entsprechende identische Relation (26).

§ 5. Vollständiges Viereck und Vierseit.

Seien *1, 2, 3, 4* vier Punkte, von denen keine drei auf einer Geraden liegen. Sie bestimmen (Fig. 31) sechs Verbindungslinien $(i\,k)$; sie sind die Seiten eines *vollständigen Vierecks.* Diese sechs Seiten spalten sich in die drei Paare von *Gegenseiten*

$$(1\,2)\,(3\,4); \quad (1\,3)\,(2\,4); \quad (1\,4)\,(2\,3).$$

Die beiden Gegenseiten jedes Paares liefern wieder einen Schnittpunkt; diese drei Schnittpunkte seien *I, II, III*; sie bilden das *Diagonaldreieck* des vollständigen Vierecks. Ebenso bestimmen vier Ge-

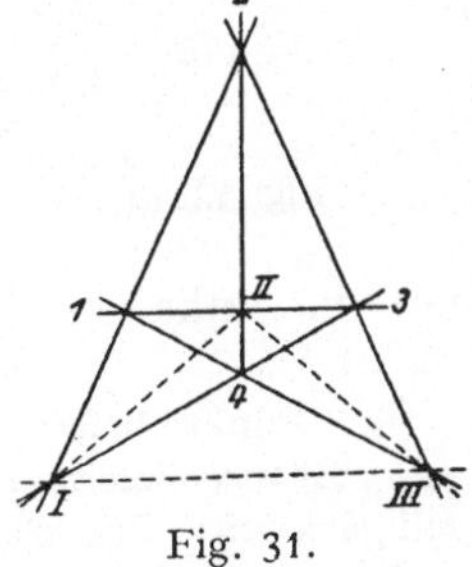

Fig. 31.

raden $1, 2, 3, 4$, von denen keine drei durch einen Punkt gehen, sechs Punkte $(i\,k)$, die wieder in drei Paare von *Gegenecken* zerfallen, nämlich

$$(1\,2)\,(3\,4); \quad (1\,3)\,(2\,4); \quad (1\,4)\,(2\,3)\,.$$

Jedem Paar entspricht eine Verbindungslinie I, II, III, und diese drei Geraden bilden ein Dreiseit, das *Diagonaldreiseit* des *vollständigen Vierseits*. Viereck und Vierseit sind dualistische Gebilde[1]); es mag genügen, einen sie betreffenden Satz nur für das Vierseit (also in Punktkoordinaten) zu beweisen. Folgendes sei vorausgeschickt:

Zwei Punktepaare A, B und P, Q einer Geraden heißen bekanntlich *harmonische* Punktepaare, wenn die Strecke AB durch P und Q innen und außen — absolut genommen — nach demselben Verhältnis geteilt wird; wenn also

$$(A\,B\,P) + (A\,B\,Q) = 0$$

ist. Ebenso heißen zwei Strahlenpaare a, b und p, q eines Büschels *harmonische* Paare, wenn für ihre Teilungsverhältnisse

$$(a\,b\,p) + (a\,b\,q) = 0$$

ist[2]). Aus Gleichung (20) von S. 43 folgt daher, daß die Gleichungen

$$G = 0, \quad G' = 0, \quad G - \lambda G' = 0, \quad G + \lambda G' = 0$$

zwei harmonische Strahlenpaare bestimmen; und ebenso bestimmen

$$Q = 0, \quad Q' = 0, \quad Q - \lambda Q' = 0, \quad Q + \lambda Q' = 0$$

zwei harmonische Punktepaare.

Seien nun g, h, k, l die Seiten des Vierseits (Fig. 32); die drei Paare von Gegenecken also

$$(g\,h)\,(k\,l), \quad (g\,k)\,(h\,l), \quad (g\,l)\,(h\,k)\,.$$

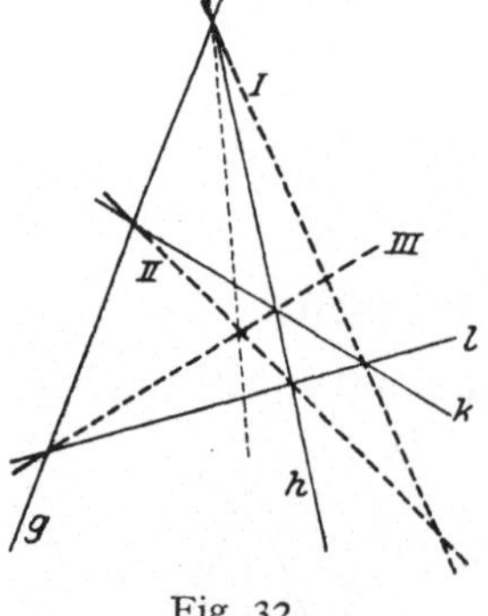

Wir bestimmen die Gleichungen der Seiten I, II, III des Diagonaldreiecks. Dazu führt die S. 47 abgeleitete Identität (26a); sie nimmt hier die Form

$$(19) \qquad G + H + K + L \equiv 0$$

an. Diese Identität läßt sich in

$$G + H \equiv -(K + L)$$

umschreiben; es stellen also die Gleichungen

$$G + H = 0 \quad \text{und} \quad K + L = 0$$

dieselbe Gerade dar. Es ist die Diagonale I; denn die linke Gleichung zeigt, daß sie durch $(g\,h)$ geht, die rechte

Fig. 32.

[1]) n Punkte liefern $\tfrac{1}{2} n(n-1)$ Verbindungslinien; sie bilden das vollständige n-eck. Ebenso liefern n Gerade durch ihre $\tfrac{1}{2} n(n-1)$ Schnittpunkte das vollständige n-seit. Dreieck und Dreiseit sind identisch.

[2]) Die eingehendere Betrachtung enthält Kap. VII, § 2.

ebenso, daß sie durch $(k\,l)$ geht. Ebenso stellen

$$G + K = 0, \quad H + L = 0$$

und

$$G + L = 0, \quad H + K = 0$$

die Diagonalen II und III dar. Nun sind dem obigen gemäß

$$G = 0, \quad H = 0, \quad G + H = 0, \quad G - H = 0$$

vier harmonische Strahlen. Andererseits ist auch

$$G - H \equiv (G + K) - (H + K);$$

beide Seiten, gleich Null gesetzt, stellen also wieder dieselbe Gerade dar. Die linke Seite zeigt, daß sie der vierte harmonische Strahl zu g, h und I ist, und gemäß der rechten Seite geht sie durch den Schnittpunkt der Diagonalen II und III.

Damit ist das abzuleitende Resultat gewonnen; im Punkt $(g\,h)$ bilden die Strahlen g und h mit den beiden Strahlen, die zu den Ecken des Diagonaldreiecks laufen, zwei harmonische Strahlenpaare. Man erhält also den folgenden Satz:

In jeder Ecke eines vollständigen Vierseits bilden die beiden Seiten mit den Strahlen, die zu den Ecken des Diagonaldreiecks laufen, vier harmonische Strahlen.

Der analoge Satz für das vollständige Viereck lautet:

Auf jeder Seite eines vollständigen Vierecks bilden die beiden Ecken mit den durch das Diagonaldreiseit ausgeschnittenen Punkten zwei harmonische Punktepaare.

Mit Hilfe des vollständigen Vierseits (und Vierecks) lassen sich vier harmonische Punkte und vier harmonische Strahlen mit ausschließlicher Verwendung des Lineals zeichnen; man sagt, sie sind *linear* bestimmt. Geht man z. B. von den drei Strahlen g, h, I von Fig. 32 aus und sucht den vierten zu I zugeordneten harmonischen Strahl, so wird man durch einen beliebigen Punkt von I zwei Strahlen k und l ziehen, dann die Geraden II und III und endlich $(g\,h)$ mit (II, III) verbinden.

§ 6. Die Schnittpunktsätze von Desargues und Pascal[1]).

Zwei Dreiecke mit den Seiten a, b, c und a', b', c' sollen so liegen, daß die Schnittpunkte entsprechender Seitenpaare — also $(a\,a')$, $(b\,b')$, $(c\,c')$ — *in eine Gerade* fallen; dann gehen nach dem *Satz von Desargues* die Verbindungslinien entsprechender Ecken *durch einen Punkt S*.

---

[1]) Die obigen Sätze besitzen grundlegende Bedeutung für den axiomatischen Aufbau der Geometrie. Darüber, sowie über ihre Entstehung vgl. Enzyklopädie der math. Wiss. Bd. III 1, S. 450. 1907 bis 1910.

Die Gleichungen der Seiten seien (Fig. 33)
$$A = 0, \quad B = 0, \quad C = 0; \qquad A' = 0, \quad B' = 0, \quad C' = 0;$$
Offenbar kann man ihre Koeffizienten so bestimmen, daß die identische Relation

(20)
$$A + A' \equiv B + B' \equiv C + C' \equiv U$$

besteht; wählt man A, B, C willkürlich, so wird dadurch für A', B', C' nur ein geeigneter Proportionalitätsfaktor bedingt, und es ist U der

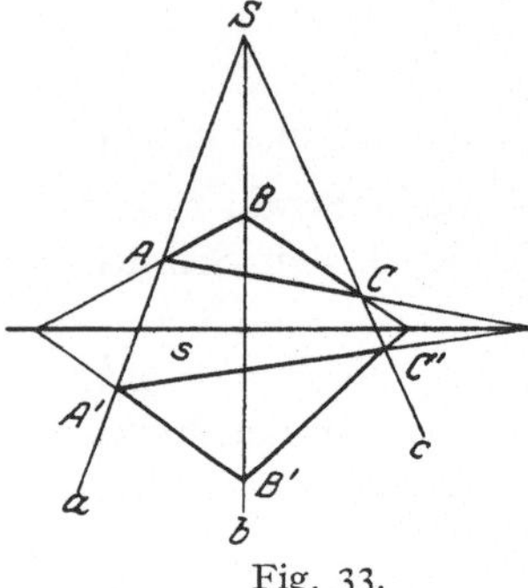

Fig. 33.

gemeinsame Wert der drei identisch gleichen Summen. Es ist dann $U = 0$ die Gleichung der Geraden, auf der sich die entsprechenden Seiten schneiden. Aus dieser Identität folgt

$$B - C \equiv C' - B'$$
$$C - A \equiv A' - C'$$
$$A - B \equiv B' - A',$$

und damit ist der Satz bereits bewiesen. Denn für jede dieser Identitäten stellen die beiden gleich Null gesetzten Seiten die Gleichung der Verbindungslinie zweier Dreiecksecken dar, und da die Summe der Gleichungen identisch verschwindet, so gehen diese drei Geraden durch einen Punkt. Die Dreiecke heißen *perspektivisch*, die Gerade $U = 0$ die *Perspektivitätsachse* und S das *Perspektivitätszentrum*.

Von der Identität (20) ausgehend kann man die Seiten der beiden Dreiecke auf vier Arten einander zuordnen und erhält vier Punkte S; einen z. B., indem man setzt
$$B - C' = C - B', \quad C' - A = A' - C, \quad A - B = B' - A'.$$
Wie ist die so entstehende Gesamtfigur und was entspricht ihr dualistisch?

Zum *Pascalschen Satz* (für zwei Gerade) gelangt man folgendermaßen[1]). Auf der Geraden g nehme man drei Punkte $1, 3, 5$ an, auf h ebenso drei Punkte $2, 4, 6$ (Fig. 34). Dann zeichne man das Seckseck

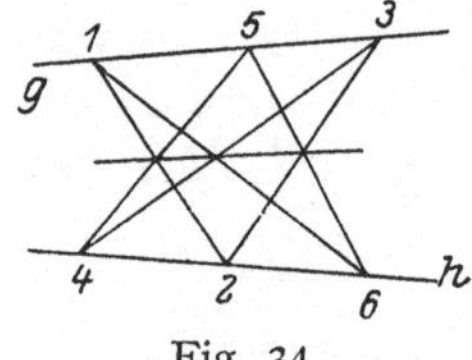

Fig. 34.

$1\,2\,3\,4\,5\,6\,1$. Der Satz besagt, daß die Schnittpunkte der drei Paare von Gegenseiten, also

$$(1\,2,\ 4\,5), \quad (2\,3,\ 5\,6), \quad (3\,4,\ 6\,1)$$

in eine Gerade fallen.

Die Gleichungen der Geraden g, h und $(1\,2)$ seien

(21)
$$G = 0, \quad H = 0, \quad A = 0;$$

wir können die linearen Funktionen G und H so bestimmen, daß die Gleichungen der Seiten $(2\,3)$ und $(1\,6)$ die Form

$$(2\,3) \quad A + H = 0 \quad \text{und} \quad (6\,1) \quad A + G = 0$$

annehmen. Die Gleichungen von $(3\,4)$ und $(6\,5)$ werden

$$(3\,4) \quad A + H + \beta G = 0, \qquad (6\,5) \quad A + G + \beta' H = 0.$$

---

[1]) Vgl. auch den Pascalschen Satz von Kap. XII, § 6.

Für die Seite $(4\,5)$ erhalten wir die zwei Gleichungen

$$(4\,5) \quad A + \beta G + \gamma H = 0 \quad \text{und} \quad A + \beta' H + \gamma' G = 0;$$

es muß also $\beta' = \gamma$ und $\gamma' = \beta$ sein; wir setzen die Gleichung in die Form

$$(4\,5) \quad A + \beta G + \beta' H = 0\,.$$

Nun hat nach Satz 26 von S. 47 *jede* von g, h und $(1\,2)$ verschiedene Gerade die Gleichung

$$(22) \qquad\qquad A + \lambda G + \mu H = 0\,.$$

Wir bestimmen jetzt λ und μ so, daß diese Gerade durch die beiden Punkte $(2\,3)\,(\mathllap{\times})$ und $(3\,4)\,(6\,1)$ geht, es müssen also Gleichung (22) und die Gleichungen der Geraden $(2\,3)$ und $(\mathllap{\times})$ — ebenso die von $(3\,4)$ und $(6\,1)$ — zugleich bestehen. Dies liefert die Gleichungen

$$\lambda(1 - \beta') + \mu = 1 \quad \text{und} \quad \lambda + \mu(1 - \beta) = 1\,,$$

woraus durch Subtraktion $\lambda\beta' - \mu\beta = 0$ folgt. Diese Gleichung ergibt sich aber wieder als Bedingung dafür, daß die Gerade (22) auch den Schnittpunkt von $(1\,2)$ und $(4\,5)$ enthält; damit ist unser Satz bewiesen. Die Gerade heißt *Pascalsche Gerade*.

Aus den sechs Punkten lassen sich durch Änderung der Reihenfolge mannigfache Sechsecke bilden; zu jedem gehört eine Pascalsche Gerade. Man beweise, daß die drei Geraden, die den Sechsecken $(1\,2\,3\,4\,5\,6)$, $(1\,2\,5\,6\,3\,4)$, $(1\,6\,3\,2\,5\,4)$ entsprechen, durch einen Punkt gehen[1]).

Wie lauten die dualistischen Sätze?

---

[1]) Vgl. J. Plückers Gesammelte mathematische Abhandlungen, S. 236ff., Leipzig 1895.

Siebentes Kapitel

Doppelverhältnis und projektive Beziehung.

§ 1. Das Doppelverhältnis.

Sind A, B, P, Q vier Punkte einer Geraden [Fig. 35, S. 67[1])], so bestimmen P und Q mit A und B je ein Teilungsverhältnis

$$(ABP) = \frac{AP}{BP} = \mu_1 \quad \text{und} \quad (ABQ) = \frac{AQ}{BQ} = \mu_2.$$

Den Quotienten $\mu_1 : \mu_2$ nennt man das *Doppelverhältnis* (Dv) der vier Punkte[2]) und bezeichnet es durch $(ABPQ)$. Ist λ sein Wert, so hat man

$$(1) \qquad (ABPQ) = \frac{AP}{BP} : \frac{AQ}{BQ} = \frac{AP \cdot BQ}{BP \cdot AQ} = \lambda = \frac{\mu_1}{\mu_2}.$$

In den Abszissen a, b, p, q von A, B, P, Q erhält es den Ausdruck

$$(2) \qquad \lambda = \frac{(p-a)\,(q-b)}{(p-b)\,(q-a)}.$$

Für zwei Punktepaare AB und PQ sind an sich drei verschiedene Lagen möglich; es kann AB innerhalb von PQ liegen, oder PQ innerhalb von AB, oder kein Paar innerhalb des anderen; im letzten Fall sagt man, die Paare *trennen sich* gegenseitig. Es haben alsdann (S. 4) μ_1 und μ_2 entgegengesetztes Zeichen, und das Dv ist *negativ*. Im ersten Fall ist μ_1 und μ_2 positiv, im zweiten sind beide Größen negativ, in beiden Fällen ist also λ *positiv*.

Den einfachsten Fall des Dv stellen zwei *harmonische Punktepaare* dar (S. 60); für sie ist $\lambda = -1$, die Punkte P und Q teilen AB innen und außen im (absolut) gleichen Verhältnis (§ 2).

Das einfache Teilungsverhältnis ist ein *Sonderfall* des Dv; es entsteht, wenn Q in den uneigentlichen Punkt Q_∞ rückt. Es ist nämlich

$$(ABPQ_\infty) = (ABP) : (ABQ_\infty),$$

und da $(ABQ_\infty) = 1$ ist (S. 5), so folgt in der Tat

$$(ABPQ_\infty) = (ABP).$$

---

[1]) Die Geraden durch O kommen später in Betracht.

[2]) Das Dv wurde von A. F. Möbius vor ungefähr 100 Jahren als grundlegender Begriff in die Geometrie eingeführt. M. Chasles benutzte dafür den Namen anharmonisches Verhältnis. Man spricht auch (nach Ch. v. Staudt) von dem *Wurf* der vier Punkte.

Man wird daher erwarten, daß sich die Eigenschaften des Teilungsverhältnisses vielfach auf das Dv übertragen. Wir beweisen insofern zunächst den folgenden Satz: Werden A, B, Q festgehalten, während P das lineare Kontinuum durchläuft, so *durchläuft der Wert λ des Dv alle Werte des Zahlenkontinuums genau einmal;* in dem Sinn, wie es für das einfache Teilungsverhältnis gezeigt wurde. Man hat nämlich

$$\lambda = \frac{\mu_1}{\mu_2} \quad \text{für} \quad \mu_2 = \frac{AQ}{BQ}.$$

Hier ist, da A, B, Q fest bleiben, μ_2 eine Konstante; μ_1 durchläuft das Zahlenkontinuum, also auch $\mu_1 : \mu_2$ und daher auch λ. Man folgert daraus, daß es nur *einen* Punkt P gibt, der mit A, B, Q ein Dv $(ABPQ)$ von *gegebenem Wert λ* bildet. Fällt P insbesondere in die Punkte A, B, Q, so hat λ die Werte $0, \infty, 1$.

Ändert man die Reihenfolge der Punkte des Teilungsverhältnisses oder des Dv, so wird sich im allgemeinen auch sein Wert ändern. Wir betrachten zunächst das Teilungsverhältnis (ABP). Es läßt sechs verschiedene Anordnungen von A, B, P zu, nämlich

$$(ABP), \quad (BAP), \quad (APB), \quad (BPA), \quad (PAB), \quad (PBA);$$

ihnen entsprechen, wenn $(ABP) = \mu$ gesetzt wird, die *sechs Werte*

$$(3) \qquad \mu, \quad \frac{1}{\mu}, \quad 1 - \mu, \quad \frac{\mu - 1}{\mu}, \quad \frac{1}{1 - \mu}, \quad \frac{\mu}{\mu - 1}.$$

Wir finden zunächst

$$(BAP) = BP : AP = \frac{1}{\mu},$$

$$(APB) = \frac{AB}{PB} = \frac{AP + PB}{PB} = 1 - \mu.$$

Durch weitere Anwendung der in diesen Gleichungen enthaltenen Regeln folgt:

$$(BPA) = \frac{\mu - 1}{\mu}, \quad (PAB) = \frac{1}{1 - \mu}, \quad (PBA) = \frac{\mu}{\mu - 1}.$$

Auch das Dv nimmt bei Änderung der Reihenfolge seiner Punkte *nur die sechs in* (3) *auftretenden Werte* an. Von den 24 verschiedenen Permutationen der Punkte A, B, P, Q besitzen nämlich je vier dasselbe Dv; man findet unmittelbar

$$(4) \qquad (ABPQ) = (BAQP) = (PQAB) = (QPBA).$$

Für die übrigen Werte bestehen folgende Beziehungen. Offenbar ist

$$(5) \qquad (ABPQ) \cdot (ABQP) = 1,$$

und aus der Gleichung (5) von S. 4 findet man mittels Division durch $AD \cdot BC$ leicht

$$(6) \qquad (APBQ) + (ABPQ) = 1.$$

Danach ergeben sich für die sechs Dv

$$(7) \quad (ABPQ),\ (ABQP),\ (APBQ),\ (APQB),\ (AQBP),\ (AQPB)$$

die Werte

$$(7\text{a}) \qquad \lambda,\quad \frac{1}{\lambda},\quad 1-\lambda,\quad \frac{1}{1-\lambda},\quad \frac{\lambda-1}{\lambda},\quad \frac{\lambda}{\lambda-1},$$

und zu jedem dieser sechs Dv gehören gemäß Gleichung (4) noch drei andere, die ihm gleich sind.

Zu den Gleichungen (5) und (6), die zwei Dv derselben vier Punkte miteinander verbinden, tritt als wichtige Relation noch eine Formel, die sich auf fünf Punkte und drei Dv bezieht, nämlich

$$(8) \qquad (ABQR)\,(ABRP)\,(ABPQ) = 1;$$

sie folgt unmittelbar aus der Definition (1).

Man kann fragen, ob es Sonderfälle für die Lage der Punkte A, B, P, Q gibt, in denen sich die sechs Werte (7a) auf eine *geringere* Zahl von Werten reduzieren. Man erhält sie, indem man λ gleich einem der fünf anderen Werte setzt.

Für $\lambda = 1/\lambda$ ist $\lambda^2 = 1$, also $\lambda = \pm 1$. Die Lösung $\lambda = 1$ ist keine eigentliche, da dann P in Q fällt, während wir nur verschiedene Lagen der vier Punkte in Betracht ziehen. Die Lösung $\lambda = -1$ führt auf die oben erwähnten *harmonischen* Punktepaare AB und PQ. Je zwei der sechs Werte (7a) sind einander gleich, nämlich

$$\lambda = \frac{1}{\lambda} = -1,\quad 1-\lambda = \frac{\lambda-1}{\lambda} = 2,\quad \frac{1}{1-\lambda} = \frac{\lambda}{\lambda-1} = \frac{1}{2}.$$

Es gibt also nur *drei* verschiedene Werte des Dv, und es entspricht je acht Permutationen derselbe Dv-Wert. Dasselbe ergibt sich, wenn man $\lambda = 1 - \lambda$ oder $\lambda = \lambda : (\lambda - 1)$ setzt.

Weitere Lösungen entsprechen nur noch den Gleichungen

$$\lambda = \frac{1}{1-\lambda} = \frac{\lambda-1}{\lambda},\quad \frac{1}{\lambda} = 1-\lambda = \frac{\lambda}{\lambda-1},$$

sie führen beide auf

$$\lambda^2 - \lambda + 1 = 0,\qquad \lambda = \tfrac{1}{2}\left(+1 \pm \sqrt{-3}\right).^{1)}$$

Wir stoßen also auf imaginäre Werte λ, die freilich reelle Punkte nicht liefern; wir lassen ihnen (mit der S. 50 gegebenen Begründung) imaginäre Punkte entsprechen. Für diese Werte λ werden sogar je drei der Werte (7a) einander gleich (*äquianharmonische* Punkte); es gibt nur *zwei* verschiedene Dv-Werte, den beiden Werten der in λ auftretenden Quadratwurzel entsprechend.

Der Begriff des Dv ist dualisierbar und läßt sich auf vier Strahlen eines Strahlenbüschels übertragen. Als das Dv der vier Strahlen a, b, p, q

---

$^{1)}$ Es besteht auch die Gleichung $\lambda^3 + 1 = 0$; λ ist also die imaginäre dritte Wurzel aus -1.

eines Büschels definieren wir den Quotienten der beiden einfachen Teilungsverhältnisse (S. 43), setzen also (Fig. 35)

$$(9) \qquad \lambda = (a\,b\,p\,q) = \frac{\sin(a\,p)}{\sin(b\,p)} : \frac{\sin(a\,q)}{\sin(b\,q)}\,.$$

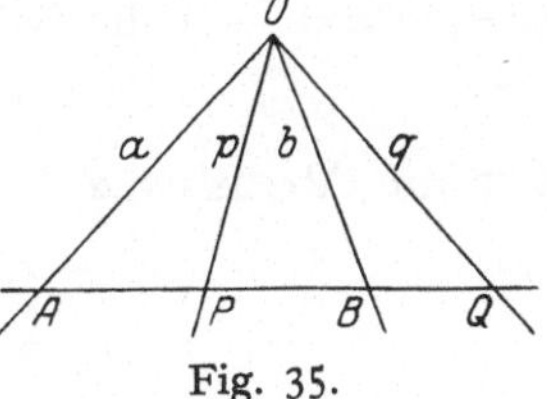

Fig. 35.

Die Dualität beider Definitionen tritt auch in einem Satz hervor, der schon den griechischen Mathematikern bekannt war und *Satz des Pappus* heißt; er lautet:

Werden vier durch einen Punkt O gehende Strahlen a, b, p, q von einer Geraden g geschnitten, so ist das Doppelverhältnis der vier Strahlen gleich dem Doppelverhältnis der vier Schnittpunkte, also

$$(10) \qquad (a\,b\,p\,q) = (A\,B\,P\,Q)\,.$$

Aus den Dreiecken $A\,O\,P$ und $B\,O\,P$ ergibt sich

$$A\,P = \frac{\sin(a\,p)\cdot O\,A}{\sin(OPA)}\,, \qquad B\,P = \frac{\sin(b\,p)\cdot O\,B}{\sin(OPB)}\,,$$

ebenso ergibt sich aus den Dreiecken $A\,O\,Q$ und $B\,O\,Q$

$$A\,Q = \frac{\sin(a\,q)\cdot O\,A}{\sin(OQA)}\,, \qquad B\,Q = \frac{\sin(b\,q)\cdot O\,B}{\sin(OQB)}\,,$$

und hieraus folgt durch wiederholte Division

$$\frac{A\,P}{B\,P} : \frac{A\,Q}{B\,Q} = \frac{\sin(a\,p)}{\sin(b\,p)} : \frac{\sin(a\,q)}{\sin(b\,q)}\,,$$

womit der Satz des Pappus bewiesen ist. Wir folgern aus ihm, daß *alle* von a, b, p, q geschnittenen Geraden nach demselben Dv geschnitten werden; sind also A', B', P', Q' die Schnittpunkte mit einer Geraden g', so ist $(A\,B\,P\,Q) = (A'B'P'Q')$.

Es bedarf keiner besonderen Erwähnung, daß die für das Dv $(A\,B\,P\,Q)$ abgeleiteten Sätze sich insgesamt auf das $Dv\ (a\,b\,p\,q)$ übertragen. Bemerkt sei nur, daß λ das Zahlenkontinuum durchläuft, wenn der Strahl p einmal den Büschel überstreicht[1]). Es gibt wiederum *genau einen* Strahl p, der mit a, b, q ein Dv von gegebenem Wert bestimmt; insbesondere nimmt λ die Werte 0, ∞, 1 an, wenn p mit a, b, q zusammenfällt. Einen ausgezeichneten Strahl, der dem Punkt P_∞ der Geraden entspricht, gibt es im Strahlbüschel nicht. Dem einfachsten Fall $\lambda = -1$ entsprechen vier Strahlen, die gemäß dem Satz des Pappus *vier harmonische Strahlen* (zwei harmonische Strahlenpaare) heißen sollen.

---

[1]) Die Strahlen sind ungerichtete Geraden; ein variabler Strahl überstreicht also den gesamten Strahlenbüschel schon bei einer Drehung um π.

§ 2. Harmonische Punkte und Strahlen.

Für zwei harmonische Punktepaare A, B und P, P' folgt aus (1) (wegen $\lambda = -1$) die Gleichung

$$(11) \qquad AP \cdot BP' + AP' \cdot BP = 0 \, .$$

Für die Abszissen a, b, p, p' dieser vier Punkte lautet sie

$$(12) \qquad (p - a)(p' - b) + (p' - a)(p - b) = 0 \quad \text{oder}$$

$$p p' - \tfrac{1}{2}(a + b)(p + p') + a b = 0 \, .$$

Unter allen Punktepaaren P, P' gibt es ein ausgezeichnetes; es ist das, von dem ein Punkt in P_∞ fällt. Der andere fällt (Fig. 36) in die Mitte M von AB. Wird M als neuer Nullpunkt der Maßbestimmung gewählt und $p - m = u$ gesetzt, so nimmt Gleichung (12) eine einfachere Form an, nämlich

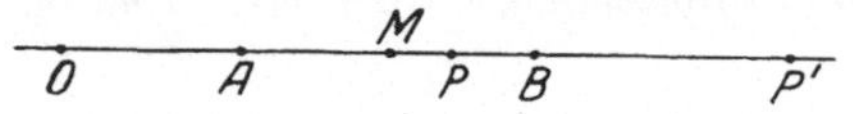

Fig. 36.

$$(12\,\text{a}) \qquad u u' = (p - m)(p' - m) = \left(\frac{a - b}{2}\right)^2; \quad m = \frac{a + b}{2} \, .$$

Ihr entspricht die geometrische Beziehung

$$(12\,\text{b}) \qquad MP \cdot MP' = MA^2 = MB^2 \, .$$

Sie zeigt, daß sich P und P' zugleich an die Punkte A und B annähern oder von ihnen entfernen; in A und B fällt P mit P' zusammen.

Sei Q, Q' ein zweites Paar, das zu A, B harmonisch ist, so besteht für dieses Paar die Gleichung

$$(13) \qquad q q' - \tfrac{1}{2}(a + b)(q + q') + a b = 0 \, .$$

Diese Gleichung und die Gleichung (12) lassen sich so auffassen, daß sie zwei Gleichungen für $a + b$ und $a b$ darstellen, und daß man also, wenn p, p' und q, q' gegeben sind, $a + b$ und $a b$ aus ihnen berechnen kann. Durch $a + b$ und $a b$ ist aber auch das Wertepaar a, b eindeutig bestimmt, und so folgt der Satz, daß es *zu zwei gegebenen Paaren P, P' und Q, Q' ein Punktepaar A, B gibt, das mit beiden harmonisch ist.* Die ihm entsprechenden Werte a, b bestimmt man auf Grund der Erwägung, daß sie die Wurzeln der quadratischen Gleichung

$$(14) \qquad z^2 - (a + b) z + a b = 0$$

sind. Diese Gleichung ist also herzustellen, und zwar in dem Sinn, daß ihre Koeffizienten in bekannter Form erscheinen. Dazu beachte man, daß (14), (12) und (13) drei lineare Gleichungen für 1, $a + b$ und $a b$ darstellen; daher muß (Anhang, 10a) ihre Determinante verschwinden, und so erhalten wir die gesuchte Gleichung in der Form

$$\begin{vmatrix} p p' & \tfrac{1}{2}(p + p'), & 1 \\ q q' & \tfrac{1}{2}(q + q'), & 1 \\ z^2 & -z, & 1 \end{vmatrix} = 0 \, .$$

Es ist noch die Realität der Wurzeln zu prüfen; sie ist durch die Diskriminante dieser Gleichung bestimmt. Wir haben aber nicht das arithmetische Resultat nötig, sondern ein geometrisches, das an die Lage der beiden Punktepaare P, P', Q, Q' anknüpft. Um es in einfacher Weise abzuleiten, benutzen wir die Gleichung (12a). Wir entnehmen ihr

$$(p - m)(p' - m) = (q - m)(q' - m) = \left(\frac{a - b}{2}\right)^2 = n^2$$

und finden hieraus zunächst eine lineare Gleichung für m, nämlich

$$m = \frac{p\,p' - q\,q'}{p - q + p' - q'}.$$

Mittels dieses Wertes formen wir den Wert eines jeden Faktors von n^2 um und finden ohne Mühe

$$n^2 = \frac{(p - q)(p - q')(p' - q)(p' - q')}{(p - q + p' - q')^2}.$$

Die Realität der Wurzeln hängt von dem Zeichen des Zählers von n^2 ab, also von der Lage der Paare P, P' und Q, Q'. Die Wurzeln sind *reell*, wenn die Paare einander *nicht trennen* (S. 64); dann sind zwei Differenzen des Zählers positiv und zwei negativ. Trennen sie sich, so ist je eine ungerade Anzahl von Differenzen positiv oder negativ, und es gibt daher *kein* zu beiden Paaren reelles harmonisches Paar.

Für weitere Betrachtungen gehen wir so vor, daß wir jedes der beiden Punktepaare A, B und P, P' durch eine quadratische Gleichung darstellen. Sei

$$\alpha' x^2 + 2\beta' x + \gamma' = 0; \quad -\frac{2\beta'}{\alpha'} = a + b, \quad \frac{\gamma'}{\alpha'} = a\,b$$

die Gleichung, die a, b zu Wurzeln hat, und seien ebenso p, p' die dem Paar P, P' entsprechenden Wurzeln der Gleichung

$$\alpha'' x^2 + 2\beta'' x + \gamma'' = 0; \quad -\frac{2\beta''}{\alpha''} = p + p', \quad \frac{\gamma''}{\alpha''} = p\,p'.$$

Durch Einsetzen der Werte für $a + b$, $a\,b$, $p + p'$, $p\,p'$ in Gleichung (12) verwandelt sie sich in

$$(14) \qquad \alpha'\gamma'' - 2\beta'\beta'' + \gamma'\alpha'' = 0;$$

in dieser Form stellt sich also jetzt die *Bedingung für die harmonische Lage* beider Punktepaare dar.

Hieraus folgert man wiederum die Existenz eines Paares, das *zu zwei gegebenen Paaren zugleich harmonisch* ist. Seine quadratische Gleichung muß solche Werte α, β, γ enthalten, für die zugleich

$$(15) \qquad \alpha\gamma' - 2\beta\beta' + \alpha'\gamma = 0 \quad \text{und} \quad \alpha\gamma'' - 2\beta\beta'' + \alpha''\gamma = 0$$

ist. Dies sind zwei lineare homogene Gleichungen für $\alpha, 2\beta, \gamma$; aus ihnen folgt

$$\alpha : 2\beta : \gamma = \begin{vmatrix} \alpha' & \beta' \\ \alpha'' & \beta'' \end{vmatrix} : \begin{vmatrix} \alpha' & \gamma' \\ \alpha'' & \gamma'' \end{vmatrix} : \begin{vmatrix} \beta' & \gamma' \\ \beta'' & \gamma'' \end{vmatrix};$$

das gesuchte Paar besteht daher aus den Wurzeln der quadratischen Gleichung

$$(15\mathrm{a}) \qquad (\alpha'\beta'' - \alpha''\beta')\,x^2 + (\alpha'\gamma'' - \alpha''\gamma')\,x + (\beta'\gamma'' - \beta''\gamma') = 0\,.$$

Das so gefundene Paar ist sogar zu *jedem* Paar harmonisch, das durch eine Gleichung

$$\alpha'x^2 + 2\beta'x + \gamma' + \lambda(\alpha''x^2 + 2\beta''x + \gamma'') = 0$$

gegeben ist. Aus den Gleichungen (15) folgt nämlich durch Multiplikation mit 1, λ und Addition

$$\alpha(\gamma' + \lambda\gamma'') - 2\beta(\beta' + \lambda\beta'') + \gamma(\alpha' + \lambda\alpha'') = 0\,,$$

und dies ist die Behauptung.

Die harmonische Beziehung zweier *Strahlenpaare* ist wiederum durch die Gleichung $\lambda = -1$, also

$$(16) \qquad \frac{\sin(a\,p)}{\sin(b\,p)} : \frac{\sin(a\,q)}{\sin(b\,q)} = -1\,, \qquad \frac{\sin(a\,p)}{\sin(b\,p)} + \frac{\sin(a\,q)}{\sin(b\,q)} = 0$$

gegeben. Unter allen Strahlenpaaren, die zu a, b harmonisch sind, gibt es ein ausgezeichnetes Paar, nämlich das *orthogonale*, das die Winkel $(a\,b)$ *halbiert*. Wird der eine Halbierungsstrahl durch m bezeichnet, so besteht analog zur Gleichung (12b) von S. 68 die Gleichung

$$(17) \qquad \operatorname{tg}(m\,p) \cdot \operatorname{tg}(m\,q) = \operatorname{tg}^2(m\,a) = \operatorname{tg}^2(m\,b)\,.$$

Man erhält sie aus dem Satz des Pappus in der Weise, daß man das Strahlenbüschel durch eine Gerade schneidet, die auf m senkrecht steht. Es sind dann A, B, M, P_∞ vier harmonische Punkte; wird dann noch $OM = 1$ angenommen, so ergibt sich aus (12b) die Gleichung (17).

§ 3. Die projektive Beziehung.

Wir wollen die Punkte zweier Geraden g und g' (*Punktreihen*) in der Weise einander eineindeutig zuordnen, daß sie durch die einfachste analytische Relation miteinander verbunden werden, also durch eine *bilineare* Gleichung. Sind (auf beliebige Anfangspunkte bezogen) x und x' zwei entsprechende Punkte von g und g', so soll

$$(18) \qquad \alpha\,x\,x' + \beta\,x + \gamma\,x' + \delta = 0$$

diese Beziehung ausdrücken. Aus ihr folgt

$$(19) \qquad x' = -\frac{\beta\,x + \delta}{\alpha\,x + \gamma}\,, \qquad x = -\frac{\gamma\,x' + \delta}{\alpha\,x' + \beta}\,;$$

die eine Variable drückt sich also durch die andere mittels einer *linearen Substitution* aus. Die so eingeführte Beziehung nennen wir eine *projektive;* die lineare Substitution bezeichnen wir auch als ihren analytischen Träger[1]).

---

[1]) Nicht jede eineindeutige Beziehung ist eine projektive; z. B. die Festsetzung $x' = x$ für $x \geq 0$, $x' = \lambda x$ für $x < 0$ $(\lambda > 0)$.

Die wichtigste Eigenschaft dieser projektiven Beziehung besteht in der *Invarianz der Dv-Werte entsprechender Punkte;* sind P_1, P_2, P_3, P_4 vier Punkte von g und P_1', P_2', P_3', P_4' die entsprechenden Punkte von g' (*Bildpunkte*), so ist

$$(20) \qquad (P_1 P_2 P_3 P_4) = (P_1' P_2' P_3' P_4')$$

oder

$$(20\,\text{a}) \qquad \frac{(x_1 - x_3)\,(x_2 - x_4)}{(x_1 - x_4)\,(x_2 - x_3)} = \frac{(x_1' - x_3')\,(x_2' - x_4')}{(x_1' - x_4')\,(x_2' - x_3')}.$$

Den Beweis führen wir folgendermaßen. Zunächst sei bemerkt, daß man drei einfachste Typen linearer Substitutionen unterscheiden kann, nämlich

$$(21) \qquad x' = x + l, \quad x' = a x, \quad x' = \frac{1}{x}.$$

Für diese Substitutionen ist die Geltung der Gleichung (20a) evident. Wir zeigen nun, daß sich eine beliebige Substitution aus gewissen einfachsten Substitutionen der Form (21) zusammensetzen läßt.

Für die beiden Substitutionen

$$x' = m x + n \quad \text{und} \quad x' = \frac{m}{x}$$

ist dies leicht ersichtlich; die erste ist die Folge von $x_1 = m x$ und $x' = x_1 + n$; die zweite ist mit $x_1 = 1 : x$ und $x' = m x_1$ äquivalent. Um es auch allgemeiner für

$$(22) \qquad x' = \frac{\alpha x + \beta}{\gamma x + \delta}$$

zu erweisen, schreiben wir zunächst

$$x' = \frac{\alpha}{\gamma} \cdot \frac{x + \nu}{x + \varkappa} = \frac{\alpha}{\gamma} \left\{ 1 + \frac{\nu - \varkappa}{x + \varkappa} \right\}; \quad \nu = \frac{\beta}{\alpha}, \quad \varkappa = \frac{\delta}{\gamma}$$

und setzen der Reihe nach

$$x_1 = x + \varkappa, \quad x_2 = \frac{\nu - \varkappa}{x_1}, \quad \text{also} \quad x' = \frac{\alpha}{\gamma} + \frac{\alpha}{\gamma} \cdot x_2.$$

Damit ist die Geltung der Gleichung (20a) und die Invarianz der Dv-Werte auch für die Substitution (22) bewiesen; allerdings unter einer einschränkenden Bedingung. Der vorstehende Beweis setzt nämlich voraus, daß $\nu - \varkappa \gtrless 0$ ist, also auch $\alpha \delta - \beta \gamma \lessgtr 0$; sonst wird er illusorisch. Nun ist (Anhang 34a, Anm.) $\alpha \delta - \beta \gamma$ die *Determinante* der Substitution. Also folgt:

Jeder projektiven Beziehung mit nichtverschwindender Determinante kommt die Invarianz der Dv-Werte zu.

Ist $\alpha \delta - \beta \gamma = 0$, also $\alpha : \beta = \gamma : \delta$, so setzen wir

$$\beta = \sigma \alpha, \quad \delta = \sigma \gamma, \quad \varrho \gamma = \alpha, \quad \varrho \delta = \beta$$

und erhalten

$$x' = \frac{\alpha}{\gamma} \cdot \frac{x + \sigma}{x + \sigma} = \frac{\alpha}{\gamma}, \quad x = \frac{\delta}{\gamma} \cdot \frac{x' + \varrho}{x' + \varrho} = \frac{\delta}{\gamma}.$$

Zu einem Wert x gehört daher stets *derselbe* Wert $x' = \alpha : \gamma$ und ebenso zu einem beliebigen x' dasselbe $x = \delta : \gamma$. Anders ausgedrückt: Dem Wert $x = \delta : \gamma$ sind *alle* x' zugeordnet und dem Wert $x' = \alpha : \gamma$ *alle* x. Die durch die lineare Substitution dargestellte projektive Beziehung heißt *ausgeartet*. Man zeigt leicht, daß die Gleichung (18) in diesem Fall die Form

$$\left(x' - \frac{\alpha}{\gamma}\right)\left(x - \frac{\delta}{\gamma}\right) = 0$$

annimmt. Eine solche ist z. B.

$$x x' + x + x' + 1 = 0 \quad \text{oder} \quad (x + 1)(x' + 1) = 0.$$

Der soeben bewiesene Satz ist umkehrbar; wir können eine projektive Beziehung als eine solche eineindeutige Beziehung definieren, der die Invarianz der Dv-Werte zukommt. Seien nämlich $P_i (i = 1, 2, 3, 4)$ vier beliebig ausgewählte Punkte von g, und P_i' ihre Bildpunkte auf g', so besteht für sie die Gleichung (20a). Hält man nun die drei Paare x_1, x_1', x_2, x_2', x_3, x_3' fest und ersetzt das vierte Paar durch das variable Paar x, x', so geht diese Gleichung, nach x und x' geordnet, in eine bilineare Relation über. Da die drei Paare P_1, P_1', P_2, P_2' und P_3, P_3' beliebig angenommen werden konnten, so folgt noch:

Eine projektive Beziehung zweier Punktreihen ist durch drei beliebig wählbare Paare entsprechender Punkte bestimmbar.

Wenn dem Punkt Q_∞ von g der Punkt Q' von g' entspricht und dem Punkt R_∞' von g' der Punkt R von g, so ist für irgend zwei Punktepaare P, P' und P_1, P_1'

$$(P P_1 Q_\infty R) = (P' P_1' Q' R_\infty').$$

Nun ist

$$(P P_1 Q_\infty R) = P_1 R : PR, \quad (P' P_1' Q' R_\infty') = P'Q' : P_1' Q'.$$

Sind also q' und r die Abszissen von Q' und R, so geht die vorstehende Gleichung in

$$(23) \qquad PR \cdot P'Q' = P_1 R \cdot P_1' Q' \quad \text{oder} \quad (r - x)(q' - x') = \text{const}$$

über; das Produkt $PR \cdot P'Q'$ hat also für jedes Paar entsprechender Punkte einen *konstanten Wert*. Er heißt *Potenz* der projektiven Beziehung. Die Punkte Q' und R heißen *Fluchtpunkte*[1].

Ist in Gleichung (18) $\alpha = 0$, so entsprechen sich die unendlich fernen Punkte; es wird also

$$(P_1 P_2 P_3 P_\infty) = (P_1' P_2' P_3' P_\infty'),$$

woraus weiter

$$P_1 P_3 : P_2 P_3 = P_1' P_3' : P_2' P_3' \quad \text{oder} \quad P_i' P_k' = \varrho\, P_i P_k$$

folgt. Zwei Strecken der einen Geraden verhalten sich wie die ent-

---

[1] Die Bezeichnung entstammt der darstellenden Geometrie.

sprechenden der anderen (*affine* oder *ähnliche* Punktreihen); ϱ soll das *Dehnungsverhältnis* heißen. Für $\varrho = 1$ sind die Punktreihen *kongruent* (oder *gleich*).

Die Ausdehnung der projektiven Beziehung auf den Strahlenbüschel behandeln wir in § 6.

§ 4. Vereinigte Lage projektiver Punktreihen.

Fallen die Geraden g und g' von § 3 zusammen, so haben wir auf einer und derselben Geraden eine projektive Zuordnung ihrer Punkte; jeder Punkt ist also doppelt zu rechnen, einmal als Punkt P von g, einmal als Punkt Q' von g'. Wir setzen fest, daß sich die Abszissen x und x' auf denselben Nullpunkt und Einheitspunkt beziehen; einem Wertepaar $x = x'$ entspricht dann ein Paar zusammenfallender *entsprechender* Punkte $P = P'$ beider Punktreihen (*Doppelpunkte*). Jeder solche Wert x ist Wurzel der Gleichung

$$(24) \qquad \alpha\, z^2 + (\beta + \gamma)\, z + \delta = 0.$$

Es gibt also *zwei* Doppelpunkte; je nachdem die Diskriminante

$$(24\text{a}) \qquad (\beta + \gamma)^2 - 4\,\alpha\,\delta > 0, \quad = 0, \quad < 0$$

ist, sind sie reell, zusammenfallend oder imaginär. Man erschließt die Realitätsbedingung einfacher aus der Gleichung (23); sie liefert für die Doppelpunkte eine Gleichung

$$(24\text{b}) \qquad z^2 - (r + q')\,z + r\,q' = \pm k^2,$$

wo $\pm k^2$ die Potenz der projektiven Beziehung ist. Ihre Diskriminante ist

$$\left(\frac{r + q'}{2}\right)^2 \pm k^2 - r\,q' = \left(\frac{r - q'}{2}\right)^2 \pm k^2.$$

Für positive Potenz erweisen sich die Doppelpunkte als stets reell; für negative Potenz nur, wenn das Quadrat über der halben Strecke $Q'R$ größer als die absolut genommene Potenz ist.

Die Doppelpunkte seien S und T. Sie bilden mit jedem Punktepaar PP' *vier Punkte von festem Dv.* Ist nämlich Q, Q' ein zweites Paar entsprechender Punkte, so hat man

$$(STPQ) = (STP'Q').$$

Setzt man links und rechts für die Dv ihren ausführlichen Wert, so läßt sich die so entstehende Gleichung unmittelbar in die Form

$$(25) \qquad (STPP') = (STQQ')$$

überführen, und das ist der Satz.

§ 5. Die involutorische Beziehung.

Eine *involutorische* Beziehung ordnet die Punkte einer Geraden *projektiv* und überdies *doppelt* einander zu; ihre Eigenart soll zunächst an einigen einfachen Fällen geschildert werden. Den einfachsten Fall bildet die *Symmetrie*. Ist O das Symmetriezentrum, so besteht für jedes zu O symmetrisch liegende Paar P, P' die Gleichung

$$OP' + OP = 0 \quad \text{oder} \quad x' + x = 0.$$

Einen allgemeineren Fall stellen alle Paare P, P' dar, die zu einem Paar A, B harmonisch liegen. In den Punkten A und B fällt je ein Punkt P mit dem entsprechenden Punkt P' zusammen, A und B heißen daher *Doppelpunkte* der *Involution*[1]). Für die Punkte A, B, P, P' besteht nach § 2 die in x und x' symmetrische Relation

$$x\,x' - \tfrac{1}{2}(a + b)\,(x + x') + a\,b = 0.$$

Beide so erhaltenen Gleichungen sind Sonderfälle der Relation (18); der Sonderfall besteht in der Gleichheit der mittleren Koeffizienten $\beta = \gamma$, so daß

$$(26) \qquad\qquad \alpha\,x\,x' + \beta(x + x') + \delta = 0$$

die bilineare Relation ist. Die ihr entsprechende projektive Beziehung heißt *involutorisch*[2]). Ihren geometrischen Charakter erkennen wir, wenn wir eine projektive Beziehung auf Grund des Satzes von S. 72 in folgender Weise herstellen. Von den drei beliebig wählbaren Paaren nehmen wir das Paar P, P' beliebig; vom Paar Q, Q' falle Q in P' und Q' in P, das Paar R, R' sei wieder beliebig. Es bestehen dann die Gleichungen

$$\alpha\,p\,p' + \beta\,p + \gamma\,p' + \delta = 0 \quad \text{und} \quad \alpha\,q\,q' + \beta\,q + \gamma\,q' + \delta = 0,$$

und zwar in der Weise, daß $p' = q$ und $q' = p$ ist. Durch Subtraktion beider Gleichungen folgt daher

$$(\beta - \gamma)\,(p - p') = 0 \quad \text{oder} \quad \beta - \gamma = 0.$$

Man sagt, daß das Paar $P = Q'$ und $P' = Q$ sich *doppelt* entspricht; nämlich einmal als Paar P, P' und einmal als Paar Q', Q. Wir schließen bereits, daß, wenn dieses doppelte Entsprechen auch nur *einmal* vorkommt, die projektive Beziehung (18) die symmetrische Form (26) besitzt. Aus dieser symmetrischen Form folgt dann weiter, daß sich *je zwei* Werte x_i, x'_i doppelt entsprechen; d. h. ist $x_k = x'_i$, so ist auch $x'_k = x_i$. Wir können daher folgende Sätze aussprechen:

1. *Entspricht sich bei zwei vereinigt liegenden projektiven Punktreihen ein Punktepaar doppelt, so tun es alle;* die Punktreihen stehen in *involutorischer* Beziehung.

2. *Eine involutorische Beziehung zweier Punktreihen ist durch zwei beliebig wählbare Punktepaare bestimmt.* Dies folgt unmittelbar aus der vorstehenden Betrachtung; das eine Paar ist $(Q' = P, Q = P')$, das zweite R, R', das gemäß Satz 1 zugleich ein Paar $(S' = R, S = R')$ ist.

---

[1]) Bei der Symmetrie sind O und P_∞ die Doppelpunkte.

[2]) Die Bezeichnung entbehrt leider jeder geometrischen Bedeutung.

Da zwei Paare beliebig wählbar sind, muß zwischen drei Paaren einer Involution eine Beziehung bestehen. Sind (x, x') (y, y') (z, z') die drei Punktepaare, so gilt die Relation (26) für jedes von ihnen, und es ist daher (Anhang § 1)

$$\begin{vmatrix} x\,x' & x + x' & 1 \\ y\,y' & y + y' & 1 \\ z\,z' & z + z' & 1 \end{vmatrix} = 0 \,.$$

Die rechnerische Überführung dieser Gleichung in eine geometrische Beziehung ist ziemlich umständlich; auf einem direkten geometrischen Weg ergibt sie sich wie folgt. Wir bezeichnen die drei Paare durch (A, A'), (B, B'), (C, C'). Dann ist — wegen des doppelten Entsprechens —

$$(ABA'C') = (A'B'AC)$$

oder

$$\frac{A\,A'}{B\,A'} \cdot \frac{B\,C'}{A\,C'} = \frac{A'A}{B'A} \cdot \frac{B'C}{A'C} \,.$$

Nun ist $A\,A' + A'A = 0$; also folgt weiter

$$(27) \qquad BC' \cdot CA' \cdot AB' + B'C \cdot C'A \cdot A'B = 0,$$

und dies ist die gesuchte Relation. Solcher Gleichungen bestehen noch drei weitere; aus dem Grunde, weil man jedes Paar (A, A') auch als Paar (A_1', A_1) auffassen kann[1]).

Die involutorischen Punktreihen besitzen nach § 4 zwei Doppelpunkte, gegeben durch die Wurzeln der Gleichung

$$\alpha z^2 + 2\beta z + \delta = 0 \,.$$

Im Gegensatz zur allgemeinen projektiven Beziehung ist durch diese Gleichung *auch die Gleichung* (26) *eindeutig bestimmt;* die Involution ist also bereits durch ihre Doppelpunkte gegeben — was auch geometrisch einleuchtet. Je nachdem die Diskriminante $\alpha\,\delta - \beta^2 > 0$ oder < 0 oder $= 0$ ist, sind die Doppelpunkte reell, imaginär oder zusammenfallend. Die Involution heißt insofern *hyperbolisch* oder *elliptisch* oder *parabolisch*. Um die geometrische Bedeutung der Realitätsbedingung abzuleiten, benutzen wir das besondere Paar, von dem ein Punkt der unendlichferne ist. Der andere heißt *Zentralpunkt,* wir bezeichnen ihn durch C und seine Abszisse durch c. In ihm fallen die beiden Fluchtpunkte Q' und R von S. 72 miteinander zusammen. Die Relation (23) verwandelt sich also für involutorische Punktreihen in

$$(28) \qquad CP \cdot CP' = (c - x)\,(c - x') = \pm k^2 \,.$$

Hat die Konstante den Wert $+ k^2$, so gibt es rechts und links von C ein Punktepaar $A = A'$ und $B = B'$ im Abstand k; die Doppelpunkte

---

[1]) Die Gleichung (27) kannte schon **Pappus**. Die Definition der Involutionen mittels der projektiven Beziehung stammt von **Chasles**.

sind also reell, und die sich so ergebende Gleichung

$$(28\,\mathrm{a}) \qquad CP \cdot CP' = CA^2 = CB^2$$

zeigt, daß die Involution aus allen Paaren besteht, die zu A und B harmonisch liegen (*hyperbolischer* Fall); je zwei Paare P, P' und Q, Q' *trennen einander nicht.* Hat die Konstante den Wert $-k^2$, so sind reelle Doppelpunkte nicht vorhanden (*elliptischer Fall*); zwei Paare P, P' und Q, Q' *trennen einander.*

Der *parabolische* Fall entspricht einer *ausgearteten* projektiven Beziehung (S. 72), da jede Beziehung $\alpha\,\delta - \beta\gamma = 0$ eine ausgeartete Projektivität zur Folge hat. Wir werden diesem Fall in Kap. IX, § 4 begegnen.

Sind auf derselben Geraden *zwei* Involutionen vorhanden, so *gibt es ein ihnen gemeinsames Paar.* Seien zunächst beide Involutionen hyperbolisch, ferner A, B die Doppelpunkte der einen und A', B' die der anderen. Das gemeinsame Paar muß dann sowohl zu A, B wie zu A', B' harmonisch sein; unser Satz stimmt also sachlich mit dem Resultat von S. 69 überein. Das zeigt auch die analytische Behandlung. Mögen die Gleichungen

$$\alpha\,x\,x' + \beta\,(x + x') + \delta = 0 \quad \text{und} \quad \alpha_1\,x\,x' + \beta_1\,(x + x') + \delta_1 = 0$$

die beiden Involutionen darstellen. Ihnen genügt *eine* gemeinsame Lösung $x\,x'$ und $x + x'$, und diese Werte bestimmen das gemeinsame Paar (x, x'). Wir bilden wie S. 68 die quadratische Gleichung, die es als Wurzeln hat; also

$$z^2 - (x + x')z + x\,x' = 0\,.$$

Aus ihr und den beiden vorstehenden Gleichungen folgt dann wieder

$$\begin{vmatrix} \alpha & \beta & \delta \\ \alpha_1 & \beta_1 & \delta_1 \\ 1 & -z & z^2 \end{vmatrix} = 0$$

als die gesuchte quadratische Gleichung. Ausführlicher lautet sie

$$(29) \qquad (\alpha\,\beta_1 - \alpha_1\,\beta)\,z^2 + z\,(\alpha\,\delta_1 - \alpha_1\,\delta) + (\beta\,\delta_1 - \beta_1\,\delta) = 0$$

und stimmt in der Tat mit der Gleichung (15a) von S. 70 überein.

Man kann daher auch die dort abgeleiteten Realitätsbedingungen auf die vorliegende Aufgabe übertragen. Statt der Elemente p, p' und q, q' treten hier die Doppelelemente der beiden Involutionen auf. Sind sie reell, sind also beide Involutionen hyperbolisch, so überträgt sich das genannte Resultat unmittelbar; das gemeinsame Paar ist also *imaginär*, wenn die Doppelpunkte einander *trennen*, und *reell*, wenn sie sich *nicht trennen.* Sind aber nicht beide Involutionen hyperbolisch, so ist das gemeinsame Paar *stets reell.* Die Doppelelemente einer elliptischen Involution haben nämlich (Anhang, 50) konjugiert komplexe Werte, und da ihr Produkt und ihre Summe reell ist, so ist n^2 in diesem

Fall stets positiv, gleichgültig ob nur eine Involution elliptisch ist oder beide[1]).

§ 6. Dualistisches für Strahlbüschel und Punktreihen.

Seien

$$G = 0, \quad G' = 0, \quad G + \lambda G' = 0, \quad G + \mu G' = 0$$

die Gleichungen von vier Strahlen g, g', g_λ, g_μ eines Büschels. Nach S. 43 haben λ und μ die Werte

$$\lambda = -\frac{\sqrt{A^2 + B^2}}{\sqrt{A'^2 + B'^2}}\frac{\sin(g\,g_\lambda)}{\sin(g'g_\lambda)}, \quad \mu = -\frac{\sqrt{A^2 + B^2}}{\sqrt{A'^2 + B'^2}}\frac{\sin(g\,g_\mu)}{\sin(g'g_\mu)},$$

und es stellt daher $\lambda : \mu$ das Dv der vier Strahlen dar. Den gleichen Schluß können wir (S. 58) für die analogen Gleichungen von vier Punkten einer Punktreihe ziehen, und so folgt:

Sind $G = 0, G' = 0, G + \lambda G' = 0,$ $G + \mu G' = 0$ die Gleichungen von vier Strahlen g, g', g_λ, g_μ eines Büschels, so stellt $\lambda : \mu$ das Dv $(g\,g'g_\lambda g_\mu)$ dar; g und g' sollen seine *Grundstrahlen* heißen.

Insbesondere sind $G = 0, G' = 0,$ $G - \lambda G' = 0, \quad G + \lambda G' = 0$ vier harmonische Strahlen.

Sind $Q = 0, Q' = 0, Q + \lambda Q' = 0,$ $Q + \mu Q' = 0$ die Gleichungen von vier Punkten P, P', P_λ, P_μ einer Punktreihe, so stellt $\lambda : \mu$ das Dv $(PP'P_\lambda P_\mu)$ dar; P und P' sollen ihre *Grundpunkte* heißen.

Insbesondere sind $Q = 0, Q' = 0,$ $Q - \lambda Q' = 0, \quad Q + \lambda Q' = 0$ vier harmonische Punkte.

Eine allgemeinere Frage betrifft das Dv von *irgend* vier Strahlen des Büschels oder *irgend* vier Punkten der Punktreihe; sie seien durch

$$G + \lambda_i G' = 0 \quad \text{und} \quad Q + \lambda_i Q' = 0; \quad i = 1, 2, 3, 4$$

gegeben. Wir erledigen sie dadurch, daß wir sie auf den vorhergehenden Fall zurückführen. Wir betrachten zunächst die vier Strahlen $G + \lambda_i G' = 0$ und führen mittels der Gleichungen

$$H(x,y) = G + \lambda_1 G', \quad K(x,y) = G + \lambda_2 G'$$

neue lineare Funktionen (also auch neue Grundstrahlen h und k) ein. Diese Gleichungen können wir nach G und G' auflösen und erhalten

$$G = \frac{\lambda_2 H - \lambda_1 K}{\lambda_2 - \lambda_1}, \quad G' = \frac{-H + K}{\lambda_2 - \lambda_1}.$$

Weiter wird

$$G + \lambda_3 G' = \frac{(\lambda_2 - \lambda_3)\,H - (\lambda_1 - \lambda_3)\,K}{\lambda_2 - \lambda_1}, \quad G + \lambda_4 G' = \frac{(\lambda_2 - \lambda_4)\,H - (\lambda_1 - \lambda_4)\,K}{\lambda_2 - \lambda_1},$$

---

[1]) Der Ausdruck n^2 (S. 69) geht, wenn man $a' = p + q\,i$, $b' = p - q\,i$ setzt, in

$$\frac{[(a - p)^2 + q^2] \cdot [(b - p)^2 + q^2]}{(a + b - 2p)^2}$$

über, und analog ist es, wenn auch für a, b konjugiert komplexe Werte gesetzt werden.

und die Gleichungen unserer vier Strahlen lauten jetzt

$$H = 0, \quad K = 0, \quad H - \frac{\lambda_1 - \lambda_3}{\lambda_2 - \lambda_3} K = 0, \quad H - \frac{\lambda_1 - \lambda_4}{\lambda_2 - \lambda_4} K = 0.$$

Damit ist die Bestimmung des Dv in der Tat auf den vorigen Fall zurückgeführt. Dasselbe gilt dualistisch, und so folgt

Sind für $i = 1, 2, 3, 4$

$$G + \lambda_i G' = 0$$

die Gleichungen von vier Strahlen g_i eines Büschels, so ist

$$(g_1 g_2 g_3 g_4) = \frac{(\lambda_1 - \lambda_3)(\lambda_2 - \lambda_4)}{(\lambda_2 - \lambda_3)(\lambda_1 - \lambda_4)}.$$

Sind für $i = 1, 2, 3, 4$

$$Q + \lambda_i Q' = 0$$

die Gleichungen von vier Punkten P_i einer Geraden, so ist

$$(P_1 P_2 P_3 P_4) = \frac{(\lambda_1 - \lambda_3)(\lambda_2 - \lambda_4)}{(\lambda_2 - \lambda_3)(\lambda_1 - \lambda_4)}.$$

Wir gehen zur *projektiven* Beziehung zweier Büschel oder Punktreihen über; wir definieren sie für die Büschel durch die Invarianz der Dv-Werte. Ordnen wir zwei Büschel

$$G + \lambda G' = 0 \quad \text{und} \quad H + \lambda H' = 0$$

in der Weise einander zu, daß jedem Strahl g_i, der dem Wert λ_i entspricht, der Strahl h_i zugewiesen ist, der *demselben* Wert λ_i entspricht, so ist die Beziehung offenbar eine projektive; aus dem eben bewiesenen Satz folgt die Invarianz der Dv für beide Büschel unmittelbar.

Sind die Büschel allgemeiner in der Form

$$(30) \qquad G + \lambda G' = 0, \quad H + \lambda' H' = 0$$

gegeben, so wird *eine projektive Zuordnung durch eine bilineare Relation* (oder lineare Substitution)

$$(31) \qquad \alpha \lambda \lambda' + \beta \lambda + \gamma \lambda' + \delta = 0; \quad \lambda' = -\frac{\beta \lambda + \delta}{\alpha \lambda + \gamma}$$

vermittelt. Denn aus ihr ergibt sich nach § 3 (S. 71) sofort

$$(32) \qquad \frac{(\lambda_1 - \lambda_3)(\lambda_2 - \lambda_4)}{(\lambda_2 - \lambda_3)(\lambda_1 - \lambda_4)} = \frac{(\lambda_1' - \lambda_3')(\lambda_2' - \lambda_4')}{(\lambda_2' - \lambda_3')(\lambda_1' - \lambda_4')}$$

und damit wieder die Invarianz der Dv-Werte. Also folgt:

Zwei Strahlenbüschel

$$G + \lambda G' = 0, \quad H + \lambda' H' = 0$$

stehen in projektiver Beziehung, wenn zwei Strahlen einander entsprechen, deren λ_i und λ_i' durch die lineare Relation (31) verbunden sind.

Zwei Punktreihen

$$Q + \lambda Q' = 0, \quad R + \lambda' R' = 0$$

stehen in projektiver Beziehung, wenn zwei Punkte einander entsprechen, deren λ_i und λ_i' durch die lineare Relation (31) verbunden sind.

Die Ausdehnung dieser Resultate auf die harmonische Lage sowie die involutorische Beziehung von Büscheln und Punktreihen bedarf keiner näheren Ausführung. Drei Einzelresultate über involutorische Strahlenbüschel sollen noch abgeleitet werden.

In der Orthogonalität zweier Strahlen fanden wir (S. 70) eine ausgezeichnete Eigenschaft eines Strahlenpaares im Büschel; sie tritt in folgenden Sätzen hervor:

1. *Für zwei projektive Büschel gibt es stets je ein Paar senkrechter entsprechender Strahlen.* 2. *In jedem involutorischen Strahlenbüschel gibt es ein rechtwinkliges Strahlenpaar.* 3. *Es gibt eine Involution, die aus lauter Paaren rechter Winkel besteht (orthogonale Strahleninvolution).*

Für den Beweis wählen wir die Grundstrahlen eines jeden Büschels zueinander senkrecht und setzen ihre Gleichungen in der Normalform voraus. Seien alsdann

$$(33) \qquad N + \lambda N' = 0 \quad \text{und} \quad M + \mu M' = 0$$

die beiden Büschel. Ferner bestehe für λ und μ die Gleichung (33), d. h.

$$(33a) \qquad \alpha \lambda \mu + \beta \lambda + \gamma \mu + \delta = 0.$$

Ist dann l ein variabler Strahl des ersten Büschels und g der Grundstrahl mit der Gleichung $N = 0$, so ist, da die Grundstrahlen des Büschels orthogonal sind, gemäß Formel (21a) von S. 43 $\lambda = \operatorname{tg}(g\,l)$; für zwei zueinander orthogonale Strahlen l und l_1 haben wir daher

$$(33b) \qquad \lambda \lambda_1 + 1 = 0.$$

Analoges gilt für das zweite Büschel. Soll es also zwei Paare entsprechender senkrechter Strahlen beider Büschel geben, und sind λ, λ_1, μ, μ_1 die Parameterwerte, zu denen sie gehören, so bestehen für diese Werte außer (33a) und (33b) noch die Gleichungen

$$\alpha \lambda_1 \mu_1 + \beta \lambda_1 + \gamma \mu_1 + \delta = 0 \quad \text{und} \quad \mu \mu_1 + 1 = 0.$$

Weiter folgert man leicht, indem man λ_1 und μ_1 eliminiert,

$$(\alpha \lambda + \gamma) \mu + \beta \lambda + \delta = 0 \quad \text{und} \quad (\delta \lambda - \beta) \mu - \gamma \lambda + \alpha = 0,$$

und hieraus endlich

$$(34) \qquad (\alpha \gamma + \beta \delta)(\lambda^2 - 1) - \lambda (\alpha^2 + \beta^2 - \gamma^2 - \delta^2) = 0.$$

Eine analoge Gleichung besteht für μ. Die Wurzeln von (34) liefern die beiden Werte λ und λ_1; die Gleichung ist nämlich eine reziproke, und daher genügen ihre Wurzeln der Gleichung (33b). Man erkennt unmittelbar, daß ihre Diskriminante positiv ist; die beiden Wurzeln λ und λ_1 sind also stets reell. Der erste Satz ist damit bewiesen, und da eine involutorische Beziehung eine projektive ist, auch Satz (2).

Vom Satz (3) ist zunächst zu sagen, daß er geometrisch evident ist; zwei vereinigt liegende gleiche Büschel sind, welches auch der Winkel α zweier entsprechender Strahlen ist, zueinander projektiv, und für $\alpha = \tfrac{1}{2}\pi$ ist die Beziehung involutorisch. Um den Satz analytisch zu beweisen, knüpfen wir an die Gleichungen (33) an. Wir lassen die Strahlen $M = 0$, $M' = 0$ mit $N = 0$, $N' = 0$ zusammenfallen und nehmen in (33a) $\beta = \gamma$ an. Dann sind

$$N + \lambda N' = 0, \quad N + \mu N' = 0$$

involutorische Büschel. Setzen wir insbesondere $\beta = 0$, $\alpha = \delta$, so geht (33a) in $\lambda\mu + 1 = 0$ über, und wir erhalten in der so bestimmten Involution nach Formel (21a) von S. 43 eine orthogonale. Ihre (imaginären) Doppelstrahlen sind durch $\lambda^2 + 1 = 0$ gegeben; sie werden also durch $N - iN' = 0$ und $N + iN' = 0$ dargestellt. Auf die Eigenart und Bedeutung dieser Strahlen kommen wir in Kap. IX, § 7 eingehend zurück; man nennt sie auch *absolute* Strahlen.

Man betrachte noch die Sonderfälle $\alpha + \delta = 0$, $\beta = \gamma = 0$ und $\alpha = 0$, $\delta = 0$, $\beta = \gamma$.

§ 7. Erzeugnisse projektiver Elementargebilde[1]).

Seien

(35) $G + \lambda H = 0$ und $G' + \lambda H' = 0$ zwei projektive Büschel (Fig. 37) mit den Scheitelpunkten S und S'.

Seien

(35a) $P + \lambda Q = 0$ und $P' + \lambda Q' = 0$ zwei projektive Punktreihen auf den Geraden g und g' (Fig. 38).

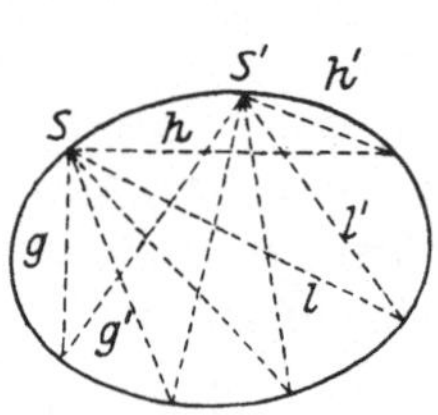

Fig. 37.

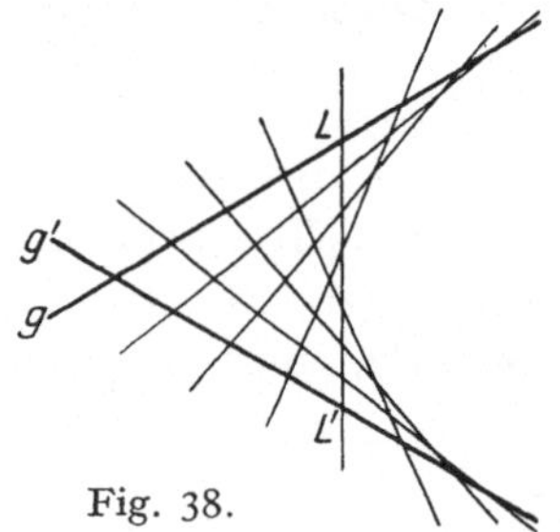

Fig. 38.

Zwei demselben Wert λ entsprechende Strahlen seien l und l'. Für ihren Schnittpunkt (l, l') besteht die (durch Elimination von λ sich ergebende) Gleichung

(36) $\qquad GH' - G'H = 0$.

Dieselbe Gleichung besteht für den Schnittpunkt *irgend* zweier entsprechender Strahlen. Sie ist in den Koordinaten x, y vom zweiten Grade; es gibt daher im allgemeinen zwei Wertepaare x, y, die ihr und der Gleichung $K = 0$ einer

Zwei demselben Wert λ entsprechende Punkte seien L und L'. Für ihre Verbindungslinie besteht die (durch Elimination von λ sich ergebende) Gleichung

(36a) $\qquad PQ' - P'Q = 0$.

Dieselbe Gleichung besteht für die Verbindungslinie *irgend* zweier entsprechender Punkte. Sie ist in den Koordinaten u, v vom zweiten Grade; es gibt daher im allgemeinen zwei Wertepaare u, v, die ihr und der Gleichung $R = 0$ eines

---

[1]) Der Gedanke, projektive Elementargebilde zur Erzeugung von Kurven zu benutzen, stammt von J. Steiner.

beliebigen Geraden genügen. Somit folgt:

Zwei projektive Strahlenbüschel erzeugen durch die Schnittpunkte entsprechender Strahlen einen Punktort von der Art, daß eine beliebige Gerade zwei Punkte von ihm enthält.

Analog gilt auch umgekehrt: Geht man von der Gleichung (36) aus, so kann man zu ihr zwei projektive Büschel, wie (35) sie darstellt, angeben.

beliebigen Punktes genügen, und so folgt:

Zwei projektive Punktreihen erzeugen durch die Verbindungslinien entsprechender Punkte einen Strahlenort von der Art, daß durch einen beliebigen Punkt zwei seiner Strahlen hindurchgehen.

Analog gilt auch umgekehrt: Geht man von der Gleichung (36a) aus, so kann man zu ihr zwei projektive Punktreihen, wie (35a) sie darstellt, angeben.

Ein Sonderfall tritt ein, wenn in den Büscheln (35) die Verbindungslinie beider Büschelzentra sich selbst entspricht; wir können sie dann als Grundstrahl $h = h'$ wählen, und die Büschelgleichungen lauten

$$G + \lambda H = 0, \quad G' + \lambda H = 0.$$

Für den Ort der Schnittpunkte der Strahlen l, l' folgt dann

$$(37) \qquad (G - G') H = 0;$$

er zerfällt in die Gerade $H = 0$ und die Gerade $G - G' = 0$ als den eigentlichen Ort[1]). Die Schnittpunkte (l, l') der von h verschiedenen Strahlenpaare *erfüllen also eine Gerade*. Sie heißt *Perspektivitätsachse* (perspektivische Lage beider Büschel).

Das analoge gilt für projektive Punktreihen, wenn der Schnittpunkt ihrer Träger sich selbst entspricht. Die Verbindungslinien entsprechender Punkte laufen dann sämtlich durch denselben Punkt (Perspektivitätszentrum), die Punktreihen liegen wiederum *perspektivisch*.

Man zeige, daß die Fig. 33 des Desarguesschen Satzes (S. 62) beiden vorstehenden Sonderfällen entspricht; als Scheitel der projektiven Büschel kann man B und B' wählen, als Träger der projektiven Punktreihen AC und $A'C'$. S und s sind Zentrum und Achse der Perspektivität. Welches sind die zugehörigen projektiven Beziehungen?

§ 8. Doppelverhältniskoordinaten.

Die folgenden Betrachtungen sollen die geometrische Bedeutung der analytischen Entwicklungen von § 6 darlegen. Bisher bestimmten wir einen Punkt P einer Geraden durch seinen Abstand $OP = x$ von einem beliebig gewählten Anfangspunkt O; er mag seine *elementare* (kartesische) Koordinate heißen. Im Sinn von Kap. II (S. 9) läßt sich aber auch das Teilungsverhältnis $\mu = (ABP)$ (bei festem A und B) und ebenso auch das Doppelverhältnis $\lambda = (ABPQ)$ (bei festem A, B, Q) als

---

[1]) Jeder Punkt von $H = 0$ gehört den zwei entsprechenden Strahlen $h = h'$ an.

Koordinate von P ansehen; denn P und μ, ebenso P und λ, sind eineindeutig aufeinander bezogen, und wenn P die Gerade durchläuft, so durchlaufen μ und λ das gesamte Zahlenkontinuum. Dies wollen wir nunmehr näher verfolgen.

Die Beziehung zwischen x, μ, λ ist durch folgende Gleichungen gekennzeichnet. Für $OA = a$ und $OB = b$ ist

$$(38) \qquad \mu = \frac{AP}{BP} = \frac{x-a}{x-b}, \quad \text{also} \quad x = \frac{a-\mu b}{1-\mu};$$

es hängen also x und μ durch eine lineare Substitution miteinander zusammen; nach § 3 folgt daher für vier Punkte P_1, P_2, P_3, P_4

$$(39) \qquad (P_1 P_2 P_3 P_4) = \frac{(x_1 - x_3)(x_2 - x_4)}{(x_2 - x_3)(x_1 - x_4)} = \frac{(\mu_1 - \mu_3)(\mu_2 - \mu_4)}{(\mu_2 - \mu_3)(\mu_1 - \mu_4)}.$$

Ebenso besteht auch zwischen λ und x eine lineare Substitution; denn man hat, wenn $OQ = q$ ist,

$$(40) \qquad \lambda = \frac{AP \cdot BQ}{BP \cdot AQ} = \frac{(x-a)(q-b)}{(x-b)(q-a)}.$$

Die Gleichung (39) besteht also auch für die λ_i. Das analoge gilt für den Strahlenbüschel; auch bei ihm können wir das Teilungsverhältnis $(a\,b\,p)$ und das Doppelverhältnis $(a\,b\,p\,q)$ als Koordinaten des Strahles p auffassen, und es überträgt sich auch auf sie die Gleichung (39).

Damit ist die geometrische Erklärung dafür vorhanden, daß sich das Dv von vier Strahlen und vier Punkten in den Formeln von § 6 sowohl durch die x_i wie die μ_i und die λ_i in derselben Weise ausdrückt, und zwar so, wie es der Gleichung (39) entspricht. Dem so erlangten Resultat geben wir durch zwei Sätze Ausdruck; einen mehr formalen und einen tieferen. Sie lauten:

1. Kennt man das Dv von vier Punkten P_i zu drei festen Punkten A, B, Q, und ist $(A B P_i Q) = \lambda_i$, so bestimmt sich das Dv von vier beliebigen Punkten P_i durch

$$(41) \qquad (P_1 P_2 P_3 P_4) = \frac{(\lambda_1 - \lambda_3)(\lambda_2 - \lambda_4)}{(\lambda_2 - \lambda_3)(\lambda_1 - \lambda_4)}.$$

2. *Das Dv von vier Punkten einer Geraden drückt sich in den drei Koordinaten x, λ, μ in übereinstimmender Weise aus.*

Endlich zeigen wir noch, in welcher besonderen Form sich die in den Gleichungen von § 6 auftretenden analytischen Parameter als Dv darstellen lassen. Der für den Strahlenbüschel benutzte Parameter λ hat den Wert (S. 43)

$$\lambda = -\frac{\sqrt{A^2 + B^2}}{\sqrt{A'^2 + B'^2}}\,\frac{\sin(g\,h)}{\sin(g'h)}$$

für g und g' als Grundstrahlen des Büschels; es erscheint also λ zunächst als Produkt aus dem Teilungsverhältnis in eine für alle Strahlen konstante Größe. Dies Produkt läßt sich folgendermaßen in ein Dv

verwandeln. Gemäß der eineindeutigen Beziehung zwischen Teilungsverhältnis und den Büschelstrahlen kann man einen Strahl q bestimmen, für den

$$(42) \qquad -\frac{\sqrt{A^2+B^2}}{\sqrt{A'^2+B'^2}} = 1 : \frac{\sin(g\,q)}{\sin(g'q)}$$

ist; man findet also

$$(43) \qquad \lambda = \frac{\sin(g\,h)}{\sin(g'h)} : \frac{\sin(g\,q)}{\sin(g'q)}$$

und hat so λ als $Dv\,(g\,g'h\,q)$ dargestellt. Fällt h mit g, g', q zusammen, so hat λ die Werte $0, \infty, 1$; man nennt daher q den *Einheitsstrahl*.

Ebenso ist es für die dualen Verhältnisse einer Punktreihe. Bei ihr hat — für A und B als Grundpunkte — der Parameter λ den Wert (S. 59)

$$\lambda = \frac{C'}{C''} \cdot \frac{AP}{BP}$$

und erscheint daher ebenfalls als Produkt eines Teilungsverhältnisses und einer Konstanten. Wir bestimmen wieder einen Punkt Q durch

$$(44) \qquad \frac{C'}{C''} = 1 : \frac{AQ}{BQ}$$

und finden

$$(45) \qquad \lambda = \frac{AP}{BP} : \frac{AQ}{BQ} = (ABPQ);$$

für $\lambda = 0, \infty, 1$ fällt P mit A, B, Q zusammen, Q ist daher wieder der *Einheitspunkt*.

Der so gedeutete Parameter λ ist es, den man als *Doppelverhältniskoordinate* oder *projektive* Koordinate bezeichnet.

Achtes Kapitel.

Homogene Koordinaten.

§ 1. Homogene kartesische Punktkoordinaten.

Um den Übergang von den gewöhnlichen Koordinaten zu den projektiven auszuführen, nimmt man zweckmäßig eine rechnerische Vervollkommnung des analytischen Apparats vor; sie besteht in der *homogenen* Darstellung der Koordinatenwerte. Statt der Größen x, y führen wir zunächst drei Größen x', y', z' so ein, daß ihre *Verhältnisse* den Punkt $P(x, y)$ in derselben Weise festlegen, wie es x und y selber tun. Dazu setzen wir

$$(1) \qquad x = \frac{x'}{z'}, \quad y = \frac{y'}{z'}, \quad \text{also} \quad x : y : 1 = x' : y' : z',$$

dann soll jedes solche Wertsystem x', y', z' ein Tripel *homogener* Koordinaten des Punktes (x, y) heißen. Einem Tripel x', y', z' (mit $z' \gtrless 0$) entspricht *ein* Wertepaar x, y, also *ein* Punkt P; einem Punkt P entsprechen aber jetzt unendlich viele gleichberechtigte Zahlentripel $x' : y' : z'$, die sämtlich in *demselben Verhältnis* zueinander stehen; jedes geht aus irgendeinem durch Multiplikation mit einem Proportionalitätsfaktor hervor. Dem Punkt $x = 2$, $y = -3$ kommt sowohl das Tripel $2, -3, 1$, wie $4, -6, 2$ oder $-40, 60, -20$ usw. zu; man kann also allgemein

$$(1\text{a}) \qquad x' = \varrho\, x, \quad y' = \varrho\, y, \quad z' = \varrho \cdot 1$$

setzen, wo ϱ der Proportionalitätsfaktor ist.

Den homogenen Koordinaten kommt eine algebraisch wichtige Eigenart zu, sie lassen eine Gleichung in x, y in eine homogene Gleichung in x', y', z' übergehen. Die allgemeine Gleichung einer Geraden lautet für sie

$$A\,x' + B\,y' + C\,z' = 0,$$

die allgemeine Gleichung zweiten Grades erhält analog die Form

$$a\,x'^2 + b\,y'^2 + c\,z'^2 + 2d\,x'y' + 2e\,x'z' + 2f\,y'z' = 0$$

usw. Wenn einer solchen Gleichung irgendein Tripel x', y', z' genügt, so tut es auch jedes zu ihm proportionale, und das sind wieder alle, die einem und demselben Punkt P zugehören.

Endliche Werte von x und y führen nur zu solchen Tripeln x', y', z', für die $z' \gtrless 0$ ist. Was aber tritt ein, wenn $z' = 0$ ist? Dann bestimmt das Tripel x', y', z' einen der S. 4 eingeführten uneigentlichen Punkte P_∞[1]). Es folgt dies ohne weiteres aus den Formeln von S. 25, die den Teilpunkt P einer Strecke $P_1 P_2$ liefern. Für ihn ist

$$(2) \qquad \frac{\xi'}{\zeta'} = \xi = \frac{x_1 - \mu\, x_2}{1 - \mu}, \quad \frac{\eta'}{\zeta'} = \eta = \frac{y_1 - \mu\, y_2}{1 - \mu},$$

und wenn $(x_1\, y_1)$ von $(x_2\, y_2)$ verschieden ist, so ergibt sich für $\zeta' = 0$ notwendig $\mu = 1$. Das aber ist der Wert von μ, dem der Punkt P_∞ entspricht. Die *geometrische* Bedeutung der homogenen Koordinaten ist also die, daß sie die in Kap. I eingeführten uneigentlichen Punkte als *analytisch gleichberechtigte Punkte* erscheinen läßt.

Den Gleichungen

$$(3) \qquad x' = 0, \quad y' = 0, \quad z' = 0$$

muß — als Gleichungen ersten Grades — je eine Gerade entsprechen. Für $x' = 0$ ist es die y-Achse, für $y' = 0$ die x-Achse. Der Gleichung $z' = 0$ entsprechen, wie wir eben sahen, die Punkte P_∞; wir werden also analytisch darauf geführt, den Ort aller Punkte P_∞ einer Ebene als *eine Gerade g_∞* aufzufassen (*unendlichferne* oder *uneigentliche* Gerade). Von anderen Erwägungen aus ist auch die reine Geometrie zu dieser Vorstellung gelangt[2]), ihre Bedeutung und ihr Nutzen werden im Laufe dieses Kapitels mehr und mehr hervortreten.

Die Gerade g_∞ bildet (Fig. 39) zusammen mit der x- und y-Achse ein der Koordinatenbestimmung zugrunde liegendes Koordinaten*dreieck*. Seine Ecken sind O und die Punkte Y_∞ und X_∞ der y- und x-Achse; und zwar sind (in einfachster Schreibweise)

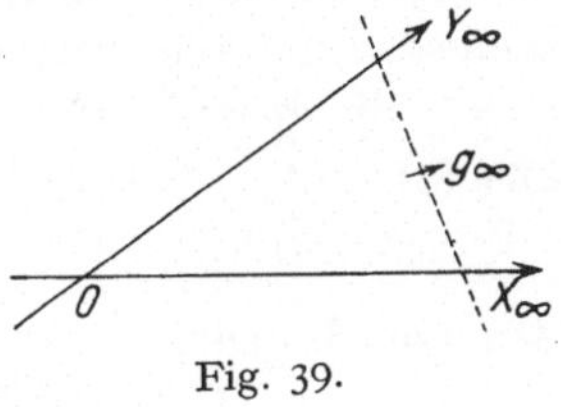

$$0,\, 0,\, 1; \quad 0,\, 1,\, 0; \quad 1,\, 0,\, 0$$

Fig. 39.

die Koordinaten dieser drei Punkte.

Dies hat wichtige analytische und geometrische Konsequenzen; hier sollen zunächst die folgenden genannt werden:

1. Die zur x- und y-Achse parallelen Geraden $x = \lambda$, $y = \mu$ erhalten jetzt die Gleichungen

$$x' - \lambda z' = 0, \quad y' - \mu z' = 0;$$

sie zeigen unmittelbar, daß die erste alle Geraden darstellt, die durch $x' = 0$, $z' = 0$ gehen, also durch den Punkt Y_∞, ebenso die zweite alle Geraden durch $y' = 0$, $z' = 0$, also durch X_∞.

---

[1]) Das Tripel $0, 0, 0$ als Koordinatentripel ist ausgeschlossen.
[2]) Dies geschah um 1750 für die Zwecke der zeichnerischen Darstellung.

2. Die Gleichungen zweier paralleler Geraden nehmen jetzt die Form

$$Ax' + By' + Cz' = 0, \quad Ax' + By' + C'z' = 0; \quad (C' \gtrless C)$$

an. Durch Subtraktion erhalten wir

$$(C - C')z' = 0 \quad \text{oder} \quad z' = 0,$$

und dies ist eine Gleichung, die für den gemeinsamen Punkt beider Geraden gilt; sie zeigt, daß er auf g_∞ liegt[1]).

3. Die Gerade g_∞ erscheint geometrisch als Grenzlage jeder Geraden g, die parallel mit sich ins Unendliche rückt. Dies bestätigen die Formeln von S. 40. Gemäß Formel (15) ist sie auch zu jeder Geraden g senkrecht; endlich zeigt (14), daß ihr Winkel mit irgendeiner Geraden g einen bestimmten Wert nicht besitzt.

§ 2. Homogene kartesische Linienkoordinaten.

Um homogene Linienkoordinaten einzuführen, setzen wir

$$(4) \qquad u = \frac{u'}{w'}, \quad v = \frac{v'}{w'}, \quad u : v : 1 = u' : v' : w'$$

oder auch

$$(4a) \qquad u' = \sigma u, \quad v' = \sigma v, \quad w' = \sigma \cdot 1;$$

jedem Tripel u', v', w' $(w' \gtrless 0)$ entspricht dann ein endliches Wertepaar u, v, also eine Gerade g, während jeder Geraden wieder unendlich viele einander proportionale Tripel entsprechen. Der Übergang zu den homogenen Koordinaten klärt zunächst wieder die bisher ausgeschlossenen Fälle auf; wegen $u = -1/a$, $v = -1/b$ sind $u = 0$ und $v = 0$ die Koordinaten der uneigentlichen Geraden g_∞. Weiter folgt aus (4)

$$u' : v' : w' = \frac{1}{a} : \frac{1}{b} : -1;$$

den Gleichungen

$$u' = 0, \quad v' = 0, \quad w' = 0$$

entsprechen daher (Fig. 39) die Punkte X_∞, Y_∞ und O des Koordinatendreiecks. Die Gleichung $w' = 0$ bedingt nämlich unendlichgroße Werte von u und v, also $a = 0$ und $b = 0$. Den drei Seiten des Koordinatendreiecks kommen mithin die Koordinaten

$$0, 0, 1; \quad 0, 1, 0; \quad 1, 0, 0$$

zu, und zwar sind $0, 0, 1$ Koordinaten von g_∞, $0, 1, 0$ die der x-Achse, $1, 0, 0$ die der y-Achse[2]).

---

[1]) Dem S. 35 zurückgestellten Fall $A = 0$, $B = 0$ entspricht also die Gerade g_∞.

[2]) Das Tripel $u' = 0$, $v' = 0$, $w' = 0$ ist als Koordinatentripel wieder ausgeschlossen.

In homogenen Koordinaten erhält die Gleichung des Punktes die Form

$$(5) \qquad A u' + B v' + C w' = 0,$$

als Bedingung der vereinigten Lage für (x', y', z') und (u', v', w') ergibt sich

$$(5\,\text{a}) \qquad u'x' + v'y' + w'z' = 0.$$

Anstatt der bisher benutzten (*vorläufigen*) Bezeichnungen x', y', z' und u', v', w' sollen die homogenen Koordinaten von nun an *einfacher* durch

$$x, \quad y, \quad z; \quad u, \quad v, \quad w$$

bezeichnet werden. Den Übergang zu nicht homogenen Koordinaten kann man so vollziehen, daß man $z = 1$ und $w = 1$ setzt; analog geht man von den nichthomogenen Koordinaten zu den homogenen über, indem man x, y, u, v durch $x/z, y/z, u/w, v/w$ ersetzt und dann die Nenner durch Hinaufmultiplizieren beseitigt.

Die Bedingung (5 a) der vereinigten Lage für Punkt und Gerade lautet dann

$$(5\,\text{b}) \qquad u x + v y + w z = 0;$$

sie führt zu folgender dualistischen Folgerung:

Ist $A x + B y + C z = 0$ die Gleichung einer Geraden, so gilt für ihre homogenen Koordinaten $$u : v : w = A : B : C;$$ *A, B, C sind also direkt ihre Koordinaten.*	Ist $A u + B v + C w = 0$ die Gleichung eines Punktes, so gilt für seine homogenen Koordinaten $$x : y : z = A : B : C;$$ *A, B, C sind also direkt seine Koordinaten.*

Es sollen noch die Formeln abgeleitet werden, die dem Teilungsverhältnis einer Strecke oder eines Winkels entsprechen. Für den Punkt $P(x, y)$, der die Strecke $P_1 P_2$ im Verhältnis μ teilt, fanden wir

$$x = \frac{x_1 - \mu x_2}{1 - \mu}, \quad y = \frac{y_1 - \mu y_2}{1 - \mu}; \quad \mu = \frac{P_1 P}{P_2 P}.$$

Die Einführung homogener Koordinaten ergibt

$$\frac{x}{z} = \frac{x_1/z_1 - \mu x_2/z_2}{1 - \mu}, \quad \frac{y}{z} = \frac{y_1/z_1 - \mu y_2/z_2}{1 - \mu},$$

und dies läßt sich in

$$\frac{x}{z} = \frac{x_1 - \mu x_2 \cdot z_1/z_2}{z_1 - \mu z_2 \cdot z_1/z_2}, \quad \frac{y}{z} = \frac{y_1 - \mu y_2 \cdot z_1/z_2}{z_1 - \mu z_2 \cdot z_1/z_2}$$

überführen. Setzen wir noch $\mu z_1/z_2 = \mu'$, so erhalten wir

$$(6) \qquad x : y : z = (x_1 - \mu' x_2) : (y_1 - \mu' y_2) : (z_1 - \mu' z_2); \quad \mu' = \mu z_1/z_2.$$

Die Konstante μ' ist also dem Teilungsverhältnis μ in der Weise proportional, daß der Faktor $z_1 : z_2$ nur von den Punkten P_1 und P_2 abhängt und damit für alle Teilungspunkte P derselbe ist.

Analoge Formeln ergeben sich für eine Gerade h, die den Winkel $(g_1 g_2)$ in einem gegebenen Verhältnis teilt. Aus den Gleichungen (17) von S. 59 folgert man ebenso

$$(7) \qquad u : v : w = (u_1 - \mu' u_2) : (v_1 - \mu' v_2) : (w_1 - \mu' w_2),$$

und es ist auch hier μ' in dem vorstehend dargelegten Sinne dem Teilungsverhältnis $(g_1 g_2 h)$ proportional.

Beispiel. Von den Gleichungen $Au + Bv = 0$, $Au + Cw = 0$, $Bv + Cw = 0$ stellt die erste einen Punkt auf g_∞ dar, die zweite einen Punkt der x-Achse, die dritte einen der y-Achse.

§ 3. Lineare projektive Koordinaten.

Seien A_1 und A_2 zwei Punkte einer Geraden — sie sollen wieder *Grundpunkte* heißen — und P ein beliebiger Punkt von ihr. Wir sahen (S. 81), daß wir das Teilungsverhältnis $(A_1 A_2 P)$ als Koordinate von P auffassen können; dies gilt auch noch, wenn wir es mit einer Konstanten multiplizieren. Diesem Gedanken wollen wir jetzt analytischen Ausdruck geben.

Sei $OP = x$, und seien $\varkappa_1$ und $\varkappa_2$ beliebige Konstanten; ferner mögen x_1, x_2 zwei Zahlen sein, so daß (Fig. 40)

$$(8) \qquad \frac{x_1}{x_2} = \frac{\varkappa_1}{\varkappa_2} \cdot \frac{A_1 P}{A_2 P} = \frac{\varkappa_1 (x - a_1)}{\varkappa_2 (x - a_2)}$$

ist, so entspricht jedem Zahlenpaar x_1, x_2 eindeutig ein Punkt P der Geraden; umgekehrt gehören zu jedem Punkt unendlich viele Zahlenpaare von gleichem Verhältnis. Damit ist auf der Geraden eine allgemeine homogene Koordinatenbestimmung eingeführt. Sie hat folgende evidente Eigenschaften:

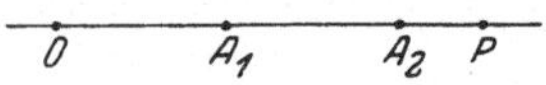

Fig. 40.

1. Gemäß der Definition sind die Koordinaten x_1 und x_2 den mit je einer Konstante $\varkappa_1$ und $\varkappa_2$ multiplizierten Abständen $A_1 P$ und $A_2 P$ proportional.

2. Wir können diese Proportionalität durch die Gleichungen

$$(9) \qquad \varrho\, x_1 = \varkappa_1 (x - a_1), \quad \varrho\, x_2 = \varkappa_2 (x - a_2)$$

ausdrücken; darin bedeutet ϱ einen Proportionalitätsfaktor in dem Sinne, daß es zu jedem einzelnen Wertepaar x_1, x_2 einen gewissen Wert ϱ gibt, der die Gleichungen (9) erfüllt[1]).

3. Der Wert $x_1 = 0$ liefert den Punkt A_1, ebenso $x_2 = 0$ den Punkt A_2. Der Punkt P_∞ ist kein ausgezeichneter Punkt mehr; für ihn ist $x_1 : x_2 = \varkappa_1 : \varkappa_2$.

---

[1]) Das Paar $x_1 = 0$, $x_2 = 0$ ist ausgeschlossen.

4. Die Gleichung (8) läßt sich in die Form

$$(10) \qquad \frac{x_1}{x_2} = \frac{\varkappa_1\, x - a_1\, \varkappa_1}{\varkappa_2\, x - a_2\, \varkappa_2}$$

setzen; daraus folgt

$$(10\,a) \qquad x = \frac{a_2\, \varkappa_2\, \varkappa_1 - a_1\, \varkappa_1\, \varkappa_2}{\varkappa_2\, \varkappa_1 - \varkappa_1\, \varkappa_2}\,;$$

es drückt sich also $x_1 : x_2$ mittels einer linearen Substitution (deren Determinante nicht Null ist) durch x aus; analog auch x durch x_1 und x_2. Es wird aber auch durch *jede* lineare Substitution

$$\frac{x_1}{x_2} = \frac{\alpha\, x + \beta}{\gamma\, x + \delta}\,, \qquad x = \frac{\alpha_1\, x_1 + \alpha_2\, x_2}{\beta_1\, x_1 + \beta_2\, x_2}\,,$$

deren Determinante nicht verschwindet, eine homogene Koordinatenbeziehung begründet; da wir in diesem Fall a_1, a_2 und $\varkappa_1 : \varkappa_2$ aus den Substitutionskoeffizienten berechnen können.

5. Wir bestimmen noch den Einheitspunkt (S. 83), für den $x_1 : x_2 = 1$ ist, und der jetzt E heißen soll. Gemäß Gleichung (8) bestimmt er sich durch

$$(11) \qquad A_1 E : A_2 E = \varkappa_2 : \varkappa_1\,.$$

Führen wir ihn in (8) ein, so wird

$$(12) \qquad \frac{x_1}{x_2} = \frac{A_1 P}{A_2 P} : \frac{A_1 E}{A_2 E} = (A_1 A_2 P E)\,.$$

Es nimmt also $x_1 : x_2$ die Bedeutung eines $D\,v$ und damit einer projektiven Koordinate an; sie erhält die Werte $0, \infty, 1$, wenn P in die Punkte A_1, A_2, E fällt. Durch diese drei Punkte ist gemäß (12) *die Koordinatenbestimmung eindeutig festgelegt.*

6. Die Gleichung

$$x_1 - \lambda\, x_2 = 0$$

stellt gemäß (12) den Punkt P dar, für den $(A_1 A_2 P E) = \lambda$ ist. Sind ferner P und Q zwei Punkte der Geraden, für die

$$(A_1 A_2 P E) = \lambda \quad \text{und} \quad (A_1 A_2 Q E) = \mu$$

ist, so folgt aus Gleichung (5) und (8) von S. 66 $(A_1 A_2 P Q) = \lambda : \mu$; d. h. das $D\,v$ der vier Punkte

$$x_1 = 0, \quad x_2 = 0, \quad x_1 - \lambda\, x_2 = 0, \quad x_1 - \mu\, x_2 = 0$$

hat den Wert $\lambda : \mu$. Diese Beispiele mögen ein Beleg für die an sich evidente Tatsache sein, daß alle früher abgeleiteten Resultate, die sich auf $D\,v$-Werte beziehen, für die homogenen Koordinaten in gleicher Form bestehen bleiben.

7. Die gewöhnliche Koordinatenbestimmung $OP = x$ läßt sich in die hier dargestellte einordnen. Wird auch für sie ein Einheitspunkt E durch $OE = 1$ eingeführt, so ist

$$(13) \qquad x = OP : OE = (O P_\infty P E)\,.$$

Damit ist auch x als Dv dargestellt und zugleich die elementare Maßbestimmung als Sonderfall der projektiven erkannt.

Um die vorstehende homogene Koordinatenbestimmung auf die Strahlen eines Strahlbüschels zu übertragen, legen wir zwei Strahlen g_1 und g_2 als feste Strahlen zugrunde (*Grundstrahlen*). Ist h ein beliebiger Strahl und sind l_1 und l_2 die von einem seiner Punkte auf g_1 und g_2 gefällten Lote, so können wir ihm ein Zahlenpaar u_1, u_2 so zuweisen, daß

$$(14) \qquad \frac{u_1}{u_2} = \frac{\varkappa_1 l_1}{\varkappa_2 l_2} = \frac{\varkappa_1 \sin(g_1 h)}{\varkappa_2 \sin(g_2 h)} = \frac{\varkappa_1}{\varkappa_2}(g_1 g_2 h)$$

ist; für $\varkappa_1$ und $\varkappa_2$ als beliebig gewählte Konstanten. Wenn wir wieder einen *Einheitsstrahl* e so annehmen, daß für ihn $u_1 : u_2 = 1$ ist, also

$$(14\,\text{a}) \qquad (g_1 g_2 e) = \frac{\sin(g_1 e)}{\sin(g_2 e)} = \frac{\varkappa_2}{\varkappa_1},$$

so wandelt sich die Definition (14) in

$$(14\,\text{b}) \qquad \frac{u_1}{u_2} = \frac{\sin(g_1 h)}{\sin(g_2 h)} : \frac{\sin(g_1 e)}{\sin(g_2 e)} = (g_1 g_2 h e),$$

und es ist $u_1 : u_2$ wiederum in Form eines Dv dargestellt. Analog übertragen sich die übrigen Resultate. Die Gleichungen $u_1 = 0$, $u_2 = 0$ stellen die Strahlen g_1 und g_2 dar, der Gleichung

$$u_1 - \lambda u_2 = 0$$

entspricht der Strahl h, für den $(g_1 g_2 h e) = \lambda$ ist usw.

Die homogenen Koordinaten x_1, x_2 und u_1, u_2 stehen auch untereinander in enger Beziehung. Wir schneiden (Fig. 41) den Büschel durch eine Gerade g; ihre Schnittpunkte mit den Strahlen g_1, g_2, h, e seien G_1, G_2, H, E. Wir nehmen G_1 und G_2 als Grundpunkte homogener Koordinaten und E als Einheitspunkt; es ist dann

$$x_1 : x_2 = (G_1 G_2 H E).$$

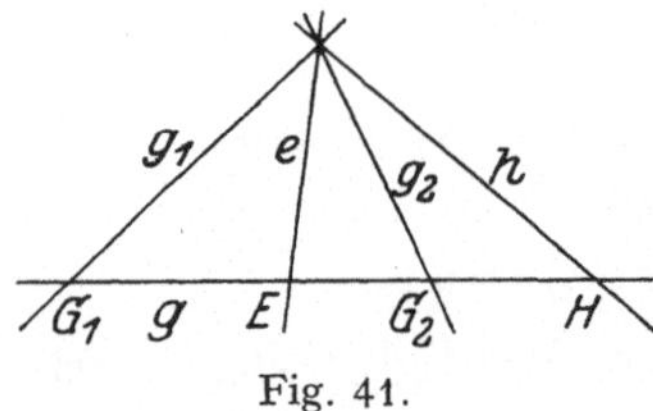

Fig. 41.

Außerdem ist für jeden Punkt der Geraden h, also auch für den Punkt H

$$u_1 : u_2 = (g_1 g_2 h e);$$

nach dem Satz des Pappus (S. 67) ist daher

$$(15) \qquad x_1 : x_2 = u_1 : u_2.$$

Wir dürfen dies kurz so ausdrücken, daß sich die Koordinatenwerte im Strahlbüschel *durch Projektion unmittelbar auf die Gerade übertragen*.

§ 4. Anwendungen der linearen projektiven Koordinaten.

1. Wir beginnen mit der Einführung einer neuen Bezeichnung. Den Punkt mit den Koordinaten $\xi_1 : \xi_2$ nennen wir auch den Punkt (ξ);

wir drücken es durch die Gleichung

$$x_1 : x_2 = \xi_1 : \xi_2; \quad x_1 \xi_2 - x_2 \xi_1 = 0$$

aus. Kürzer verwenden wir dafür das Determinantensymbol (Anhang 2)

$$(16) \qquad\qquad (x\,\xi) = 0\,.$$

Daß zwei Punkte (ξ) und (η) identisch sind, drückt sich also durch $(\xi\,\eta) = 0$ aus. Dieses Symbol geht auch in den Ausdruck des $D\,v$ ein. Sind p_i, q_i, r_i, s_i die Koordinaten der Punkte P, Q, R, S, so folgt auf Grund der projektiven Bedeutung unserer Koordinaten aus Gleichung (39) von S. 82 zunächst

$$(PQRS) = \left(\frac{p_1}{p_2} - \frac{r_1}{r_2}\right)\left(\frac{q_1}{q_2} - \frac{s_1}{s_2}\right) : \left(\frac{q_1}{q_2} - \frac{r_1}{r_2}\right)\left(\frac{p_1}{p_2} - \frac{s_1}{s_2}\right)$$

und daraus weiter

$$(16\,\mathrm{a}) \qquad (PQRS) = \frac{(p_1 r_2 - p_2 r_1)(q_1 s_2 - q_2 s_1)}{(q_1 r_2 - q_2 r_1)(p_1 s_2 - p_2 s_1)} = \frac{(p\,r)(q\,s)}{(q\,r)(p\,s)}\,.$$

2. Eine lineare Gleichung

$$(17) \qquad\qquad a_1 x_1 + a_2 x_2 = 0$$

stellt einen *Punkt* dar, nämlich den Punkt $x_1 : x_2 = -a_2 : a_1$. Eine gleich Null gesetzte quadratische Form

$$(18) \qquad f(x) = a_{11} x_1^2 + 2 a_{12} x_1 x_2 + a_{22} x_2^2 = 0$$

hat als Wurzeln ein *Punktepaar*. Es bestehe aus den Punkten (ξ) und (η). Durch Zerlegung der quadratischen Form in ihre beiden Linearfaktoren entsteht dann gemäß (16) die Gleichung

$$(18\,\mathrm{a}) \qquad \varrho(x\,\xi)(x\,\eta) = a_{11} x_1^2 + 2 a_{12} x_1 x_2 + a_{22} x_2^2 = 0,$$

und es ist

$$\varrho\,\xi_2 \eta_2 = a_{11}, \quad \varrho(\xi_1 \eta_2 + \xi_2 \eta_1) = -2 a_{12}, \quad \varrho\,\xi_1 \eta_1 = a_{22}.$$

Die Gleichungen $(x\,\xi) = 0$ und $(x\,\eta) = 0$ liefern die beiden Punkte des Paares. Sie sind identisch, falls die Diskriminante $a_{11} a_{22} - a_{12}^2 = 0$ ist. Werde durch

$$\varphi(x) = b_{11} x_1^2 + 2 b_{12} x_1 x_2 + b_{22} x_2^2 = 0$$

ein zweites Punktepaar dargestellt; die Bedingung, daß beide Paare harmonisch sind, läßt sich unmittelbar den analogen Betrachtungen von S. 69 entnehmen. Sie lautet also

$$(18\,\mathrm{b}) \qquad a_{11} b_{22} - 2 a_{12} b_{12} + a_{22} b_{11} = 0\,.$$

3. Seien B_1, B_2 die Grundpunkte neuer projektiver Koordinaten y_i. Nach § 3 stellt sich $y_1 : y_2$ linear durch x dar, ebenso auch x durch $x_1 : x_2$, es drückt sich also auch $y_1 : y_2$ linear durch $x_1 : x_2$ aus. Auf derselben Grundlage folgt, daß jede lineare Substitution, deren Determinante nicht Null ist, einer Koordinatentransformation entspricht.

In homogener Schreibweise sei sie durch

$$(19) \qquad \sigma y_1 = a_{11} x_1 + a_{12} x_2, \quad \sigma y_2 = a_{21} x_1 + a_{22} x_2$$

dargestellt. Die geometrische Bedeutung der Koeffizienten ist leicht zu erkennen. Der Punkt B_1 hat die Gleichung $y_1 = 0$, also in den Koordinaten x_i die Gleichung $a_{11} x_1 + a_{12} x_2 = 0$; ebenso ist $a_{21} x_1 + a_{22} x_2 = 0$ die Gleichung von B_2. Die Determinante $a_{11} a_{22} - a_{12} a_{21}$ ist für eine eigentliche Koordinatentransformation notwendig von Null verschieden. Die auflösenden Gleichungen sind dann

$$(19a) \qquad \varrho x_1 = a_{22} y_1 - a_{12} y_2, \quad \varrho x_2 = -a_{21} y_1 + a_{11} y_2 .$$

4. Sei die Gleichung eines Punktes in den x_i und y_i dargestellt durch

$$u_1 x_1 + u_2 x_2 = 0 \quad \text{und} \quad v_1 y_1 + v_2 y_2 = 0,$$

so daß $-u_2 : u_1$ und $-v_2 : v_1$ seine Koordinaten sind. Alsdann ergeben sich für sie aus (19) die folgenden Transformationsformeln:

$$(19b) \qquad \varrho' u_1 = a_{11} v_1 + a_{21} v_2, \quad \varrho' u_2 = a_{12} v_1 + a_{22} v_2 ;$$

ihre Auflösungen sind

$$(19c) \qquad \sigma' v_1 = a_{22} u_1 - a_{21} u_2, \quad \sigma' v_2 = -a_{12} u_1 + a_{11} u_2 .$$

Die Gleichungen (19b) und (19c) stellen gemäß Anhang 34a die *transponierte* Substitution zu (19) und (19a) dar; die Formeln, die u_i durch v_i ausdrücken, sind *kontragredient* zu denen, die y_i durch x_i ausdrücken.

5. Eine der wichtigsten Aufgaben ist die, die neuen Variablen y_1 und y_2 so einzuführen, daß die Form (18) in eine Summe von Quadraten übergeht, also in eine Form

$$(20) \qquad \beta_1 y_1^2 + \beta_2 y_2^2 = 0 .$$

Dies ist an sich (Anhang 41) auf mannigfache Weise möglich; hier soll zunächst die geometrische Bedeutung der Transformation dargelegt werden. Seien die Wurzelpunkte P_1 und P_2 von (18) insbesondere reell, es haben dann β_1 und β_2 verschiedenes Zeichen; wir dürfen $\beta_1 = p_2^2$, $\beta_2 = -p_1^2$ setzen, und die vorstehende Gleichung spaltet sich in

$$(20a) \qquad (p_2 y_1 - p_1 y_2)(p_2 y_1 + p_1 y_2) = 0 .$$

Sie zeigt, daß (S. 77) die beiden von ihr dargestellten Punkte zu $y_1 = 0$ und $y_2 = 0$ harmonisch sind. Die Einführung von y_1 und y_2 geschieht also so, daß die Grundpunkte B_1, B_2 und die Wurzelpunkte P_1, P_2 zwei *harmonische Paare* bilden[1]).

6. Hieraus fließt eine wichtige Folgerung. Sei wieder

$$(20b) \qquad \varphi(x) = b_{11} x_1^2 + 2 b_{12} x_1 x_2 + b_{22} x_2^2 = 0$$

eine zweite quadratische Form; ihre Wurzelpunkte seien Q_1, Q_2. Nun gibt es (S. 68) ein Punktepaar B_1, B_2, das sowohl zu P_1, P_2 wie zu Q_1, Q_2 harmonisch ist; daher lassen sich zwei Punkte B_1 und B_2 als

---

[1]) In der Tat ist auch (18b) erfüllt.

Grundpunkte für y_1 und y_2 so einführen, daß *beide Formen in den y_i aus der Summe zweier quadratischen Glieder bestehen.*

Um dies auszuführen, knüpfen wir an einen S. 70 bewiesenen Satz an. Aus ihm folgt, daß zugleich mit P_1, P_2 und Q_1, Q_2 auch jedes Wurzelpaar der Gleichung

$$(21) \quad (a_{11} x_1^2 + 2 a_{12} x_1 x_2 + a_{22} x_2^2) + \lambda(b_{11} x_1^2 + 2 b_{12} x_1 x_2 + b_{22} x_2^2) = 0$$

zu B_1 und B_2 harmonisch liegt. Der Gesamtheit dieser Paare gehört aber auch jeder der beiden Punkte B_1 und B_2 (doppelt gerechnet) an; soll die vorstehende Gleichung *diese* Punkte darstellen, so muß sie sich auf ein Quadrat einer einzigen Linearform reduzieren und ihre Diskriminante Null sein (Anhang 42a). Dies liefert die Gleichung

$$(22) \quad \begin{vmatrix} a_{11} + \lambda b_{11}, & a_{12} + \lambda b_{12} \\ a_{12} + \lambda b_{12}, & a_{22} + \lambda b_{22} \end{vmatrix} = 0 \,.$$

Sie ist eine quadratische Gleichung in λ; seien λ_1 und λ_2 ihre Wurzeln. Die Linearformen, auf deren Quadrat sie sich reduziert, lauten dann (Anhang 43a) für $\lambda_i = \lambda_1$ oder λ_2

$$(a_{11} + \lambda_i b_{11}) x_1 + (a_{12} + \lambda_i b_{12} x_2) = 0$$

oder auch

$$(a_{12} + \lambda_i b_{12}) x_1 + (a_{22} + \lambda_i b_{22} x_2) = 0 \,.$$

Diese Gleichungen entsprechen den Punkten B_1 und B_2; die gesuchte Transformation kann daher durch die Gleichungen

$$(23) \quad \begin{cases} \sigma y_1 = (a_{11} + \lambda_1 b_{11}) x_1 + (a_{12} + \lambda_1 b_{12}) x_2 \,, \\ \sigma y_2 = (a_{12} + \lambda_2 b_{12}) x_1 + (a_{22} + \lambda_2 b_{22}) x_2 \end{cases}$$

dargestellt werden. Ihre rechten Seiten sind zugleich die beiden Linearformen, in deren Quadrat $f + \lambda_i \varphi$ — von einem eventuellen Faktor abgesehen — übergeht. Diesen Faktor können wir mit y_1 und y_2 vereinigen, es wird dann

$$f + \lambda_1 \varphi = y_1^2 \,, \quad f + \lambda_2 \varphi = y_2^2 \,,$$

und es folgt weiter

$$(24) \quad \varphi = \frac{y_1^2 - y_2^2}{\lambda_1 - \lambda_2} \,, \quad f = \frac{-\lambda_2 y_1^2 + \lambda_1 y_2^2}{\lambda_1 - \lambda_2} \,.$$

7. Als Ausdruck der projektiven Beziehung zweier Punktreihen ergibt sich zunächst die homogene bilineare Relation, die aus Gleichung (18) (S. 70) durch Einführung von $x_1 : x_2$ hervorgeht; wir schreiben sie

$$(25) \quad \beta_{11} x_1 x_1' + \beta_{12} x_1 x_2' + \beta_{21} x_1' x_2 + \beta_{22} x_2 x_2' = 0 \,.$$

Die zugehörige lineare Substitution setzen wir in die Form

$$(25\,\text{a}) \quad \varrho x_1' = \alpha_{11} x_1 + \alpha_{12} x_2 \,, \quad \varrho x_2' = \alpha_{21} x_1 + \alpha_{22} x_2 \,.$$

Von ausgearteten Beziehungen sehen wir ab, nehmen also die Determinante ungleich Null an. Der Nachweis der *Invarianz der D v-Werte* kann auf dieser Grundlage sehr einfach geschehen. Seien x_i, y_i, z_i, t_i vier Punkte der Geraden g und x_i', y_i', z_i', t_i' die entsprechenden Punkte auf g'. Dann drücken sich die beiden Dv-Werte (S. 91) durch

$$(x\,y\,z\,t) = \frac{(x\,z)\,(y\,t)}{(y\,z)\,(x\,t)}, \qquad (x'y'z't') = \frac{(x'z')\,(y't')}{(y'z')\,(x't')}$$

aus. Nun ist nach dem Determinantenmultiplikationssatz (Anhang 19)

$$\varrho^2(x'z') = \begin{vmatrix} \varrho\,x_1' & \varrho\,x_2' \\ \varrho\,z_1' & \varrho\,z_2' \end{vmatrix} = \begin{vmatrix} \alpha_{11}x_1 + \alpha_{12}x_2 & \alpha_{21}x_1 + \alpha_{22}x_2 \\ \alpha_{11}z_1 + \alpha_{12}z_2 & \alpha_{21}z_1 + \alpha_{22}z_2 \end{vmatrix} = \begin{vmatrix} \alpha_{11} & \alpha_{12} \\ \alpha_{21} & \alpha_{22} \end{vmatrix} \cdot \begin{vmatrix} x_1 & x_2 \\ z_1 & z_2 \end{vmatrix},$$

und daraus folgt

$$(26) \qquad\qquad (x\,y\,z\,t) = (x'y'z't') .$$

8. Um die Doppelpunkte vereinigt liegender projektiver Punktreihen zu ermitteln, nehmen wir für $x_1 : x_2$ und $x_1' : x_2'$ wieder dieselben Grundpunkte und denselben Einheitspunkt an. Die Doppelpunkte sind dann durch $x_1 : x_2 = x_1' : x_2'$ gegeben. Die Gleichungen (24) müssen also richtig sein, wenn wir x_1' und x_2' durch x_1 und x_2 ersetzen. Freilich braucht dies nicht für beliebiges ϱ erfüllt zu sein; es muß aber (S. 88) gewisse Werte ϱ geben, für die es der Fall ist. Für *solches* ϱ müssen also die Gleichungen

$$(27) \qquad \begin{array}{l} (\alpha_{11} - \varrho)\,x_1 + \alpha_{12}x_2 = 0 \\ \alpha_{21}x_1 + (\alpha_{22} - \varrho)\,x_2 = 0 \end{array}, \quad \text{also} \quad \begin{vmatrix} \alpha_{11} - \varrho & \alpha_{12} \\ \alpha_{21} & \alpha_{22} - \varrho \end{vmatrix} = 0$$

bestehen. Dies liefert *zwei* Werte ϱ, und für sie sind die Gleichungen (27) durch Werte x_1, x_2 auflösbar, die nicht beide Null sind. So erhalten wir die den Doppelpunkten entsprechenden Koordinaten $x_1 : x_2$. Rechnerisch ergeben sie sich auch so, daß man ϱ aus den Gleichungen (27) eliminiert; man erhält so die quadratische Gleichung

$$(27\,\mathrm{a}) \qquad\qquad \alpha_{21}x_1^2 + (\alpha_{22} - \alpha_{11})\,x_1 x_2 - \alpha_{12}x_2^2 = 0 .$$

9. Da eine projektive Beziehung durch drei beliebig wählbare Punktepaare festgelegt ist (S. 71), so können wir den Punkten $x_1 = 0$, $x_2 = 0$ die Punkte $x_1' = 0$, $x_2' = 0$ zuweisen. Dies bewirkt in (23) $\beta_{11} = 0$ und $\beta_{22} = 0$; die bilineare Relation lautet also einfacher

$$\beta_{12}x_1 x_2' + \beta_{21}x_2 x_1' = 0 .$$

Werden als dritte Punkte auch die Einheitspunkte einander zugewiesen, so wird $\beta_{12} + \beta_{21} = 0$, und unsere Gleichung geht in

$$x_1 x_2' - x_2 x_1' = 0; \quad x_1 : x_2 = x_1' : x_2'$$

über. Sie sagt aus, daß — bei dieser Zuordnungsart — die projektiven Koordinaten entsprechender Punkte *gleiche Zahlenwerte* besitzen.

Das analoge läßt sich für eine involutorische Beziehung erreichen. Wir denken sie durch ihre beiden Doppelpunkte bestimmt und wählen dazu die Punkte $x_1 = 0$, also auch $x_1' = 0$, und $x_2 = 0$, also $x_2' = 0$.

Für die ihr entsprechende bilineare Relation folgt dann $\beta_{11} = \beta_{22} = 0$, sie lautet daher einfacher

$$x_1 x_2' + x_2 x_1' = 0 \quad \text{oder} \quad x_1 : x_2 + x_1' : x_2' = 0.$$

Dies ist formal dieselbe Gleichung, die in gewöhnlichen Koordinaten die Symmetrie auf der Geraden kennzeichnet (S. 74); die Punkte eines Paares haben *entgegengesetzt gleiche* Dv-Koordinaten.

10. Dem vorstehenden Resultat kommt eine tiefere projektive Bedeutung zu. Wir wollen die projektive Beziehung zweier Geraden g und h als eine *Abbildung* auffassen; einer Punktgruppe der einen Geraden entspricht also eine Bildgruppe der anderen. Für diese Abbildung besteht die Invarianz der Dv-Werte; jede Eigenschaft, die in gewissen Dv-Beziehungen einer Punktgruppe von g zum Ausdruck kommt, wird sich also auf die Bildgruppe von h übertragen. Ist auf g insbesondere eine projektive Beziehung ihrer Punkte aufeinander vorhanden, so entspricht ihr als Abbild eine gewisse projektive Beziehung der Punkte von h aufeinander; einer auf g vorhandenen Involution entspricht eine Involution auf h usw.

Wir setzen nun auf g eine Symmetrie voraus, gegeben (in gewöhnlicher Maßbestimmung) durch $x + x' = 0$. Weiter werde die projektive Beziehung zwischen g und h so hergestellt, daß den Punkten $0, \infty, 1$ von g drei Punkte A_1, A_2, E von h entsprechen; wir wählen sie für h als Grundpunkte und als Einheitspunkt der Maßbestimmung, also als Punkte $x_1 = 0$, $x_2 = 0$, $x_1 : x_2 = 1$. Der Symmetrie auf g entspricht dann als Abbild auf h eine involutorische Beziehung mit A_1 und A_2 als Doppelpunkten und mit der Gleichung $x_1 : x_2 + x_1' : x_2' = 0$. Wir kommen so wieder zu dem unter 9. abgeleiteten Resultat; die Involution auf h stellt sich als ein projektives Abbild der Symmetrie auf g dar, und zwar in der Weise, daß (auf Grund geeignet gewählter Koordinaten) auf g und h dieselbe arithmetische Gesetzmäßigkeit obwaltet.

Wir erkennen so die allgemeine Möglichkeit, Sätze von projektivem Charakter dadurch zu gewinnen, daß wir sie zunächst für einen einfachen Sonderfall ins Auge fassen und sie von ihm projektiv auf den allgemeinen Fall übertragen. Man spricht insofern von einem *Übertragungsprinzip* [1]).

Beispiel. Die Geraden g und g' seien projektiv so aufeinander bezogen, daß dem Punkt P_∞ von g der Punkt P' von g' entspricht. Nun denken wir uns auf g' eine projektive Beziehung — sie möge kurz durch $\mathfrak{P}'$ bezeichnet werden —, einer ihrer Doppelpunkte sei P', der andere O'. Auf g entspricht ihr eine projektive Beziehung $\mathfrak{P}$ mit den Doppelpunkten P_∞ und O, also eine ähnliche Beziehung.

---

[1]) Involutorische Beziehungen werden deshalb (nach H. Wiener) ebenfalls als „Spiegelungen" bezeichnet. Man nennt sie auch Operationen der Periode zwei und sagt, sie seien gemeinsam dadurch ausgezeichnet, daß ihr *Quadrat gleich 1* ist. Das bedeutet folgendes: Geht durch eine Spiegelung ein Punkt P in P' über, so führt *dieselbe* Spiegelung P' wieder nach P (also in seine Ausgangsstelle) zurück.

Sind Q und Q_1 zwei entsprechende Punkte für sie, so ist $OQ_1 = \alpha \cdot OQ$; sei $\alpha < 1$. Wir wollen sagen, daß Q durch $\mathfrak{P}$ in Q_1 übergeht. Geht analog Q_1 durch $\mathfrak{P}$ in Q_2 über, so ist

$$OQ_2 = \alpha OQ_1 = \alpha^2 OQ,$$

analog ist, wenn Q_2 durch $\mathfrak{P}$ in Q_3 übergeht, $OQ_3 = \alpha^3 OQ$ usw. Dabei werden sich, wegen $\alpha < 1$, die Punkte $Q_1, Q_2, Q_3, \ldots Q_n, \ldots$ immer mehr dem Punkt O annähern; man sagt, O sei der Grenzpunkt der Punktfolge $\{Q_n\}$.

Ebenso läßt sich eine Punktfolge bestimmen, die das analoge Verhältnis zu P_∞ hat. Wird nämlich durch Q_{-1} der Punkt bezeichnet, der durch $\mathfrak{P}$ in Q übergeht, ebenso durch Q_{-2} der Punkt, der durch $\mathfrak{P}$ in Q_{-1} übergeht usw., so ist

$$OQ_{-1} = \alpha^{-1} OQ, \quad OQ_{-2} = \alpha^{-2} OQ, \ldots OQ_{-n} = \alpha^{-n} OQ, \ldots$$

die Länge OQ_{-n} wächst also mit n über alle Grenzen, und es ist P_∞ als Grenzpunkt der Folge $\{Q_{-n}\}$ anzusehen.

Die Übertragung dieses Tatbestandes auf die Gerade g' liefert: Bestimmt man auf g' zu Q' den Punkt Q_1', in den Q' durch $\mathfrak{P}'$ übergeht, zu Q_1' analog den Punkt Q_2' usw., so ist der Doppelpunkt O' der Grenzpunkt der Punktfolge $\{Q_n'\}$ und ebenso P' der Grenzpunkt der Punktfolge $\{Q_{-n}'\}$.

§ 5. Allgemeine ebene homogene Koordinaten.

Die Verallgemeinerung der homogenen Punktkoordinaten x, y, z von § 1 erreichen wir so, daß wir als Seiten des Koordinatendreiecks *drei beliebige Geraden* g_1, g_2, g_3 wählen (Fig. 42). Ihre Gleichungen in gewöhnlichen x, y-Koordinaten seien[1]

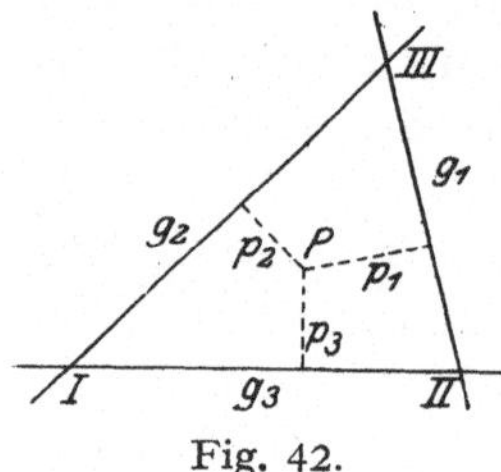

Fig. 42.

$$(28) \quad a_1 x + b_1 y + c_1 = 0, \quad a_2 x + b_2 y + c_2 = 0,$$
$$a_3 x + b_3 y + c_3 = 0.$$

Da die drei Geraden ein Dreieck bilden, ist die Determinante der a_i, b_i, c_i von Null verschieden und ebenso auch die Determinante der Unterdeterminanten A_i, B_i, C_i (Anhang 19b), es ist also

$$D = \begin{vmatrix} a_1 & b_1 & c_1 \\ a_2 & b_2 & c_2 \\ a_3 & b_3 & c_3 \end{vmatrix} \gtreqless 0 \quad \text{und} \quad \varDelta = \begin{vmatrix} A_1 & B_1 & C_1 \\ A_2 & B_2 & C_2 \\ A_3 & B_3 & C_3 \end{vmatrix} \gtreqless 0.$$

Die Schnittpunkte von g_1, g_2, g_3, also die Ecken des Koordinatendreiecks, seien I, II, III; für ihre Koordinaten folgt (S. 44)

$$x_I : y_I : 1 = A_1 : B_1 : C_1, \quad x_{II} : y_{II} : 1 = A_2 : B_2 : C_2, \quad x_{III} : y_{III} : 1 = A_3 : B_3 : C_3.$$

Sind ferner u_i, v_i die Koordinaten von g_i, so ist (S. 57)

$$u_1 : v_1 : 1 = a_1 : b_1 : c_1, \quad u_2 : v_2 : 1 = a_2 : b_2 : c_2, \quad u_3 : v_3 : 1 = a_3 : b_3 : c_3.$$

---

[1] Es liegt nahe, homogene x, y, z-Koordinaten anzuwenden. Zweckmäßig setzt man später doch $z = 1$.

Endlich sind

$$A_1 u_1 + B_1 v_1 + C_1 = 0, \quad A_2 u_2 + B_2 v_2 + C_2 = 0, \quad A_3 u_3 + B_3 v_3 + C_3 = 0$$

die Gleichungen der Punkte I, II, III in Linienkoordinaten. Alles dies sind unmittelbare Folgen der Formeln von Kap. VI, § 4.

Seien nun p_1, p_2, p_3 die Lote von einem Punkt P auf die Dreiecksseiten, so wollen wir drei Zahlen x_1, x_2, x_3 als *Dreieckskoordinaten* von P bezeichnen, wenn sie (für $\varkappa_1, \varkappa_2, \varkappa_3$ als beliebig gewählte Konstanten) die Proportion

$$(29) \qquad x_1 : x_2 : x_3 = \varkappa_1 p_1 : \varkappa_2 p_2 : \varkappa_3 p_3$$

erfüllen; wir schreiben sie wieder kürzer in der Form

$$(29\,\mathrm{a}) \qquad \varrho\, x_i = \varkappa_i p_i. \quad i = 1, 2, 3.$$

Um dies als eine zulässige Koordinatenbestimmung zu erweisen, ist zu zeigen, daß zwischen den Punkten P und den Tripeln x_i die in § 1 geschilderte Beziehung obwaltet. Dazu benutzen wir die Normalgleichungen der Geraden g_1, g_2, g_3; sie seien

$$N_1(x, y) = 0, \quad N_2(x, y) = 0, \quad N_3(x, y) = 0;$$

mit ihrer Hilfe nimmt die definierende Gleichung (29a) die Form

$$\varrho\, x_i = \varkappa_i N_i(x, y)$$

an. Nun ist aber (S. 39)

$$N_i(x, y) = \frac{a_i x + b_i y + c_i}{\sqrt{a_i^2 + b_i^2}},$$

also

$$\sqrt{a_i^2 + b_i^2}\, N_i(x, y) = a_i x + b_i y + c_i.$$

Wählen wir nun $\varkappa_i = \sqrt{a_i^2 + b_i^2}$, so erhalten wir

$$(30) \qquad \begin{cases} \varrho\, x_1 = a_1 x + b_1 y + c_1 \\ \varrho\, x_2 = a_2 x + b_2 y + c_2 \\ \varrho\, x_3 = a_3 x + b_3 y + c_3. \end{cases}$$

Damit haben wir x_1, x_2, x_3 durch x, y ausgedrückt. Jedem Wertepaar x, y und damit jedem Punkt P entspricht also eindeutig ein Tripel $x_1 : x_2 : x_3$. Um auch das umgekehrte zu zeigen, lösen wir die vorstehenden Gleichungen nach $x, y, 1$ auf; wegen $D \gtrless 0$ ist dies möglich. Wir erhalten, wenn ϱ' wiederum ein Proportionalitätsfaktor ist (wie Anhang 27),

$$(31) \qquad \begin{cases} x = \varrho'(A_1 x_1 + A_2 x_2 + A_3 x_3), \\ y = \varrho'(B_1 x_1 + B_2 x_2 + B_3 x_3), \\ 1 = \varrho'(C_1 x_1 + C_2 x_2 + C_3 x_3) \end{cases}$$

und schließlich für x und y selbst

$$(31\,\mathrm{a}) \qquad x = \frac{A_1 x_1 + A_2 x_2 + A_3 x_3}{C_1 x_1 + C_2 x_2 + C_3 x_3}, \quad y = \frac{B_1 x_1 + B_2 x_2 + B_3 x_3}{C_1 x_1 + C_2 x_2 + C_3 x_3};$$

es entspricht also auch jedem Tripel $x_1 : x_2 : x_3$ ein Wertepaar x, y.

Gehen wir zu homogenen Koordinaten x, y, z über, so ergibt sich

(32) $$x : y : z = \sum A_i x_i : \sum B_i x_i : \sum C_i x_i \,.\,^{1})$$

Es drücken sich also x, y, z und x_1, x_2, x_3 in der Tat linear durcheinander aus. Die Gleichung einer Geraden ist daher in den x_i wiederum vom ersten Grade. Insbesondere stellen

$$x_1 = 0, \quad x_2 = 0, \quad x_3 = 0 \quad \text{und} \quad x_i = 0, \quad x_k = 0$$

Seiten und Ecken des Koordinatendreiecks dar; während

$$\sum A_i x_i = 0, \quad \sum B_i x_i = 0, \quad \sum C_i x_i = 0$$

die Gleichungen der Geraden $x = 0$, $y = 0$, $z = 0$ in den x_i-Koordinaten sind[2]).

Die Gleichung

(33) $$C_1 x_1 + C_2 x_2 + C_3 x_3 = 0$$

ist die Gleichung von $z = 0$, also der unendlichfernen Geraden; es wird somit auch die Gerade g_∞ durch *eine gewöhnliche Gleichung in den x_i-Koordinaten ausgedrückt*. Sie verliert damit ihren analytischen Ausnahmecharakter. Die vom Unendlichen unabhängige Einführung der x_i-Koordinaten läßt also die Gerade g_∞ als einen mit jeder anderen Geraden gleichwertigen analytisch-geometrischen Ort erscheinen. Damit findet die Aussage von S. 85 ihre Bestätigung.

Analog gelangen wir zu allgemeinen homogenen Linienkoordinaten (Fig. 43). Sind q_1, q_2, q_3 die Abstände einer Geraden (uv) von den Ecken I, II, III des Koordinatendreiecks, sind μ_1, μ_2, μ_3 irgend drei Konstanten und u_1, u_2, u_3 drei Zahlen, die die Proportion

$$u_1 : u_2 : u_3 = \mu_1 q_1 : \mu_2 q_2 : \mu_3 q_3 ,$$

also

(34) $$\sigma u_i = \mu_i q_i, \quad i = 1, 2, 3$$

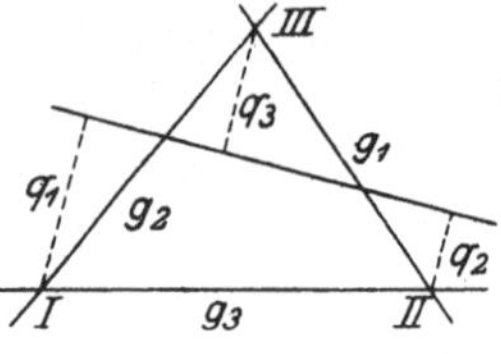

Fig. 43.

erfüllen, so können sie uns die *Dreieckskoordinaten der Geraden (uv)* abgeben. Um zu zeigen, daß die Geraden (uv) und die Tripel u_1, u_2, u_3 sich eineindeutig entsprechen, benutzen wir den S. 54 abgeleiteten Ausdruck für das von einem Punkt (x, y) auf eine Gerade (u, v) gefällte Lot. Wie wir oben sahen, stellen

$$A_1 : B_1 : C_1, \quad A_2 : B_2 : C_2, \quad A_3 : B_3 : C_3$$

die xy-Koordinaten der Ecken I, II, III dar; wir haben daher

$$q_i = \frac{A_i u + B_i v + C_i}{C_i \sqrt{u^2 + v^2}} .$$

---

[1]) $\sum A_i x_i$ ist Abkürzung für $A_1 x_1 + A_2 x_2 + A_3 x_3$.

[2]) Die Einführung derartiger Koordinaten geschah durch Möbius [Baryzentrischer Kalkül (1827)] und Plücker [vgl. Gesammelte math. Abhandlungen (1895), S. 124].

Setzen wir nun $\mu_1 = C_1$, $\mu_2 = C_2$, $\mu_3 = C_3$, so folgt

$$\mu_i q_i = \frac{A_i u + B_i v + C_i}{\sqrt{u^2 + v^2}},$$

und die Gleichung (34) ergibt, wenn wir den Faktor $\sqrt{u^2 + v^2}$ in den Proportionalitätsfaktor eingehen lassen,

$$(35) \qquad \sigma u_i = A_i u + B_i v + C_i. \quad i = 1, 2, 3.$$

Damit ist die verlangte, zu den Gleichungen (30) analoge lineare Beziehung zwischen u, v und den u_i gefunden. Ihre Auflösung lautet diesmal — für σ' als Proportionalitätsfaktor —

$$(36) \qquad \begin{cases} u = \sigma'(a_1 u_1 + a_2 u_2 + a_3 u_3) \\ v = \sigma'(b_1 u_1 + b_2 u_2 + b_3 u_3) \\ 1 = \sigma'(c_1 u_1 + c_2 u_2 + c_3 u_3); \end{cases}$$

hieraus folgt schließlich

$$(36a) \qquad u = \frac{a_1 u_1 + a_2 u_2 + a_3 u_3}{c_1 u_1 + c_2 u_2 + c_3 u_3}, \qquad v = \frac{b_1 u_1 + b_2 u_2 + b_3 u_3}{c_1 u_1 + c_2 u_2 + c_3 u_3}$$

oder

$$(37) \qquad u : v : w = \sum a_i u_i : \sum b_i v_i : \sum c_i u_i.$$

Es drücken sich also auch u, v, w und u_1, u_2, u_3 linear durcheinander aus. Die Gleichungen

$$\sum a_i u_i = 0, \qquad \sum b_i u_i = 0, \qquad \sum c_i u_i = 0$$

stellen wiederum die Punkte $u = 0$, $v = 0$, $w = 0$, also die Punkte X_∞, Y_∞, O in den homogenen u_i-Koordinaten dar; während die Ecken I, II, III des Koordinatendreiecks und seine Seiten durch

$$u_1 = 0, \quad u_2 = 0, \quad u_3 = 0 \quad \text{und} \quad u_i = 0, \quad u_k = 0$$

bestimmt sind.

Die Gleichungen (30) und (36) sind zueinander *kontragredient*, ebenso die Gleichungen (31) und (35) (Anhang 34c).

Für die Ecken des Koordinatendreiecks und den Einheitspunkt stellen die Werte

$$1, 0, 0; \quad 0, 1, 0; \quad 0, 0, 1; \quad 1, 1, 1$$

je ein Koordinatentripel dar. Die u_i-Koordinaten der Seiten sind analog

$$1, 0, 0; \quad 0, 1, 0; \quad 0, 0, 1.$$

Den Koordinatenwerten $u_1 : u_2 : u_3 = 1 : 1 : 1$ entspricht die Gerade $x_1 + x_2 + x_3 = 0$; analog hat der Einheitspunkt die Gleichung $u_1 + u_2 + u_3 = 0$.

Da man außer dem Koordinatendreieck auch die Gerade $x_1 + x_2 + x_3 = 0$ willkürlich wählen kann, so folgt damit unmittelbar der S. 47 abgeleitete Satz. Setzen wir abkürzend $x_1 + x_2 + x_3 \equiv - x_4$, so besteht für die vier Geraden $x_i = 0$ $(i = 1, 2, 3, 4)$ die identische Relation $x_1 + x_2 + x_3 + x_4 \equiv 0$; analog zu der Identität (26a) von S. 47.

Die homogenen Parallelkoordinaten stellen einen Sonderfall homogener Dreieckskoordinaten dar. Wir wählen insbesondere $g_1 \perp g_2$; die Gerade g_1 werde die y-Achse und g_2 die x-Achse, während g_3 parallel mit sich in g_∞ übergehen soll. Dann ist zunächst für $x_1 = 1$, $x_2 = 1$

$$\varrho x_1 = x_1 p_1 = x, \quad \varrho x_2 = x_2 p_2 = y, \quad \varrho x_3 = x_3 p_3.$$

Nun wähle man $\varkappa_3 = 1/\delta$, wo δ das von O auf g_3 gefällte Lot ist. Dann folgt

$$x_1 : x_2 : x_3 = x : y : p_3/\delta;$$

rückt nun g_3 ins Unendliche, so wird δ unendlich groß, während zugleich $p_3 : \delta$ — für jeden beliebigen Punkt P — gegen den Grenzwert 1 strebt.

Für die u_i folgt das gleiche nunmehr analytisch auf Grund des in (40) abgeleiteten Resultats für die Bedingung der vereinigten Lage. Sie behält während des geschilderten Grenzübergangs ihre Form $u_1 x_1 + u_2 x_2 + u_3 x_3 = 0$. In der Grenze geht sie in $u_1 x + v_1 y + 1 = 0$ über, also $u_1 : u_2 : u_3$ in $u : v : 1$.

Das gleiche läßt sich analog für beliebige Parallelkoordinaten erweisen.

Es steht zu erwarten, daß sich auch die so eingeführten homogenen Koordinaten *als Dv-Koordinaten auffassen lassen.* Es soll genügen, es für die x_i zu zeigen. Wir benutzen dazu wieder den Einheitspunkt E, der wegen $x_1 : x_2 : x_3 = 1 : 1 : 1$ nicht in eine Seite des Koordinaten-

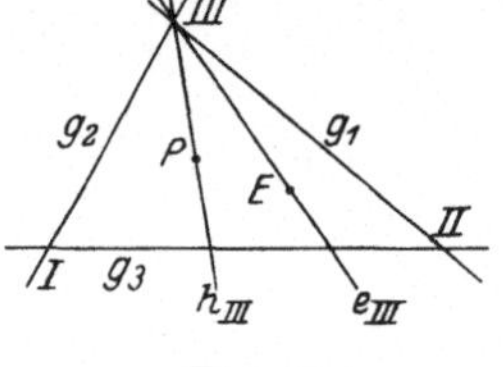

Fig. 44.

dreiecks fällt. Seien e_1, e_2, e_3 die von ihm auf g_1, g_2, g_3 gefällten Lote, so haben wir

$$e_1 : e_2 : e_3 = \frac{1}{\varkappa_1} : \frac{1}{\varkappa_2} : \frac{1}{\varkappa_3}$$

und können daher setzen (Gleichung 29a)

$$(38) \quad \varrho\, x_1 = p_1 : e_1, \quad \varrho\, x_2 = p_2 : e_2, \quad \varrho\, x_3 = p_3 : e_3.$$

Dies führt dazu, *jeden Quotienten $x_i : x_k$ als Dv darzustellen.* Sind (Fig. 44) h_{III} und e_{III} die Strahlen, die die Punkte P und E mit dem Punkt III verbinden, so hat man

$$(39) \quad \frac{x_1}{x_2} = \frac{p_1}{p_2} : \frac{e_1}{e_2} = \frac{\sin(g_1\, h_{III})}{\sin(g_2\, h_{III})} : \frac{\sin(g_1\, e_{III})}{\sin(g_2\, e_{III})} = (g_1\, g_2\, h_{III}\, e_{III}),$$

und somit ist $x_1 : x_2$ als Dv dargestellt. Ebenso findet man

$$(39a) \quad \frac{x_3}{x_1} = (g_3\, g_1\, h_{II}\, e_{II}), \quad \frac{x_2}{x_3} = (g_2\, g_3\, h_I\, e_I).$$

Das Produkt der drei Dv hat offenbar den Wert 1; also

$$(g_2\, g_3\, h_I\, e_I)\,(g_3\, g_1\, h_{II}\, e_{II})\,(g_1\, g_2\, h_{III}\, e_{III}) = 1.$$

§ 6. Folgerungen.

Folgende Eigenschaften, die die homogenen Koordinaten betreffen, seien besonders hervorgehoben:

1. Jedes Gleichungssystem der Form (30) mit beliebigen a_i, b_i, c_i liefert (für $D \gtrless 0$) eine Koordinatenbestimmung. Denn die Ausgangsgeraden g_1, g_2, g_3 als die drei Seiten eines Dreiecks konnten beliebig angenommen werden. Durch die Geraden g_i und den Einheitspunkt sind gemäß (39) *die Koordinaten eindeutig festgelegt.*

2. Die Bedingung für die vereinigte Lage einer Geraden (u_i) und eines Punktes (x_i) hat die einfache Form

$$(40) \quad u_1 x_1 + u_2 x_2 + u_3 x_3 = 0.$$

Die linke Seite dieser Gleichung geht nämlich durch Einsetzen der Werte (30) und (35) — von den Faktoren ϱ und σ abgesehen — in

$$\sum_i (a_i\,x + b_i\,y + c_i)\,(A_i\,u + B_i\,v + C_i)$$

über, wo die Summation über die drei Indizes $i = 1, 2, 3$ zu erstrecken ist. Nun ist gemäß Anhang 15 c

$$a_i A_i + b_i B_i + c_i C_i = D, \quad a_i A_k + b_i B_k + c_i C_k = 0,$$

und so nimmt dieser Ausdruck die Form

$$D(u_1 x_1 + u_2 x_2 + u_3 x_3)$$

an; womit die Behauptung erwiesen ist[1]).

3. Die Koordinaten eines Punktes, der eine gegebene Strecke im Verhältnis μ teilt, ergeben sich aus den Formeln (6) von S. 87 folgendermaßen: Seien — in vorläufiger Bezeichnung — $x : y : z$ und $X : Y : Z$ die homogenen Parallelkoordinaten der Streckenendpunkte und $\xi : \eta : \zeta$ die des Teilpunkts, so folgt aus den genannten Formeln

$$\varrho\,\xi = x - \mu' X, \quad \varrho\,\eta = y - \mu' Y, \quad \varrho\,\zeta = z - \mu' Z.$$

Wir multiplizieren diese Gleichungen mit a_i, b_i, c_i und addieren sie; werden die homogenen Koordinaten der drei Punkte durch (x_i), (X_i) und (ξ_i) bezeichnet, so findet sich, gemäß (30)

$$\varrho\,\xi_i = \varrho' x_i - \mu' \varrho'' X_i$$

oder endlich

$$\sigma\,\xi_i = x_i + \lambda X_i; \quad \sigma = \varrho : \varrho'; \quad \lambda = -\mu' \varrho'' : \varrho'.$$

Ebenso können wir aus den Gleichungen (7) von S. 88 das dualistische Resultat herleiten. Wird jetzt die Bezeichnung (zweckmäßigerweise) so geändert, daß y_i und z_i die Koordinaten der Streckenendpunkte werden und x_i die des Teilpunktes, so können wir folgende Sätze aussprechen:

Sind (y_i) und (z_i) zwei Punkte, so stellen sich die Punkte ihrer Verbindungslinie durch	Sind (v_i) und (w_i) zwei Geraden, so stellen sich die Geraden durch ihren Schnittpunkt durch
(41) $\quad \varrho\,x_i = y_i + \lambda z_i$	(41 a) $\quad \varrho\,u_i = v_i + \lambda w_i$
dar, und es ist λ dem zugehörigen Teilungsverhältnis proportional.	dar, und es ist λ dem zugehörigen Teilungsverhältnis proportional.
Insbesondere sind	Insbesondere sind
$y_i, \quad z_i, \quad y_i - \lambda z_i, \quad y_i + \lambda z_i$	$v_i, \quad w_i, \quad v_i - \lambda w_i, \quad v_i + \lambda w_i$
vier harmonische Punkte.	vier harmonische Strahlen.

---

[1]) Einführung und Wahl der Konstanten $\varkappa_i$, μ_i dienen gerade dem Zweck, die obenstehende, von allen Koeffizienten freie Form der Bedingungsgleichung für die vereinigte Lage zu erreichen.

4. Es bedarf keines Nachweises, daß alle Sätze und Relationen projektiver Natur für homogene Koordinaten unverändert erhalten bleiben; z. B. haben die vier Punkte (oder Strahlen)

$$y_i, \quad z_i, \quad y_i - \lambda\,z_i, \quad y_i - \mu\,z_i \quad (v_i, \quad w_i, \quad v_i - \lambda\,w_i, \quad v_i - \mu\,w_i),$$

das $Dv\ \lambda:\mu$. Ferner sind

$$\varrho\,x_i = y_i + \lambda\,z_i, \quad \varrho'x_i' = y_i' + \lambda'z_i'$$

projektive Punktreihen, wenn eine bilineare Relation

$$\alpha\,\lambda\,\lambda' + \beta\,\lambda + \gamma\,\lambda' + \delta = 0$$

besteht; sie wird für $\beta = \gamma$ involutorisch usw.

5. Für das folgende bezeichnen wir die Ecken des Koordinatendreiecks durch G_i. Sind ferner i und k zwei der Indizes $1, 2, 3$, so soll l der dritte von i und k verschiedene Index sein. Auf der Seite g_l

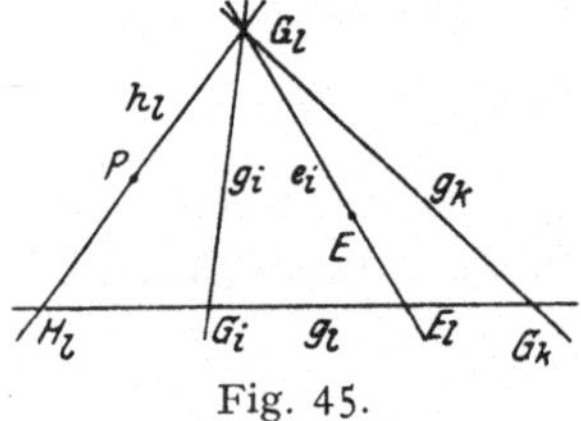

Fig. 45.

liegen dann (Fig. 45) die Punkte G_i und G_k. Ferner seien h_l und e_l die Geraden, die G_l mit einem Punkt P und mit E verbinden, und H_l, E_l ihre Schnittpunkte mit g_l. Für den Punkt H_l ist dann $x_l = 0$, und für x_i und x_k gilt die Gleichung (39) von S. 100, also

$$x_i : x_k = (g_i\,g_k\,h_l\,e_l).$$

Nun werde auf g_l eine lineare homogene Koordinatenbestimmung eingeführt mit G_i und G_k als Grundpunkten und E_l als Einheitspunkt, und es seien $x_i' : x_k'$ die Koordinaten von H_l, dann ist (S. 89)

$$x_i' : x_k' = (G_i\,G_k\,H_l\,E_l).$$

Nach dem Satz des Pappus sind aber die beiden hier auftretenden Dv einander gleich, und so folgt

$$(42) \qquad\qquad x_i' : x_k' = x_i : x_k.$$

Wir sprechen dies kurz dahin aus, daß *die Koordinaten $x_i : x_k$ auch homogene lineare Koordinaten für die Seite g_l des Koordinatendreiecks darstellen.*

Ein anderer Beweis ist der folgende. Die Dreieckskoordinaten der Punkte von $x_l = 0$ sind durch die Gleichungen (30) und $x_l = 0$ bestimmt; dabei entsprechen den Punkten G_i, G_k, E_l die Werte $x_i = 0$, $x_k = 0$, $x_i : x_k = 1:1$. Durch diese Gleichungen sind aber (S. 89) auch die linearen Koordinaten auf $x_l = 0$ eindeutig bestimmt, und das ist die Behauptung.

Diese Folgerung läßt sich noch verallgemeinern. Alle im Beweis benutzten Beziehungen sind von der besonderen Lage der Seite g_l unabhängig, die Gerade g_l kann daher durch jede beliebige *andere*

Gerade der Ebene ersetzt werden, die mit g_i und g_k ein Dreieck bestimmt.

Auch dieses Resultat überträgt sich dualistisch auf die Linienkoordinaten u_i. Im Strahlbüschel mit dem Scheitel $u_l = 0$ stellen also $u_i : u_k$ homogene lineare Koordinaten für die Büschelstrahlen dar, so daß $u_i = 0$, $u_k = 0$ die Grundstrahlen und $u_i : u_k = 1 : 1$ den Einheitspunkt liefern.

6. Der Übergang zu einem neuen Koordinatendreieck der Geraden h_1, h_2, h_3 und den ihnen entsprechenden Koordinaten y_i wird *durch eine lineare Substitution* bewirkt. Zwischen den homogenen Koordinaten x, y, z und den x_i und den y_i besteht je ein Gleichungssystem der Form (32); aus ihm folgen die eben behaupteten linearen Relationen. Die zugehörige Determinante ist von Null verschieden. Es bestehen also Gleichungen der Form

$$(43) \quad \begin{cases} \varrho\, y_1 = a_{11} x_1 + a_{12} x_2 + a_{13} x_3 \\ \varrho\, y_2 = a_{21} x_1 + a_{22} x_2 + a_{23} x_3\,; \\ \varrho\, y_3 = a_{31} x_1 + a_{32} x_2 + a_{33} x_3 \end{cases} \quad D = \begin{vmatrix} a_{11} & a_{12} & a_{13} \\ a_{21} & a_{22} & a_{23} \\ a_{31} & a_{32} & a_{33} \end{vmatrix} \gtrless 0\,.$$

Die Auflösung liefert, wenn die A_{ik} die Unterdeterminanten der a_{ik} sind, für x_i die Gleichungen (Anhang 34b)

$$(43\,\mathrm{a}) \quad \begin{cases} \varrho' x_1 = A_{11} y_1 + A_{21} y_2 + A_{31} y_3 \\ \varrho' x_2 = A_{12} y_1 + A_{22} y_2 + A_{32} y_3\,; \\ \varrho' x_3 = A_{13} y_1 + A_{23} y_2 + A_{33} y_3 \end{cases} \quad \varDelta = \begin{vmatrix} A_{11} & A_{21} & A_{31} \\ A_{12} & A_{22} & A_{32} \\ A_{13} & A_{23} & A_{33} \end{vmatrix} \gtrless 0\,.$$

Den Transformationsformeln für die Linienkoordinaten u_i und v_i legen wir wieder die Bedingung auf, daß sie die Gleichung der vereinigten Lage $\sum u_i x_i = 0$ in $\sum v_i y_i = 0$ überführen; sie müssen alsdann denen von S. 99 analog sein, und lauten also

$$(44) \quad \begin{cases} \sigma\, u_1 = a_{11} v_1 + a_{21} v_2 + a_{31} v_3, & \sigma' v_1 = A_{11} u_1 + A_{12} u_2 + A_{13} u_3 \\ \sigma\, u_2 = a_{12} v_1 + a_{22} v_2 + a_{32} v_3, & \sigma' v_2 = A_{21} u_1 + A_{22} u_2 + A_{23} u_3 \\ \sigma\, u_3 = a_{13} v_1 + a_{23} v_2 + a_{33} v_3, & \sigma' v_3 = A_{31} u_1 + A_{32} u_2 + A_{33} u_3\,. \end{cases}$$

Die Formeln, die die u_i durch die v_i (und die v_i durch die u_i) ausdrücken, sind also *kontragredient* zu denen, die die y_i durch die x_i (und die x_i durch die y_i) ausdrücken (Anhang 34c).

Umgekehrt wird aber auch durch jede solche lineare Substitution mit nicht verschwindender Determinante eine Koordinatentransformation definiert. Ersetzen wir nämlich in den Gleichungen (43) die x_i gemäß den Gleichungen (30) durch x und y, so ergeben sich für die y_i ebenfalls Gleichungen der Form (30) mit $D \gtrless 0$.

Die Geraden $y_i = 0$ sind die Seiten h_1, h_2, h_3 des neuen Koordinatendreiecks; ebenso liefern die Gleichungen $v_i = 0$ ihre Ecken in Linien-

koordinaten. Daraus folgt die geometrische Bedeutung der Substitutionskoeffizienten. Die Koeffizienten

$$a_{11}, a_{12}, a_{13}; \quad a_{21}, a_{22}, a_{23}; \quad a_{31}, a_{32}, a_{33}$$

sind die u_i-Koordinaten der *Seiten* $h_1, h_2, h_3,$ und

$$A_{11}, A_{12}, A_{13}; \quad A_{21}, A_{22}, A_{23}; \quad A_{31}, A_{32}, A_{33}$$

die x_i-Koordinaten der *Ecken* des neuen Koordinatendreiecks. Analog
liefern die Tripel

$$A_{11}, A_{21}, A_{31}; \quad A_{12}, A_{22}, A_{33}; \quad A_{13}, A_{23}, A_{33}$$

und

$$a_{11}, a_{21}, a_{31}; \quad a_{12}, a_{22}, a_{33}; \quad a_{13}, a_{23}, a_{33}$$

die v_i- und y_i-Koordinaten der Seiten und Ecken des alten Koordinatendreiecks im neuen Koordinatensystem.

Neuntes Kapitel

Der Kreis.

§ 1. Die Kreisgleichung.

Die Gleichung eines *Kreises* mit dem Mittelpunkt $M(\alpha, \beta)$ und dem Radius ϱ ergibt sich unmittelbar aus der Formel (3) von S. 24, sie ist

$$(1) \qquad (x - \alpha)^2 + (y - \beta)^2 - \varrho^2 = 0.$$

Nach den Potenzen der Koordinaten geordnet lautet sie

$$x^2 + y^2 - 2\alpha x - 2\beta y + \alpha^2 + \beta^2 - \varrho^2 = 0,$$

wofür man auch

$$(1\,\mathrm{a}) \qquad x^2 + y^2 - 2\alpha x - 2\beta y + \delta = 0; \quad \delta = \alpha^2 + \beta^2 - \varrho^2$$

schreibt. Sie ist vom *zweiten* Grad in x und y; insofern heißt der Kreis eine *Kurve der zweiten Ordnung*. Von Gliedern zweiter Ordnung tritt *nur der Ausdruck* $x^2 + y^2$ auf; daraus folgt, daß eine Gleichung

$$(2) \qquad A(x^2 + y^2) + 2Bx + 2Cy + D = 0$$

nur Kreise darstellen kann. Der Vergleich mit (1 a) zeigt, daß der Mittelpunkt die Koordinaten

$$(3) \qquad \alpha = -\frac{B}{A}, \quad \beta = -\frac{C}{A}$$

besitzt, während sich für ϱ

$$(3\,\mathrm{a}) \qquad \frac{D}{A} = \delta = \alpha^2 + \beta^2 - \varrho^2, \quad \varrho^2 = \frac{B^2 + C^2 - AD}{A^2}$$

ergibt. Ein *reeller* Kreis wird also durch (2) nur dargestellt, falls

$$(4) \qquad B^2 + C^2 - AD > 0$$

ist. Im Fall $B^2 + C^2 - AD = 0$ ist auch $\varrho = 0$; die Kreisgleichung wird

$$(x - \alpha)^2 + (y - \beta)^2 = 0,$$

ihr genügt nur der eine reelle Punkt $x = \alpha$, $y = \beta$ (*Nullkreis*). Ist endlich $B^2 + C^2 - AD < 0$, so kann die Gleichung (2) durch kein reelles Wertepaar x, y befriedigt werden; man sagt, der Gleichung (2) entspreche ein *imaginärer Kreis*; sein Mittelpunkt (α, β) ist aber reell.

Für $A = 0$ artet die Gleichung (2) in die Gleichung einer Geraden aus. Gehen wir zu homogenen Koordinaten x, y, z über, so wird sie

$$A(x^2 + y^2) + 2Bxz + 2Cyz + Dz^2 = 0;$$

sie bleibt also auch für $A = 0$ eine Gleichung zweiten Grades, nämlich

$$z(2Bx + 2Cy + Dz) = 0.$$

Der ausgeartete Kreis besteht also aus *zwei Geraden*; zu der, die sich aus (2) für $A = 0$ ergibt, kommt noch g_∞ hinzu. Den Übergang zu homogenen Koordinaten werden wir deshalb immer dann vornehmen, wenn die Beziehung des Kreises zur Geraden g_∞ von Interesse ist.

Beispiel. Ein Kreis durch drei Punkte $(x_i y_i)$ $(i = 1, 2, 3)$ läßt sich leicht in Determinantenform darstellen. Das Verfahren ist dem von S. 36 analog. Sei

$$A(x^2 + y^2) + 2Bx + 2Cy + D = 0$$

für gewisse noch unbekannte A, B, C, D die Kreisgleichung. Dann ist auch

$$A(x_i^2 + y_i^2) + 2Bx_i + 2Cy_i + D = 0; \quad i = 1, 2, 3.$$

Aus diesen vier Gleichungen ist A, B, C, D zu eliminieren; dies liefert (Anhang 30) die gleich Null zu setzende Determinante.

Sei t (Fig. 46) die Länge der Tangente, die von einem Punkt $P(\xi, \eta)$ an den Kreis gelegt werden kann, so ist $t^2 = PM^2 - MT^2$ oder

$$t^2 = (\xi - \alpha)^2 + (\eta - \beta)^2 - \varrho^2.$$

Liegt der Punkt $(\xi \eta)$ im Innern des Kreises und ist s die halbe kleinste durch ihn gehende Sehne (die also auf MP senkrecht steht), so folgt für ihr Quadrat ebenso

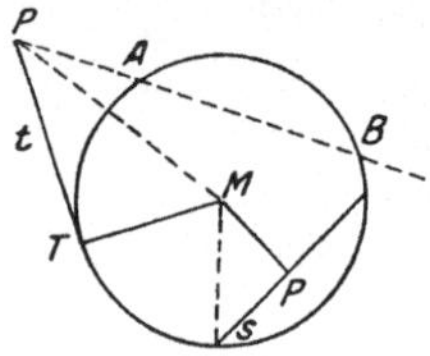

$$s^2 = \varrho^2 - (\xi - \alpha)^2 - (\eta - \beta)^2.$$

Setzen wir abkürzend

$$(5) \qquad (\xi - \alpha)^2 + (\eta - \beta)^2 - \varrho^2 = S(\xi \eta),$$

so haben wir

$$t^2 = S(\xi \eta), \quad s^2 = -S(\xi \eta);$$

Fig. 46.

der Ausdruck $S(\xi \eta)$ hat also für jeden nicht auf dem Kreise liegenden Punkt eine einfache geometrische Bedeutung. Der Kreis selbst enthält die Punkte, für die $S(xy)$ den Wert Null hat; was wieder die Gleichung (1) liefert.

Zieht man durch P eine Gerade, die den Kreis (Fig. 46) in A und B trifft, so ist bekanntlich für jede solche Gerade

$$t^2 = PA \cdot PB, \quad s^2 = -PA \cdot PB$$

und daher in beiden Fällen

$$(6) \qquad S(\xi \eta) = PA \cdot PB.$$

Man nennt $PA \cdot PB$ die *Potenz des Punktes P für den Kreis*. Also folgt:

Der Ausdruck $S(\xi \eta)$ stellt für jeden Punkt $P(\xi \eta)$ die Potenz für den Kreis mit dem Radius ϱ und dem Mittelpunkt (α, β) dar.

Der eben benutzte Satz, daß $PA \cdot PB$ für alle durch P gehenden Geraden konstant ist, läßt sich leicht analytisch ableiten. Durch den Punkt $(\xi\,\eta)$ denke man eine Gerade gezogen; ihre Gleichungen seien (S. 38)

$$x = \xi + s \cos\varphi, \quad y = \eta + s \sin\varphi\,.$$

Wird dies in die Gleichung des Kreises eingesetzt, so ergibt sich

$$(\xi - \alpha + s \cos\varphi)^2 + (\eta - \beta + s \sin\varphi)^2 - \varrho^2 = 0,$$

also eine quadratische Gleichung in s, die durch ihre Wurzeln s_1 und s_2 die gemeinsamen Punkte von Kreis und Gerade liefert. Sie geht, nach s geordnet, in $l\,s^2 + 2\,m\,s + n = 0$ über; für

$$l = 1, \quad n = (\xi - \alpha)^2 + (\eta - \beta)^2 - \varrho^2 = S(\xi\,\eta)\,.$$

Wegen $l = 1$ hat man

$$s_1 s_2 = n = S(\xi\,\eta)\,.$$

Es ist also $s_1 s_2$ unabhängig von φ, und das ist der zu beweisende Satz.

§ 2. Kreis und Gerade. Tangente.

Seien ein Kreis K und eine Gerade g gegeben; die Gerade verbinde die Punkte $P_1(\xi_1\,\eta_1)$ und $P_2(\xi_2\,\eta_2)$. Wir stellen ihre Punkte $P(x,y)$ durch die Gleichungen

$$(7) \qquad x = \frac{\xi_1 - \mu\,\xi_2}{1 - \mu}, \quad y = \frac{\eta_1 - \mu\,\eta_2}{1 - \mu}$$

dar (S. 37), in denen μ das Teilungsverhältnis $(P_1 P_2 P)$ bedeutet. Die Punkte, in denen g den Kreis schneidet, seien P' und P'', und μ', μ'' die ihnen entsprechenden Werte von μ; sie sind Wurzeln der Gleichung, die sich durch Einsetzen der Werte (7) in die Kreisgleichung ergibt. Da

$$x - \alpha = \frac{\xi_1 - \alpha - \mu(\xi_2 - \alpha)}{1 - \mu}, \quad y - \beta = \frac{\eta_1 - \beta - \mu(\eta_2 - \beta)}{1 - \mu}$$

ist, erhält diese Gleichung die Form

$$\{\xi_1 - \alpha - \mu(\xi_2 - \alpha)\}^2 + \{\eta_1 - \beta - \mu(\eta_2 - \beta)\}^2 - \varrho^2(1 - \mu)^2 = 0;$$

nach μ geordnet laute sie

$$(8) \qquad S_{22}\,\mu^2 - 2\,S_{12}\,\mu + S_{11} = 0;$$

für

$$S_{11} = (\xi_1 - \alpha)^2 + (\eta_1 - \beta)^2 - \varrho^2 = S(\xi_1\,\eta_1)\,,$$
$$S_{22} = (\xi_2 - \alpha)^2 + (\eta_2 - \beta)^2 - \varrho^2 = S(\xi_2\,\eta_2)\,,$$
$$S_{12} = (\xi_1 - \alpha)(\xi_2 - \alpha) + (\eta_1 - \beta)(\eta_2 - \beta) - \varrho^2\,.$$

Die Auswertung von μ' und μ'' ist jedoch ohne wesentliches Interesse. Die Aufgabe, die wir lösen wollen, ist vielmehr die, die Punkte P_1 und P_2 so zu wählen, daß $P_1 P_2$ Tangente in P_1 wird. Fällt P_1 auf den Kreis, so ist $S(\xi_1\,\eta_1) = S_{11} = 0$; eine der beiden Wurzeln μ' und μ'' ist Null — was auch an sich evident ist. Es sei $\mu' = 0$. Die Gerade $P_1 P_2$ trifft dann den Kreis im allgemeinen noch in einem von P_1 verschiedenen Punkt P''. Soll sie Tangente in P_1 werden, so muß auch P'' in P_1 fallen; es wird auch $\mu'' = 0$, und die Gleichung (8) hat die Doppelwurzel Null.

Dies liefert $S_{12} = 0$ als neue notwendige Bedingung für $P_2(\xi_2, \eta_2)$. Um die Tangentengleichung in veränderlichen Koordinaten x, y zu erhalten, haben wir ξ_2, η_2 durch x, y zu ersetzen; sie hat also die Form

$$(9) \qquad (\xi_1 - \alpha)(x - \alpha) + (\eta_1 - \beta)(y - \beta) - \varrho^2 = 0 \,.$$

Die Gleichung des von einem Punkt $P_1(\xi_1 \eta_1)$ an den Kreis gezogenen *Tangentenpaares* ergibt sich folgendermaßen. Wir fragen diesmal, wie der Punkt $P_2(\xi_2 \eta_2)$ liegen muß, damit die Gerade $P_1 P_2$ eine Tangente des Kreises wird. Die Antwort lautet, daß die Wurzeln μ' und μ'' dann einander gleich sind. Es muß also die Diskriminante von (8) verschwinden; dies liefert

$$(10) \qquad S_{12}^2 - S_{11} S_{22} = 0$$

als Bedingung für P_2, in variablen ξ_2, η_2 also die Gleichung des Tangentenpaares[1]).

Beispiel. Seien $(\xi_1 \eta_1)$ und $(\xi_2 \eta_2)$ zwei Punkte des Kreises, und $x_1 y_1$ der Schnittpunkt ihrer Tangenten. Dann bestehen für ihn gemäß (9) die beiden Gleichungen

$$(\xi_1 - \alpha)(x_1 - \alpha) + (\eta_1 - \beta)(y_1 - \beta) - \varrho^2 = 0 \quad \text{und}$$
$$(\xi_2 - \alpha)(x_1 - \alpha) + (\eta_2 - \beta)(y_1 - \beta) - \varrho^2 = 0 \,.$$

Daraus folgt unmittelbar, daß

$$(\xi - \alpha)(x_1 - \alpha) + (\eta - \beta)(y_1 - \beta) - \varrho^2 = 0$$

in variablen ξ, η die Gleichung der *Berührungssehne* von $(x_1 y_1)$ ist; denn sie ist Gleichung einer Geraden, und auf ihr liegt gemäß den vorstehenden Gleichungen sowohl $(\xi_1 \eta_1)$ wie auch $(\xi_2 \eta_2)$.

Bemerkung. Der Kreis zerlegt die Ebene in zwei Gebiete, ein *inneres* und ein *äußeres*. Eine analytische Unterscheidung liefert, wie wir oben sahen, das Vorzeichen von $S(\xi, \eta)$. Eine andere ebenfalls analytische ist die, daß Gleichung (10) für die äußeren Punkte ein reelles Tangentenpaar darstellt, für die inneren nicht.

§ 3. Linie gleicher Potenzen.

Seien K und K' zwei Kreise. Wir fragen nach den Punkten (x, y), die für K und K' gleiche Potenz besitzen. Für sie muß

$$S(x, y) = S'(x, y)$$

sein; oder einfacher geschrieben

$$(11) \qquad S - S' = 0 \,.$$

Dies ist, da $x^2 + y^2$ in der Differenz $S - S'$ wegfällt, eine Gleichung ersten Grades in x und y; ausführlicher geschrieben lautet sie

$$(11a) \qquad 2(\alpha - \alpha') x + 2(\beta - \beta') y - (\delta - \delta') = 0 \,.$$

Die durch sie dargestellte Gerade heißt *Linie gleicher Potenzen* oder *Potenzlinie* beider Kreise (auch *Chordale*); die Tangenten, die sich von ihren Punkten an K und K' legen lassen, sind einander gleich. Wie

---

[1]) Man zeigt leicht, daß (10) ein Geradenpaar darstellt.

aus Gleichung (15) (S. 40) hervorgeht, steht sie auf der Verbindungslinie von $(\alpha\,\beta)$ und $(\alpha'\beta')$ (der Zentrale beider Kreise) senkrecht.

Der Gleichung (11) genügen die Punkte, für die zugleich $S = 0$ und $S' = 0$ ist, d. h. die Schnittpunkte beider Kreise. Schneiden sich also die Kreise reell, so ist die Potenzlinie ihre *gemeinsame Sekante*, berühren sie sich, so ist sie die *gemeinsame Tangente*. Wie man sie in dem Fall konstruiert, daß die gemeinsamen Punkte imaginär sind, bleibt zunächst offen; wir werden ihn alsbald ebenfalls erledigen.

Bemerkung. Die Potenzlinie ist auch dann eine reelle Gerade, wenn einer oder beide Kreise imaginär sind. Bei einem imaginären Kreis ist übrigens die Potenz für jeden Punkt der Ebene positiv.

Wir gehen zu drei Kreisen K, K', K'' über;

$$S = 0, \quad S' = 0, \quad S'' = 0$$

seien ihre Gleichungen, also

$$(12) \qquad S - S' = 0, \quad S' - S'' = 0, \quad S'' - S = 0$$

ihre Potenzlinien. Die Summe dieser drei Gleichungen ist identisch gleich Null, und die drei Potenzlinien gehen (S. 46) durch einen Punkt. *Es gibt also einen Punkt, der für alle drei Kreise die gleiche Potenz besitzt*[1]). Die von ihm an die drei Kreise konstruierbaren Tangenten sind daher sämtlich einander gleich (*Potenzpunkt* der drei Kreise).

Dieser Satz liefert die Potenzlinie zweier reellen Kreise K und K', die sich nicht reell schneiden. Man zeichne nämlich einen Kreis K'' so, daß er sowohl K wie auch K' schneidet, und ziehe die gemeinsame Sekante für K, K'' und K', K'', so ist ihr Schnittpunkt dem Satz gemäß auch ein Punkt der Potenzlinie der Kreise K und K', die Potenzlinie selbst also das Lot von ihm auf ihre Zentrale.

§ 4. Das Kreisbüschel.

Die Gleichung

$$(13) \qquad S - \lambda S' = 0,$$

oder ausführlicher

$$(x^2 + y^2)(1 - \lambda) - 2(\alpha - \lambda\alpha')x - 2(\beta - \lambda\beta')y + \delta - \lambda\delta' = 0,$$

stellt einen Kreis K'' dar, dessen Mittelpunkt $M''(\alpha'', \beta'')$ die Koordinaten

$$(14) \qquad \alpha'' = \frac{\alpha - \lambda\alpha'}{1 - \lambda}, \qquad \beta'' = \frac{\beta - \lambda\beta'}{1 - \lambda}$$

besitzt. Er liegt auf der Zentrale von K und K' und teilt die Strecke MM' im Verhältnis λ (S. 25). Jeder Kreis (13) geht durch die Schnittpunkte

---

[1]) Der Punkt kann auch ins Unendliche fallen, wenn nämlich alle Zentra auf einer Geraden liegen. Analoges gilt auch für die folgenden Paragraphen.

von K und K'. Alle Kreise, die den verschiedenen Werten von λ entsprechen, bilden ein *Kreisbüschel*; die gemeinsamen Punkte von K und K' heißen seine *Grundpunkte*. Dem Büschel gehört sowohl K an (für $\lambda = 0$) wie auch K' (für $\lambda = \infty$). Für $\lambda = 1$ artet K'' in die Potenzlinie von K und K' aus; offenbar ist sie zugleich Potenzlinie für *irgend zwei* Kreise des Büschels. Wir rechnen sie als uneigentlichen Kreis ebenfalls dem Büschel zu.

Ist $(\hat\xi\eta)$ ein Punkt von K'', und setzen wir die Gleichung (13) in die Form

$$S(\xi, \eta) : S'(\xi, \eta) = \lambda,$$

so erkennen wir die geometrische Eigenschaft des Kreises K''; für jeden seiner Punkte hat seine Potenz für K zu der für K' ein konstantes Verhältnis.

Schneiden sich K und K' reell, so gibt es unter den Kreisen des Büschels einen kleinsten; sein Mittelpunkt fällt in die *Potenzlinie*. Berühren sich die Kreise in einem Punkt, so berühren sich alle Kreise des Büschels in ihm. Sie bilden ein Büschel von Berührungskreisen; ihm gehört der Berührungspunkt als Nullkreis an. Den Fall imaginärer Schnittpunkte von K und K' behandeln wir in § 6.

Im Büschel sind im allgemeinen zwei Nullkreise enthalten; sie entsprechen den Wurzeln λ der Gleichung

$$(14a) \quad \left\{ \begin{aligned} \varrho''^2 &= \alpha''^2 + \beta''^2 - \delta'' \\ &= \left(\frac{\alpha' - \lambda\alpha''}{1-\lambda}\right)^2 + \left(\frac{\beta' - \lambda\beta''}{1-\lambda}\right)^2 - \frac{\delta' - \lambda\delta''}{1-\lambda} = 0. \end{aligned} \right.$$

Dem Vorstehenden gemäß sind sie für ein Büschel mit reellen Schnittpunkten imaginär; für ein Berührungsbüschel fallen sie zusammen, für ein Büschel mit imaginären Schnittpunkten sind sie reell (vgl. § 6).

Das Kreisbüschel wird von jeder Geraden g in Punktepaaren einer Involution geschnitten; der Schnittpunkt mit der Potenzlinie bildet das

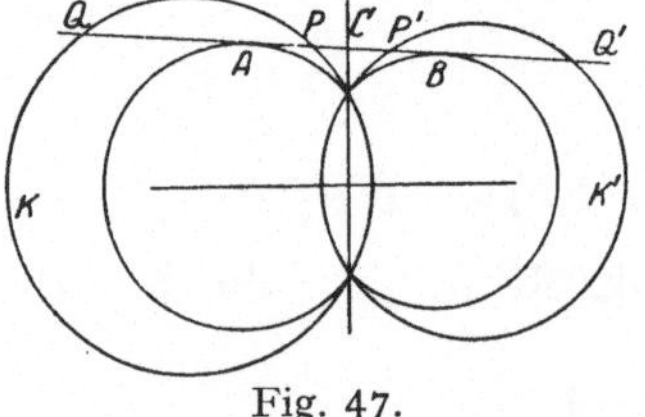

Fig. 47.

Zentrum C der Involution (Fig. 47). Sind nämlich P, Q und P', Q' die Schnittpunkte von g mit zwei Kreisen K und K', so hat C für K und K' gleiche Potenz, es ist also

$$CP \cdot CQ = CP' \cdot CQ',$$

und das ist (S. 75) die definierende Gleichung der Involution.

Die Involution kann hyperbolisch, elliptisch und parabolisch sein. Wird die Gerade g von Kreisen des Büschels berührt, so fallen in den Berührungspunkten A und B je zwei Punkte eines Paares zusammen; sie sind die Doppelpunkte der Involution und sie ist hyperbolisch. Wird dagegen g von keinem Büschelkreis berührt, so ist die Involution elliptisch. Der parabolische Fall tritt ein, wenn die Kreise sich reell schneiden und die Gerade g durch einen dieser Schnittpunkte hindurchgeht. Dann fällt C in ihn hinein und die Involution artet aus; von jedem Paar P, Q fällt ein Punkt in C. Die so ausgeartete Involution bildet den parabolischen Fall.

§ 5. Winkel zweier Kreise.

Haben zwei reelle Kreise K und K' einen reellen Punkt P gemein, so soll (Fig. 48) der Dreieckswinkel MPM' als der *Schnittwinkel* φ beider Kreise definiert werden[1]). Aus dem Dreieck MPM' folgt

$$2\varrho\varrho'\cos\varphi = \varrho^2 + \varrho'^2 - MM'^2$$
$$= \varrho^2 + \varrho'^2 - (\alpha - \alpha')^2 - (\beta - \beta')^2\,;$$

daraus ergibt sich weiter

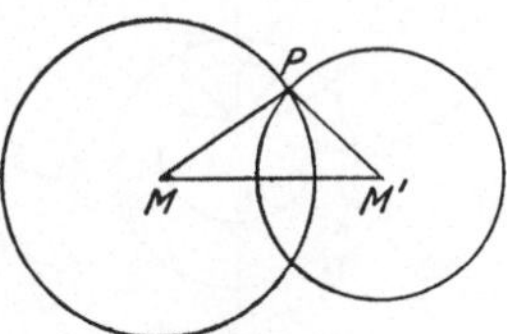

Fig. 48.

(15) $\quad 2\varrho\varrho'\cos\varphi = 2\alpha\alpha' + 2\beta\beta' - (\delta + \delta')\,.$

Die Kreise schneiden sich *orthogonal*, wenn

(15a) $\qquad\qquad 2\alpha\alpha' + 2\beta\beta' - (\delta + \delta') = 0$

ist (*Orthogonalitätsbedingung*). Bei orthogonalem Schneiden ist in den Schnittpunkten der Radius des einen Kreises die Tangente des anderen[2]).

Legen wir die Kreisgleichung in der Form

$$A(x^2 + y^2) + 2Bx + 2Cy + D = 0$$

zugrunde, so erhält die Orthogonalitätsbedingung die Form

(16) $\qquad\qquad 2BB' + 2CC' - (DA' + AD') = 0\,,$

und für den Winkel φ folgt

(16a) $\qquad\qquad 2\varrho\varrho'\cos\varphi = \dfrac{2BB' + 2CC' - (DA' + AD')}{AA'}\,.$

Ein reelles Schneiden beider Kreise tritt nur ein, wenn die Formel (15) für $\cos\varphi$ einen Wert gibt, der dem Intervall $-1 \leq \varphi \leq 1$ angehört. Für $\cos\varphi = \pm 1$ berühren sich beide Kreise; ihre Konstanten befriedigen dann die Gleichung $(\alpha - \alpha')^2 + (\beta - \beta')^2 = (\varrho \pm \varrho')^2$, und man erkennt, daß es für $\cos\varphi = -1$ von außen, für $\cos\varphi = +1$ von innen geschieht. Wir werden aber auch für die übrigen Werte von $\cos\varphi$ von einem (imaginären) Schnittwinkel sprechen und ihn durch obige Formel definieren.

---

[1]) Wir beschränken uns hier ausdrücklich auf reelle Kreise (den Nullkreis als Grenzfall eingeschlossen). Da in (15) auch ϱ und ϱ' auftreten, würden in diese Gleichungen sonst imaginäre Werte eingehen. Dies schwindet wieder für $\varphi = \pi/2$, also $\cos\varphi = 0$. Man vgl. insofern auch den Text.

[2]) Auch allgemein liefert φ einen Winkel der beiden Tangenten, und zwar den, in den MPM' durch Drehung um P übergeht.

Sei M_1 (Fig. 49) ein Punkt der Potenzlinie von K und K'[1]. Legen wir von ihm die Tangenten an beide Kreise und schlagen mit ihnen (als Radius) einen Kreis K_1 um M_1, so schneidet er die gegebenen Kreise K und K' *orthogonal*. Wir lernen damit eine neue Eigenschaft

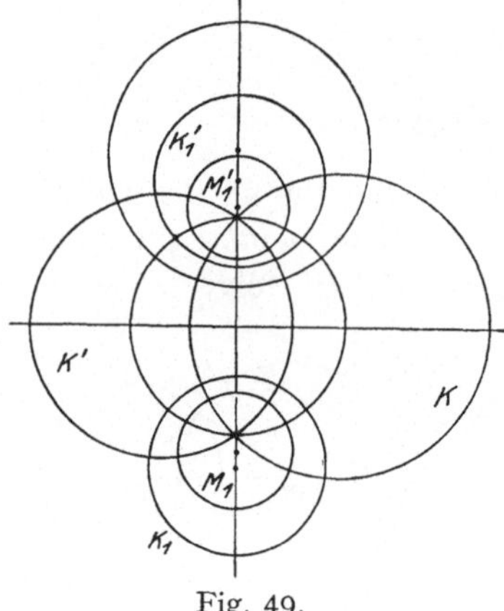

Fig. 49.

der Potenzlinie kennen; sie ist Ort der Zentra aller Kreise, die K und K' orthogonal schneiden. Haben K und K' keinen reellen Schnittpunkt, so sind die Tangenten an sie für *jeden* Punkt M_1 reell, also auch der zugehörige Orthogonalkreis. Schneiden sie sich reell, so ist der gemeinsame Orthogonalkreis für ihre Schnittpunkte als Punkte M_1 ein Nullkreis; für die Punkte M_1, die innerhalb von K und K' liegen, ist er imaginär.

Fügen wir zu K und K' irgendeinen dritten Kreis K'', so ist der Schnittpunkt ihrer drei Potenzlinien Zentrum eines Kreises, der alle drei Kreise K, K', K'' orthogonal schneidet; *zu drei Kreisen gibt es also stets einen gemeinsamen Orthogonalkreis.* Er kann imaginär sein und auch in eine Gerade ausarten.

Die Gleichung des Orthogonalkreises zu drei Kreisen kann leicht gefunden werden. Setzt man sie in der Form

$$x^2 + y^2 - 2\alpha x - 2\beta y + \delta = 0$$

voraus, so folgen aus der Orthogonalitätsbedingung die Gleichungen

$$\delta_i - 2\alpha\alpha_i - 2\beta\beta_i + \delta = 0; \quad i = 1, 2, 3.$$

Dies sind zusammen vier homogene lineare Gleichungen für $1, -\alpha, -\beta, \delta$; in dem Verschwinden ihrer Determinante erhalten wir den Orthogonalkreis.

Der Winkel zweier Kreise und die Orthogonalität sind Beziehungen, die vom Koordinatensystem unabhängig sind; sie müssen sich im Sinne von S. 51 als *Invarianten für alle rechtwinkligen Achsensysteme* erweisen lassen. Dies soll jetzt geschehen. Die Gleichungen

$$S = 0, \quad S' = 0, \quad S - \lambda S' = 0$$

mögen für neue rechtwinklige Koordinaten x_1, y_1 die Form

$$S_1 = 0, \quad S_1' = 0, \quad S_1 - \lambda S_1' = 0$$

annehmen. Es ist dann also

$$S - \lambda S' = S_1 - \lambda S_1',$$

und zwar in dem Sinne, daß die rechte Seite durch die Transformationsgleichungen aus der linken hervorgeht. Nun enthält das Büschel zwei Nullkreise; es müssen daher *dieselben* Werte λ die Gleichungen

$$S - \lambda S' = 0 \quad \text{und} \quad S_1 - \lambda S_1' = 0$$

____

[1]) Ein Teil der Figur gehört zu § 6.

zu einem Nullkreis machen. Diese Werte λ sind Wurzeln je eine quadratischen Gleichung (14a), also von

$$(\alpha - \lambda\alpha')^2 + (\beta - \lambda\beta')^2 - (1 - \lambda)(\delta - \lambda\delta') = 0 \quad \text{und}$$

$$(\alpha_1 - \lambda\alpha_1')^2 + (\beta_1 - \lambda\beta_1')^2 - (1 - \lambda)(\delta_1 - \lambda\delta_1') = 0.$$

Diese Gleichungen müssen daher proportionale Koeffizienten von λ^2, λ, 1 besitzen; ihre geometrische Bedeutung wird sogar zeigen, daß ihr Verhältnis in der Gleichheit besteht. So ergibt sich

$$\alpha^2 + \beta^2 - \delta = \alpha_1^2 + \beta_1^2 - \delta_1, \quad \alpha'^2 + \beta'^2 - \delta' = \alpha_1'^2 + \beta_1'^2 - \delta_1',$$

$$2\alpha\alpha' + 2\beta\beta' - (\delta + \delta') = 2\alpha_1\alpha_1' + 2\beta_1\beta_1' - (\delta_1 + \delta_1').$$

Die ersten beiden Gleichungen haben die evidente Bedeutung $\varrho^2 = \varrho_1^2$, $\varrho'^2 = \varrho_1'^2$, die dritte gibt die Invarianz der Orthogonalitätsbedingung. Aus beiden zusammen folgt gemäß (15) auch die Invarianz von $\cos\varphi$.

Werden die so gefundenen invarianten Ausdrucke durch J_k, $J_{k'}$ und $J(k, k')$ bezeichnet, so ist

$$\varrho^2 = J_k, \quad \varrho'^2 = J_k', \quad 2J_k = J(k, k), \quad 2J_{k'} = J(k', k')$$

und daher

$$\cos\varphi = \frac{J(k, k')}{2\sqrt{J_k} \cdot \sqrt{J_{k'}}} = \frac{J(k, k')}{\sqrt{J(k, k) \cdot J(k', k')}}.$$

§ 6. Orthogonale Kreisbüschel.

Wie wir in § 4 sahen, ist die Potenzlinie von K und K' auch Potenzlinie für irgend zwei Kreise des Büschels

$$(17) \qquad\qquad S - \lambda S' = 0;$$

daraus ist bereits zu schließen, daß der in § 5 betrachtete Kreis K_1 um den Punkt M_1 *jeden* Kreis des Büschels orthogonal schneidet. Analytisch ergibt es sich folgendermaßen. Da der Kreis K_1 zu K und K' orthogonal ist, so bestehen nach § 5 die Gleichungen

$$2\alpha_1\alpha + 2\beta_1\beta - (\delta_1 + \delta) = 0,$$

$$2\alpha_1\alpha' + 2\beta_1\beta' - (\delta_1 + \delta') = 0.$$

Aus ihnen folgt — durch Multiplikation mit 1 und λ und Subtraktion —

$$2\alpha_1(\alpha - \lambda\alpha') + 2\beta_1(\beta - \lambda\beta') - \{\delta_1(1 - \lambda) + \delta - \lambda\delta'\} = 0,$$

und dies ist, wie die Gleichungen (14) erkennen lassen, in der Tat die Orthogonalitätsbedingung für K_1 und einen beliebigen Kreis des Büschels. Sei M_1' ein zweiter Punkt der Potenzlinie (Fig. 49) und K_1' der um ihn gelegte Kreis, der das Büschel orthogonal schneidet; ferner seien

$$S_1 = 0 \quad \text{und} \quad S_1' = 0$$

die Gleichungen beider Kreise. Sie bestimmen ebenfalls ein Büschel, nämlich

$$(18) \qquad\qquad S_1 - \mu S_1' = 0.$$

Die beiden so erhaltenen Büschel stehen in einer einfachen Beziehung zueinander; *jeder Kreis des einen Büschels schneidet jeden Kreis des anderen orthogonal.* Wir wissen nämlich schon, daß jeder Kreis des zweiten Büschels zu allen Kreisen des ersten orthogonal ist. Ferner ist aber auch jeder einzelne Kreis des ersten Büschels sowohl zu dem Kreis K_1 wie zu K_1' senkrecht, damit also zu zwei, und daher auch zu *allen* Kreisen des durch (18) dargestellten zweiten Büschels, und dies ist die Behauptung.

Solche Büschel heißen *orthogonale Kreisbüschel.* Die Potenzlinie des ersten Büschels ist Ort der Kreismittelpunkte für das zweite, und ebenso umgekehrt. Besteht insbesondere das eine Büschel aus Berührungskreisen, so auch das andere.

Die so gefundenen Kreisbüschel bilden zwei Kurvenscharen, wie wir sie am Schluß von Kap. III behandelten, und die wir als *Grundlage für Koordinatenbestimmungen* erkannten. Deshalb leiten wir noch einige weitere Eigenschaften für sie ab. Dazu legen wir die Koordinatenachsen zweckmäßig so, daß die beiden Potenzlinien in sie hinein fallen.

Die Gleichung eines Kreises, dessen Mittelpunkt in einen Punkt $(\alpha, 0)$ der x-Achse fällt, lautet

$$(19) \qquad x^2 + y^2 - 2\alpha x + \delta = 0;$$

ebenso ist die Gleichung eines Kreises, dessen Mittelpunkt $(0, \beta)$ in die y-Achse fällt,

$$(19\,\mathrm{a}) \qquad x^2 + y^2 - 2\beta x + \delta' = 0.$$

Die Bedingung (15a), daß je zwei solche Kreise orthogonal zueinander sind, nimmt hier die einfache Form

$$\delta + \delta' = 0$$

an. Wir setzen $\delta = -\gamma^2$, also $\delta' = +\gamma^2$, so werden unsere Gleichungen

$$(20) \qquad x^2 + y^2 - 2\alpha x - \gamma^2 = 0, \quad x^2 + y^2 - 2\beta y + \gamma^2 = 0.$$

Wählen wir nun γ^2 als Konstante, so ergeben sich die beiden Büschel in der Lage, wie Fig. 49 sie zeigt. Allen Kreisen, die der ersten Gleichung genügen, gehören die gemeinsamen Punkte von

$$x^2 + y^2 - \gamma^2 = 0 \quad \text{und} \quad x = 0$$

an, sie bilden also ein Büschel, für das die y-Achse die Potenzlinie ist; die Punkte im Abstand $\pm\gamma$ von O sind die *reellen* Grundpunkte des Büschels. Für die Kreise des zweiten Büschels sind die Grundpunkte durch die Gleichungen

$$x^2 + y^2 + \gamma^2 = 0, \quad y = 0$$

gegeben; ihre Potenzlinie ist die x-Achse, und ihre Grundpunkte sind *imaginär*; keine zwei Kreise dieses Büschels schneiden sich also reell. Man erkennt weiter, daß *jeder* Kreis des ersten Büschels reell ist; für ihn ist $\varrho^2 = \alpha^2 + \gamma^2$. Dagegen ist für das zweite Büschel $\varrho^2 = \beta^2 - \gamma^2$;

es enthält daher zwei Nullkreise, den Mittelpunkten $\beta = \pm \gamma$ entsprechend, während die Kreise $\beta^2 < \gamma^2$, deren Mittelpunkte also in das Stück der y-Achse fallen, das durch $+\gamma$ und $-\gamma$ begrenzt ist, imaginär sind; was auch geometrisch evident ist.

Für $\gamma = 0$ gehen die beiden Büschel in Büschel von Berührungskreisen (mit O als Berührungspunkt) über.

§ 7. Kreispunkte und Minimalgeraden.

Wir gehen von Gleichung (2) aus und setzen sie in die homogene Form

$$A(x^2 + y^2) + 2Bxz + 2Cyz + Dz^2 = 0 . \qquad (A \gtreqless 0).$$

Für die Schnittpunkte des Kreises mit $z = 0$ ist

$$(21) \qquad x^2 + y^2 = 0 \quad \text{oder} \quad (x + iy)(x - iy) = 0;$$

sie sind also zugleich Schnittpunkte von g_∞ mit den beiden imaginären Geraden

$$(21\,\text{a}) \qquad x + iy = 0 \quad \text{und} \quad x - iy = 0 .$$

Da dies Resultat von den Konstanten A, B, C, D unabhängig ist, geht jeder Kreis durch *dieselben* (*imaginären*) *Punkte von* g_∞; sie heißen deshalb *Kreispunkte*. Sie sollen durch $\mathfrak{J}_\infty$ und J_∞ bezeichnet werden.

Die Gleichung des Paares der Kreispunkte lautet in Linienkoordinaten

$$(21\,\text{b}) \qquad (u - vi)(u + vi) = u^2 + v^2 = 0 .$$

Ihre Koordinaten sind nämlich $x : y : z = 1 : -i : 0$ und $x : y : z = 1 : i : 0$; die Gleichungen in Linienkoordinaten sind daher (S. 57) $u - vi = 0$ und $u + vi = 0$, und dies ist die Behauptung. Wie der Ausdruck $x^2 + y^2$, so bleibt auch $u^2 + v^2$ bei rechtwinkligen Koordinatentransformationen invariant (S. 56).

Die Kreispunkte $\mathfrak{J}_\infty$ und J_∞ gehören auch den ausgearteten Kreisen an, die dem Fall $A = 0$ entsprechen. Alsdann ist nämlich die ganze Gerade g_∞ ein Teil des Kreises, also auch $\mathfrak{J}_\infty$ und J_∞.

Die beiden imaginären Geraden

$$x + iy = 0 \quad \text{und} \quad x - iy = 0$$

haben sehr eigenartige Eigenschaften.

1. Sind $(x_1 y_1)$ und $(x_2 y_2)$ zwei Punkte einer von ihnen, so ist

$$x_1 \pm iy_1 = 0 \quad \text{und} \quad x_2 \pm iy_2 = 0,$$

und daraus folgt

$$x_2 - x_1 \pm i(y_2 - y_1) = 0; \quad (x_2 - x_1)^2 + (y_2 - y_1)^2 = 0 .$$

Die linke Seite der letzten Gleichung stellt den Abstand der beiden Punkte $(x_1 y_1)$ und $(x_2 y_2)$ dar; man gelangt also zu dem (zunächst paradox erscheinenden) Resultat, daß irgend zwei Punkte einer solchen

Geraden *den Abstand Null* besitzen; sie heißen deshalb *Minimalgeraden*. Sie bilden ein wichtiges Untersuchungsmittel vieler geometrischer Probleme.

2. Wie die Formel (14) von S. 40 unmittelbar zeigt, wird der Winkel, den eine Minimalgerade mit sich selbst bildet (weil auch der Nenner verschwindet), unbestimmt.

3. Jeder Nullkreis zerfällt in zwei analoge Minimalgeraden entsprechend der Gleichung

$$(x - \alpha)^2 + (y - \beta)^2 = [x - \alpha - i(y - \beta)] \cdot [x - \alpha + i(y - \beta)] = 0 .$$

4. *Ein jeder Kreis wird von den Minimalgeraden in den Punkten* $\Im_\infty$ *und* J_∞ *berührt.* Um dies zu zeigen, sei folgender Satz vorausgeschickt. Seien $G = 0$, $H = 0$, $K = 0$, $L = 0$ die Gleichungen der Geraden g, h, k, l. Der Gleichung

$$(22) \qquad\qquad GH - KL = 0$$

wird dann durch einen Punktort zweiter Ordnung genügt, dem die Punkte

$$(g\,k), \ (h\,k), \ (g\,l), \ (h\,l)$$

angehören; jede Gerade enthält zwei dieser Punkte. Nun möge die Gerade l sich ändern, und zwar so, daß sie allmählich in die Gerade k übergeht. Die Punkte $(g\,k)$ und $(g\,l)$ rücken dann auf g einander immer näher, ebenso $(h\,k)$ und $(h\,l)$ auf h; es gehen also g und h allmählich in Tangenten des Orts über. Es stellt also

$$(22\,a) \qquad\qquad GH - K^2 = 0$$

einen Punktort dar, *für den g und h Tangenten sind und k die Berührungssehne* (Verbindungslinie der Berührungspunkte).

Werde nun die Kreisgleichung in der einfachen Form

$$x^2 + y^2 - \varrho^2 z^2 = 0$$

vorausgesetzt; sie läßt sich in

$$(x + i\,y)(x - i\,y) - (\varrho\,z)^2 = 0$$

umwandeln, und nach dem vorstehenden Satz sind $x + i\,y = 0$ und $x - i\,y = 0$ in der Tat Tangenten in den Schnittpunkten mit $z = 0$.

Beispiel. Bei variablem Parameter λ stellt die Gleichung

$$x^2 + y^2 - \lambda\,z^2 = 0$$

eine Schar konzentrischer Kreise dar; ~~jeder wird von~~ [alle berühren einander auf] $z = 0$ in ~~den Punkten~~ $\Im_\infty$ und J_∞ ~~berührt~~. Konzentrische Kreise berühren also einander in den Kreispunkten.

5. Die in Kap. VII (S. 80) auftretenden Doppelstrahlen einer orthogonalen Involution sind zwei Minimalgeraden. Die dort benutzten Gleichungen $N = 0$ und $N' = 0$ sind selbst orthogonale Geraden; nehmen wir sie zu Achsen $x = 0$ und $y = 0$, so gehen die dort benutzten Gleichungen in (21a) über.

§ 8. Die Inversion am Kreis.

Liege ein Kreis vom Radius ϱ mit der Gleichung

$$x^2 + y^2 = \varrho^2$$

vor, und seien P, P' zwei Punkte auf einem durch O gehenden Halbstrahl, für die (Fig. 50)

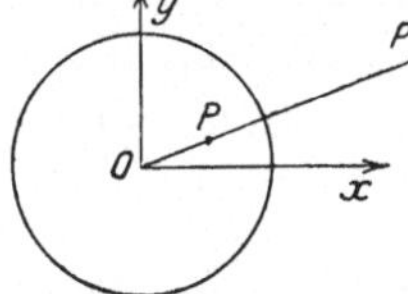

Fig. 50.

$$(23) \qquad OP \cdot OP' = r \cdot r' = \varrho^2$$

ist, so heißen P und P' *Spiegelbilder* voneinander für den Kreis[1]). Aus den Gleichungen

$$x : r = x' : r' \quad \text{und} \quad y : r = y' : r'$$

folgt weiter

$$(24) \qquad x' = \frac{x\varrho^2}{x^2 + y^2}, \quad y' = \frac{y\varrho^2}{x^2 + y^2}; \quad x = \frac{x'\varrho^2}{x'^2 + y'^2}, \quad y = \frac{y'\varrho^2}{x'^2 + y'^2}.$$

Die durch diese Gleichungen vermittelte Beziehung zwischen den Punkten P und P' heißt *Kreisverwandtschaft*; der Übergang von P zu P' oder von P' zu P heißt *Inversion (Spiegelung) am Kreis* oder auch Transformation durch *reziproke Radien*.

Um die Eigenschaften dieser Verwandtschaft abzuleiten, nehmen wir zweckmäßig $\varrho = 1$ an, legen also den Einheitskreis als spiegelnden Kreis zugrunde[2]); seine Gleichung sei $A'(x^2 + y^2) - A' = 0$. Dann gilt:

1. Jeder Punkt des spiegelnden Kreises entspricht sich selbst.

2. Die Gleichung irgend eines Kreises, also

$$(25) \qquad A(x^2 + y^2) + 2Bx + 2Cy + D = 0$$

verwandelt sich durch die Substitutionen (24) (für $\varrho^2 = 1$) in

$$(25\,\text{a}) \qquad A + 2Bx' + 2Cy' + D(x'^2 + y'^2) = 0;$$

ein Kreis geht also in einen Kreis über. Ist in (25) $D = 0$, so stellt (25 a) eine Gerade dar; jedem Kreis durch O entspricht also eine Gerade, und umgekehrt.

3. Jeder Kreis, der den Einheitskreis *orthogonal* schneidet, geht *in sich selbst* über. Für einen solchen Kreis folgt aus der Orthogonalitätsbedingung von S. 113 (wegen $A' + D' = 0$) $A = D$; die Gleichung (25 a) ist also mit (25) identisch, und dem entspricht die Behauptung[3]).

4. *Orthogonale* Kreise K und K' gehen bei der Spiegelung in *orthogonale* Kreise über. Die Orthogonalitätsbedingung lautete

$$2BB' + 2CC' - (AD' + DA') = 0;$$

sie ist in A, A' und D, D' symmetrisch. Nun geht aber die Gleichung (25 a)

---

[1]) Für die Bezeichnung vgl. S. 95, Anm. 1.

[2]) Dies bedeutet nur die Festlegung der Maßeinheit.

[3]) *Fest* bleiben nur die zwei Schnittpunkte mit dem Einheitskreis.

des gespiegelten Kreises aus der ursprünglichen Gleichung (25) durch bloße Vertauschung von A und D hervor, und daher bleibt die vorstehende Gleichung auch für die Spiegelbilder von K und K' erfüllt.

5. Allgemeiner folgt, daß die Bildkreise sich unter dem *gleichen* Winkel schneiden wie die ursprünglichen Kreise. Für diesen Winkel besteht, wenn A, B, C, D und A_1, B_1, C_1, D_1 die Konstanten der Ausgangskreise sind, die Gleichung (16a), also

$$2\,AA_1\,\varrho\,\varrho_1 \cos\varphi = 2\,BB_1 + 2\,CC_1 - (AD_1 + DA_1),$$

und für den Winkel φ' der Bildkreise gilt analog

$$2\,DD_1\,\varrho'\,\varrho_1' \cos\varphi' = 2\,BB_1 + 2\,CC_1 - (AD_1 + DA_1)\,.$$

Nun ist aber, wie aus (3a) (S. 105) folgt,

$$B^2 + C^2 - AD = A^2\,\varrho^2 = D^2\,\varrho'^2,$$

also $D\varrho' = \pm A\varrho$, $D_1\varrho_1' = \pm A_1\varrho_1$, und daher folgt weiter $\varphi' = \varphi$. Die Verwandtschaft heißt deshalb *winkeltreu*. Insbesondere gehen also Kreise, die sich berühren, wieder in Berührungskreise über.

6. Man überzeugt sich geometrisch leicht, daß das Dreieck dreier Punkte P_1, P_2, P_3, und das Dreieck P_1', P_2', P_3' der Spiegelbilder umgekehrten Anordnungssinn besitzen; die Kreisverwandtschaft bewirkt daher eine *Umlegung* der Figuren.

7. Jedem Punkt P_∞ entspricht als Punkt P' der Mittelpunkt O; hier hört das eineindeutige Entsprechen sozusagen auf. Man kann es wiederherstellen, indem man der ganzen Ebene nur *einen* uneigentlichen Punkt beilegt. Dies ist in der Tat eine zulässige Festsetzung, die in der Analysis eine einfache Deutung und vielfache Anwendung findet. Wir verlassen damit allerdings die dieses Buch als stillschweigende Grundlage durchziehende (reell) projektive Denkweise.

Die Inversion gegen den Kreis läßt sich durch einfache Apparate mechanisch vermitteln. Folgendes sei vorangeschickt:

Die mechanisch *unmittelbar* ausführbare Bewegung ist nur die Drehung einer Stange um einen ihrer Endpunkte. Werden mehrere Stangen so verbunden, daß jede einzelne an sich um die Endpunkte (*Gelenke*) drehbar bleibt, so spricht man von einem *Gelenkmechanismus*. Den einfachsten Fall solcher Mechanismen bildet ein *Gelenkviereck*; man kann ein solches Viereck $ABCD$ z. B. so bewegen, daß AB festgehalten wird, während C und D auf den Kreisen um B und A laufen.

Ein Gelenkmechanismus, in dem zwei Punkte sich so bewegen, daß die von dem einen beschriebene Kurve ein Spiegelbild der anderen Kurve für einen gewissen Kreis ist, heißt *Inversor*.

Zwei einfache Inversoren sind die folgenden:

1. **Der Inversor von Peaucellier.** In Fig. 51 ist OBC ein gleichschenkliges Dreieck und $ABCA'$ ein Rhombus[1]). Der Punkt O ist fest; die Stangen sind in den gemeinsamen Endpunkten gelenkig verbunden. In allen möglichen Lagen bleibt aber OAA' eine zu BC senkrechte Gerade; ferner sind durch die Lage von A die Lagen der übrigen Punkte bestimmt (zwangläufige Bewegung). Nun ist

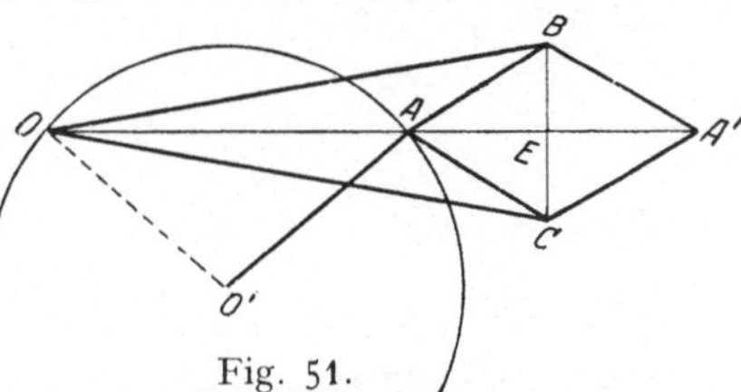

Fig. 51.

$$OA = OE - AE,$$
$$OA' = OE + AE,$$

also
$$OA \cdot OA' = OE^2 - AE^2 = OB^2 - AB^2 = \text{const} = \varrho^2,$$

es sind also *A und A' Spiegelbilder gegen einen Kreis* um O vom Radius ϱ . Beschreibt A eine Kurve, so beschreibt A' die inverse. Man kann die Führung von A mit der Hand (innerhalb eines gewissen Bereichs) beliebig beeinflussen.

2. **Der Hartsche Inversor** ist ein *Gelenkviereck* besonderer Art. Er entsteht aus einem Parallelogramm $ABCD$ in der Weise, daß man das Dreieck ABC um die Diagonale AC umschlägt, so daß das Antiparallelogramm von Fig. 52 entsteht. Ist h die Höhe des Trapezes $ACBD$, ist ferner $AD = BC = a$, $AB = CD = b$, so hat man

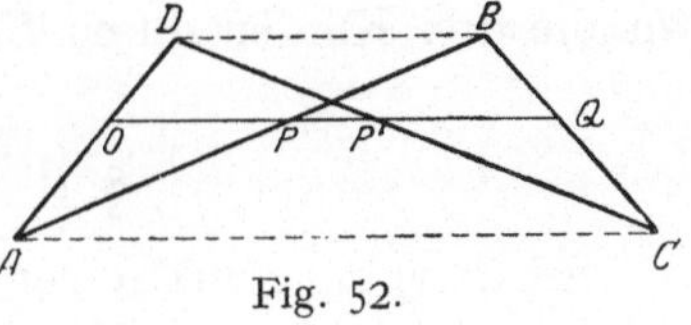

Fig. 52.

$$AC = \sqrt{b^2 - h^2} + \sqrt{a^2 - h^2}, \quad BD = \sqrt{b^2 - h^2} - \sqrt{a^2 - h^2},$$

also
$$AC \cdot DB = b^2 - a^2 = \text{const} .$$

Nun sei $OPP'Q$ eine Parallele zwischen AC und BD, so ist $OP' = PQ$. Setzt man nun $AO : OD : AD = \lambda : \mu : (\lambda + \mu)$, so wird

$$OP : DB = \lambda : (\lambda + \mu), \quad PQ : AC = \mu : (\lambda + \mu),$$

also
$$OP \cdot OP' : AC \cdot DB = \lambda\mu : (\lambda + \mu)^2,$$

und demnach schließlich, da $\lambda : \mu$ eine Konstante ist,

$$OP \cdot OP' = (b^2 - a^2)\, \lambda\mu : (\lambda + \mu)^2 = \text{const} = \varrho^2.$$

Die Punkte P und P' sind also wieder *Spiegelbilder für den Kreis* um O mit dem Radius ϱ . Eine zwangläufige Bewegung ist so möglich, daß O fest bleibt, also AD sich um O dreht, während zugleich P eine vorgegebene Kurve (stückweise) beschreibt.

Man benutzt die Inversoren insbesondere zu *Geradführungen*, d. h. so, daß sich ein gewisser Punkt auf einer Geraden bewegt. Wie man dies bewirken kann, zeigt Fig. 51. Das neue Gelenkstück $O'A$ dient dazu; O' ist ein fester Punkt des Materials, und $O'O = O'A$. Es muß daher A beständig auf dem Kreis bleiben, der durch O geht, und daher läuft A' auf einer Geraden.

---

[1]) Der Punkt O' und die Stange $O'A$ bleiben zunächst außer Betracht.

Zehntes Kapitel

Ellipse, Hyperbel, Parabel.

Ellipse und Hyperbel zerfallen (S. 17) durch die Achsen in vier symmetrische Kurvenzweige; wir können davon in der Weise Nutzen ziehen, daß wir die geometrische Betrachtung gelegentlich auf den Kurvenzweig des ersten Quadranten beschränken. Da die Parabel nur für positives x (reell) existiert und die x-Achse als Symmetrieachse besitzt, ist dies auch für die Parabel zulässig. Zunächst werden gewöhnliche rechtwinklige Koordinaten vorausgesetzt. Abkürzend bezeichnen wir die drei Kurven durch E_2, H_2, P_2.

§ 1. Die Direktrix.

Sei (x, y) ein Punkt einer Ellipse; gemäß vorstehender Festsetzung soll $x > 0$, $y > 0$ sein. Man hat dann (S. 16)

$$r_1^2 - r_2^2 = 4 c x, \quad r_1 + r_2 = 2 a$$

und erhält durch Division

$$r_1 - r_2 = 2 \frac{c}{a} \cdot x = 2 e x; \quad e = \frac{c}{a},$$

also weiter

$$(1) \qquad r_1 = a + e x, \quad r_2 = a - e x.$$

Für die Hyperbel ergibt sich analog

$$r_1 - r_2 = 2 a, \quad r_1 + r_2 = 2 \frac{c}{a} x = 2 e x,$$

also

$$(1\,\mathrm{a}) \qquad r_1 = a + e x, \quad r_2 = e x - a.$$

Die hier eingeführte Größe e heißt *numerische* Exzentrizität, c die *lineare*[1]). Für die E_2 ist $e < 1$, für die H_2 ist $e > 1$.

Aus den Gleichungen (1) folgt für die E_2 weiter

$$(2) \qquad r_1 = e \left(x + \frac{a}{e} \right), \quad r_2 = e \left(\frac{a}{e} - x \right).$$

---

[1]) Da c eine Strecke ist und e das Verhältnis zweier Strecken.

Seien nun (Fig. 53) D_1 und D_2 die Punkte der x-Achse, für die

$$(3) \qquad D_1 O = O D_2 = a : e = l$$

ist, d_1 und d_2 die in ihnen errichteten Normalen und $L_1 P$, $L_2 P$ die von P auf sie gefällten Lote, so wandeln sich die Gleichungen (2) in

$$(4) \qquad F_1 P : L_1 P = e, \quad F_2 P : L_2 P = e,$$

und das ist genau die Eigenschaft, von der wir in Kap. III (S. 20) ausgingen. Wegen $e < 1$ ist $l > a$, also liegt A_2 zwischen O und D_2.

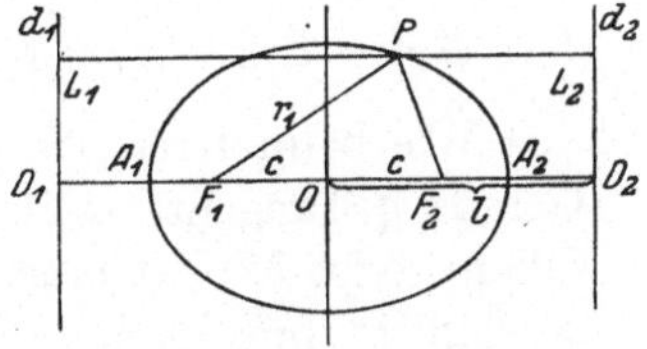

Fig. 53.

Für die Hyperbel haben wir ebenso

$$(2a) \qquad r_1 = e\left(x + \frac{a}{e}\right), \quad r_2 = e\left(x - \frac{a}{e}\right),$$

und wenn wir wieder die Punkte D_1 und D_2 gemäß (3) bestimmen und in ihnen die Normalen d_1 und d_2 errichten, so ergeben sich ebenfalls die Gleichungen (4). Hier ist aber $e > 1$, also auch $l < a$, und daher liegt D_2 zwischen O und A_2. Also folgt:

Ellipse und Hyperbel bilden den geometrischen Ort eines Punktes, dessen Abstände von einem festen Punkt (Brennpunkt) und einer festen Geraden (Direktrix, Leitlinie) ein konstantes Verhältnis e besitzen. Für $e < 1$ ist der Ort eine Ellipse, für $e > 1$ eine Hyperbel. Jedem der beiden Brennpunkte entspricht eine Direktrix.

Auch bei dieser Definition erscheint die Parabel als Grenzfall zwischen Ellipse und Hyperbel. Der innere Grund ist der, daß alle drei Kurven — wie es schon den griechischen Mathematikern bekannt war — aus einem Rotationskegel durch Ebenen herausgeschnitten werden. Darauf beruht ihre gemeinsame Definitionsmöglichkeit und der gemeinsame Name *Kegelschnitte*. Die E_2 entsteht, wenn die Ebene keiner Kegelkante parallel ist; sie schneidet dann nur eine Kegelhälfte; die H_2, wenn sie zu zwei Kegelkanten parallel ist und also beide Kegelhälften schneidet; die P_2 endlich, wenn sie einer Kegelkante parallel ist, sie schneidet dann auch nur eine Kegelhälfte.

Man prüfe im Anschluß hieran, welche Kurve der Schatten einer Turmspitze an verschiedenen Orten der Erde beschreibt.

§ 2. Die Tangente.

Eine Gerade g sei als Verbindungslinie zweier Punkte $(\xi_1 \eta_1)$ und $(\xi_2 \eta_2)$ gegeben. Ihre Punkte stellen wir, wie bei der analogen Kreisbetrachtung, durch

$$(5) \qquad x = \frac{\xi_1 - \mu \xi_2}{1 - \mu}, \quad y = \frac{\eta_1 - \mu \eta_2}{1 - \mu}$$

dar; E_2 und H_2 können gemeinsam durch

$$(6) \qquad A x^2 + B y^2 = 1; \quad A = \frac{1}{a^2}, \quad B = \pm \frac{1}{b^2}$$

ausgedrückt werden. Für die Punkte P', P'', die sie mit der Geraden g

gemein haben, erhalten wir aus (5) und (6) die in μ quadratische Gleichung

$$A(\xi_1 - \mu\,\xi_2)^2 + B(\eta_1 - \mu\,\eta_2)^2 - (1 - \mu)^2 = 0,$$

deren Wurzeln μ' und μ'' mit (5) die Punkte P', P'' liefern. Setzen wir die vorstehende Gleichung in die Form

$$(7) \qquad L\,\mu^2 - 2M\,\mu + N = 0,$$

so ist

$$L = A\,\xi_2^2 + B\,\eta_2^2 - 1, \quad N = A\,\xi_1^2 + B\,\eta_1^2 - 1, \quad M = A\,\xi_1\xi_2 + B\,\eta_1\eta_2 - 1.$$

Wie beim Kreis (S. 107) suchen wir die Bedingung, unter der die Gerade g Tangente in $(\xi_1\,\eta_1)$ wird. Lassen wir $(\xi_1\,\eta_1)$ auf die Kurve fallen, so ist $N = 0$, eine der Wurzeln μ' und μ'' ist Null; es sei $\mu' = 0$, so daß P' mit $(\xi_1\,\eta_1)$ zusammenfällt. Soll die Gerade zur Tangente in $(\xi_1\,\eta_1)$ werden, so muß auch $\mu'' = 0$ sein, also auch $M = 0$; die dafür nötige Bedingung ist also:

$$A\,\xi_1\,\xi_2 + B\,\eta_1\,\eta_2 - 1 = 0.$$

Als Gleichung der Tangente in $(\xi_1\,\eta_1)$ und in variablem x, y erhalten wir somit

$$(8) \qquad A\,\xi_1\,x + B\,\eta_1\,y - 1 = 0.$$

Die Gleichung des durch einen beliebigen Punkt $(\xi_1\,\eta_1)$ gehenden Tangentenpaares wird wieder, analog zum Kreis (S. 108), durch $L\,N - M^2 = 0$ dargestellt.

Gleichung (8) führt zu einer einfachen Konstruktion der Tangente (Fig. 54). Sei T ihr Schnitt mit der x-Achse und $OT = x_0$, $OQ_1 = \xi_1$; aus (8) folgt dann

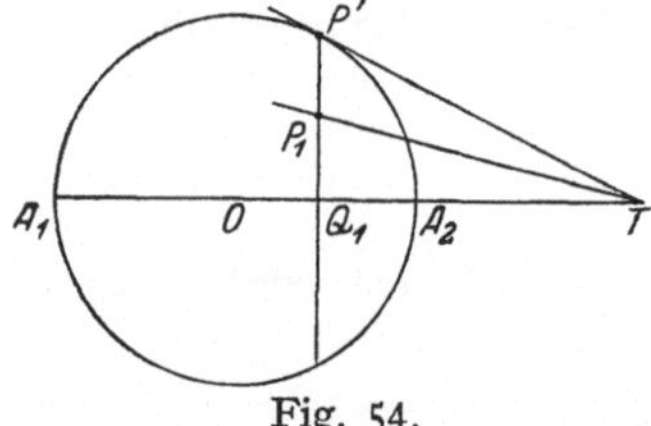

Fig. 54.

$$\xi_1 x_0 = a^2; \quad \text{d. h.} \quad OQ_1 \cdot OT = A_1O \cdot OA_2,$$

die Paare A_1, A_2 und Q_1, T sind also harmonische Paare (S. 68). Dies gilt für die E_2 wie für die H_2; bei der E_2 liegt Q_1 zwischen A_1 und A_2, bei der H_2 ist es T. Damit ist T bestimmt. Die sämtlichen Paare Q_1, T bilden also eine Involution mit A_1 und A_2 als Doppelpunkten. Für $\xi_1 = c$ wird $x_0 = a^2 : c = l$, für den Brennpunkt F_2 ist also D_2 der zugehörige Punkt T, ebenso D_1 für F_1.

Die Lage von T ist von b unabhängig, sie hängt nur von Q_1 ab, ist also für alle Ellipsen mit derselben Achse $2a$ dieselbe. Wenn man daher den Kreis über $2a$ als Durchmesser zeichnet, so geht die Kreistangente in dem Punkt P', der ξ_1 als Abszisse hat, ebenfalls durch T. In dieser Weise läßt sich T gewinnen.

Aus Gleichung (8) gewinnen wir in einfacher Weise die Gleichung von Ellipse und Hyperbel in *Linienkoordinaten*. Für die Linienkoordinaten u und v der Tangente erhalten wir (S. 52)

$$u = -A\,\xi_1, \quad v = -B\,\eta_1; \quad \xi_1 = -\frac{u}{A}, \quad \eta_1 = -\frac{v}{B}.$$

Nun besteht aber für den Punkt $(\xi_1\,\eta_1)$ die Gleichung (6); setzt man die vorstehenden Werte in sie ein, so gilt die so entstehende Gleichung

$$(9) \qquad \frac{u^2}{A} + \frac{v^2}{B} - 1 = 0$$

für jede Tangente und *ist daher die gesuchte Gleichung.*

Man kann von (9) auf dualem Weg zu (6) zurückgelangen [mittels der Punkte auf den Strahlen (u, v), für die die beiden durch sie gehenden Strahlen (u, v) zusammenfallen]. So folgt zugleich, daß der Gleichung (9) nur von den Tangenten der E_2 und H_2 genügt wird.

Als Gleichung der Parabeltangente im Punkte $(\xi_1 \eta_1)$ erhalten wir nach der gleichen Methode

$$(10) \qquad y\eta_1 - p(x + \xi_1) = 0 \, .$$

In (7) ist in diesem Fall

$$N = \eta_1^2 - 2p\,\xi_1, \quad M = \eta_1 \eta_2 - p(\xi_2 + \xi_1), \quad L = \eta_2^2 - 2p\,\xi_2 \, ;$$

aus $M = 0$ folgt daher die vorstehende Gleichung.

Zu den Tangenten der P_2 gehört auch die Gerade g_∞. Um es nachzuweisen, gehen wir zu homogenen Koordinaten über; die P_2-Gleichung wird

$$y^2 - 2p\,xz = 0 \, .$$

Gemäß S. 116 sind also $x = 0$ und $z = 0$ Tangenten der P_2, und es liegen ihre Berührungspunkte auf $y = 0$.

Bei der Parabel bestimmt sich der Punkt T durch die Gleichung $x_0 + \xi_1 = 0$. Die Punkte Q_1 und T bilden also wieder mit den Punkten O und P_∞ als Doppelpunkten eine Involution. Ist (Fig. 55) LP_1 das Lot von P_1 auf die Direktrix, so hat man

$$FP_1 = LP_1 = p/2 + \xi_1 = TO + p/2 = TF \, ,$$

es ist also TLP_1F ein Rhombus. Hieraus fließen folgende Sätze: 1. die Tangente bildet mit FP_1 und LP_1 gleiche Winkel; 2. die Diagonalen FL und TP_1 schneiden sich auf der y-Achse (der *Scheiteltangente*) senkrecht; was man auch folgendermaßen ausspricht: 3. der Fußpunkt des vom Brennpunkt auf die Tangente gefällten Lotes liegt stets auf der Scheiteltangente.

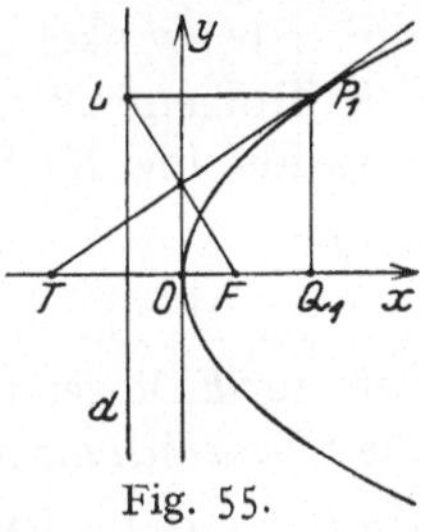

Fig. 55.

Ist τ der Winkel der P_2-Tangente mit der x-Achse, so folgt aus (10)

$$m = \operatorname{tg}\tau = p : \eta_1, \quad \text{also} \quad \eta_1 = p \operatorname{ctg}\tau \, .$$

Ferner ist $2\xi_1 : \eta_1 = \eta_1 : p = \operatorname{ctg}\tau$, und daher läßt sich (10) in

$$y = x \operatorname{tg}\tau + \tfrac{1}{2} p \operatorname{ctg}\tau$$

überführen. Denken wir uns eine zweite Tangente, die zu der eben betrachteten normal ist $(\tau_1 = \tau \pm \tfrac{1}{2}\pi)$, so lautet ihre Gleichung

$$y = -x \operatorname{ctg}\tau - \tfrac{1}{2} p \operatorname{tg}\tau \, .$$

Für den Schnittpunkt beider Tangenten bestehen beide Gleichungen, also auch jede aus ihnen hervorgehende. Durch Subtraktion folgt

$$0 = (x + \tfrac{1}{2}p)(\operatorname{tg}\tau + \operatorname{ctg}\tau) \quad \text{oder} \quad 0 = x + \tfrac{1}{2}p \, ,$$

dieser Gleichung genügt daher der Schnittpunkt. Die Schnittpunkte senkrechter Tangentenpaare erfüllen mithin die Direktrix.

§ 3. Die Brennpunkte.

Wir kehren zu Ellipse und Hyperbel zurück und fällen von O und von den Brennpunkten Lote auf die Tangente (Fig. 56). Das Lot von O sei δ, die Lote von F_1 und F_2 seien $F_1 T_1 = \delta_1$ und $F_2 T_2 = \delta_2$.

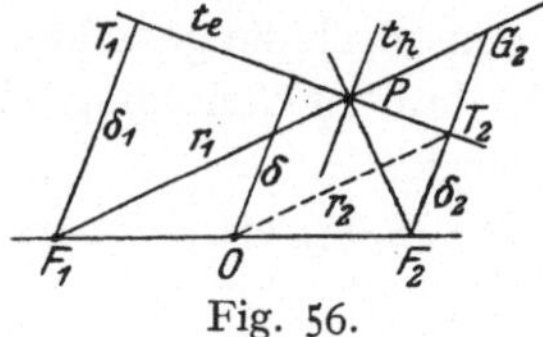

Fig. 56.

Um sie zu berechnen, haben wir die Tangentengleichung in ihre Normalform zu setzen; es wird erreicht, indem wir Gleichung (8) mit δ multiplizieren[1]). Wir erhalten also

$$(11) \qquad N(x, y) = \frac{x\,\xi}{a^2}\,\delta \pm \frac{y\,\eta}{b^2}\,\delta - \delta = 0\,.$$

Nun haben die Koordinaten von F_1 und F_2 die Werte $-c, 0$ und $+c, 0$; gemäß S. 26 erhalten wir also für δ_1 und δ_2 die Werte

$$\delta_1 = N(-c, 0) = -\frac{\delta e}{a}\left(\xi + \frac{a}{e}\right),$$

$$\delta_2 = N(c, 0) \quad = -\frac{\delta e}{a}\left(\frac{a}{e} - \xi\right).$$

Dies gilt gemeinsam für E_2 und H_2. Für die E_2 folgt hieraus gemäß (2)

$$(11\,\mathrm{a}) \qquad \delta_1 : \delta_2 = r_1 : r_2\,.$$

Bezeichnen wir r_1 und r_2 als *Brennstrahlen*, so folgt: *Die Ellipsentangente t_e bildet mit den beiden Brennstrahlen gleiche Winkel.* Sie halbiert die Nebenwinkel des Winkels $F_1 P F_2$, da F_1 und F_2 auf derselben Seite der Tangente liegen.

Für die H_2 folgt ebenso gemäß (2a)

$$(11\,\mathrm{b}) \qquad -\,\delta_1 : \delta_2 = r_1 : r_2\,.$$

Bei der H_2 haben also die Lote entgegengesetztes Zeichen. Im Gegensatz zur E_2 liegen daher F_1 und F_2 auf *verschiedenen* Seiten der Tangente; die *Hyperbeltangente t_h halbiert den von den Brennstrahlen gebildeten Winkel $F_1 P F_2$ selbst.*

Aus den vorstehenden Sätzen läßt sich eine physikalische Folgerung ziehen. Wir denken uns die Ellipse als eine spiegelnde Kurve, und es möge von F_1 eine Wellenbewegung (z. B. Licht oder Wärme) ausgehen, so wird jeder von F_1 auf einen Ellipsenpunkt P auffallende Strahl nach F_2 gespiegelt; alle von F_1 ausgehenden Strahlen vereinigen sich also in F_2. Dies begründet für F_1 und F_2 die Bezeichnung „Brennpunkte". Bei der Parabel liegt F_2 im Unendlichen, es werden also die von F_1 ausgehenden Strahlen sämtlich parallel zur Achse gespiegelt und umgekehrt. Darauf beruht insbesondere die Verwendung der parabolischen Spiegel in der Astronomie und für Scheinwerfer.

Es mag genügen, bei der Ableitung einiger weiterer Eigenschaften von Ellipse und Hyperbel nur die E_2 in Betracht zu ziehen.

1. Werde in Fig. 56 $F_2 T_2$ über T_2 hinaus und $F_1 P$ über P hinaus verlängert bis zum Schnitt G_2, so ist $F_2 P G_2$ gleichschenklig und

---

[1]) Die Normalform ist dadurch definierbar, daß $-\delta$ ihr absolutes Glied ist.

$F_2 T_2 = T_2 G_2$. Es sind also O und T_2 die Mitten von $F_1 F_2$ und $F_2 G_2$, und daher ist

$$OT_2 = \tfrac{1}{2}(F_1 P + P G_2) = \tfrac{1}{2}(r_1 + r_2) = a.$$

Die Fußpunkte der Lote, die man von einem Brennpunkt der Ellipse (oder Hyperbel) auf ihre Tangenten fällen kann, erfüllen also einen Kreis um O vom Radius a [*Fußpunktekreis*[1])]. Bei der P_2 artet er, wie wir in § 2 sahen, in die Scheiteltangente aus.

2. Aus der Normalgleichung (11) der Tangente folgt

$$\frac{\delta \xi}{a^2} = \cos\alpha, \quad \text{also} \quad \frac{\delta \xi}{a} = a \cos\alpha,$$

$$\frac{\delta \eta}{b^2} = \sin\alpha, \quad \text{also} \quad \frac{\delta \eta}{b} = b \sin\alpha,$$

woraus sich weiter

$$\delta^2 = a^2 \cos^2\alpha + b^2 \sin^2\alpha$$

ergibt. Wir denken uns eine zweite Tangente, die auf der Tangente in P normal ist; ist δ' das von O auf sie gefällte Lot, so ist

$$\delta'^2 = a^2 \sin^2\alpha + b^2 \cos^2\alpha,$$

und es folgt durch Addition

$$\delta^2 + \delta'^2 = a^2 + b^2.$$

Ist S der Schnittpunkt beider Tangenten, so findet sich

$$O S^2 = \delta^2 + \delta'^2 = a^2 + b^2 = \text{const};$$

die Schnittpunkte S aller rechtwinkligen Tangentenpaare einer E_2 (oder H_2) erfüllen also einen Kreis um O vom Radius $\sqrt{a^2 + b^2}, \left(\sqrt{a^2 - b^2}\right)$.

Für die P_2 artet dieser Kreis nach § 2 in die Direktrix aus.

§ 4. Konfokale Kegelschnitte.

Es gibt unendlich viele Ellipsen und Hyperbeln mit denselben Brennpunkten F_1 und F_2. Jeder Punkt P der Ebene bestimmt mit F_1 und F_2 je einen Wert von

$$PF_1 + PF_2 \quad \text{und} \quad PF_1 - PF_2,$$

und diesen Werten entspricht sowohl eine durch P gehende E_2 wie eine durch P gehende H_2 (*konfokale Ellipsen und Hyperbeln*). Nach § 3 halbiert die Hyperbeltangente in P den Winkel $F_1 P F_2$ und die Ellipsentangente seine Nebenwinkel; beide Tangenten stehen daher aufeinander senkrecht, d. h.:

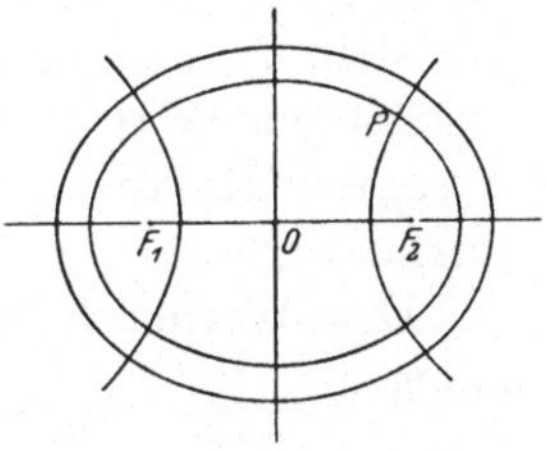

Fig. 57.

Konfokale Ellipsen und Hyperbeln schneiden sich überall senkrecht (Fig. 57).

---

[1]) Bei der E_2 liegen F_1 und F_2 (wegen $c < a$) innerhalb, bei der H_2 außerhalb dieses Kreises (wegen $c > a$).

Sind a und b die Halbachsen einer einzelnen Ellipse, a_1 und b_1 die einer zweiten, so hat man $c^2 = a^2 - b^2 = a_1^2 - b_1^2$; wir können also

$$a_1^2 - a^2 = b_1^2 - b^2 = \lambda$$

setzen, und wenn wir a und b festhalten und λ als *variablen Parameter* einführen, so stellen a_1^2 und b_1^2 die Halbachsenquadrate aller E_2 der Schar dar; in

$$(12) \qquad \frac{x^2}{a^2 + \lambda} + \frac{y^2}{b^2 + \lambda} - 1 = 0$$

hat man also ihre Gleichung. Allen Werten λ, für die $b^2 + \lambda > 0$ ist, entspricht eine E_2; die sämtlichen E_2 gehören also zu den Werten $\infty > \lambda > -b^2$.

Die Gleichung (12) stellt aber auch die sämtlichen H_2 dar und zwar für die Werte $-b^2 > \lambda > -a^2$; für sie ist $a_1^2 > 0$, $b_1^2 < 0$. Für die Werte $-a^2 > \lambda > -\infty$ stellt die Gleichung nur noch imaginäre Ellipsen dar. Für die Werte $\lambda = -b^2$ und $\lambda = -a^2$ ergibt sich je eine doppeltzählende Gerade; für $\lambda = -b^2$ ist es $y^2 = 0$, für $\lambda = -a^2$ ist es $x^2 = 0$. Sie haben die Bedeutung von Grenzfällen. Wir erkennen es genauer, wenn wir die Gestaltänderung verfolgen, die den Übergang des Parameters λ von $+\infty$ bis $-\infty$ begleitet. Für großes λ sind auch die Achsen der Ellipsen sehr groß; nähert sich λ dem Wert $-b^2$, so zieht sich die E_2 allmählich auf das Stück $F_1 F_2$ der x-Achse zusammen. Das komplementäre Stück bildet zugleich den Grenzfall der Hyperbeln[1]). Bewegt sich λ von $-b^2$ zu $-a^2$, so entfernen sich die Zweige der H_2 mehr und mehr von der x-Achse und gehen allmählich von beiden Seiten in die y-Achse über.

Zu weiterer Einsicht führt der Übergang zu Linienkoordinaten. Wir fassen also die Kurven als Tangentengebilde auf; für ihre Gleichung ergibt sich aus (12) gemäß S. 123

$$(13) \qquad u^2(a^2 + \lambda) + v^2(b^2 + \lambda) - 1 = 0.$$

Sie stellt wiederum die sämtlichen E_2 und H_2 in u, v-Koordinaten dar. Sie ist in λ *vom ersten Grade* und liefert für gegebenes u, v nur *einen* zugehörigen Wert λ (*lineare* Kurvenschar). Man folgert daraus, daß es nur *eine* Kurve der Schar gibt, die eine gegebene Gerade als Tangente zuläßt.

Den Werten $\lambda = -b^2$ und $\lambda = -a^2$ entsprechen hier die Gleichungen

$$u^2(a^2 - b^2) = 1 \quad \text{und} \quad v^2(b^2 - a^2) = 1.$$

Die erste läßt sich in die Form $(uc + 1)(uc - 1) = 0$ setzen; das ihr entsprechende Tangentengebilde ist also durch

$$u = -\frac{1}{c} \quad \text{und} \quad u = +\frac{1}{c}$$

gegeben. Es artet in zwei Strahlenbüschel aus; der Scheitel des einen

---

[1]) Dies ist in Fig. 57 durch die Lücken bei F_1 und F_2 angedeutet worden.

ist F_1, der des anderen F_2. In diese Büschel spaltet sich also die Gesamtheit der Ellipsentangenten im Grenzfall $\lambda = -b^2$; und dasselbe gilt für die in die x-Achse ausartende H_2.

Der Wert $\lambda = -a^2$ liefert die Gleichung $v^2 c^2 + 1 = 0$, der aber reelle Strahlenbüschel nicht entsprechen.

Die konfokalen E_2 und H_2 sind (S. 13) zwei orthogonale Kurvenscharen, die zur Koordinatenbestimmung benutzt werden können. Die einer jeden Kurve zugehörigen Zahlenwerte sind uns hier bekannt; es sind die Werte von λ, und jedem Punkt (x, y) entsprechen die Werte λ_1 und λ_2 als Koordinaten, die für diese x, y Wurzeln von (12) sind (*elliptische Koordinaten*).

Rückt der Punkt F_2 ins Unendliche, so gehen die E_2 wie die H_2 in *konfokale Parabeln* über. Durch jeden Punkt gehen zwei dieser P_2. Für den Brennpunkt F_1 als Anfangspunkt nimmt die Gleichung aller Parabeln die Form

$$y^2 - 2\lambda x - \lambda^2 = 0$$

an; λ bedeutet geometrisch (S. 27) den Parameter p. Für die Wurzeln λ_1 und λ_2, die den beiden durch einen Punkt (x, y) gehenden Parabeln entsprechen, bestehen die Gleichungen

$$\lambda_1 + \lambda_2 = -2x, \quad \lambda_1 \lambda_2 = -y^2,$$

aus denen das senkrechte Schneiden der Parabeltangenten in (x, y) nach S. 123 gefolgert werden kann. Da λ_1 und λ_2 verschiedenes Vorzeichen besitzen, so erstreckt sich die eine P_2 längs der positiven, die andere längs der negativen x-Achse.

§ 5. Konjugierte Durchmesser.

Den Gleichungen

$$(14) \qquad \frac{x^2}{a^2} \pm \frac{y^2}{b^2} - 1 = 0$$

genügen je vier Punkte (x, y), $(x, -y)$, $(-x, y)$, $(-x, -y)$ zugleich. Die Achsen erkannten wir daher als *Symmetrieachsen;* wir können dies auch so aussprechen, daß die Mittelpunkte der Sehnen, die zur einen Achse parallel sind, in die andere Achse fallen. Als Ort der Mitten paralleler Sehnen heißen die Achsen *Durchmesser;* insbesondere *konjugierte* Durchmesser, insofern jeder die Sehnen halbiert, die dem anderen parallel sind. Eine weitere aus der Gleichungsform (14) unmittelbar fließende Folgerung ist die, daß die Geraden $x = \pm a$ und bei der Ellipse auch $y = \pm b$ die Scheiteltangenten sind; es sind also die Tangenten in den Endpunkten des einen Durchmessers dem anderen parallel.

Es fragt sich, ob es noch andere durch das Zentrum O gehende Paare von konjugierten Durchmessern gibt, deren *jeder also die Sehnen halbiert, die dem anderen parallel sind*. Ist es der Fall, und wird ein solches Paar als X- und Y-Achse gewählt, so gehören wiederum je vier Punkte

$$(X, Y), \quad (X, -Y), \quad (-X, Y), \quad (-X, -Y)$$

der E_2 oder H_2 zugleich an, und die Kurvengleichung wird auch für die X- und Y-Achse die Form

$$(15) \qquad \frac{X^2}{A^2} \pm \frac{Y^2}{B^2} - 1 = 0$$

besitzen. Es folgt auch wieder, daß die Tangenten in den Endpunkten des einen Durchmessers dem anderen parallel sind (Fig. 58, 59). Zwischen den x, y-Koordinaten und den X, Y bestehen die Formeln (13 a) von S. 28, also

$$x = X \cos\alpha + Y \cos\beta, \quad y = X \sin\alpha + Y \sin\beta,$$

wo $\alpha = (x\,X)$ und $\beta = (x\,Y)$ ist. Setzen wir dies in (14) ein, so sei

(15 a) $$L X^2 + 2 M X Y + N Y^2 = 1$$

die so entstehende Gleichung; es ist dann

(16)
$$\begin{cases} L = \dfrac{\cos^2\alpha}{a^2} \pm \dfrac{\sin^2\alpha}{b^2}, \qquad N = \dfrac{\cos^2\beta}{a^2} \pm \dfrac{\sin^2\beta}{b^2}, \\[2mm] M = \dfrac{\cos\alpha \cdot \cos\beta}{a^2} \pm \dfrac{\sin\alpha \cdot \sin\beta}{b^2}. \end{cases}$$

Damit sich eine Gleichung der Form (15) einstellt, muß $M = 0$ sein, also

(17) $$\frac{\cos\alpha \cos\beta}{a^2} \pm \frac{\sin\alpha \cdot \sin\beta}{b^2} = 0 \quad \text{oder} \quad \operatorname{tg}\alpha \cdot \operatorname{tg}\beta = \mp \frac{b^2}{a^2};$$

das obere Zeichen gilt für die E_2, das untere für die H_2. *Je zwei Achsen, deren Richtungen dieser Gleichung entsprechen, liefern ein Paar konjugierter Durchmesser.*

Die Gleichung (17) stimmt mit der Gleichung (17) von S. 70 überein, wenn wir die x-Achse als den dort auftretenden Strahl m nehmen; daher bilden alle Paare konjugierter Durchmesser eine *Involution* von Strahlenpaaren. Bei der E_2 ist $\operatorname{tg}\alpha \cdot \operatorname{tg}\beta < 0$; der eine der beiden

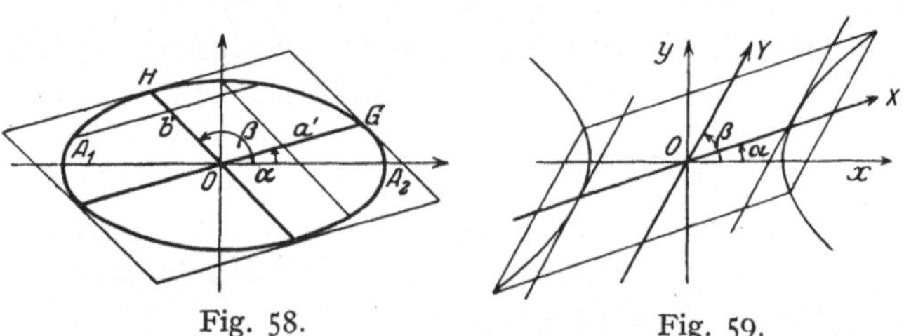

Fig. 58.   Fig. 59.

Winkel α, β ist also spitz, der andere stumpf (Fig. 58), die Involution ist *elliptisch*. Bei der H_2 ist $\operatorname{tg}\alpha \cdot \operatorname{tg}\beta > 0$, die Winkel α, β sind entweder beide spitz oder beide stumpf (Fig. 59); die Involution ist also *hyperbolisch*[1]). Es treten daher auch zwei Doppelstrahlen der Involution auf, also zwei Durchmesser, die *sich selbst konjugiert* sind. Sie entsprechen den Werten

(18) $$\operatorname{tg}^2\gamma = \frac{b^2}{a^2}, \qquad \operatorname{tg}\gamma = \pm \frac{b}{a};$$

jedes Paar konjugierter Durchmesser wird durch diese Doppelstrahlen voneinander getrennt (S. 76). Die Hauptachsen bilden das in der

---

[1]) Hier ist der Ursprung der obigen Bezeichnung.

Involution gemäß S. 79 vorhandene orthogonale Paar. Weiter folgt, daß zwei verschiedene Durchmesserpaare bei der E_2 getrennt voneinander liegen; bei der H_2 trennen sie sich nicht.

Für die Ellipse läßt sich ein solches Paar im Anschluß an die Gleichungen (23) von S. 22 folgendermaßen konstruieren. Seien (Fig. 58) $(\xi_1\,\eta_1)$ und $(\xi_2\,\eta_2)$ die Punkte G und H, also $OG = A$, $OH = B$. Dann ist zunächst

(19) $\qquad \xi_1 = A\cos\alpha, \qquad \eta_1 = A\sin\alpha, \qquad \xi_2 = B\cos\beta, \qquad \eta_2 = B\sin\beta,$

Gleichung (17) wandelt sich also in

$$(20) \qquad \frac{\xi_1\xi_2}{a^2} \pm \frac{\eta_1\eta_2}{b^2} = 0.$$

Nun folgt aus den angezogenen Gleichungen von S. 22

(20a) $\qquad \xi_1 = a\cos\varphi_1, \qquad \eta_1 = b\sin\varphi_1, \qquad \xi_2 = a\cos\varphi_2, \qquad \eta_2 = b\sin\varphi_2,$

und damit geht (20) in

(20b) $\qquad \cos(\varphi_2 - \varphi_1) = 0, \qquad \varphi_2 - \varphi_1 = \pm\tfrac{1}{2}\pi$

über. Sind also G' und H' die Kreispunkte, die (S. 22) den Punkten G und H entsprechen, so ist $OG' \perp OH'$. Damit ist ein einfaches Mittel gewonnen, um für eine gezeichnet vorliegende E_2 Paare konjugierter Durchmesser zu konstruieren. Sie entsprechen affin (S. 33) zwei senkrechten Kreisdurchmessern.

Die Eigenschaften der Durchmesser müssen auf die Parabel, als Grenzfall von E_2 und H_2, in gewisser Weise übergehen. Wir knüpfen daran an, daß die Tangente im Endpunkt eines Durchmessers den von ihm halbierten Sehnen parallel ist. Da beim Grenzübergang der Mittelpunkt ins Unendliche rückt, werden die Durchmesser sämtlich zur x-Achse parallel werden. Jeder schneidet die Parabel noch in einem im Endlichen gelegenen Punkte, und es ist zu erwarten, daß die Tangente dieses Punktes den von ihm halbierten Sehnen wiederum parallel ist. Wählen wir also den Durchmesser als X-Achse, seinen Schnittpunkt mit der P_2 als Anfangspunkt und die Tangente in ihm als Y-Achse, so wird voraussichtlich die Parabelgleichung in

$$Y^2 - 2p'X = 0$$

übergehen. Dies wollen wir nun erweisen.

Die Gleichung $y^2 - 2px = 0$ transformieren wir zunächst auf neue $x',\,y'$-Achsen, die den $x,\,y$-Achsen parallel sind; ihr Anfangspunkt O' sei (Fig. 60) ein Punkt (ξ,η) der Parabel, so daß $\eta^2 - 2p\xi = 0$ ist. Die Transformationsgleichungen

$$x = x' + \xi, \qquad y = y' + \eta$$

führen demgemäß die Parabelgleichung in

$$y'^2 + 2\eta y' - 2px' = 0$$

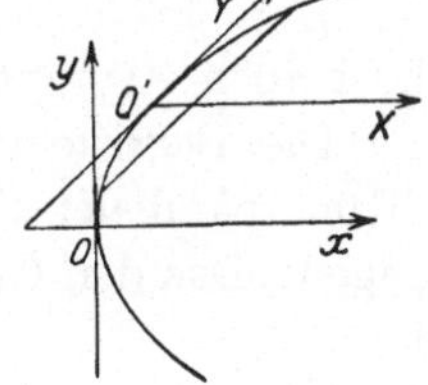

Fig. 60.

über. Jetzt gehen wir zu neuen X, Y-Achsen durch O' über; die X-Achse soll mit der x'-Achse zusammenfallen, so daß $\sphericalangle(x'X) = 0$ ist, die Y-Achse bleibe zunächst beliebig. Setzen wir

$\sphericalangle\,(x'Y) = \beta$, so lauten die neuen Transformationsgleichungen

(21) $\qquad x' = X + Y\cos\beta,\quad y' = Y\sin\beta;\quad (x'Y) = \beta;$

sie verwandeln die vorstehende Gleichung in

$$Y^2\sin^2\beta + 2\,Y(\eta\sin\beta - p\cos\beta) - 2\,p\,X = 0\,.$$

Wird nun β so bestimmt, daß

$$\eta\sin\beta - p\cos\beta = 0,\quad \operatorname{tg}\beta = \frac{p}{\eta}$$

ist, so ergibt sich die Gleichung

(21 a) $\qquad\qquad\qquad Y^2\sin^2\beta - 2\,p\,X = 0;$

ferner ist gemäß S. 123 $\beta = \tau$, d. h. die Y-Achse fällt in der Tat in die Tangente von O'. Also folgt: 1. *Jeder Schar paralleler Sehnen der Parabel entspricht ein* (zur Sehnenrichtung *konjugierter*) *Durchmesser;* 2. *die Tangente im Endpunkte eines Durchmessers ist den von ihm halbierten Sehnen parallel;* 3. *alle Durchmesser sind zueinander und zur Achse parallel.*

§ 6. Die Asymptoten der Hyperbel.

Die für die Hyperbel in § 5 gefundenen Doppelstrahlen der Involution der Durchmesser (S. 128) sind als *Tangenten der H_2 in ihren unendlich fernen Punkten* (*Asymptoten*) anzusehen; es sind die Geraden mit den Gleichungen (Fig. 61)

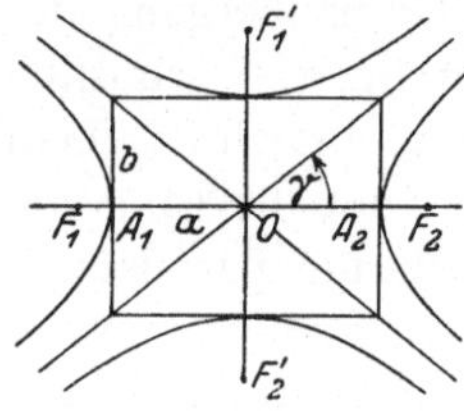

Fig. 61.

(22) $\qquad \dfrac{x}{a} - \dfrac{y}{b} = 0 \quad\text{und}\quad \dfrac{x}{a} + \dfrac{y}{b} = 0\,.$

Machen wir nämlich Gleichung (14) homogen, so lautet sie

$$\left(\frac{x}{a} - \frac{y}{b}\right)\left(\frac{x}{a} + \frac{y}{b}\right) - z^2 = 0,$$

und die Behauptung folgt unmittelbar aus dem Satz von S. 116. Dieser Satz ist ebenso auf die homogene Form der Gleichung (15) anwendbar; auch für sie stellen also

(22 a) $\qquad \dfrac{X}{A} - \dfrac{Y}{B} = 0 \quad\text{und}\quad \dfrac{X}{A} + \dfrac{Y}{B} = 0$

die beiden Asymptoten dar [1]).

Die Begriffe und Sätze über Sehnen und Durchmesser (Ort der Mitten paralleler Sehnen) lassen sich auf das Asymptotenpaar übertragen. Das den Gleichungen (22) entsprechende Asymptotenpaar wird durch

(23) $\qquad\qquad\qquad \dfrac{x^2}{a^2} - \dfrac{y^2}{b^2} = 0$

dargestellt. Hyperbelgleichung und Asymptotengleichung unterscheiden

---

[1]) Für die E_2 sind die unendlich fernen Punkte und die Tangenten in ihnen, wie beim Kreis, imaginär.

sich also nur durch den Wert des konstanten Gliedes, und dies geht in die Schlüsse von § 5 nicht ein. *Konjugierte Durchmesser der Hyperbel sind also zugleich konjugierte Durchmesser des Asymptotenpaares und umgekehrt.* Hieraus folgt: 1. Auf jeder Sehne sind die beiden Abschnitte zwischen der H_2 und den beiden Asymptoten einander gleich; 2. das zwischen den Asymptoten liegende Stück einer H_2-Tangente wird im Berührungspunkt halbiert (Fig. 62).

Die H_2-Gleichung nimmt für die Asymptoten als X, Y-Achsen eine besonders einfache Form an. Die Transformations-gleichungen (13a) (S. 28) lauten diesmal, wegen $\alpha = -\gamma$, $\beta = \gamma$,

$$x = X \cos\gamma + Y \cos\gamma, \quad y = -X \sin\gamma + Y \sin\gamma.$$

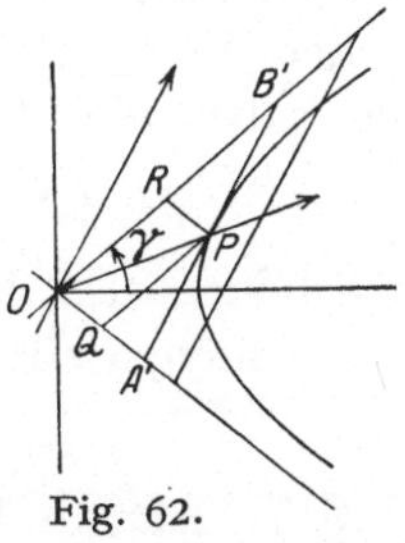

Der so aus (14) entstehenden Gleichung geben wir wieder die Form

$$L X^2 + 2 M X Y + N Y^2 = 1.$$

Nun haben die X- und Y-Achsen nur ihren unendlich fernen Punkt mit der H_2 gemein, daher ist (Anhang 55) $L = 0$ und $N = 0$, während sich für M — wegen $\mathrm{tg}\,\gamma = b : a$ — der Wert

$$M = \frac{\cos^2\gamma}{a^2} + \frac{\sin^2\gamma}{b^2} = \frac{2}{a^2 + b^2}$$

Fig. 62.

ergibt. Die Hyperbelgleichung erhält also die Form

(24)
$$4 X Y = a^2 + b^2.$$

Aus $\mathrm{tg}\,\gamma = b : a$ folgt noch $\sin 2\gamma = 2 a b : (a^2 + b^2)$; daher kann die Gleichung in

(24a)
$$2 X Y \sin 2\gamma = a b$$

übergeführt werden, mit 2γ als Asymptotenwinkel. Sie hat eine einfache geometrische Bedeutung. Zieht man nämlich (Fig. 62) durch einen ihrer Punkte $P(X, Y)$ eine Tangente, so schneidet sie (dem obigen Satz 2 gemäß) auf den Asymptoten zwei Stücke $O A' = 2 X$ und $O B' = 2 Y$ ab. Die linke Seite stellt daher den Inhalt des durch die Tangente und die Asymptoten gebildeten Dreiecks $O A' B'$ dar; *dieser Inhalt ist also konstant.*

Man nennt die Hyperbeln mit den Gleichungen (Fig. 61)

(25)
$$\frac{x^2}{a^2} - \frac{y^2}{b^2} = 1 \quad \text{und} \quad \frac{y^2}{b^2} - \frac{x^2}{a^2} = 1$$

konjugierte Hyperbeln. Sie haben dieselben Asymptoten, liegen aber in verschiedenen Winkelräumen. Der Brennpunktsabstand ist bei beiden derselbe. Da sich die Gleichungen (25) wiederum nur durch den Wert des konstanten Gliedes unterscheiden, so sind konjugierte Durchmesser der einen H_2 auch konjugierte Durchmesser der anderen. Von den beiden Durchmessern eines Paares trifft jeder nur je eine der beiden H_2.

Man kann deshalb einen imaginären Durchmesser einer H_2 als reellen Durchmesser der konjugierten H_2 definieren.

Auf ein solches Paar gemeinsamer konjugierter Durchmesser bezogen lauten die Gleichungen beider H_2 und des gemeinsamen Asymptotenpaares

$$\frac{X^2}{A^2} - \frac{Y^2}{B^2} = 1, \quad \frac{Y^2}{B^2} - \frac{X^2}{A^2} = 1, \quad \frac{X^2}{A^2} - \frac{Y^2}{B^2} = 0.$$

Die Geraden $X = \pm A$ sind jetzt Tangenten der einen H_2, die Geraden $Y = \pm B$ die der anderen. Sie schneiden die Asymptoten in denselben vier Punkten, nämlich in

$$(A,B), \quad (A,-B), \quad (-A,B), \quad (-A,-B).$$

Sie bilden also das Parallelogramm, das dem der E_2 umgeschriebenen Tangentenparallelogramm der Fig. 58 von S. 128 entspricht.

§ 7. Affine Transformationen von Ellipse und Hyperbel in sich.

Eine affine Beziehung hatten wir S. 33 durch die Gleichungen

$$x' = \alpha x, \quad y' = \beta y$$

definiert, die sich auf irgend welche x, y- und x', y'-Achsen beziehen; jedem Punkt (x, y) wird durch sie ein Punkt (x', y') zugeordnet. Nun seien a, b und a', b' irgend zwei Paare konjugierter Halbmesser einer E_2 oder H_2. Wir wählen sie als x, y- und x', y'-Achsen und setzen

$$(26) \qquad \frac{x}{a} = \frac{x'}{a'}, \quad \frac{y}{b} = \frac{y'}{b'},$$

so gilt von diesen Gleichungen zweierlei: Erstens vermitteln sie eine affine Beziehung, die die Richtungen der Durchmesserpaare einander zuordnet; zweitens folgt aus ihnen

$$\frac{x^2}{a^2} \pm \frac{y^2}{b^2} = \frac{x'^2}{a'^2} \pm \frac{y'^2}{b'^2};$$

zwei Punkte $P(x, y)$ und $P'(x', y')$, für die diese Ausdrücke den Wert 1 haben, gehören also im Fall der positiven Zeichen derselben E_2, im Fall der negativen Zeichen derselben H_2 an. *Ellipse wie Hyperbel gehen daher durch die affine Beziehung* (26) *in sich über.* Das gleiche folgt für die konjugierte H_2 und die Asymptoten.

Für die affine Beziehung ergab sich (S. 33), daß entsprechende Flächenstücke ein konstantes Verhältnis zueinander besitzen. *Der Wert dieses Verhältnisses ist hier* 1. Daraus folgt unmittelbar, daß das aus zwei konjugierten Halbmessern gebildete Dreieck konstanten Inhalt hat; es ist also

$$(27) \qquad a'\,b'\sin(x'y') = a\,b\sin(xy),$$

und wenn man a, b als Hauptachsen nimmt, ist insbesondere

$$(27\text{a}) \qquad a'b'\sin(x',y') = ab.$$

Weiter sahen wir, daß die Tangenten in den Endpunkten eines Durchmessers dem konjugierten parallel sind; die Konstanz des Flächeninhalts gilt daher auch für alle der E_2 (oder den beiden konjugierten H_2) umschriebenen Tangentenparallelogramme. Bei der H_2 gilt sie endlich auch für die Dreiecke, in die diese Parallelogramme durch die Asymptoten zerfallen (Fig. 61). Dies liefert wieder den S. 131 bewiesenen Satz.

Wir werden in Kap. XII, § 3 beweisen, daß auch die Gleichungen

$$(28) \qquad \frac{x}{a} = \varepsilon\frac{y'}{b}, \quad \frac{y}{b} = \varepsilon'\frac{x'}{a}, \quad \varepsilon^2 = \varepsilon'^2 = 1$$

eine affine Transformation darstellen. Die Koordinatenachsen sollen diesmal beide in die Hauptachsen fallen; es werden also zwei Punkte mit den rechtwinkligen Koordinaten x, y und x', y' einander zugeordnet. Auch diese Transformation *führt die E_2 in sich* über, während die *konjugierten H_2 ineinander* übergehen.

Für die E_2 erhalten wir wie vorher das gleichzeitige Bestehen von

$$(29) \qquad \frac{x^2}{a^2} + \frac{y^2}{b^2} = 1 \quad \text{und} \quad \frac{x'^2}{a^2} + \frac{y'^2}{b^2} = 1\,.$$

Weiter folgert man aus (28) durch Multiplikation der rechten Seiten mit den linken, wenn wir $\varepsilon\varepsilon' = -1$ nehmen,

$$(29\text{a}) \qquad \frac{x}{a}\cdot\frac{x'}{a} + \frac{y}{b}\cdot\frac{y'}{b} = 0\,; \quad \varepsilon\varepsilon' = -1\,.$$

Diese Gleichung stimmt aber sachlich mit (20) überein; so schließen wir erstens, daß die Punkte (xy) und $(x'y')$ zugleich der Ellipse angehören, und daß sie zweitens die Endpunkte zweier konjugierter Durchmesser darstellen. In dieser Weise geht also die E_2 durch die affine Transformation (28) in sich über.

Für die H_2 folgern wir zunächst das gleichzeitige Bestehen von

$$(30) \qquad \frac{x^2}{a^2} - \frac{y^2}{b^2} = 1 \quad \text{und} \quad \frac{y'^2}{b^2} - \frac{x'^2}{a^2} = 1\,,$$

außerdem besteht jetzt für $\varepsilon\varepsilon' = +1$ die zu (20) analoge Gleichung

$$(30\text{a}) \qquad \frac{x}{a}\frac{x'}{a} - \frac{y}{b}\frac{y'}{b} = 0\,; \quad \varepsilon\varepsilon' = +1\,.$$

Die affine Transformation (28) mit $\varepsilon\varepsilon' = +1$ läßt also auch die konjugierten H_2 in der Weise ineinander übergehen, daß die Endpunkte konjugierter Durchmesser sich gegenseitig vertauschen.

Auf Grund dieses Resultats können wir den Gleichungen (28) die Bedeutung geben, daß sie die Endpunkte (x, y) und (x', y') zweier konjugierter Durchmesser a', b' einer Ellipse (oder Hyperbel) miteinander verbinden. Die für diese Endpunkte bestehenden Gleichungen (29) und (30) lassen sich daher für die E_2 in die Form

$$\frac{x^2}{a^2} + \frac{x'^2}{a^2} = 1, \quad \frac{y^2}{b^2} + \frac{y'^2}{b^2} = 1$$

setzen, für die H_2 lauten sie

$$\frac{x^2}{a^2} - \frac{x'^2}{a^2} = 1, \quad \frac{y^2}{b^2} - \frac{y'^2}{b^2} = -1.$$

Aus ihnen folgt

$$x^2 \pm x'^2 + y^2 \pm y'^2 = a^2 \pm b^2; \quad \text{d. h.}$$

$$(31) \qquad a'^2 \pm b'^2 = a^2 \pm b^2;$$

eine Relation, die ein beliebiges Paar a', b' mit dem Hauptachsenpaar verbindet und eine *Invarianzbeziehung* für die Summe (Differenz) der Halbachsenquadrate darstellt.

Die Asymptoten vertauschen sich durch die Gleichungen (28) gegenseitig, falls $\varepsilon\varepsilon' = -1$ ist.

Auch die Parabel gestattet affine Transformationen in sich; um eine solche zu erhalten, knüpfen wir an die Gleichungen (S. 130)

$$y^2 - 2px = 0 \quad \text{und} \quad Y^2 \sin^2\beta - 2pX = 0$$

an. Setzen wir

$$(32) \qquad y = Y\sin\beta, \quad x = X,$$

und beziehen die Koordinaten (x, y) und (X, Y) auf die zwei Achsensysteme, für welche die vorstehenden Gleichungen gelten, so wird durch (32) eine *affine Transformation der P_2 in sich* dargestellt.

Elftes Kapitel

Die allgemeine Gleichung zweiten Grades.

§ 1. Ordnung und Klasse.

Eine homogene ganze Funktion $f_n(x_1, x_2, x_3)$ n^{ten} Grades, gleich Null gesetzt, stellt einen *Punktort* (Kurve) der n^{ten} *Ordnung* dar; ebenso eine gleich Null gesetzte ganze homogene Funktion $\varphi_n(u_1, u_2, u_3)$ n^{ten} Grades einen *Strahlenort* (Kurve) der n^{ten} *Klasse*. Die Zahl n ist von dem gewählten Koordinatensystem *unabhängig*. Der Übergang zu neuen Punktkoordinaten y_i wird so vermittelt, daß (S. 103) jedes x_i durch eine lineare homogene Funktion der y_i ersetzt wird; aus einem Glied, das in x_1, x_2, x_3 zusammen vom n^{ten} Grad ist, gehen lauter Glieder hervor, deren jedes in den y_i ebenfalls vom n^{ten} Grad ist. Der Grad der Gleichung kann daher durch den Übergang zu den y_i *nicht steigen*. Dasselbe gilt beim Rückgang von den Koordinaten y_i zu den ursprünglichen x_i; wir schließen daher, daß er in beiden Fällen ungeändert (*invariant*) bleibt. Die Zahl n ist also eine Zahl *geometrischer Bedeutung*. Worin sie besteht, erkennt man für die Gleichung $f_n(x_i) = 0$, wenn man mit ihr die Gleichung einer Geraden

$$a_1 x_1 + a_2 x_2 + a_3 x_3 = 0$$

zusammenstellt und die gemeinsamen Lösungen x_i beider Gleichungen in Betracht zieht. Es gibt n solche Tripel x_i, die Zahl n bedeutet also die Zahl der Punkte, die eine Gerade allgemeiner Lage mit dem Punktort gemein hat. Ebenso kann man mit der Gleichung $\varphi_n(u_i) = 0$ die Gleichung

$$a_1 u_1 + a_2 u_2 + a_3 u_3 = 0$$

eines Punktes zusammenstellen; man findet n gemeinsame Lösungstripel u_i und erkennt, daß es n Strahlen des Strahlenorts gibt, die durch einen Punkt allgemeiner Lage hindurchgehen.

Man kann zeigen — was freilich nur als Tatsache erwähnt werden kann —, daß es zu jedem Punkt des Punktorts im allgemeinen eine Tangente für ihn gibt, und daß ein Strahlenort im allgemeinen wieder aus allen Tangenten eines Punktorts besteht. Die Gleichungen

(1) $$f_n(x_i) = 0 \quad \text{und} \quad \varphi_n(u_i) = 0$$

stellen also Gebilde derselben Art (Kurven) dar, einmal als Ort ihrer

Punkte, einmal als Ort ihrer Tangenten. Beispiele haben wir bereits kennen gelernt (S. 122). Für die Gleichungen zweiten Grades werden wir in § 8 einen allgemeinen Beweis dafür liefern[1]).

Eine homogene Gleichung n^{ten} Grades besitzt $\frac{1}{2}(n+1)(n+2)$ Koeffizienten. Die Zählung geschieht am einfachsten so, daß wir unhomogene Koordinaten benutzen. Die Gleichung hat dann eine Konstante, zwei Glieder erster Ordnung, drei der zweiten usw.; insgesamt also

$$(2) \qquad 1 + 2 + 3 + \cdots + n + 1 = \tfrac{1}{2}(n+1)(n+2)$$

Glieder. Eine Kurve der n^{ten} Ordnung wird also bestimmt sein, wenn die Verhältnisse dieser Koeffizienten bekannt sind. Sie läßt sich so bestimmen, daß sie $\frac{1}{2}(n+1)(n+2) - 1$ Punkte allgemeiner Lage enthält, was ebenso (mittels der Determinantensätze) bewiesen wird, wie es für die einfacheren Fälle der Geraden und des Kreises geschehen ist (S. 36 und 106). Ebenso kann eine Kurve der n^{ten} Klasse so bestimmt werden, daß sie $\frac{1}{2}(n+1)(n+2) - 1$ Strahlen allgemeiner Lage als Tangenten besitzt. Eine eingehendere Erörterung dieses Sachverhalts muß freilich unterbleiben.

Wir werden die Kurve zweiter Ordnung durch C_2 bezeichnen, die Kurve der zweiten Klasse durch Γ_2. Ihre Gleichung enthält dem vorstehenden gemäß sechs Koeffizienten. Eine C_2 ist insofern durch fünf Punkte allgemeiner Lage bestimmt, d. h. es gibt genau eine Kurve C_2, die durch sie hindurchgeht; was auf anderer Grundlage in Kap. XII, § 6 bewiesen wird[2]).

§ 2. Hilfssätze.

Wir legen zunächst gewöhnliche Parallelkoordinaten zugrunde. Für sie gilt folgendes:

1. Der Übergang von x, y-Koordinaten zu irgend welchen x', y'-Koordinaten ist (S. 30) durch Formeln der Form

$$(3) \qquad x' = a'x + b'y + e', \quad y' = c'x + d'y + f'$$

gegeben. Die Gleichungen $x' = 0$, $y' = 0$ liefern die x', y'-Achsen; im x, y-System haben diese Achsen daher die Gleichungen

$$a'x + b'y + e' = 0, \quad c'x + d'y + f' = 0.$$

---

[1]) Die Kurven zweiter Ordnung werden wir überdies als identisch mit den Kurven zweiter Klasse erweisen; daher die obige gemeinsame Bezeichnung. Für $n > 2$ ist diese Identität nicht mehr vorhanden.

[2]) Ein Fall, in dem 5 Punkte mehr als eine Kurve bestimmen, ist der folgende. Liegen 4 Punkte auf einer Geraden g, und ist P' ein fünfter Punkt, so bildet g mit *jeder* durch P' gehenden Geraden g' ein Geradenpaar durch die 5 Punkte.

Wenn ein Kreis bereits durch 3 Punkte bestimmt ist, so liegt es daran, daß er auch durch die beiden Kreispunkte geht, so daß von den 5 Punkten für ihn nur 3 beliebig bleiben.

Hieraus ist zu folgern: Sollen zwei Geraden

$$Ax + By + C = 0 \quad \text{und} \quad A_1x + B_1y + C_1 = 0$$

die neuen x', y'-Achsen werden, so müssen die vorstehenden Gleichungen mit den vorhergehenden gleichwertig sein. Ihre linken Seiten können sich also nur um einen Faktor unterscheiden, die Gleichungen (3) lauten also jedenfalls

$$(3\,\text{a}) \qquad \lambda x' = Ax + By + C, \quad \mu y' = A_1x + B_1y + C_1.$$

Dabei sind λ und μ gewisse Konstanten, deren Wert hier unbestimmt bleiben kann.

Handelt es sich insbesondere um zwei rechtwinklige Achsensysteme mit demselben Anfangspunkt, so bestehen statt (3) die einfacheren Gleichungen

$$(4) \quad x' = x\cos\alpha + y\sin\alpha, \quad y' = -x\sin\alpha + y\cos\alpha; \quad \alpha = (x\,x').$$

Soll nun eine Gerade $Ax + By = 0$ die neue x'-Achse werden, so hat sie die Gleichung $y' = 0$, und wir erhalten zunächst

$$\mu y' = Ax + By.$$

Diese Gleichung ist mit (4) in Übereinstimmung zu bringen; es muß also

$$\mu = \sqrt{A^2 + B^2}, \quad \sin\alpha = \frac{-A}{\sqrt{A^2 + B^2}}, \quad \cos\alpha = \frac{B}{\sqrt{A^2 + B^2}}$$

sein. Die Gleichungen (4) lauten daher

$$(5) \qquad x' = \frac{Bx - Ay}{\sqrt{A^2 + B^2}}, \quad y' = \frac{Ax + By}{\sqrt{A^2 + B^2}};$$

ihre Auflösungen sind

$$(5\,\text{a}) \qquad x = \frac{Bx' + Ay'}{\sqrt{A^2 + B^2}}, \quad y = \frac{-Ax' + By'}{\sqrt{A^2 + B^2}},$$

2. Die Gleichung der C_2 nehmen wir in der Form

$$(6) \qquad a_{11}x^2 + 2a_{12}xy + a_{22}y^2 + 2a_{13}x + 2a_{23}y + a_{33} = 0$$

an; für a_{12}, a_{13}, a_{23} soll im folgenden auch a_{21}, a_{31}, a_{32} geschrieben werden. Wie vorweg bemerkt sei, hängt die Eigenart der durch (6) bestimmten C_2 wesentlich von zwei Determinanten ab[1]), von

$$(7) \qquad \Delta = \begin{vmatrix} a_{11} & a_{12} & a_{13} \\ a_{21} & a_{22} & a_{23} \\ a_{31} & a_{32} & a_{33} \end{vmatrix} \quad \text{und} \quad \delta = \begin{vmatrix} a_{11} & a_{12} \\ a_{21} & a_{22} \end{vmatrix} = a_{11}a_{22} - a_{12}^2;$$

Δ heißt die *Diskriminante* der Gleichung; ihr ausführlicher Wert ist

$$(7\,\text{a}) \qquad \Delta = 2a_{12}a_{13}a_{23} - (a_{11}a_{23}^2 + a_{22}a_{13}^2) + a_{33}(a_{11}a_{22} - a_{12}^2).$$

Beide Determinanten sind symmetrisch gegen die Diagonale. Daraus ist ersichtlich, daß die Unterdeterminanten, die den beiden Elementen

---

[1]) Man vgl. für das folgende (9a), (9b), (15), (16) des Anhangs.

$a_{12} = a_{21}$, $a_{23} = a_{32}$, $a_{31} = a_{13}$ entsprechen, ebenfalls einander gleich sind. Wir können daher die Unterdeterminanten der neun Elemente a_{ik} der Reihe nach durch

$$A_{11}, A_{12}, A_{13}; \quad A_{21}, A_{22}, A_{23}; \quad A_{31}, A_{32}, A_{33}$$

so bezeichnen, daß wieder $A_{ik} = A_{ki}$ ist. Insbesondere wird

$$(8) \quad \begin{cases} A_{13} = \begin{vmatrix} a_{21} & a_{22} \\ a_{21} & a_{32} \end{vmatrix} = a_{21} a_{32} - a_{22} a_{21}, \\[2ex] A_{23} = \begin{vmatrix} a_{31} & a_{32} \\ a_{11} & a_{12} \end{vmatrix} = a_{31} a_{12} - a_{32} a_{11}, \\[2ex] A_{33} = \begin{vmatrix} a_{11} & a_{12} \\ a_{21} & a_{22} \end{vmatrix} = a_{11} a_{22} - a_{12}^2 = \delta. \end{cases}$$

Ferner ist

$$(9) \qquad \Delta = a_{13} A_{13} + a_{23} A_{23} + a_{33} A_{33}.$$

Von Wichtigkeit ist für uns besonders der Fall, daß zugleich

$$\Delta = 0 \quad \text{und} \quad \delta = 0$$

ist. Wegen $\Delta = \delta = 0$ folgt dann aus (9)

$$a_{13} (a_{21} a_{32} - a_{22} a_{31}) + a_{23} (a_{31} a_{12} - a_{32} a_{11}) = 0.$$

Weiter ist $a_{11} a_{22} - a_{12}^2 = 0$, also $a_{12} = \sqrt{a_{11}} \sqrt{a_{22}}$[1]); die vorstehende Gleichung geht daher (durch leichte Umformung) in

$$\left(a_{13} \sqrt{a_{22}} - a_{23} \sqrt{a_{11}} \right)^2 = 0$$

über. Wird diese Gleichung vom Quadrat befreit und dann mit $\sqrt{a_{22}}$ bezüglich mit $\sqrt{a_{11}}$ multipliziert, so ergibt sich

$$a_{13} a_{22} - a_{23} a_{12} = 0 \quad \text{und} \quad a_{13} a_{21} - a_{23} a_{11} = 0,$$

also $A_{13} = 0$ und $A_{23} = 0$ und damit

$$(10) \qquad a_{11} : a_{12} : a_{13} = a_{21} : a_{22} : a_{23}.$$

§ 3. Transformation auf Mittelpunkt und Hauptachsen.

Zunächst soll untersucht werden, ob die durch (6) dargestellte Kurvengattung C_2 noch andere geometrische Örter umfaßt als die uns schon bekannten. Die Antwort wird *verneinend* lauten. Um zu diesem Ergebnis zu gelangen, machen wir davon Gebrauch, daß das Koordinatensystem die Ordnung der Kurve nicht ändert, daß es also beliebig wählbar ist. Eine zweckmäßige Koordinatenwahl ist ein naheliegender analytischer Gesichtspunkt. Von ihm wollen wir uns zunächst leiten lassen; es sollen neue Achsen so eingeführt werden, daß die Gleichung (6)

---

[1]) Es kommt im folgenden nur der Fall $a_{11} > 0$ in Betracht; wegen $\delta = 0$ ist dann $a_{11} a_{22} > 0$, also auch $a_{22} > 0$.

eine möglichst einfache Form annimmt. Vorweg sei noch bemerkt, daß sie sich auch folgendermaßen schreiben läßt:

$$(11) \qquad \begin{cases} x(a_{11}x + a_{12}y + a_{13}) + y(a_{21}x + a_{22}y + a_{23}) \\ \qquad\qquad + (a_{31}x + a_{32}y + a_{33}) = 0 \,. \end{cases}$$

Die neuen x', y'-Achsen mögen den x, y-Achsen parallel sein; die Transformationsgleichungen seien

$$x = x' + \xi \,, \quad y = y' + \eta \,,$$

so daß (ξ, η) der neue Anfangspunkt O' ist. Setzen wir diese Werte in Gleichung (6) ein, so wird sie, nach x' und y' geordnet, die Form

$$(12) \qquad a_{11}' x'^2 + 2 a_{12}' x' y' + a_{22}' y'^2 + 2 a_{13}' x' + 2 a_{23}' y' + a_{33}' = 0$$

annehmen; und es ist offenbar

$$(13) \qquad a_{11}' = a_{11} \,, \quad a_{12}' = a_{12} \,, \quad a_{22}' = a_{22} \,.$$

Ferner ist

$$(14) \qquad a_{13}' = a_{11}\xi + a_{12}\eta + a_{13} \,, \quad a_{23}' = a_{12}\xi + a_{22}\eta + a_{23} \,,$$

$$a_{33}' = a_{11}\xi^2 + 2 a_{12}\xi\eta + a_{22}\eta^2 + 2 a_{13}\xi + 2 a_{23}\eta + a_{33} \,.$$

Der Wert a_{33}' stellt die linke Seite von (6) für ξ, η dar; daher ist gemäß (11)

$$(14\,\mathrm{a}) \qquad \begin{cases} a_{33}' = \xi(a_{11}\xi + a_{12}\eta + a_{13}) + \eta(a_{12}\xi + a_{22}\eta + a_{23}) \\ \qquad\qquad + (a_{13}\xi + a_{23}\eta + a_{33}) \,. \end{cases}$$

Nun soll der Punkt (ξ, η) so gewählt werden, daß $a_{13}' = 0$ und $a_{23}' = 0$ ist. Dann lautet die Gleichung (12) einfacher

$$(15) \qquad a_{11} x'^2 + 2 a_{12} x' y' + a_{22} y'^2 + a_{33}' = 0 \,;$$

ferner ergeben sich für ξ und η aus (14) die Gleichungen

$$(16) \qquad a_{11}\xi + a_{12}\eta + a_{13} = 0 \,, \quad a_{12}\xi + a_{22}\eta + a_{23} = 0 \,,$$

und für a_{33}' erhält man aus (14a) einfacher

$$(16\,\mathrm{a}) \qquad a_{33}' = a_{13}\xi + a_{23}\eta + a_{33} \,.$$

Für ξ und η folgt aus (16)

$$(16\,\mathrm{b}) \qquad \xi : \eta : 1 = \begin{vmatrix} a_{12} & a_{13} \\ a_{22} & a_{23} \end{vmatrix} : \begin{vmatrix} a_{13} & a_{11} \\ a_{23} & a_{12} \end{vmatrix} : \begin{vmatrix} a_{11} & a_{12} \\ a_{12} & a_{22} \end{vmatrix} = A_{13} : A_{23} : A_{33} \,;$$

gemäß (9) erhält man also weiter

$$(17) \qquad \delta a_{33}' = a_{13} A_{13} + a_{23} A_{23} + a_{33} A_{33} = \varDelta\,; \quad a_{33}' = \varDelta : \delta \,.$$

Es ist nun zu unterscheiden, ob $\varDelta$ und δ den Wert Null haben oder nicht. Sei zunächst $\delta \gtrless 0$; dann existiert ein endliches Lösungssystem ξ, η, und die Transformation von (6) in die Gleichung (15) ist ausführbar. Aus der Form dieser Gleichung fließt ein wichtiges Resultat. Wird sie durch die Koordinaten x', y' befriedigt, so auch durch $-x'$, $-y'$; der Anfangspunkt O' ist also ein *Mittelpunkt* der C_2 (S. 17), jede durch ihn gehende Sehne wird in ihm halbiert, wie es für Ellipse und Hyperbel der Fall ist (*eigentliche Mittelpunktskurven*).

Fassen wir in (16) ξ und η als variabel auf, so stellen diese Gleichungen zwei Geraden dar; für sie gibt es (S. 41) entweder *einen* endlichen oder uneigentlichen gemeinsamen Punkt, oder die Geraden sind identisch, und *jeder* ihrer Punkte entspricht einer Lösung (ξ, η) von (16). Verabreden wir, *jede solche gemeinsame Lösung* als *Mittelpunkt* zu bezeichnen, so lassen sich drei Gattungen C_2 unterscheiden; solche mit einem eigentlichen, mit einem uneigentlichen und mit unendlich vielen Mittelpunkten. Alle diese Kurven nach den Werten der Koeffizienten a_{ik} erschöpfend aufzuzählen, ist die Aufgabe, die hier erledigt werden soll. Wir beginnen mit dem Fall $\delta \gtreqless 0$.

Für ihn soll gezeigt werden, daß *jede* durch (15) dargestellte Kurve eine Ellipse, eine Hyperbel oder ein Geradenpaar ist. Zunächst ist klar, daß wir den Fall $a_{11} = 0$, $a_{12} = 0$, $a_{22} = 0$ auszuschließen haben. Ist $a_{11} = 0$ und $a_{22} = 0$, also $a_{12} \gtreqless 0$, so stellt (15) eine Hyperbel dar, die (S. 131) die Achsen als Asymptoten besitzt. Dieser Fall ist damit erledigt.

Sind nicht beide Koeffizienten a_{11} und a_{22} gleich Null, so sei insbesondere a_{11} von Null verschieden, ist es nicht so, so vertauschen wir die Achsen; wir dürfen auch die Festsetzung treffen, daß $a_{11} > 0$ ist[1]). Wir nehmen nun die Achsen rechtwinklig an und gehen zu neuen X, Y-Achsen durch den Mittelpunkt über. Ist $\sphericalangle(x'X) = \alpha$, so lauten die Transformationsgleichungen

$$x' = X\cos\alpha - Y\sin\alpha\,, \quad y' = X\sin\alpha + Y\cos\alpha\,,$$

und es möge die Gleichung (15) in X, Y die Form

$$(18) \qquad A_{11}X^2 + 2A_{12}XY + A_{22}Y^2 + a'_{33} = 0$$

annehmen[2]). Wir kommen damit auf eine Betrachtung zurück, die wir bereits (S. 51) durchgeführt haben. Dort ergab sich insbesondere, daß

$$(19) \quad \begin{cases} 2A_{11} = a_{11} + a_{22} + (a_{11} - a_{22})\cos 2\alpha + 2a_{12}\sin 2\alpha \\ 2A_{22} = a_{11} + a_{22} - (a_{11} - a_{22})\cos 2\alpha - 2a_{12}\sin 2\alpha \\ 2A_{12} = (a_{22} - a_{11})\sin 2\alpha + 2a_{12}\cos 2\alpha \end{cases}$$

ist, und außerdem

$$(20) \qquad A_{11} + A_{22} = a_{11} + a_{22}\,, \quad A_{11}A_{22} - A_{12}^2 = a_{11}a_{22} - a_{12}^2\,.$$

Wir wählen nun α so, daß $A_{12} = 0$ ist; dann geht (18) in

$$(21) \qquad A_{11}X^2 + A_{22}Y^2 + a'_{33} = 0$$

über; die X, Y-Achsen fallen in die *Hauptachsen*, und es bestimmt sich α aus

$$(22) \qquad (a_{22} - a_{11})\sin 2\alpha + 2a_{12}\cos 2\alpha = 0; \quad \operatorname{tg} 2\alpha = \frac{2a_{12}}{a_{11} - a_{22}}\,. \; {}^3)$$

---

[1]) Ist $a_{11} < 0$, so wird die Gleichung mit -1 multipliziert.

[2]) A_{11}, A_{12}, A_{22} sind in diesem § 3 nur Koeffizientenbezeichnungen, *nicht* Unterdeterminanten A_{ik}.

[3]) Für $a_{11} - a_{12} = 0$, $a_{12} = 0$ wird $\operatorname{tg} 2\alpha$ unbestimmt, und es stellt (15) einen Kreis dar. Davon wird abgesehen.

Ferner haben wir jetzt für A_{11} und A_{22} gemäß (20)

$$(23) \qquad A_{11} + A_{22} = a_{11} + a_{22}, \quad A_{11} A_{22} = a_{11} a_{22} - a_{12}^2 = \delta,$$

und da $\delta \gtreqless 0$ ist, sind A_{11} und A_{22} von Null verschieden. Sie sind Wurzeln der quadratischen Gleichung

$$(23\,a) \qquad z^2 - (a_{11} + a_{22})\, z + (a_{11} a_{22} - a_{12}^2) = 0.$$

Bemerkung. Aus (22) ergeben sich an sich zwei Werte für α, die sich um $\pi/2$ unterscheiden; ebenso kann man von den Wurzeln von (23a) eine beliebig als A_{11} oder A_{22} wählen. Ist aber α gewählt, so sind A_{11} und A_{22} durch (19) eindeutig bestimmt, und ebenso ist es umgekehrt. Geometrisch besagt die Wahl von A_{11} und A_{22}, welche der beiden Hauptachsen die Rolle der X-Achse, und welche die der Y-Achse übernimmt. Wir werden so verfahren, daß wir die eventuell zu treffende Festsetzung *durch die Wahl von A_{11}* bewirken.

Die weiteren Betrachtungen knüpfen an den Wert von $\varDelta$ an. Den ersten Hauptfall bildet $\varDelta \gtreqless 0$; dann ist auch $a_{33}' = \varDelta : \delta \gtreqless 0$, und (21) kann in die Form

$$m X^2 + n Y^2 - 1 = 0; \quad m = - \frac{A_{11}\delta}{\varDelta}, \quad n = - \frac{A_{22}\delta}{\varDelta}$$

gesetzt werden; die Vorzeichen von m und n hängen also von den Vorzeichen von A_{11}, A_{22}, δ, $\varDelta$ ab. Wir unterscheiden weiter, ob $\delta > 0$ oder $\delta < 0$ ist.

Ist $\delta = a_{11} a_{22} - a_{12}^2 > 0$, so ist $a_{11} a_{22} > a_{12}^2$, es haben also a_{11} und a_{22} gleiches Vorzeichen, und da oben $a_{11} > 0$ angenommen ist, so folgt auch $a_{22} > 0$. Wegen $A_{11} A_{22} = \delta > 0$ haben auch A_{11} und A_{22} gleiches Vorzeichen, und da $A_{11} + A_{22} = a_{11} + a_{22} > 0$ ist, so ist $A_{11} > 0$, $A_{22} > 0$. Mithin haben m und n das entgegengesetzte Zeichen wie $\delta : \varDelta$. Wir finden so die folgenden zwei Fälle:

$$\delta > 0, \quad \varDelta > 0; \quad m < 0, \quad n < 0, \quad a_{33}' > 0,$$
$$\delta > 0, \quad \varDelta < 0; \quad m > 0, \quad n > 0, \quad a_{33}' < 0.$$

Diesen beiden Fällen entsprechen die Gleichungen

$$(24) \quad \begin{cases} \dfrac{X^2}{a^2} + \dfrac{Y^2}{b^2} + 1 = 0 \text{ (imaginäre Ellipse oder nullteilige Kurve)}, \\[2ex] \dfrac{X^2}{a^2} + \dfrac{Y^2}{b^2} - 1 = 0 \text{ (reelle Ellipse)}. \end{cases}$$

Sei zweitens $\delta < 0$, also $A_{11} A_{22} < 0$. Es haben A_{11} und A_{22}, also auch m und n entgegengesetztes Zeichen; wir wählen A_{11} so, daß $m > 0$ ist, also $n < 0$, und finden die zwei Fälle

$$\delta < 0, \quad \varDelta > 0; \quad m > 0, \quad n < 0, \quad A_{11} > 0, \quad A_{22} < 0, \quad a_{33}' < 0,$$
$$\delta < 0, \quad \varDelta < 0; \quad m > 0, \quad n < 0, \quad A_{11} < 0, \quad A_{22} > 0, \quad a_{33}' > 0$$

mit den Gleichungen

$$(25) \quad \begin{cases} \dfrac{X^2}{a^2} - \dfrac{Y^2}{b^2} - 1 = 0 \text{ (Hyperbel; } X\text{-Achse reelle Achse)}, \\[2ex] \dfrac{X^2}{a^2} - \dfrac{Y^2}{b^2} + 1 = 0 \text{ (Hyperbel; } Y\text{-Achse reelle Achse)}. \end{cases}$$

Die Art der Kurve ist daher *durch die Vorzeichen von δ und Δ vollständig bestimmt.*

Ist die Diskriminante $\Delta = 0$, also auch $a'_{33} = 0$, so schließen wir wie vorher, daß im Falle $\delta > 0$ wiederum $A_{11} > 0$, $A_{22} > 0$ ist; im Falle $\delta < 0$ haben A_{11} und A_{22} wiederum verschiedenes Vorzeichen. Wir finden so

$$(26) \quad \begin{cases} \delta > 0, \quad \Delta = 0; \quad \dfrac{X^2}{a^2} + \dfrac{Y^2}{b^2} = 0 \text{ (imaginäres Geradenpaar)}, \\[2mm] \delta < 0, \quad \Delta = 0; \quad \dfrac{X^2}{a^2} - \dfrac{Y^2}{b^2} = 0 \text{ (reelles Geradenpaar)}. \end{cases}$$

Hieraus erhellt auch die geometrische Bedeutung von $\delta < 0$ und $\delta > 0$. Die C_2 von Gleichung (18) hat mit g_∞ für $a'_{33} \gtrless 0$ dieselben Punkte gemein wie für $a'_{33} = 0$; sie sind reell für $\delta < 0$, imaginär für $\delta > 0$.

Beispiele. 1. Für die Gleichung

$$x^2 + 2xy - y^2 + 8x + 4y - 8 = 0$$

finden wir $\Delta = 44$, $\delta = -2$, $a'_{33} = -22$. Für den Mittelpunkt (ξ, η) bestehen die Gleichungen

$$\xi + \eta + 4 = 0, \quad \xi - \eta + 2 = 0; \quad \xi = -3, \quad \eta = -1.$$

Die Lage der Hauptachsen ist durch $\operatorname{tg} 2\alpha = 1$, $2\alpha = 45°$ oder $2\alpha = 225°$ bestimmt. Für A_{11} und A_{22} findet sich

$$A_{11} + A_{22} = 0, \quad A_{11} A_{22} = -2, \quad \text{also} \quad A_{11} = \sqrt{2}, \quad A_{22} = -\sqrt{2}.$$

Die Kurve ist eine gleichseitige Hyperbel; ihre Gleichung kann in die Form

$$X^2 - Y^2 = -11\sqrt{2}, \quad Y^2 - X^2 = 11\sqrt{2}$$

gesetzt werden.

Unbestimmt bleibt hier noch die Lage der reellen Achse zur x-Achse. Um sie zu klären, müssen wir zu den Gleichungen (19) zurückgehen. Nehmen wir $2\alpha = 45°$, also $\cos 2\alpha = \sin 2\alpha = \frac{1}{2}\sqrt{2}$, so finden wir

$$2A_{11} = 2\sqrt{2}, \quad 2A_{22} = -2\sqrt{2},$$

so daß die Gleichung die Form

$$\sqrt{2}\, X^2 - \sqrt{2}\, Y^2 - 22 = 0; \quad Y^2 - X^2 = 11\sqrt{2}$$

annimmt. Die reelle Achse der Hyperbel (die Y-Achse) bildet also mit der x-Achse den Winkel von $112\frac{1}{2}°$.

2. Für die Gleichung $14x^2 - 4xy + 11y^2 - 36x + 48y + 6 = 0$ ist $\xi = 1$, $\eta = -2$ der Mittelpunkt. Es ist $\delta = 150$, $\Delta = -60\,\delta$, die Hauptachsengleichung lautet $2x^2 + 3y^2 = 12$.

3. Die Gleichung $11x^2 + 84xy - 24y^2 + 22x + 84y - 145 = 0$ geht auf die Hauptachsen transformiert in $3x^2 - 4y^2 = 12$ über.

§ 4. Die Parabel nebst ihren Ausartungen.

Es bleibt noch der Fall

$$\delta = a_{11} a_{22} - a_{12}^2 = 0$$

zu betrachten. Da δ die Diskriminante der quadratischen Glieder $a_{11} x^2 + 2 a_{12} xy + a_{22} y^2$ bedeutet, so besagt ihr Verschwinden, daß diese

Glieder ein vollständiges Quadrat bilden (Anhang 42b). Wir können sie also in die Form $\left(\sqrt{a_{11}}\,x + \sqrt{a_{22}}\,y\right)^2$ setzen.

Ist auch noch $\varDelta = 0$, so ist gemäß § 2

$$a_{11} : a_{12} : a_{13} = a_{12} : a_{22} : a_{23};$$

es gibt daher unendlich viele Lösungen ξ, η der Gleichungen (16) und damit unendlich viele Mittelpunkte. Wir können mit jedem von ihnen die Gleichung der C_2 in die Form (15) überführen und erhalten

$$(27) \qquad \left(\sqrt{a_{11}}\,x' + \sqrt{a_{22}}\,y'\right)^2 + a'_{33} = 0 \,.$$

Hier ist aber noch der Wert von a'_{33} zu berechnen, da (17) versagt. Wegen $\varDelta = 0$ haben wir von (16a), also von

$$a'_{33} = a_{13}\,\xi + a_{23}\,\eta + a_{33}$$

auszugehen. Wird diese Gleichung der Reihe nach mit a_{11}, a_{12}, a_{22} multipliziert, so folgt mit Rücksicht auf (16)

$$a_{11}\,a'_{33} = a_{13}(a_{11}\,\xi + a_{12}\,\eta) + a_{11}\,a_{33} = \quad a_{11}\,a_{33} - a_{13}^2 = A_{22}\,,$$

$$a_{12}\,a'_{33} = a_{23}(a_{11}\,\xi + a_{12}\,\eta) + a_{12}\,a_{33} = -\,a_{13}\,a_{23} + a_{12}\,a_{33} = A_{12}\,,$$

$$a_{22}\,a'_{33} = a_{23}(a_{12}\,\xi + a_{22}\,\eta) + a_{22}\,a_{33} = \quad a_{22}\,a_{33} - a_{23}^2 = A_{11}\,,$$

wo hier wieder A_{11}, A_{12}, A_{22} die Unterdeterminanten von a_{11}, a_{12}, a_{22} in $\varDelta$ sind. Es wird also

$$(28) \qquad a'_{33} = \frac{A_{22}}{a_{11}} = \frac{A_{12}}{a_{12}} = \frac{A_{11}}{a_{22}} \,.$$

Da nun a_{11}, a_{12}, a_{22} (S. 140) nicht zugleich Null sind, gibt mindestens einer dieser Quotienten einen bestimmten endlichen Wert für a'_{33}.

Ist $a'_{33} < 0$, so sei $a'_{33} = -\,k^2$; die Gleichung nimmt dann die Form

$$\left(\sqrt{a_{11}}\,x' + \sqrt{a_{22}}\,y' + k\right)\left(\sqrt{a_{11}}\,x' + \sqrt{a_{22}}\,y' - k\right) = 0$$

an. Sie stellt *zwei parallele Geraden* dar; die Mittelpunkte $(\xi\,\eta)$ erfüllen die zugehörige Mittelgerade. Ist $a'_{33} > 0$, so erhalten wir analog zwei *imaginäre* parallele Geraden. Ist endlich $a'_{33} = 0$, so stellt die Gleichung eine *Doppelgerade* dar. Alsdann folgt aus (28) auch

$$A_{11} = 0, \quad A_{12} = 0, \quad A_{22} = 0;$$

es sind also *alle* Unterdeterminanten von $\varDelta$ gleich Null, und es ist

$$(28a) \qquad a_{11} : a_{12} : a_{13} = a_{12} : a_{22} : a_{23} = a_{13} : a_{23} : a_{33} \,.$$

Man kann in diesem Falle den Übergang von (6) in das Quadrat eines linearen Faktors folgendermaßen direkt ausführen. Gemäß der letzten Gleichung darf man setzen

$$a_{11} = \mu\,\alpha^2, \quad a_{12} = \mu\,\alpha\beta, \quad a_{22} = \mu\,\beta^2, \quad a_{13} = \mu\,\alpha\gamma, \quad a_{23} = \mu\,\beta\gamma, \quad a_{33} = \mu\,\gamma^2,$$

wo μ ein Proportionalitätsfaktor ist, und die Gleichung (6) lautet

$$(\alpha\,x + \beta\,y + \gamma)^2 = 0 \,.$$

Es bleibt noch der Fall zu erörtern, daß $\delta = 0$, aber $\varDelta \gtrless 0$ ist; *ihm entspricht die Parabel.* Aus $\delta = 0$ folgt jetzt, daß es kein endliches Wertepaar (ξ, η) gibt, das (16) befriedigt; der Übergang zu parallelen x', y'-Achsen durch den Punkt (ξ, η) ist also nicht möglich. Wir führen in diesem Falle zuerst die Achsendrehung um O aus und gehen dann zu neuen parallelen Achsen über.

Wegen $\delta = 0$ läßt sich (6), wie wir soeben sahen, in

$$(\sqrt{a_{11}}\, x + \sqrt{a_{22}}\, y)^2 + 2\, a_{13}\, x + 2\, a_{23}\, y + a_{33} = 0$$

überführen. Die neuen Achsen x', y' legen wir nun so, daß die Gerade $\sqrt{a_{11}}\, x + \sqrt{a_{22}}\, y = 0$ die x'-Achse wird, also die Gleichung $y' = 0$ besitzt; wie wir in § 2 zeigten, entsprechen dem die Transformationsgleichungen[1])

$$x' = \frac{\sqrt{a_{22}}\, x - \sqrt{a_{11}}\, y}{\sqrt{a_{11} + a_{22}}}, \qquad y' = \frac{\sqrt{a_{11}}\, x + \sqrt{a_{22}}\, y}{\sqrt{a_{11} + a_{22}}}\,; \qquad \sin\alpha = \frac{-\sqrt{a_{11}}}{\sqrt{a_{11} + a_{22}}},$$

$$x = \frac{\sqrt{a_{22}}\, x' + \sqrt{a_{11}}\, y'}{\sqrt{a_{11} + a_{22}}}, \qquad y = \frac{-\sqrt{a_{11}}\, x' + \sqrt{a_{22}}\, y'}{\sqrt{a_{11} + a_{22}}}\,; \qquad \cos\alpha = \frac{\sqrt{a_{22}}}{\sqrt{a_{11} + a_{22}}}\,;$$

die obige Gleichung verwandelt sich daher in

$$(29) \qquad (a_{11} + a_{22})\, y'^2 + 2\, a'_{13}\, x' + 2\, a'_{23}\, y' + a_{33} = 0;$$

$$(29\text{a}) \qquad a'_{13} = \frac{a_{13}\sqrt{a_{22}} - a_{23}\sqrt{a_{11}}}{\sqrt{a_{11} + a_{22}}}, \qquad a'_{23} = \frac{a_{13}\sqrt{a_{11}} + a_{23}\sqrt{a_{22}}}{\sqrt{a_{11} + a_{22}}}\,.$$

Hier ist notwendig $a'_{13} \gtrless 0$, da aus $a'_{13} = 0$ (wie am Schluß von § 2) $A_{13} = 0$ und $A_{23} = 0$, also auch $\varDelta = 0$ folgen würde.

Nunmehr gehen wir mittels der Gleichungen

$$x' = X + \xi, \quad y' = Y + \eta$$

zu parallelen Achsen über; wir erhalten die neue Gleichung

$$(a_{11} + a_{22})\, Y^2 + 2\, a''_{13}\, X + 2\, a''_{23}\, Y + a''_{33} = 0,$$

und zwar ist

$$a''_{13} = a'_{13}, \quad a''_{23} = (a_{11} + a_{22})\, \eta + a'_{23},$$
$$a''_{33} = (a_{11} + a_{22})\, \eta^2 + 2\, a'_{13}\, \xi + 2\, a'_{23}\, \eta + a_{33}\,.$$

Durch geeignete Wahl von η machen wir zunächst $a''_{23} = 0$; alsdann bewirkt eine geeignete Wahl von ξ, daß auch $a''_{33} = 0$ wird. Dadurch reduziert sich (29) auf die Parabelgleichung, nämlich

$$(30) \qquad (a_{11} + a_{22})\, Y^2 + 2\, a''_{13}\, X = 0; \quad a'_{13} = a''_{13} \gtrless 0\,.$$

Insgesamt ergeben sich so für $\delta = 0$ die Fälle

$$\delta = 0, \quad \varDelta \gtrless 0; \text{ Parabel},$$
$$\delta = 0, \quad \varDelta = 0, \quad a'_{33} < 0; \text{ zwei parallele Geraden},$$
$$\delta = 0, \quad \varDelta = 0, \quad a'_{33} > 0; \text{ zwei imaginäre parallele Geraden},$$
$$\delta = 0, \quad \varDelta = 0, \quad a'_{33} = 0; \text{ eine Doppelgerade}.$$

---

[1]) Wegen der Vorzeichen der Wurzeln vgl. S. 39.

Die letzten drei Fälle sind auch durch das Verschwinden gewisser Unterdeterminanten gekennzeichnet: für den ersten und zweiten ist $A_{13} = A_{23} = A_{33} = 0$; im letzten Fall verschwinden *alle* Unterdeterminanten, $A_{11} = A_{12} = A_{22} = A_{13} = A_{23} = A_{33} = 0$ [1]). Hieraus und aus § 3 folgt, daß $\Delta = 0$ die *notwendige und hinreichende Bedingung für ein Geradenpaar darstellt*.

Mit g_∞ hat die C_2 im Fall $\delta = 0$ stets zwei zusammenfallende Punkte gemein, bestimmt durch $\sqrt{a_{11}}\,x + \sqrt{a_{12}}\,y = 0$.

Beispiele. 1. Für die Gleichung

$$x^2 + 2xy + y^2 + 8x + 4y - 8 = 0$$

ist $\delta = 0$, $\Delta = -4$, sie stellt also eine Parabel dar. Man kann sie direkt in die Form

$$(x + y)^2 + 4(x + y) + 4x - 8 = 0$$

bringen. Die Gleichungen der ersten Transformation lauten

$$\sqrt{2}\,y' = x + y, \quad \sqrt{2}\,x' = x - y; \quad \sqrt{2}\,x = x' + y', \quad \sqrt{2}\,y = -x' + y',$$

man erhält also zunächst

$$y'^2 + 3\sqrt{2}\,y' + \sqrt{2}\,x' - 4 = 0.$$

Weiter ist $y' = Y - 3\sqrt{2} : 2$, $x' = X + 17 : 2\sqrt{2}$ zu setzen; die Parabelgleichung lautet dann $Y^2 + \sqrt{2}\,X = 0$. Der Winkel $\alpha = (x\,x')$ ist durch $\cos\alpha = -\sin\alpha = 1 : \sqrt{2}$ $(\alpha = 135°)$ bestimmt.

2. Für die Gleichung $x^2 + 2x - 6 = 0$ ist $a_{11} = a_{13} = 1$, $a_{33} = -6$; $A_{13} = A_{23} = \delta = \Delta = 0$. Ferner wird $A_{11} = 0$, $A_{12} = 0$, $A_{22} = -7$, also $a'_{33} = -7$. Dies gibt die Gleichung $(x + 1)^2 - 7 = 0$ und somit zwei parallele Geraden; was man auch direkt erhält.

§ 5. Die Invarianten.

Die Größen

$$(31) \qquad a_{11} + a_{22} = J_1 \quad \text{und} \quad a_{11}a_{22} - a_{12}^2 = \delta$$

stellen die einfachsten *Invarianten* der C_2 für rechtwinklige Transformationen dar. Ihre geometrische Bedeutung ist die, daß $J_1 = 0$ eine gleichseitige Hyperbel bedingt und $\delta = 0$ eine eigentliche Mittelpunktskurve ausschließt. Analytisch ist δ die Diskriminante der Glieder zweiter Ordnung; ihr Verschwinden macht diese Glieder zum Quadrat.

Um dies auf beliebige Achsensysteme auszudehnen, wollen wir von der quadratischen Form $a_{11}x^2 + 2a_{12}xy + a_{22}y^2$ ausgehen; durch die Transformationsformeln gehe sie in $a'_{11}x'^2 + 2a'_{12}x'y' + a'_{22}y'^2$ über. Für jedes Paar entsprechender Punkte (x, y) und (x', y') besteht dann auf Grund dieser Formeln die Gleichung

$$(32) \qquad a_{11}x^2 + 2a_{12}xy + a_{22}y^2 = a'_{11}x'^2 + 2a'_{12}x'y' + a'_{22}y'^2.$$

Nun gibt es noch eine *besondere* quadratische Form, die auf Grund der

---

[1]) Vgl. die analogen Kriterien von S. 45.

genannten Formeln ebenfalls in die entsprechende übergeht; es ist die, die den Abstand OP ausdrückt. Ist $\sphericalangle(xy) = \omega, \sphericalangle(x',y') = \omega'$, so ist für jedes Paar entsprechender Punkte

$$(32\,\text{a}) \qquad x^2 + y^2 + 2xy\cos\omega = x'^2 + y'^2 + 2x'y'\cos\omega'.$$

Daher ist auch

$$(32\,\text{b}) \quad \left\{ \begin{aligned} & a_{11}x^2 + 2a_{12}xy + a_{22}y^2 + \lambda(x^2 + y^2 + 2xy\cos\omega) \\ &= a'_{11}x'^2 + 2a'_{12}x'y' + a'_{22}y'^2 + \lambda(x'^2 + y'^2 + 2x'y'\cos\omega'), \end{aligned} \right.$$

und zwar für *jedes* λ. Wählt man λ insbesondere so, daß die linke Seite das Quadrat eines linearen Faktors wird, so ist für *denselben* Wert von λ auch die rechte ein solches Quadrat. Die Bedingungen dafür lauten links und rechts

$$\begin{vmatrix} a_{11} + \lambda & a_{12} + \lambda\cos\omega \\ a_{12} + \lambda\cos\omega & a_{22} + \lambda \end{vmatrix} = 0 \quad \text{und} \quad \begin{vmatrix} a'_{11} + \lambda & a'_{12} + \lambda\cos\omega' \\ a'_{12} + \lambda\cos\omega' & a'_{22} + \lambda \end{vmatrix} = 0.$$

Dies sind zwei quadratische Gleichungen in λ, die dieselben Wurzeln besitzen; ihre Koeffizienten sind daher einander proportional, d. h. es ist

$$(33) \qquad \frac{a_{11}a_{22} - a_{12}^2}{\sin^2\omega} = \frac{a'_{11}a'_{22} - a'^{2}_{12}}{\sin^2\omega'^2},$$

und

$$(33\,\text{a}) \qquad \frac{a_{11} + a_{22} - 2a_{12}\cos\omega}{\sin^2\omega} = \frac{a'_{11} + a'_{22} - 2a'_{12}\cos\omega'}{\sin^2\omega'}.$$

Damit ist die allgemeine Form der invarianten Ausdrücke (31) gewonnen.

Es gibt noch eine dritte, wichtige Größe von invariantem Charakter; es ist die *Diskriminante Δ*. Der Beweis wird im Anhang geführt werden (38 a), und zwar für allgemeine homogene Koordinaten x_i. Wir legen also als Gleichung der C_2

$$(34) \quad \left\{ \begin{aligned} f(x) &= a_{11}x_1^2 + a_{22}x_2^2 + a_{33}x_3^2 + 2a_{23}x_2x_3 + 2a_{13}x_1x_3 + 2a_{12}x_1x_2 \\ &= \sum a_{ik}x_i x_k = 0, \quad a_{ik} = a_{ki} \end{aligned} \right.$$

zugrunde; man hat wiederum

$$(34\,\text{a}) \quad \left\{ \begin{aligned} f(x) &= (a_{11}x_1 + a_{12}x_2 + a_{13}x_3)\,x_1 + (a_{21}x_1 + a_{22}x_2 + a_{23}x_3)\,x_2 \\ &\qquad + (a_{31}x_1 + a_{32}x_2 + a_{33}x_3)\,x_3. \end{aligned} \right.$$

Werden nun neue Koordinaten x'_i durch die Substitution

$$x_i = \beta_{i1}x'_1 + \beta_{i2}x'_2 + \beta_{i3}x'_3$$

eingeführt, so lautet die Invarianzgleichung

$$(35) \qquad \Delta' = \|\beta_{ik}\|^2\,\Delta; \qquad \Delta = \|a_{ik}\|.$$

Die Diskriminante bewahrt also *bis auf das Quadrat der Substitutionsdeterminante* als Faktor ihre Form. Von diesem allgemeinen Resultat kommt hier jedoch nur der engere Fall in Betracht, den wir bisher stets ins Auge faßten, nämlich die Transformation zwischen einem

xy-System und einem $x'y'$-System. Mögen die xy-Achsen wieder recht-winklig sein, die $x'y'$-Achsen beliebig; dann lauten die Transformations-formeln

$$x = \alpha x' + \beta y', \quad y = \gamma x' + \delta y',$$
$$\alpha = \cos(xx'), \quad \beta = \cos(xy'), \quad \gamma = \cos(yx'), \quad \delta = \cos(yy').$$

In diesem Fall ergibt sich (S. 31)

$$\| \beta_{ik} \| = \begin{vmatrix} \alpha & \beta & 0 \\ \gamma & \delta & 0 \\ 0 & 0 & 1 \end{vmatrix} = \alpha\delta - \beta\gamma = \sin(x'y'),$$

und Gleichung (35) wird

$$\Delta' = \sin^2(x'y')\,\Delta.$$

Nimmt man ein zweites System x'', y'' an, so ist ebenso

$$\Delta'' = \sin^2(x''y'')\,\Delta,$$

oder aber

$$(36) \qquad \frac{\Delta'}{\sin^2(x'y')} = \frac{\Delta''}{\sin^2(x''y'')},$$

in voller Analogie zu den Gleichungen (33) und (33a).

Die große Bedeutung der Invarianten wird aus folgender An-wendung hervorgehen. Wir setzen zunächst

$$(37) \qquad J_1 = \frac{a_{11} + a_{22} - 2\,a_{12}\cos\omega}{\sin^2(xy)},$$

$$(37\text{a}) \qquad J_2 = \frac{1}{\sin^2(xy)} \begin{vmatrix} a_{11} & a_{12} \\ a_{21} & a_{22} \end{vmatrix}, \quad J_3 = \frac{1}{\sin^2(xy)} \begin{vmatrix} a_{11} & a_{12} & a_{13} \\ a_{21} & a_{22} & a_{23} \\ a_{31} & a_{32} & a_{33} \end{vmatrix};$$

der Index zeigt also den Grad der Invariante in den Koeffizienten an. Für irgend zwei Achsensysteme x', y' und x'', y'' ist dann

$$J_1' = J_1'', \quad J_2' = J_2'', \quad J_3' = J_3''.$$

Lassen wir diese Achsen mit zwei Paaren konjugierter Durchmesser a', b' und a'', b'' zusammenfallen, so nehmen die beiden ersten Gleichungen die besondere Form

$$\left(\frac{1}{a'^2} \pm \frac{1}{b'^2}\right) : \sin^2(x'y') = \left(\frac{1}{a''^2} \pm \frac{1}{b''^2}\right) : \sin^2(x''y''),$$

$$\frac{1}{a'^2} \cdot \frac{1}{b'^2} : \sin^2(x'y') = \frac{1}{a''^2} \cdot \frac{1}{b''^2} : \sin^2(x''y'')$$

an. Die zweite Gleichung stellt den S. 132 bewiesenen Satz dar, daß die aus zwei konjugierten Durchmessern gebildeten Parallelogramme gleichen Inhalt haben. Weiter folgt durch Division

$$a'^2 \pm b'^2 = a''^2 \pm b''^2,$$

nnd das ist die S. 134 abgeleitete Formel (31).

10*

§ 6. Die projektive Einteilung der C_2.

Für die Einteilung der C_2 bildete in § 3 und § 4 die Frage, ob $\delta = ac - b^2 = 0$ ist oder nicht, den Ausgangspunkt. Im ersten Fall fiel der durch (16) bestimmte Punkt $(\xi\eta)$ auf g_∞, im zweiten ins Endliche; es steht also die Gerade g_∞ im Gegensatz zu den eigentlichen Geraden. Darauf beruht auch die Sonderstellung der Parabel; sie besitzt die Gerade g_∞ als Tangente.

Im Kap. VIII lernten wir, daß dieser Gegensatz beim Übergang zu den allgemeinen projektiven Koordinaten schwindet. Diesen Übergang wollen wir jetzt vornehmen. Es schwindet dann sowohl der Gegensatz zwischen Ellipse und Hyperbel einerseits und der Parabel andererseits, wie auch der Gegensatz zwischen Ellipse und Hyperbel selbst; man spricht insofern von einer *projektiven Einteilung* der C_2.

Analog ist die Stellung der Diskriminante Δ. Ihr Nullwerden bedeutet, daß die Kurve in ein Geradenpaar oder eine Doppelgerade ausartet. Das hat mit der Sonderstellung der g_∞ nichts zu tun; es bildet auch die Erklärung dafür, daß die Invarianz von Δ für beliebige homogene Koordinatentransformationen Geltung hat; Δ ist eine *projektive* Invariante.

Um zur projektiven Einteilung der C_2 zu gelangen, gehen wir von Gleichung (34) aus, also von

$$a_{11}\,x_1^2 + a_{22}\,x_2^2 + a_{33}\,x_3^2 + 2\,a_{23}\,x_2\,x_3 + 2\,a_{13}\,x_1\,x_3 + 2\,a_{12}\,x_1\,x_2 = 0\,.$$

Von der linksstehenden quadratischen Form gelten nach dem Anhang (45) die folgenden beiden Sätze: 1. Durch geeignete Koordinatentransformation läßt sie sich in eine *Summe von Quadraten* überführen, und 2. gilt für sie das *Trägheitsgesetz der quadratischen Formen*. Wird sie in eine Summe von Quadraten umgewandelt, so kann deren Zahl drei oder zwei oder eins sein; diese Formen sind wiederum nach ihrer *Signatur* zu unterscheiden, daraus folgt, daß — abgesehen davon, daß man jede Gleichung mit -1 multiplizieren kann — nur fünf projektiv zu unterscheidende Kurvengattungen auftreten, charakterisiert durch die Gleichungsformen

$$(38)\quad \begin{cases} 1.\ \ x_1^2 + x_2^2 + x_3^2 = 0, \quad 2.\ \ x_1^2 + x_2^2 - x_3^2 = 0, \\ 3.\qquad x_1^2 + x_2^2 = 0, \quad 4.\qquad x_1^2 - x_2^2 = 0, \quad 5.\ x_1^2 = 0\,. \end{cases}$$

Dem ersten Fall kann ein reeller Punkt nicht genügen, ihm entspricht der imaginäre (nullteilige) C_2; dem zweiten Fall entspricht der eigentliche C_2. Die Fälle 3. und 4. gestatten die Zerlegung in zwei imaginäre oder reelle Faktoren

$$(x_1 + i\,x_2)(x_1 - i\,x_2) = 0 \quad \text{und} \quad (x_1 + x_2)(x_1 - x_2) = 0,$$

ihnen entspricht das imaginäre und das reelle Geradenpaar; der Fall 5. endlich liefert die stets reelle Doppelgerade. Daß auch der Gegensatz von reell und imaginär erhalten bleibt, beruht darauf, daß nur reelle Transformationen in Betracht kommen.

§ 7. Das Polarsystem.

Wir gehen von einer eigentlichen C_2 aus; ihre Gleichung setzen wir in die Form (34a), also:

$$(39) \quad \begin{cases} x_1(a_{11}x_1 + a_{12}x_2 + a_{13}x_3) + x_2(a_{21}x_1 + a_{22}x_2 + a_{23}x_3) \\ \qquad + x_3(a_{31}x_1 + a_{32}x_2 + a_{33}x_3) = 0, \end{cases}$$

und es soll

$$\Delta = \| a_{ik} \| \gtrless 0$$

sein. Ferner seien (y) und (z) zwei beliebige Punkte, so wird (S. 101)

$$(40) \quad \varrho x_i = y_i + \lambda z_i$$

alle Punkte der durch (y) und (z) bestimmten Geraden darstellen. Für ihre gemeinsamen Punkte mit der C_2 besteht die Gleichung

$$f(y + \lambda z) = \sum a_{ik}(y_i + \lambda z_i)(y_k + \lambda z_k) = 0;$$

nach λ geordnet möge sie

$$(41) \quad L\lambda^2 + 2M\lambda + N = 0$$

lauten, und zwar ist, wie die Ausmultiplikation direkt ergibt,

$$L = \sum a_{ik} z_i z_k, \quad M = \sum a_{ik} y_i z_k, \quad N = \sum a_{ik} y_i y_k.$$

Der bilineare Ausdruck M läßt sich ausführlicher in der doppelten Form

$$(42) \quad M = \sum y_i(a_{i1}z_1 + a_{i2}z_2 + a_{i3}z_3) = \sum z_i(a_{i1}y_1 + a_{i2}y_2 + a_{i3}y_3)$$

darstellen, ist also aus den y_i und z_i *gleichartig aufgebaut*.

Die beiden Wurzeln λ' und λ'' von (41) liefern, in (40) eingesetzt, die Punkte (x') und (x''), die die Gerade mit der C_2 gemein hat. Haben die Punkte (y) und (z) insbesondere eine solche Lage, daß

$$(43) \quad \lambda' + \lambda'' = 0, \quad \text{also} \quad M = 0$$

ist, so bilden (x') und (x'') mit (y) und (z) zwei harmonische Punktepaare; jedes Paar von Punkten (y) und (z), das diese Eigenschaft besitzt, soll ein Paar *konjugierter Punkte für die C_2* heißen.

Wir halten nun den einen Punkt, z. B. (y), fest und fragen nach der Gesamtheit der Punkte (z), die zu (y) konjugiert sind. Sie bilden — in variablen z_i — die durch $M = 0$ dargestellte Gerade. Sie heißt *Polare* von (y), und (y) ihr *Pol*. Hält man irgend einen Punkt (z) dieser Geraden fest, so bilden alle zu ihm konjugierten Punkte — in variablen y_i — ebenfalls eine durch $M = 0$ dargestellte Gerade. Zu diesen Punkten gehört auch der Punkt (y), von dem wir ausgingen, und so folgt:

Von zwei konjugierten Punkten liegt jeder auf der Polare des anderen.

Fällt der Punkt (y) *auf* die Kurve, so ist in (41) $N = 0$; wird also der Punkt (z) wiederum der Bedingung $M = 0$ unterworfen, so liefert die Gleichung (41) für λ die Doppelwurzel $\lambda = 0$; die Verbindungslinie von (y) und (z) hat alsdann mit der Kurve nur den doppelt zählenden Punkt (y) gemein, sie wird zur *Tangente* in (y), d. h.:

Die Polare eines Kurvenpunktes ist seine Tangente.

Da dieser Satz ebenso wie der vorstehende seine Quelle in der Gleichung $M = 0$ hat, so folgt noch: Jeder Punkt (z) einer Tangente der Kurve ist *zu ihrem Berührungspunkte konjugiert*. Die Polare von (z) [als Ort *aller* zu (z) konjugierten Punkte] geht daher *durch die Berührungspunkte der von (z) an die Kurve gelegten Tangenten.*

Die Linienkoordinaten u_i der Polare von (y) erhalten wir aus (42) gemäß Kap. VIII, § 5; sie sind

$$(44) \qquad \sigma u_i = a_{i1} y_1 + a_{i2} y_2 + a_{i3} y_3 .$$

Wegen $\| a_{ik} \| \gtrless 0$ lassen sich diese Gleichungen nach den y_i auflösen; sind A_{ik} die Unterdeterminanten der a_{ik}, so ist (Anhang 34b)

$$(44a) \qquad \varrho y_k = A_{1k} u_1 + A_{2k} u_2 + A_{3k} u_3 .$$

Zu einer Geraden (u) gibt es also genau einen Punkt (y), der ihr Pol ist: *Das Entsprechen von Pol und Polare ist eineindeutig.*

> *Beispiel.* Für einen Kreis $x^2 + y^2 - \varrho^2 = 0$ lautet die Gleichung, die die Polarität liefert, wenn (ξ, η) und (x, y) konjugierte Punkte sind,
>
> $$\xi x + \eta y - \varrho^2 = 0 .$$
>
> Sie liefert 1. die Polare zu (ξ, η), 2. die Tangente, wenn (ξ, η) ein Kreispunkt ist, 3. den Satz, daß die Polare auf der Verbindungslinie des Zentrums mit (ξ, η), also der Geraden $\eta x - \xi y = 0$ senkrecht steht.

§ 8. Die involutorischen Beziehungen im Polarsystem.

Die Polarität bedingt eine Reihe *involutorischer Beziehungen.* Sei g eine beliebige Gerade; wählen wir sie als Gerade $x_3 = 0$ des Koordinatendreiecks, so geht (42) in die einfachere Gleichung

$$a_{11} y_1 z_1 + a_{12} (y_1 z_2 + y_2 z_1) + a_{22} y_2 z_2 = 0$$

über. Die y_i und z_i sind zugleich lineare Koordinaten für g selbst (S. 102); demgemäß zeigt die vorstehende bilineare Gleichung, daß die Paare (y), (z) auf g eine Punktinvolution bilden. Dies ergibt sich auch folgendermaßen: Fassen wir g als Verbindungslinie der Punkte (x') und (x'') auf, die sie mit der C_2 gemein hat, so ist jedes auf ihr enthaltene Paar (y), (z) zu (x') und (x'') harmonisch; ihre Gesamtheit bildet also die Involution mit (x') und (x'') als Doppelpunkten. Je nachdem die Gerade g die Kurve in zwei reellen oder zwei imaginären Punkten schneidet, ist die Involution hyperbolisch oder elliptisch. Ist die Gerade eine Tangente, so ist die Involution parabolisch; in der Tat ist ja (S. 149) *jeder* Punkt der Tangente zum Berührungspunkt konjugiert.

Für die weiteren Betrachtungen wird zweckmäßig eine neue Bezeichnung eingeführt; die Polare eines Punktes P soll p heißen. Wir nehmen an, die Kurve sei zeichnerisch gegeben, und wollen zunächst zu P die Polare p und zu p ihren Pol P konstruieren. Dazu dient der Satz von S. 61 über das Auftreten harmonischer Punkte am vollständigen Viereck. Durch P ziehen wir zwei Geraden; ihre Schnittpunkte mit der C_2 betrachten wir als vier Ecken eines Vierecks und konstruieren dazu, wie es Fig. 63 zeigt, das Diagonaldreieck. Eine Ecke fällt in P, die beiden anderen seien Q und R. Dann schneidet QR die beiden durch P gezogenen Geraden in Punkten, die zu P konjugiert sind, und ist daher die Polare p; ebenso ist $PR = q$ die Polare von Q und $PQ = r$ die Polare von R. Im Diagonal-

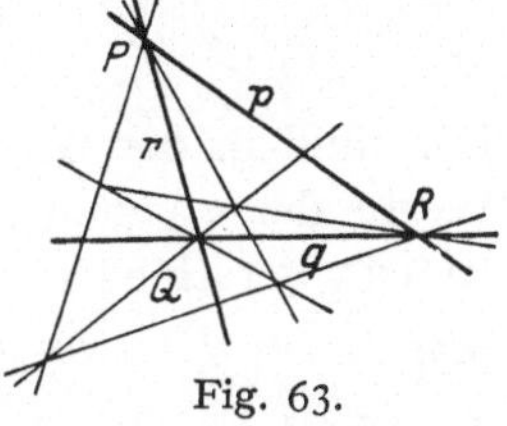
Fig. 63.

dreieck PQR sind also je zwei Ecken einander konjugiert und jede Seite ist die Polare der ihr gegenüberliegenden Ecke (*Polardreieck*). Damit ist bereits zu P die Polare p gefunden. Geht man umgekehrt von der Geraden p aus, so wird man auf ihr einen Punkt Q beliebig annehmen, und nun mit Q als Ausgangspunkt das zugehörige Polardreieck QPR konstruieren, so ist damit auch der Pol P gefunden.

Von den beiden Geraden q und r geht jede durch den Pol der anderen; sie heißen *konjugierte Geraden* für die C_2. Lassen wir den Punkt Q die Gerade p durchlaufen, so dreht sich gleichzeitig q um P; es durchläuft auch R die Gerade p, und es bleibt stets Q, R ein Paar konjugierter Punkte; ebenso auch q, r ein durch P gehendes Paar konjugierter Strahlen. Alle diese Strahlenpaare (q, r) bilden wieder eine Involution von Strahlenpaaren mit P als Scheitel; die von P an die C_2 gezogenen Tangenten sind (S. 150) ihre Doppelstrahlen. Man kann dies so aussprechen, daß die Involution auf p der Schnitt mit der im Büschel um P vorhandenen Strahleninvolution ist.

Die so für eine C_2 nachgewiesene Polarität enthält die Sätze über *konjugierte Durchmesser* als Sonderfälle. Fällt der Punkt P in einen Punkt Q_∞, so ist jeder zu ihm konjugierte Punkt Mitte einer durch Q_∞ gehenden Sehne, ihre Gesamtheit somit ein Durchmesser. Die Durchmesser sind also Polaren der Punkte Q_∞; umgekehrt entspricht der Geraden g_∞ als Pol der Kurvenmittelpunkt (bei der Parabel, die von g_∞ berührt wird, fällt ihr Pol in den Berührungspunkt). Zwei konjugierte Durchmesser von S. 127 liegen so, daß jeder die Sehnen halbiert, die durch den Pol des anderen gehen; sie sind also auch im Sinn des Polarsystems konjugiert. Die Endpunkte der Paare konjugierter Durchmesser bilden also die auf g_∞ vorhandene Involution der Paare (Q_∞, R_∞).

Beispiel. Für den Kreis $x^2 + y^2 - \varrho^2 z^2 = 0$ und für (x, y, z) und (x', y', z') als konjugierte Punkte ist die Polaritätsgleichung

$$x x' + y y' - \varrho^2 z z' = 0; \quad \text{ferner} \quad \sigma u = x, \quad \sigma v = y, \quad \sigma w = -\varrho^2 z.$$

Die Punktinvolution auf g_∞ ist also durch $x x' + y y' = 0$ bestimmt; in u, v, u', v' geschrieben ergibt sich für dieselbe Involution $u u' + v v' = 0$, aber bezogen auf den Strahlbüschel um O. Je zwei konjugierte Strahlen sind normal zueinander. Die Doppelelemente sind $x^2 + y^2 = 0$ und $u^2 + v^2 = 0$, also die Kreispunkte und die Minimalgeraden. Daraus folgt noch, daß *orthogonal dasselbe ist, wie konjugiert zu* $\mathfrak{J}_\infty$ *und* J_∞.

Für ein *Polardreieck* als *Koordinatendreieck* gestaltet sich die Kurvengleichung besonders einfach. Die Ecken haben dann — in y_i geschrieben — die Koordinatenwerte

$$y_2 = 0, \quad y_3 = 0; \qquad y_3 = 0, \quad y_1 = 0; \qquad y_1 = 0, \quad y_2 = 0;$$

ihre Polaren, als Gegenseiten — in z_i geschrieben — sind

$$z_1 = 0, \quad z_2 = 0, \quad z_3 = 0 \,.$$

Das muß in der Gleichung (42), die die Polare von (y) ist, durch die Werte der a_{ik} zum Ausdruck kommen; daher müssen alle a_{ik}, deren Indizes verschieden sind, den Wert Null haben. Somit ist

$$(45) \qquad a_{11}\, x_1^2 + a_{22}\, x_2^2 + a_{33}\, x_3^2 = 0$$

die Gleichung der C_2 für ein Polardreieck als Koordinatendreieck. Die Transformation in eine Summe quadratischer Glieder von § 5 *erhält damit ihre geometrische Deutung.*

Die auf zwei konjugierte Durchmesser bezogene (homogene) Gleichung von Ellipse und Hyperbel war (S. 121)

$$A\, x^2 + B\, y^2 - z^2 = 0;$$

die beiden Durchmesser bilden daher mit g_∞ ein Polardreieck.

Auch die Transformation auf die Hauptachsen läßt sich mittels der Polarentheorie leicht behandeln. Zunächst folgt aus Satz 3 von S. 79 ihre *Existenz;* sie bilden das gemeinsame Paar der Durchmesserinvolution und der orthogonalen Involution, das stets reell ist (S. 76). Analytisch ergibt sie sich wie folgt. Wir gehen von der Mittelpunktsgleichung für rechtwinklige Achsen aus; sie sei

$$(45\,\mathrm{a}) \qquad a_{11}\, x^2 + 2\, a_{12}\, x\, y + a_{22}\, y^2 + a_{33}\, z^2 = 0;$$

für irgend zwei konjugierte Punkte $x_1 : y_1 : z_1$ und $x_2 : y_2 : z_2$ besteht wieder die Gleichung (42); sie lautet hier

$$x_1(a_{11}\, x_2 + a_{12}\, y_2) + y_1(a_{12}\, x_2 + a_{22}\, y_2) + a_{33}\, z_1 z_2 = 0 \,.$$

Wählen wir die beiden konjugierten Punkte als ein Paar Q_∞, R_∞ von g_∞, so ist für $i = 1, 2$

$$x_i : y_i : z_i : = \cos\alpha_i : \sin\alpha_i : 0,$$

und die vorstehende Gleichung geht in

$$\cos\alpha_1\,(a_{11} \cos\alpha_2 + a_{12} \sin\alpha_2) + \sin\alpha_1\,(a_{12} \cos\alpha_2 + a_{22} \sin\alpha_2) = 0$$

über. Sollen die Punkte Q_∞, R_∞ zugleich auf den Hauptachsen liegen, so muß $\alpha_2 - \alpha_1 = \tfrac{1}{2}\pi$ sein; also

$$\cos\alpha_1 \cdot \cos\alpha_2 + \sin\alpha_1 \cdot \sin\alpha_2 = 0 \,.$$

Nun ist $\cos\alpha_1$ und $\sin\alpha_1$ nicht zugleich Null; in den beiden letzten Gleichungen sind daher die Faktoren von $\cos\alpha_1$ und $\sin\alpha_1$ einander proportional, für geeignetes λ ist also

$$a_{11} \cos\alpha_2 + a_{12} \sin\alpha_2 = \lambda \cos\alpha_2, \quad a_{21} \cos\alpha_2 + a_{22} \sin\alpha_2 = \lambda \sin\alpha_2 \,.$$

Die analoge Gleichung besteht für α_1; für die zugehörigen Werte λ erhalten wir also die Bedingungsgleichung

$$\begin{vmatrix} a_{11} - \lambda & a_{12} \\ a_{21} & a_{22} - \lambda \end{vmatrix} = 0; \quad \lambda^2 - (a_{11} + a_{22})\,\lambda + a_{11}a_{22} - a_{12}^2 = 0 \,.$$

Ihre Wurzeln λ_i liefern die zwei Werte α_i; für jeden von ihnen ist mithin

$$(46\text{a}) \qquad \begin{cases} a_{11} \cos\alpha_i + a_{12} \sin\alpha_i = \lambda_i \cos\alpha_i \,, \\ a_{21} \cos\alpha_i + a_{22} \sin\alpha_i = \lambda_i \sin\alpha_i \,. \end{cases}$$

Die so gefundene Gleichung ist dieselbe, die (S. 141) A_{11} und A_{22} zu Wurzeln hat. Dies ergibt sich auch aus der folgenden Betrachtung, die die Hauptachsengleichung direkt liefert. Wir gehen zunächst zur inhomogenen Gleichung (45a) zurück, also zu

$$a_{11}\,x^2 + 2\,a_{12}\,xy + a_{22}\,y^2 + a_{33} = 0 \,.$$

Ihre Glieder zweiter Ordnung schreiben wir

$$a_{11}\,x^2 + 2\,a_{12}\,xy + a_{22}\,y^2 = x\,(a_{11}\,x + a_{12}\,y) + y\,(a_{21}\,x + a_{22}\,y) \,.$$

Nun sind α_1 und α_2 die Winkel der neuen $X,\,Y$-Achsen mit den $x,\,y$-Achsen, daher lauten die Transformationsgleichungen

$$(46\text{b}) \qquad x = X \cos\alpha_1 + Y \cos\alpha_2, \quad y = X \sin\alpha_1 + Y \sin\alpha_2 \,.$$

Mit Benutzung von (46a) ergibt sich aus ihnen

$$a_{11}\,x + a_{12}\,y = \lambda_1 \cos\alpha_1\,X + \lambda_2 \cos\alpha_2\,Y \,,$$
$$a_{21}\,x + a_{22}\,y = \lambda_1 \sin\alpha_1\,X + \lambda_2 \sin\alpha_2\,Y \,,$$

und hieraus folgt durch Multiplikation mit den Gleichungen (46b) und Addition wegen $\alpha_2 - \alpha_1 = \tfrac{1}{2}\pi$

$$a_{11}\,x^2 + 2\,a_{12}\,xy + a_{22}\,y^2 = \lambda_1 X^2 + \lambda_2 Y^2 \,.$$

Bemerkung. Im Fall der Parabel ist wegen $a_{11}a_{22} - a_{12}^2 = 0$ die eine der beiden Wurzeln λ_1 und λ_2 Null; wird $\lambda_1 = 0$ gesetzt, so gehen die Glieder zweiter Ordnung in das eine Quadrat $\lambda_2\,Y^2$ über; das übrige folgt wie vorher.

§ 9. Dualistisches.

Das Entsprechen zwischen den Punkten und ihren Polaren ist *sachlich mit der Dualität identisch.* Es entspricht nämlich

einem Punkt P und einer Geraden q	eine Gerade p und ein Punkt Q,
der vereinigten Lage von P und q	vereinigte Lage von p und Q,
allen Strahlen q durch P	alle Punkte Q auf p

usw. Geht man also von einer Figur aus, die aus Punkten und Geraden besteht, konstruiert zu jedem Punkt die Polare und zu jeder Geraden ihren Pol, so entsteht eine dualistische Figur, die aus Geraden und Punkten ebenso aufgebaut ist wie die Ausgangsfigur aus Punkten und

Geraden. Gemäß (44) geht überdies auch

$$\varrho x_i = y_i + \lambda z_i \quad \text{in} \quad \sigma u_i = v_i + \lambda w_i$$

über, also eine Punktreihe in einen zu ihr projektiven Strahlbüschel und umgekehrt. In dieser Weise ist die Dualität von J. V. Poncelet gefunden worden.

Auf höhere Gebilde läßt sich das Entsprechen folgendermaßen ausdehnen: Wir gehen von einem Punktort C_n der $n$ten Ordnung aus (§ 1), der durch $f_n(y) = 0$ gegeben sei; eine Gerade q enthält n Punkte von ihm. Jedem Punkt P des Orts entspricht eine Polare p; alle diese Geraden bilden einen Strahlenort, und ebenso wie n Punkte P_i von C_n in eine Gerade q fallen, so werden die n Polaren p_i sämtlich durch den Pol Q von q laufen. Das polare Bild des Punktorts C_n der $n$ten *Ordnung* ist also ein Strahlenort Γ_n der $n$ten *Klasse*. Seine Gleichung ergibt sich höchst einfach mittels der Formeln (44), die die Koordinaten u_i der Polare des Punktes (y) enthalten. Für die y_i besteht die Gleichung $f_n(y) = 0$. Setzen wir in sie für die y_i ihre Werte in den u_i ein, so ist diese Gleichung für die Polaren aller Punkte (y) erfüllt, und ist daher bereits die Gleichung $\varphi_n(u)$ des Strahlenorts.

Sei insbesondere die Kurve C_n die Kurve C_2 selbst. Jedem ihrer Punkte entspricht seine Tangente als Polare; die Gleichung $\varphi(u) = 0$ des Strahlenorts stellt also in diesem Falle die Kurve C_2 in Linienkoordinaten dar. Diese Gleichung soll jetzt abgeleitet werden, indem wir zunächst von den Gleichungen (44) ausgehen; sie lauten

$$\sigma u_1 = a_{11} y_1 + a_{12} y_2 + a_{13} y_3$$
$$\sigma u_2 = a_{21} y_1 + a_{22} y_2 + a_{23} y_3$$
$$\sigma u_3 = a_{31} y_1 + a_{32} y_2 + a_{33} y_3 \, .$$

Außerdem haben wir auszudrücken, daß (y) der C_2 angehört, daß also für die y_i die Gleichung (39) besteht. Wir multiplizieren dazu die drei Gleichungen mit y_1, y_2, y_3 und erhalten

$$u_1 y_1 + u_2 y_2 + u_3 y_3 = 0,$$

eine Gleichung, die die vereinigte Lage für den Punkt (y) und die Gerade (u) darstellt (also für den Kurvenpunkt und seine Tangente). Wir haben so vier Gleichungen, die für die y_i erfüllt sein müssen; die Elimination der y_i aus ihnen liefert die gesuchte Beziehung für die u_i, also die *Tangentengleichung* der C_2. Gemäß Anhang (30) ist sie

$$(47) \qquad \begin{vmatrix} a_{11} & a_{12} & a_{13} & u_1 \\ a_{21} & a_{22} & a_{23} & u_2 \\ a_{31} & a_{32} & a_{33} & u_3 \\ u_1 & u_2 & u_3 & 0 \end{vmatrix} = 0 \, .$$

Direkter erhalten wir sie durch Multiplikation der Gleichungen (44a) mit y_k ($k = 1, 2, 3$) und ihre Addition; so folgt

$$(47\mathrm{a}) \qquad \sum A_{ik} u_i u_k = 0 \quad (A_{ik} = A_{ki}) \, .$$

Eine eigentliche Kurve der zweiten Ordnung ist also zugleich eine Kurve der zweiten Klasse.

Ist die Kurve C_2 auf ein Polardreieck bezogen, hat ihre Gleichung also die Form (45), so lautet ihre Tangentengleichung

$$(47\,\text{b}) \qquad \frac{u_1^2}{a_{11}} + \frac{u_2^2}{a_{22}} + \frac{u_3^2}{a_{33}} = 0.$$

Die Formeln (44) lauten nämlich in diesem Falle

$$\sigma u_1 = a_{11} y_1, \quad \sigma u_2 = a_{22} y_2, \quad \sigma u_3 = a_{33} y_3,$$

woraus die Behauptung folgt.

Die vorstehenden Betrachtungen lassen sich dualisieren. Wir gehen dazu von der Gleichung eines Strahlenorts Γ_2 der zweiten Klasse aus; sie laute

$$\varphi(u) = \sum b_{ik} u_i u_k = 0; \quad b_{ik} = b_{ki}.$$

Wir werden damit beginnen, einer Geraden p einen Punkt P zuzuordnen, und werden so das dualistische Bild der vorstehenden Resultate erhalten. Da aber dies Resultat *in sich dualistisch* war, so erhalten wir nichts Neues; es ist also überflüssig, diese Aufgabe zu behandeln. Nur zweierlei sei erwähnt: Die im Strahlenbüschel auftretende involutorische Paarung der Strahlen (v), (w) hat die Gleichung

$$v_1 (b_{11} w_1 + b_{12} w_2) + v_2 (b_{21} w_1 + b_{22} w_2) = 0,$$

und zweitens: Der Strahlenort Γ_2 muß sich zugleich als ein Punktort C_2 erweisen. Dies kommt folgendermaßen zustande: Auf jedem Strahl des Orts Γ_2 muß es einen Punkt geben, der der Tangente dualistisch gegenübersteht, und den wir als *Berührungspunkt* des Strahls definieren können, d. h. als einen Punkt, für den die beiden durch ihn ziehenden Strahlen des Orts identisch sind. Die Gesamtheit dieser Berührungspunkte (x) wird dann durch die Gleichung

$$\sum B_{ik} x_i x_k = 0; \quad B_{ik} = B_{ki}$$

dargestellt sein. *Damit ist die Identität der eigentlichen Kurven zweiter Ordnung und zweiter Klasse in vollem Umfang erwiesen.*

§ 10. Das ausgeartete Polarsystem.

Wenn die C_2 in ein *Geradenpaar* ausartet — es heiße G_2 —, so daß die Diskriminante $\varDelta = 0$ ist, *so artet auch das Polarsystem aus.* Als Polare eines Punktes (y) definieren wir wiederum die durch (42) für variables z bestimmte Gerade; für ihre Koordinaten u_i gilt also

$$(48) \qquad \begin{cases} \sigma u_1 = a_{11} y_1 + a_{12} y_2 + a_{13} y_3 \\ \sigma u_2 = a_{21} y_1 + a_{22} y_2 + a_{23} y_3 \\ \sigma u_3 = a_{31} y_1 + a_{32} y_2 + a_{33} y_3. \end{cases}$$

Wegen $\Delta = 0$ bestehen (Anhang 26a) für die Unterdeterminanten A_{ik}, die bei einem Geradenpaar *nicht alle verschwinden*, die Gleichungen

(48a) $$A_{11} : A_{21} : A_{31} = A_{12} : A_{22} : A_{32} = A_{13} : A_{23} : A_{33};$$

es ist also für *jedes* i, k (Anhang 29b)

(48b) $$a_{1i}A_{1k} + a_{2i}A_{2k} + a_{3i}A_{3k} = 0,$$

und daher folgt aus (48) für jeden Index k

$$A_{1k}u_1 + A_{2k}u_2 + A_{3k}u_3 = 0 \, .$$

Führen wir nun den Punkt (ξ) ein, dessen Koordinaten durch die Verhältnisse (48a) gegeben sind, so ergibt sich für ihn aus der vorstehenden Gleichung

(49) $$\xi_1 u_1 + \xi_2 u_2 + \xi_3 u_3 = 0,$$

und wegen (48b) ist zugleich

(49a) $$\begin{cases} a_{11}\xi_1 + a_{12}\xi_2 + a_{13}\xi_3 = 0, \quad a_{21}\xi_1 + a_{22}\xi_2 + a_{23}\xi_3 = 0, \\ a_{31}\xi_1 + a_{32}\xi_2 + a_{33}\xi_3 = 0 \, . \end{cases}$$

Hieraus folgt zweierlei: 1. Da (y) ein beliebiger Punkt war, so gilt die Gleichung (49) für *jeden* Punkt (y), die Polaren aller Punkte gehen also durch den Punkt (ξ). 2. Für diesen Punkt werden in (48) alle $u_i = 0$, seine Polare wird daher *unbestimmt* (*singulärer* Punkt). Das Polarsystem artet also in der Weise aus, daß die Polare eines *beliebigen* Punktes durch (ξ) geht, während als Polare von (ξ) *jede* Gerade zu betrachten ist.

Der Punkt (ξ) kann kein anderer Punkt sein als der Schnittpunkt des Geradenpaars. Wegen der Gleichungen (49a) hat für ihn der Ausdruck (39) den Wert Null; (ξ) gehört also dem Geradenpaar an. Ist ferner (x') ein anderer Punkt des G_2, und wird wie S. 149

$$f(\xi + \lambda x') = L\lambda^2 + 2M\lambda + N$$

gesetzt, so ist jetzt 1. $L = 0$ und $N = 0$, weil (ξ) und (x') auf dem G_2 liegen, und 2. $M = 0$, weil die Polare von (x') durch ξ geht. Daher gehört der Punkt $(\xi + \lambda x')$ für *jedes* λ dem G_2 an; die durch ξ und x' bestimmte Gerade ist also ein Teil von ihm. Dies gilt für jeden Punkt (x') jeder der beiden Geraden des G_2, in der Tat ist also (ξ) ihr Schnittpunkt.

Die Polardreiecke ergeben sich hier folgendermaßen:

Je zwei durch (ξ) gehende Geraden, die mit den beiden Geraden des Paares zwei harmonische Strahlenpaare bilden, sind einander konjugiert; jede von zwei solchen Geraden ist die Polare der sämtlichen Punkte der anderen; je zwei Punkte zweier solcher Geraden sind also ebenfalls zueinander konjugiert. Ein Polardreieck wird daher durch den Punkt (ξ) im Verein mit irgend zwei konjugierten Punkten (y) und (z) dargestellt.

Auch der in ein G_2 ausgearteten C_2 entspricht eine Gleichung in Linienkoordinaten. Wie im allgemeinen Fall ist es die Gleichung, der die Polaren aller Punkte des G_2 genügen; zu ihr führt auch derselbe Weg wie dort. Er liefert wiederum die Gleichung (47a). Aber bei dem G_2 befriedigen die A_{ik} die Gleichungen (48a); wir können daher (S. 143)

$$A_{ii} = \mu\,\xi_i^2, \qquad A_{ik} = \mu\,\xi_i\,\xi_k$$

setzen, und so geht (47a) in diesem Fall in die Gleichung

$$(50) \qquad (\xi_1 u_1 + \xi_2 u_2 + \xi_3 u_3)^2 = 0$$

über. Sie stellt den Schnittpunkt des G_2 (doppelt gerechnet) dar.

Wenn die C_2 in eine Doppelgerade ausartet, verschwinden alle Unterdeterminanten A_{ik}. Alsdann bestimmen die Gleichungen (49a) nicht nur einen singulären Punkt (ξ), sondern unendlich viele. Die drei Gleichungen stellen jetzt (in variablen ξ_i) eine und dieselbe Gerade dar, und zwar die Doppelgerade, und es ist *jeder* ihrer Punkte ein singulärer. Die Gleichung (47) ist jetzt für *jede* Gerade (u) erfüllt; ein besonderer Strahlenort existiert also nicht mehr.

§ 11. Das C_2-Büschel.

Seien

$$(51) \qquad f = \sum a_{ik} x_i x_k = 0 \quad \text{und} \quad \varphi = \sum b_{ik} x_i x_k = 0$$

die Gleichungen zweier *eigentlicher* C_2. Es gibt (Anhang 53) vier Tripel x_i, die beiden Gleichungen genügen; sie entsprechen den gemeinsamen Punkten der beiden C_2. Wir beschränken uns ausdrücklich auf den einfachen Fall, daß die vier Punkte voneinander verschieden sind, also ein Viereck bilden. Sie gehören zugleich jedem C_2 des durch die Gleichung

$$(52) \qquad f - \lambda\,\varphi = 0$$

dargestellten *Büschels* an (*Grundpunkte* oder *Basispunkte*).

Ist (ξ) ein von den Viereckspunkten verschiedener Punkt, so kann λ so bestimmt werden, daß die C_2 durch (ξ) geht. Die Gleichung $f(\xi) - \lambda\,\varphi(\xi) = 0$ liefert in der Tat stets ein λ, ausgenommen wenn $f(\xi) = 0$ und $\varphi(\xi) = 0$ ist, so daß (ξ) eine Vierecksecke sein müßte. Den Werten $\lambda = 0$ und $\lambda = \infty$ entsprechen $f = 0$ und $\varphi = 0$ selbst.

Alle C_2 eines Büschels werden (wie beim Kreisbüschel, S. 110) von einer beliebigen Geraden g in *Punktepaaren einer Involution* geschnitten. Wählen wir die Gerade als Seite $x_3 = 0$ des Koordinatendreiecks, so ergibt sich für ihren Schnitt mit dem Büschel

$$a_{11} x_1^2 + 2\,a_{12} x_1 x_2 + a_{22} x_2^2 - \lambda(b_{11} x_1^2 + 2\,b_{12} x_1 x_2 + b_{22} x_2^2) = 0\,.$$

Hier können die $x_1 : x_2$ auch als *lineare* homogene Koordinaten der Punkte von g aufgefaßt werden (S. 102). Unsere Gleichung bestimmt daher (S. 76) eine Involution von Punktepaaren; die Doppelpunkte sind die beiden Punkte, die zu den beiden Paaren

$$a_{11}\,x_1^2 + 2\,a_{12}\,x_1\,x_2 + a_{22}\,x_2^2 = 0 \quad \text{und} \quad b_{11}\,x_1^2 + 2\,b_{12}\,x_1\,x_2 + b_{22}\,x_2^2 = 0$$

zugleich harmonisch sind.

Die vier Grundpunkte des C_2-Büschels bestimmen ein vollständiges Viereck; je zwei seiner Gegenseiten bilden ein durch die vier Punkte gehendes und daher dem Büschel angehörendes Geradenpaar. Solche Geradenpaare gibt es also drei. Ferner entspricht dem vollständigen Viereck (S. 59) ein *Diagonaldreieck*; an dieses Dreieck werden sich die weiteren Betrachtungen wesentlich anknüpfen. Wir ziehen zunächst seine Realitätsverhältnisse in Betracht.

Die vier Schnittpunkte der beiden C_2 sind entweder sämtlich reell oder sämtlich imaginär, oder es sind zwei reell und zwei imaginär. In den beiden ersten Fällen ist das zu ihnen gehörige Diagonaldreieck reell. Sind nämlich alle vier Punkte imaginär, so bilden sie zwei konjugiert komplexe Paare, und jede Gerade, die zwei der vier Punkte verbindet, ist konjugiert komplex zur Verbindungslinie der beiden anderen Punkte. Beide Geraden haben mithin (Anhang 51) einen reellen Schnittpunkt, und es gibt drei solche Punkte. Ist hingegen nur ein Paar imaginärer (also konjugiert komplexer) Punkte vorhanden, so gibt es nur ein Geradenpaar, das einen reellen Schnittpunkt liefert, nämlich die Verbindungslinie des reellen Paares und die (reelle) Verbindungslinie des konjugiert komplexen. Vom Diagonaldreieck ist also nur eine Ecke reell, ebenso (dualistisch) eine Gerade.

Ist das Diagonaldreieck reell, so ist es (S. 151) ein Polardreieck für jede C_2 des Büschels, insbesondere auch für $f = 0$ und $\varphi = 0$. Wird es als Koordinatendreieck gewählt, so gehen (§ 8) f und φ in je eine Summe quadratischer Glieder über; es sei

$$(53) \qquad f = a_1 y_1^2 + a_2 y_2^2 + a_3 y_3^2, \quad \varphi = b_1 y_1^2 + b_2 y_2^2 + b_3 y_3^2 \,.$$

Wir wollen die Aufgabe lösen, diese Transformation durchzuführen. Man kann die Aufgabe noch in der Weise vereinfachen, daß man in (53) die b_i als Multiplikatoren in die y_i^2 eingehen läßt, so daß sich für φ die einfachere Form

$$(53\,\mathrm{a}) \qquad\qquad \varphi = y_1^2 + y_2^2 + y_2^2$$

ergibt. Allerdings können die b_i bei einer reellen Kurve $\varphi = 0$ nicht sämtlich dasselbe Zeichen haben, so daß die y_i^2 teilweise *negative* Größen sind. Unsere Festsetzung geschieht auch nur, um gewisse Teile des Beweises rechnerisch zu vereinfachen. Ist ein y_i^2 negativ, und setzen wir dafür (nach Ausführung der Rechnungen mit den y_i^2) $-z_i^2$, so sind die z_i reell, und wir erhalten die Kurve in reeller Weise durch reelle Koordinaten z_i dargestellt[1]).

---

[1]) Das Beispiel von S. 161 wird dies am besten erläutern.

Um die vorstehende Transformation auszuführen, ist dreierlei zu leisten: die Ermittlung des gemeinsamen Polardreiecks, die Bestimmung der Koeffizienten a_i und die Berechnung der Substitutionen, die den Übergang von den x_i zu den y_i und z_i bewirken.

Die drei Geradenpaare des Büschels (52) ergeben sich, wenn wir seine Diskriminante gleich Null setzen; sie entsprechen den drei Wurzeln der Gleichung

$$(54) \qquad \Delta(\lambda) = \| a_{ik} - \lambda\, b_{ik} \| = 0.$$

Sie seien λ', λ'', λ'''; für diese Werte zerfällt also $f - \lambda\varphi$ in zwei lineare Faktoren. Nun haben wir — in den Koordinaten y_i —

$$(55) \qquad f - \lambda\varphi = (a_1 - \lambda)\, y_1^2 + (a_2 - \lambda)\, y_2^2 + (a_3 - \lambda)\, y_3^2 = 0.$$

Soll diese Gleichung für λ', λ'', λ''' ein Geradenpaar darstellen, so kann die Form $f - \lambda\varphi$ (§ 6) nur aus *zwei* quadratischen Gliedern bestehen; es muß daher einer der drei Koeffizienten $a_i - \lambda$ für jede der drei Wurzeln λ', λ'', λ''' den Wert Null haben. Die Koeffizienten a_i sind also bereits gefunden; sie stimmen mit den drei Wurzeln überein, und es ist

$$(56) \qquad f = \lambda' y_1^2 + \lambda'' y_2^2 + \lambda''' y_3^2,$$

während φ durch (53a) gegeben ist. Damit ist die Transformation bereits geleistet. Das Büschel selbst erhält die Gleichung

$$(57) \qquad f - \lambda\varphi = (\lambda' - \lambda)\, y_1^2 + (\lambda'' - \lambda)\, y_2^2 + (\lambda''' - \lambda)\, y_3^2 = 0,$$

und die drei Geradenpaare sind durch

$$(57\,\mathrm{a}) \qquad
\begin{cases}
f - \lambda'\varphi = (\lambda'' - \lambda')\ y_2^2 + (\lambda''' - \lambda')\ y_3^2 = 0 \\
f - \lambda''\varphi = (\lambda' - \lambda'')\ y_1^2 + (\lambda''' - \lambda'')\ y_3^2 = 0 \\
f - \lambda'''\varphi = (\lambda' - \lambda''')\, y_1^2 + (\lambda'' - \lambda''')\, y_2^2 = 0
\end{cases}$$

dargestellt. Für diese Werte λ', λ'', λ''' zerfallen die linken Seiten wie die rechten in je zwei Faktoren. Für die erste Gleichung findet man z. B.

$$\left(\sqrt{\lambda'' - \lambda'}\, y_2 + \sqrt{\lambda' - \lambda'''}\, y_3 \right) \left(\sqrt{\lambda'' - \lambda'}\, y_2 - \sqrt{\lambda' - \lambda'''}\, y_3 \right) = 0;$$

diese Faktoren sind den Faktoren der linken Seite gleichzusetzen. Damit gewinnen wir lineare Gleichungen zwischen den x_i und den y_i, und damit sind auch die Transformationsformeln zwischen ihnen vorhanden.

Endlich sind auch die Schnittpunkte der beiden C_2 damit gefunden. Sie entsprechen den Werten y_i, die den Gleichungen

$$f = \lambda' y_1^2 + \lambda'' y_2^2 + \lambda''' y_3^2 = 0, \qquad \varphi = y_1^2 + y_2^2 + y_3^2 = 0$$

zugleich genügen; sie sind also gegeben durch

$$y_1^2 : y_2^2 : y_3^2 = (\lambda'' - \lambda''') : (\lambda''' - \lambda') : (\lambda' - \lambda'').$$

Diesen Gleichungen wird in der Tat durch *vier* verschiedene Tripel y_i genügt.

Falls in dem Büschel eine nullteilige Kurve vorhanden ist, so besteht für die drei Wurzeln λ', λ'', λ''' der wichtige Satz, daß sie *sämtlich reell sind*. Zunächst sind sie, da die vier Grundpunkte des Büschels voneinander verschieden sein sollen, und es mithin drei Geradenpaare gibt, ebenfalls voneinander verschieden. Für den Beweis der Realität treffen wir die Vereinfachung, die genannte nullteilige Kurve als $\varphi = 0$ zu wählen und das Koordinatendreieck der x_i als ein Polardreieck dieser Kurve $\varphi = 0$ anzunehmen, also die Gleichung $\varphi = 0$ in der Form

$$x_1^2 + x_2^2 + x_3^2 = 0$$

vorauszusetzen. Nun bestehen für den Doppelpunkt (ξ) eines jeden Geradenpaars die Gleichungen (49a); für die drei Geradenpaare $f - \lambda \varphi = 0$ lauten sie, da jetzt alle $b_{ii} = 1$ und für $i \gtrless k$ alle $b_{ik} = 0$ sind,

$$\begin{aligned}
(a_{11} - \lambda)\,\xi_1 &+ a_{12}\,\xi_2 &+ a_{13}\,\xi_3 &= 0 \\
a_{21}\,\xi_1 + (a_{22} - \lambda)\,\xi_2 &&+ a_{23}\,\xi_3 &= 0 \\
a_{31}\,\xi_1 &+ a_{32}\,\xi_2 + (a_{33} - \lambda)\,\xi_3 &= 0\,.
\end{aligned}$$

Seien nun (ξ'), (ξ''), (ξ''') die Doppelpunkte, die den drei Geradenpaaren, also den Werten λ', λ'', λ''' entsprechen. Für jede dieser Wurzeln bestehen dann die vorstehenden Gleichungen; insbesondere lauten sie für λ' und λ''

$$\lambda'\xi_i' = a_{i1}\xi_1' + a_{i2}\xi_2' + a_{i3}\xi_3' \quad \text{und}$$
$$\lambda''\xi_i'' = a_{i1}\xi_1'' + a_{i2}\xi_2'' + a_{i3}\xi_3''\,.$$

Multiplizieren wir die drei ersten mit ξ_1'', ξ_2'', ξ_3'' und addieren sie, ebenso die drei letzten mit ξ_1', ξ_2', ξ_3' und addieren sie ebenfalls, so stimmen die rechts entstehenden Summen [gemäß (42)] überein, und es folgt

$$(\lambda' - \lambda'')\,(\xi_1'\xi_1'' + \xi_2'\xi_2'' + \xi_3'\xi_3'') = 0\,.$$

Nun ist $\lambda' - \lambda'' \gtrless 0$, also folgt weiter

(58)
$$\xi_1'\xi_1'' + \xi_2'\xi_2'' + \xi_3'\xi_3'' = 0\,.$$

Hieraus kann die Realität von λ', λ'', λ''' leicht geschlossen werden. Hätte nämlich Gleichung (54) komplexe Wurzeln, so müßten sie (Anhang 50) konjugiert komplex auftreten; es sei z. B.

$$\lambda' = \mu + \nu i, \quad \lambda'' = \mu - \nu i\,.$$

Die zugehörigen Werte ξ_i' und ξ_i'' sind dann auch konjugiert komplex; es sei insbesondere

$$\xi_i' = \eta_i + i\,\zeta_i, \quad \xi_i'' = \eta_i - i\,\zeta_i\,.$$

Aus (58) folgte dann

$$\eta_1^2 + \zeta_1^2 + \eta_2^2 + \zeta_2^2 + \eta_3^2 + \zeta_3^2 = 0,$$

und dies ist, da alle η_i und ζ_i reell sind, nur für $\eta_i = 0$, $\zeta_i = 0$ erfüllt. Diese Werte sind aber als Koordinatenwerte ausgeschlossen.

Ist das Polardreieck nicht reell, hat es also nur eine reelle Ecke und eine reelle (gegenüberliegende) Seite, so bleiben die analytischen Betrachtungen, die sich an die drei Geradenpaare, das Polardreieck und die drei Wurzeln λ', λ'', λ''' knüpfen, nach wie vor in Geltung — bis auf den Satz über die Realität der Wurzeln. Die Transformation verliert dann völlig ihren reellen Charakter, und es soll nicht näher auf sie eingegangen werden[1]).

Beispiel. Es sei

$$f = 104\,x^2 - 98\,y^2 + 64\,x + 40 = 0, \qquad \varphi = 92\,x^2 + 49\,y^2 - 8\,x - 68 = 0.$$

Dann ist

$$\Delta(\lambda) = \begin{vmatrix} 104 - 92\lambda & 0 & 32 + 4\lambda \\ 0 & -49(2 + \lambda) & 0 \\ 32 + 4\lambda & 0 & 40 + 68\lambda \end{vmatrix}$$

und es ergeben sich aus $\Delta(\lambda) = 0$, also aus

$$(2 + \lambda)\{(104 - 92\lambda)(40 + 68\lambda) - (32 + 4\lambda)^2\} = 0$$

die Wurzeln $\lambda' = -2$, $\lambda'' = 1$, $\lambda''' = -\tfrac{1}{2}$. Die Gleichungen der drei Geradenpaare in den y_i lauten daher

$$f - \lambda'\,\varphi = f + 2\varphi = \quad 3\,y_2^2 + \tfrac{3}{2}\,y_3^2 = 0$$
$$f - \lambda''\,\varphi = f - \quad \varphi = -3\,y_1^2 - \tfrac{3}{2}\,y_3^2 = 0$$
$$f - \lambda'''\varphi = f + \tfrac{1}{2}\varphi = -\tfrac{3}{2}\,y_1^2 + \tfrac{3}{2}\,y_2^2 = 0.$$

Man ersetze nun, um zu reellen Substitutionen zu gelangen, y_1^2, y_2^2, y_3^2 durch $z_1^2, z_2^2, -z_3^2$, so stellen sich f und φ folgendermaßen dar:

$$f = -2\,z_1^2 + z_2^2 + \tfrac{1}{2}\,z_3^2, \qquad \varphi = z_1^2 + z_2^2 - z_3^2,$$

und die drei Geradenpaare durch

$$3\,z_2^2 - \tfrac{3}{2}\,z_3^2 = 0, \quad -3\,z_1^2 + \tfrac{3}{2}\,z_3^2 = 0, \quad -\tfrac{3}{2}\,z_1^2 + \tfrac{3}{2}\,z_2^2 = 0.$$

Weiter ist (unter Verwendung der ursprünglichen Koordinaten)

$$f + 2\varphi = 288\,x^2 + 48\,x - 96 = 3\,(z_2^2 - \tfrac{1}{2}\,z_3^2),$$

und so ergibt sich, wenn wir die Ausdrücke in Faktoren spalten,

$$16\,(2\,x - 1)\,(3\,x + 2) = (z_2 - \sqrt{\tfrac{1}{2}}\,z_3)\,(z_2 + \sqrt{\tfrac{1}{2}}\,z_3);$$

wir können also setzen

$$z_2 - \sqrt{\tfrac{1}{2}}\,z_3 = \sigma\,(2\,x - 1), \quad z_2 + \sqrt{\tfrac{1}{2}}\,z_3 = \sigma\,(3\,x + 2),$$

mithin

$$\varrho\,z_2 = 5\,x + 1, \quad \varrho\,z_3\sqrt{\tfrac{1}{2}} = x + 3.$$

Um z_1 zu finden, benutzen wir die Gleichung

$$f + \tfrac{1}{2}\varphi = -\tfrac{3}{2}(z_1^2 - z_2^2), \quad \text{oder} \quad 2f + \varphi = -3\,(z_2^2 - z_1^2).$$

---

[1]) Näheres findet man in den Vorlesungen über Geometrie von Clebsch, herausgegeben von Lindemann, (1876) S. 120ff., in der Einführung in die analytische Geometrie von Kowalewski, (1910) S. 189, in den Vorlesungen aus der analytischen Geometrie der Kegelschnitte von Gundelfinger, herausgegeben von Dingeldey, (1895) S. 129 und in der Analytischen Geometrie der Kegelschnitte von Salmon, herausgegeben von Dingeldey (1918), Bd. 2, S. 1.

Hieraus erhalten wir

$$2f + \varphi = 3\,(100\,x^2 - 49\,y^2 + 40\,x + 12) = 3\,\{(10\,x + 2)^2 - 7\,y^2\}\,,$$

und daraus entnimmt man

$$z_2 + z_1 = \sigma\,(10\,x + 2 + 7\,y) \quad z_2 - z_1 = \sigma\,(10\,x + 2 - 7\,y);$$

$$\varrho\,z_2 = 5\,x + 1\,, \quad \varrho\,z_1 = \tfrac{7}{2}\,y\,.$$

Das Polardreieck besteht also aus den Geraden

$$y = 0\,, \quad 5\,x + 1 = 0\,, \quad x + 3 = 0\,,$$

und die drei Geradenpaare sind

$$(2\,x + 6)^2 - 49\,y^2 = 0\,, \quad (10\,x + 2)^2 - 49\,y^2 = 0\,, \quad (2\,x - 1)\,(3\,x + 2) = 0\,.$$

Die vorstehende projektive Behandlung des C_2-Büschels betrachtet nur die ausgearteten C_2 als ausgezeichnete Sonderfälle; sie entsprechen dem Nullwert der Invariante $\varDelta$. Für die speziellere metrische Auffassung treten auch solche C_2 als ausgezeichnet auf, für die — bei rechtwinkligen Koordinaten — die Invariante $J_1 = 0$ oder $J_2 = 0$ ist (S. 145), also gleichseitige Hyperbeln und Parabeln (oder ihre Ausartungen). Setzen wir die beiden C_2-Gleichungen in die homogene Form

$$f = a_{11}\,x^2 + 2\,a_{12}\,x\,y + a_{22}\,y^2 + 2\,a_{13}\,x\,z + 2\,a_{23}\,y\,z + a_{33}\,z^2 = 0$$

$$\varphi = b_{11}\,x^2 + 2\,b_{12}\,x\,y + b_{22}\,y^2 + 2\,b_{13}\,x\,z + 2\,b_{23}\,y\,z + b_{33}\,z^2 = 0\,,$$

so erhalten wir

$$(59) \qquad \begin{cases} J_1(\lambda) = a_{11} - \lambda\,b_{11} + a_{22} - \lambda\,b_{22} \\[1ex] J_2(\lambda) = \begin{vmatrix} a_{11} - \lambda\,b_{11} & a_{12} - \lambda\,b_{12} \\ a_{21} - \lambda\,b_{21} & a_{22} - \lambda\,b_{22} \end{vmatrix} \end{cases}.$$

Nun sind die Gleichungen

$$(59\,\mathrm{a}) \qquad\qquad J_1(\lambda) = 0 \quad \text{und} \quad J_2(\lambda) = 0$$

in λ vom ersten und zweiten Grad; in einem C_2-Büschel sind daher im allgemeinen *zwei* Parabeln und *eine* gleichseitige Hyperbel vorhanden. Dazu kommen weiter die *drei* Geradenpaare.

Beispiele. 1. Das Kreisbüschel $S - \lambda S' = 0$. Zwei Geradenpaare sind in den Nullkreisen vorhanden; das dritte besteht aus der Potenzlinie und g_∞. Diese beiden Geraden stellen auch die gleichseitige Hyperbel dar, da g_∞ auf jeder endlichen Geraden senkrecht steht (S. 86). Wir finden dieses Paar aber auch als ausgeartete Parabel (da g_∞ auch jeder endlichen Geraden parallel ist).

Die analytische Betrachtung ergibt dies wie folgt: Sei die Zentrale beider Kreise die x-Achse und die Potenzlinie die y-Achse. Die beiden Grundkreise haben dann die Gleichungen

$$x^2 + y^2 - 2\,\alpha\,x\,z + \delta\,z^2 = 0\,, \quad x^2 + y^2 - 2\,\alpha'\,x\,z + \delta\,z^2 = 0\,,$$

und man findet zunächst

$$\varDelta(\lambda) = (1 - \lambda)\,\{\delta\,(1 - \lambda)^2 - (\alpha - \lambda\,\alpha')^2\} = 0\,.$$

Dem Faktor $1 - \lambda = 0$ entspricht das Geradenpaar $x\,z = 0$, den beiden anderen Faktoren die Nullkreise.

Ferner wird $\qquad J_1(\lambda) = 2\,(1 - \lambda);\quad J_2(\lambda) = (1 - \lambda)^2,$

die Parabeln werden daher durch das Paar $x\,z = 0$ (doppelt gerechnet) dargestellt.

2. Auch konzentrische Kreise bilden ein C_2-Büschel. Hier fällt die Potenzlinie in die Gerade g_∞, und da g_∞ auch als zu sich selbst orthogonal anzusehen ist, so kann g_∞ doppelt gerechnet auch eine ausgeartete gleichseitige Hyperbel darstellen.

3. Die Gleichungen (59a) können auch für jeden Wert λ erfüllt sein; dann sind alle C_2 des Büschels gleichseitige Hyperbeln oder Parabeln. Sind z. B. f und φ gleichseitige Hyperbeln, so sind es alle. Für jedes Dreieck sind die Ecken und der Höhenschnittpunkt Grundpunkte eines solchen Büschels.

§ 12. Die Brennpunkte.

Das Problem der *Brennpunkte* führt auf die Betrachtung eines besonderen C_2-Büschels, in dem die beiden C_2 als Tangentengebilde aufgefaßt werden.

Jedem Punkt kommt im Polarsystem gemäß § 8 eine gewisse Strahleninvolution zu. Unter den Strahlenpaaren einer Involution gibt es stets ein orthogonales (S. 79), wenn nicht etwa die Involution aus lauter orthogonalen Paaren besteht, also eine orthogonale ist. Ihre Doppelstrahlen sind dann zwei Minimalgeraden, die nach den Kreispunkten $\mathfrak{J}_\infty$ und J_∞ laufen.

Als Brennpunkte F werden wir solche Punkte des Polarsystems erkennen, für die die Strahleninvolution eine *orthogonale* ist. Die Doppelstrahlen einer solchen Involution sind dann erstens Geraden durch $\mathfrak{J}_\infty$ und J_∞, außerdem aber (S. 151) Tangenten an die C_2. Jeder Punkt F ist also Schnittpunkt einer Tangente durch $\mathfrak{J}_\infty$ und einer durch J_∞. Nun gehen wiederum von jedem Kreispunkt zwei Tangenten an die C_2, und so gelangen wir zu *vier* Punkten F; jeder ist Schnitt einer Tangente durch $\mathfrak{J}_\infty$ und einer durch J_∞ (Fig. 64).

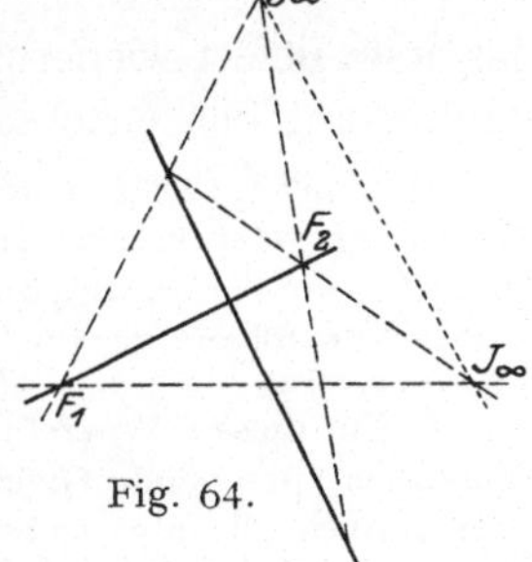
Fig. 64.

Da hier die C_2 als Tangentenort auftritt, benutzen wir ihre Gleichung in Linienkoordinaten; und da die Kreispunkte hineinspielen, so legen wir homogene rechtwinklige Parallelkoordinaten zugrunde. Wir beschränken uns zunächst auf Ellipse und Hyperbel. Ihre gemeinsame Gleichung sowie die der Kreispunkte lauten

$$f = a^2 u^2 \pm b^2 v^2 - w^2 = 0, \quad \varphi = u^2 + v^2 = 0;$$

die Tangenten (u, v), die wir suchen, sind die gemeinsamen Lösungen dieser beiden Gleichungen, also die gemeinsamen Strahlen des durch

$$(60) \qquad f - \lambda\varphi = a^2 u^2 \pm b^2 v^2 - w^2 - \lambda(u^2 + v^2) = 0$$

dargestellten Büschels[1]). Wir bestimmen sie mittels der drei Punktepaare des Büschels, die das dualistische Analogon der drei Geraden-

---

[1]) Dualistisch wird das Büschel auch als ,,Schar'' bezeichnet.

paare von § 11 sind. Wie jede dieser Geraden zwei *gemeinsame Punkte* der einen und der anderen C_2 verbindet, so schneiden sich in jedem Punkt eines der drei Paare eine *gemeinsame Tangente* von $f = 0$ und $\varphi = 0$. Das ist aber gerade die Eigenart der Punkte F; die drei Punktepaare entsprechen also den Lösungen λ der Gleichung $\varDelta(\lambda) = 0$, und damit sind sie bereits bestimmt.

Die Gleichung $\varDelta(\lambda) = 0$ lautet hier

$$\begin{vmatrix} a^2 - \lambda & 0 & 0 \\ 0 & \pm b^2 - \lambda & 0 \\ 0 & 0 & -1 \end{vmatrix} = 0; \quad (a^2 - \lambda)(\pm b^2 - \lambda) = 0.$$

Sie liefert die beiden Wurzeln[1] $\lambda' = a^2$, $\lambda'' = \pm b^2$.

Für die Ellipse erhalten wir so die Lösungen

$$(a^2 - b^2)\, u^2 - w^2 = 0 \quad \text{und} \quad (a^2 - b^2)\, v^2 + w^2 = 0.$$

Nur die erste liefert zwei reelle Punkte, nämlich

$$\left(u\sqrt{a^2 - b^2} - w\right)\left(u\sqrt{a^2 - b^2} + w\right) = 0;$$

es sind die Brennpunkte F_1 und F_2 der x-Achse (Fig. 59); die beiden anderen Brennpunkte F_1' und F_2' liegen auf der y-Achse, sind aber imaginär[2]. Für die Hyperbel finden wir analog die Punktepaare

$$(a^2 + b^2)\, u^2 - w^2 = 0 \quad \text{und} \quad (a^2 + b^2)\, v^2 + w^2 = 0;$$

das erste liefert wiederum F_1 und F_2, das zweite zwei imaginäre Brennpunkte auf der y-Achse.

Wie aus S. 122 hervorgeht, sind F_1 und D_1, ebenso F_2, D_2 konjugierte Punkte der auf der Hauptachse vorhandenen Involution. Die Polare von F_1 geht also durch D_1, die von F_2 durch D_2; außerdem gehen sie beide durch den Pol der Hauptachse; man folgert daraus, daß jede Direktrix die Polare eines Brennpunktes ist.

---

[1] Zu diesen Wurzeln kommt (Anhang 54) noch $\lambda''' = \infty$. Die dieser Wurzel entsprechende Gleichung $f - \lambda\,\varphi = 0$ lautet $u^2 + v^2 = 0$; sie liefert die Kreispunkte, die also selbst als Lösung erscheinen, aber nur als uneigentliche.

[2] Nur die Schnittpunkte konjugiert komplexer Geraden sind reell (Anhang 51); in F_1 und F_2 schneiden sich also zwei solche Geraden.

Zwölftes Kapitel

Kollineare und reziproke Verwandtschaft.

§ 1. Die kollineare Beziehung.

Zwischen den Punkten (x) und (x') zweier Ebenen ε und ε' (*ebene Felder*) möge die lineare Substitution *nicht verschwindender* Determinante

$$(1) \qquad \begin{cases} \varrho' x_1' = a_{11} x_1 + a_{12} x_2 + a_{13} x_3 \\ \varrho' x_2' = a_{21} x_1 + a_{22} x_2 + a_{23} x_3 \, ; \quad \varDelta = \| a_{ik} \| \gtreqless 0 \\ \varrho' x_3' = a_{31} x_1 + a_{32} x_2 + a_{33} x_3 \end{cases}$$

bestehen. Sie ordnet jedem Tripel x_i ein Tripel x_i' zu, also jedem Punkt P von ε einen Punkt P' von ε'. Wegen $\varDelta \gtreqless 0$ lassen sich die Gleichungen (1) nach den x_i auflösen, es entspricht also auch jedem Punkt P' ein Punkt P. Die auflösenden Gleichungen lauten (Anhang 34 b)

$$(1\,\text{a}) \qquad \varrho\, x_i = A_{1i} x_1' + A_{2i} x_2' + A_{3i} x_3' \, ; \quad i = 1, 2, 3 \, .$$

Aus dem linearen Charakter der Substitution folgt, daß einer Gleichung ersten Grades in den x_i eine Gleichung ersten Grades in den x_i' entspricht, allen Punkten einer Geraden g von ε also alle Punkte einer Geraden g' von ε' [1]). Es überträgt sich daher auch die Bedingungsgleichung für die vereinigte Lage; ist für einen Punkt (x) und eine Gerade (u) die Gleichung

$$(2) \qquad \sum u_i x_i = u_1 x_1 + u_2 x_2 + u_3 x_3 = 0$$

erfüllt, so ist auch für den Punkt (x') und die Gerade (u')

$$(2\,\text{a}) \qquad \sum u_i' x_i' = u_1' x_1' + u_2' x_2' + u_3' x_3' = 0 \, .$$

Die vorstehenden Gleichungen stimmen formal mit denen überein, die uns in Kap. VIII, § 5 beschäftigten. Dort entsprachen sie einer Koordinatentransformation, betrafen also verschiedene Koordinaten *desselben* Punktes; hier verbinden sie die Koordinaten *verschiedener* Punkte miteinander. Die analytischen Resultate, die wir dort ableiteten,

---

[1]) Dies soll die Bezeichnung *Kollineation* aussagen. Nicht jede eineindeutige Zuordnung der Punkte P, P' ist eine Kollineation.

Für $\varDelta = 0$ heißt die Kollineation *ausgeartet*; davon wird abgesehen.

gelten also auch hier, sie erfahren nur eine geänderte geometrische Deutung. Es genüge deshalb, die Resultate, auf die es ankommt, anzuführen.

1. Die Formeln, die die u_i und u_i' miteinander verbinden, lauten:

$$(3) \qquad \begin{cases} \sigma' u_1' = A_{11} u_1 + A_{12} u_2 + A_{13} u_3 \\ \sigma' u_2' = A_{21} u_1 + A_{22} u_2 + A_{23} u_3 \\ \sigma' u_3' = A_{31} u_1 + A_{32} u_2 + A_{33} u_3, \end{cases}$$

und analog ergibt sich für die u_i

$$(3\,\mathrm{a}) \qquad \sigma u_i = a_{1i} u_1' + a_{2i} u_2' + a_{3i} u_3'.$$

Die Substitutionen (3a), die die u_i durch die u_i' ausdrücken, sind also (Anhang 34c) *kontragredient* zu den Substitutionen (1), die die x_i' durch die x_i ausdrücken, und analog ist es für die Substitutionen (3) und (1a).

2. Den Geraden $x_i' = 0$ des Fundamentaldreiecks in ε' entsprechen die Geraden $a_{i1} x_1 + a_{i2} x_2 + a_{i3} x_3 = 0$ von ε; den Geraden $x_i = 0$ von ε die Geraden $A_{1i} x_1' + A_{2i} x_2' + A_{3i} x_3' = 0$ von ε', und analog ist es für die Ecken.

3. *Entsprechende Punktreihen und Büschel beider ebenen Felder sind projektiv.* Die Gleichung eines Büschels $G + \lambda H = 0$ geht nämlich in $G' + \lambda H' = 0$ über, ebenso eine Punktreihe $Q + \lambda R = 0$ in $Q' + \lambda R' = 0$.

4. Bei zwei einander entsprechenden kollinearen Kurven ist die Punktgleichung von gleichem Grad und ebenso die Tangentengleichung. *Ordnung und Klasse sind also für sie invariant.*

5. Läßt man die Seiten der Fundamentaldreiecke von ε und ε' aus je drei *entsprechenden* Geraden $x_i = 0$ und $x_i' = 0$ bestehen, so erhalten die Gleichungen (1) die einfachere Gestalt

$$(4) \qquad \varrho' x_1' = a_1 x_1, \quad \varrho' x_2' = a_2 x_2, \quad \varrho' x_3' = a_3 x_3.$$

Die Gleichungen (3) lauten analog

$$(4\,\mathrm{a}) \qquad \sigma' u_1' = a_2 a_3 u_1, \quad \sigma' u_2' = a_3 a_1 u_2, \quad \sigma' u_3' = a_1 a_2 u_3.$$

6. *Die kollineare Beziehung ist durch vier Paare entsprechender Punkte, von denen keine drei in eine Gerade fallen, eindeutig bestimmt* (oder auch durch vier Paare von Geraden, von denen keine drei durch einen Punkt gehen).

Sind nämlich P_1, P_2, P_3 und P_1', P_2', P_3' drei dieser Paare, so kann man sie zu Fundamentalpunkten nehmen, und die Gleichungen der Kollineation haben jedenfalls die Form (4). Das vierte Paar sei Q, Q'; seine Koordinaten seien ξ_i, ξ_i'; dann bestehen die Gleichungen

$$(5) \qquad \varrho\, \xi_1' = a_1 \xi_1, \quad \varrho\, \xi_2' = a_2 \xi_2, \quad \varrho\, \xi_3' = a_3 \xi_3,$$

und da Q und Q' nicht in eine Seite des Fundamentaldreiecks fallen, so sind alle ξ_i und ξ_i' von Null verschieden. Daher lassen sich die Koeffizienten a_i — genauer ihre Verhältnisse — als endliche von Null verschiedene Werte aus den vorstehenden Gleichungen berechnen, und der Satz ist erwiesen.

Wählt man die Punkte Q und Q' insbesondere als Einheitspunkte, so werden alle $a_i = 1$, und die Gleichungen lauten noch einfacher

$$(5\,\mathrm{a}) \qquad \varrho\,x_i' = x_i; \quad \sigma\,u_i' = u_i\,.$$

Für die konstruktive Bestimmung beliebig vieler Paare entsprechender Punkte aus den vier gegebenen besitzt man die *Möbiussche Netzkonstruktion*. Sind *1, 2, 3, 4* und *1', 2', 3', 4'* die vier Punktepaare, so entsprechen sich auch die Schnittpunkte der Geradenpaare *(1 2)*, *(3 4)* und *(1'2')*, *(3'4')*, ebenso die der beiden anderen, und man kann so durch fortgesetztes Verbinden und Schneiden immer neue Paare entsprechender Punkte erhalten.

§ 2. Doppelelemente der vereinigten Lage.

Wenn die Ebenen ε und ε' vereinigt liegen, so ist jeder ihrer Punkte doppelt in Betracht zu ziehen; sowohl als Punkt P von ε wie als Punkt Q' von ε'. Der zu P gehörige Punkt P' wird im allgemeinen von P verschieden sein. Soll aber ein Paar entsprechender Punkte zusammenfallen, so muß — falls die Koordinaten x_i und x_i' auf dasselbe Koordinatendreieck und denselben Einheitspunkt bezogen sind — das Tripel x_i mit x_i' identisch sein. Für solche Tripel x_i und x_i' nehmen die Gleichungen (1) die Form an

$$(6) \qquad \begin{cases} (a_{11} - \varrho)\,x_1 & + a_{12}\,x_2 & + a_{13}\,x_3 = 0 \\ a_{21}\,x_1 + (a_{22} - \varrho)\,x_2 & & + a_{23}\,x_3 = 0 \\ a_{31}\,x_1 & + a_{32}\,x_2 + (a_{33} - \varrho)\,x_3 = 0, \end{cases}$$

und jede Lösung dieser Gleichungen liefert ein Paar zusammenfallender Punkte $P = P'$ [1]). Die Lösungen entsprechen den Werten ϱ, für die

$$(7) \qquad \Delta(\varrho) = \begin{vmatrix} a_{11} - \varrho & a_{12} & a_{13} \\ a_{21} & a_{22} - \varrho & a_{23} \\ a_{31} & a_{32} & a_{33} - \varrho \end{vmatrix} = 0$$

ist. Dies ist eine Gleichung dritten Grades; es gibt daher im allgemeinen *drei Doppelpunkte* der vereinigten kollinearen Felder, also ein *Doppelpunktsdreieck*. Jede Seite dieses Dreiecks ist eine *Doppelgerade*, es gibt also auch drei Doppelgeraden; wie auch daraus hervorgeht, daß man die vorstehende Betrachtung dualistisch durchführen kann [2]).

Sind alle drei Doppelpunkte reell, so sind es auch die Doppelgeraden; es gibt ein reelles Doppeldreieck. Nimmt man es als Koordinatendreieck für beide Ebenen, so haben die Gleichungen der Kollineation die einfache Form

$$\varrho\,x_1' = a_{11}\,x_1, \quad \varrho\,x_2' = a_{22}\,x_2, \quad \varrho\,x_3' = a_{33}\,x_3\,. \; [3])$$

---

[1]) Vgl. übrigens auch die folgenden Betrachtungen.

[2]) Auf jeder Doppelgeraden gibt es nur zwei Doppelpunkte, die beiden Dreiecksecken; in Übereinstimmung mit § 4 von S. 73.

[3]) Sind auch die Einheitspunkte der Maßbestimmung identisch, so ist $a_{11} = a_{22} = a_{33} = 1$.

Gibt es ein solches reelles Dreieck nicht, so ist doch eine der drei Wurzeln reell; es gibt also einen reellen Doppelpunkt, und — da wir die gleiche Betrachtung dualistisch mit den Gleichungen (3) vornehmen können — auch eine und nur eine reelle Doppelgerade. Fälle dieser Art werden uns in § 3 begegnen.

Nach ϱ entwickelt lautet die Gleichung (7) (Anhang 19c), wenn wir die Determinante der a_{ik} durch $\varDelta$ bezeichnen,

$$(7\,\mathrm{a}) \qquad \varDelta - \varrho\,(A_{11} + A_{22} + A_{33}) + \varrho^2\,(a_{11} + a_{22} + a_{33}) - \varrho^3 = 0\,.$$

Hat sie eine Doppelwurzel, so fallen im allgemeinen zwei der drei Doppelpunkte zusammen, und ein eigentliches Doppelpunktsdreieck ist nicht mehr vorhanden; näher gehen wir jedoch hierauf nicht ein. Wohl aber gibt es einen höchst bemerkenswerten Sonderfall eigener Art. Man kann die Gleichungen (6) für jede Wurzel ϱ als Gleichungen in variablen x_i auffassen; sie stellen dann drei Geraden durch einen Punkt dar, und er ist der zu ϱ gehörige Doppelpunkt. Sie können aber auch dieselbe Gerade darstellen; dann ist *jeder* ihrer Punkte ein Doppelpunkt. Sei τ die bezügliche Wurzel. Für $\varrho = \tau$ sind alsdann alle Koeffizienten der Gleichungen (6) einander proportional, und es verschwinden alle ihre zweireihigen Unterdeterminanten; daraus werden wir folgern, daß τ eine *Doppelwurzel* ist.

Ähnlich wie in Kap. XI (S. 143), gestatten in diesem Fall die Koeffizienten von (6) die Darstellung

$$(8) \qquad a_{ii} - \tau = \alpha_i\beta_i, \quad a_{ki} = \alpha_i\beta_k,$$

und die Gleichungen (6) werden demgemäß

$$(8\,\mathrm{a}) \qquad \varrho\,x_i' = \tau\,x_i + \beta_i\,(\alpha_1 x_1 + \alpha_2 x_2 + \alpha_3 x_3)\,.$$

Für diese Gleichungen bilden wir wieder die Determinante (7); sie lautet

$$(8\,\mathrm{b}) \qquad \begin{vmatrix} \alpha_1\beta_1 - (\varrho - \tau) & \alpha_2\beta_1 & \alpha_3\beta_1 \\ \alpha_1\beta_2 & \alpha_2\beta_2 - (\varrho - \tau) & \alpha_3\beta_2 \\ \alpha_1\beta_3 & \alpha_2\beta_3 & \alpha_3\beta_3 - (\varrho - \tau) \end{vmatrix} = 0\,,$$

und wie man leicht bestätigt, sind alle in (7a) auftretenden, aus den $a_{ki} = \alpha_i\beta_k$ gebildeten $A_{ki} = 0$, ebenso ist $\varDelta = 0$, und für (7) ergibt sich

$$(9) \qquad (\varrho - \tau)^2\,\{\alpha_1\beta_1 + \alpha_2\beta_2 + \alpha_3\beta_3 - (\varrho - \tau)\} = 0\,.$$

Damit ist die Behauptung erwiesen. Zugleich findet sich für die weitere Wurzel ϱ der Wert

$$(9\,\mathrm{a}) \qquad \varrho = \tau + \alpha_1\beta_1 + \alpha_2\beta_2 + \alpha_3\beta_3\,.$$

Jeder der beiden Wurzeln entspricht die durch (6) oder durch (8a) für $x_i' = x_i$ bestimmte Lösung. Für $\varrho - \tau = 0$ finden wir aus (8a)

$$(9\,\mathrm{b}) \qquad \alpha_1 x_1 + \alpha_2 x_2 + \alpha_3 x_3 = 0,$$

und es ist, wie bereits erwähnt, *jeder Punkt dieser Geraden ein Doppel-punkt*. Für den der Wurzel (9a) entsprechenden Punkt ergibt sich aus den Gleichungen (8a), wenn wir den Wert (9a) in sie einsetzen,

$$x_1 : x_2 : x_3 = \beta_1 : \beta_2 : \beta_3 .$$

Für ihn bedingen die Gleichungen (8a) eine bemerkenswerte geometrische Eigenschaft. Man kann sie nämlich als drei Gleichungen für ϱ, τ und $(\alpha_1 x_1 + \alpha_2 x_2 + \alpha_3 x_3)$ auffassen; die ent-sprechende Determinante muß also verschwin-den, d. h. es ist

$$\begin{vmatrix} x_1' & x_1 & \beta_1 \\ x_2' & x_2 & \beta_2 \\ x_3' & x_3 & \beta_3 \end{vmatrix} = 0 .$$

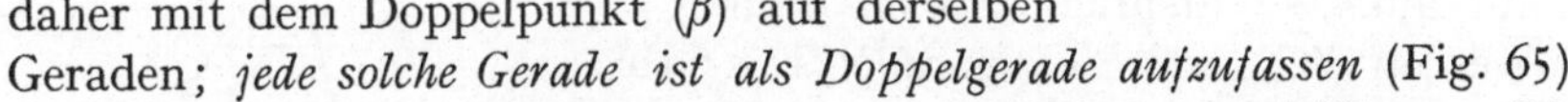

Fig. 65.

Je zwei entsprechende Punkte (x) und (x') liegen daher mit dem Doppelpunkt (β) auf derselben Geraden; *jede solche Gerade ist als Doppelgerade aufzufassen* (Fig. 65).

Man kann diese Betrachtung auch dualistisch durchführen. Die Gleichungen (3) verwandeln sich auf Grund von (8) in

$$(10) \qquad \sigma' u_i = \tau u_i' + \alpha_i(\beta_1 u_1' + \beta_2 u_2' + \beta_3' u_3');$$

sie bedingen das Verschwinden der analogen Determinante, also

$$\begin{vmatrix} u_1 & u_1' & \alpha_1 \\ u_2 & u_2' & \alpha_2 \\ u_3 & u_3' & \alpha_3 \end{vmatrix} = 0,$$

und wir folgern, daß je zwei entsprechende Geraden (u) und (u') sich auf einem Punkt der Geraden (α) mit den Koordinaten α_i, also auf der Geraden (9b) schneiden; *jeder* Punkt dieser Geraden ist ein Doppelpunkt. *Alle Punkte der Geraden (α) sind also Doppelpunkte* und *alle Geraden durch den Punkt (β) Doppelstrahlen*. Man sagt, die ebenen Felder ε und ε' befinden sich in *perspektiver* (oder *kollinearer*) Lage; der Punkt (β), durch den alle Verbindungslinien entsprechender Punkte (x) und (x') laufen, heißt *Perspektivitätszentrum* (*Kollineationszentrum*); die Gerade (α), auf der sich je zwei entsprechende Geraden (u) und (u') schneiden, heißt *Perspektivitätsachse* [*Kollineationsachse*[1])].

Nach den Gleichungen (8) ist die perspektive Beziehung durch (α), (β) und τ bestimmt; man kann daher das Zentrum S und die Achse s, sowie ein Punktepaar (x), (x') beliebig annehmen, doch muß die Gerade $(x x')$ durch S gehen.

Die perspektive Beziehung ist ein Mittel, um sich den allmählichen Übergang kollinearer Figuren ineinander zu veranschaulichen. Möge

---

[1]) Zwei entsprechende Dreiecke von ε und ε' haben die im Satz von Desargues (S. 62) angegebene Lage. Der Punkt (β) kann übrigens auch auf (α) fallen; vgl. den Schluß von § 3.

der Geraden h'_∞ von ε' in ε die Gerade h (*Fluchtlinie*) entsprechen; da der Schnittpunkt $(h\,h'_\infty)$ auf s liegt, ist $h\,\|\,s$. Seien nun $A = A'$, $B = B'$ zwei Punkte von s (Fig. 66a); wir nehmen in ε ein Dreieck ABC in drei verschiedenen Lagen zu h an und zeichnen das ent-

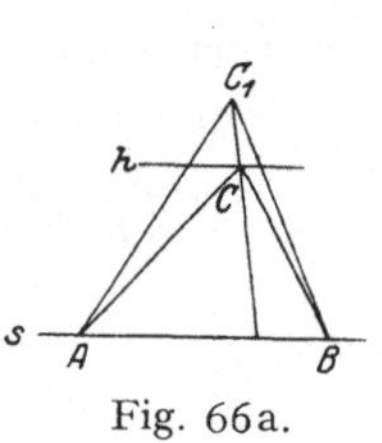

Fig. 66a.

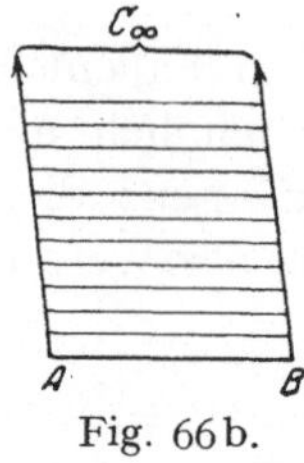

Fig. 66b.

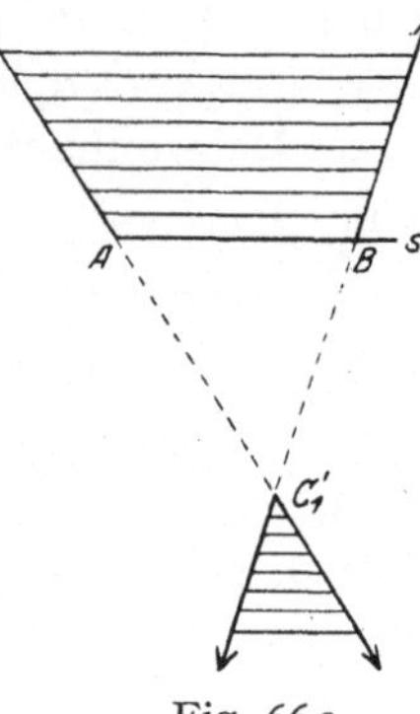

Fig. 66c.

sprechende Dreieck in ε'[1]). Liegt C zwischen h und s, so ist $A'B'C'$ ein gewöhnliches Dreieck; fällt C auf h, so entspricht ihm ein Punkt C'_∞, es werden $A'C'_\infty$ und $B'C'_\infty$ parallel (Fig. 66b), und wenn C jenseits h in C_1 fällt, so werden $A'C'_1$ und $B'C'_1$ die Gerade h'_∞ schneiden, also *das Unendliche durchziehen* und ebenso ist es (Fig. 66c) für die Dreiecksfläche.

Ersetzt man ABC durch einen Kreis, der die Achse s in P berührt, und läßt man ihn wachsen, bis er h berührt und dann h schneidet, so entspricht ihm zunächst eine Ellipse, die dann in eine Parabel und in eine Hyperbel übergeht. Man kann, wenn der Kreis gezeichnet vorliegt, beliebig viele Punkte dieser Kurven zeichnerisch bestimmen.

Die Kollineation heißt *involutorisch*, wenn je zwei Punkte (x) und (x') sich doppelt entsprechen; ist also $(x') = (y)$, so ist auch $(y') = (x)$. Die Verbindungslinie eines jeden solchen Paares entspricht sich alsdann selbst und ist ein Doppelstrahl. Ebenso findet man, daß je zwei einander zugeordnete Geraden sich doppelt entsprechen und ihr Schnittpunkt ein Doppelpunkt ist. Diese besondere Kollineation werden wir als *Sonderfall der perspektiven Lage* erkennen.

Wenn sich nämlich je zwei Punkte (x), (x') doppelt entsprechen, so stellen die Gleichungen (1) und (1a) *dieselbe* Zuordnung dar, und es müssen ihre Koeffizienten proportional sein; d. h.

$$(10a) \qquad\qquad A_{ki} = \lambda\,a_{ik};$$

daraus folgt sofort das gleiche für (3) und (3a) und damit auch das genannte doppelte Entsprechen je zweier Geraden. Nun sind die a_{ik} nur bis auf einen ihnen allen gemeinsamen Faktor bestimmt; wir können ihn so wählen, daß die Determinante $\|a_{ik}\| = 1$ ist. Dann ist auch $\|A_{ik}\| = 1$ (Anhang 19b); aus (10a) folgt daher $\lambda^3 = 1$, also $\lambda = 1$; d. h.

$$(10b) \qquad\qquad A_{ki} = a_{ik}.$$

---

[1]) Der Deutlichkeit halber sind die Dreiecke gesondert gezeichnet. Fig. 66b und 66c zeigen das Dreieck für den zweiten und dritten der obigen Fälle; der Leser wolle die einheitlichen Figuren selbst zeichnen.

Man wähle nun irgend ein Paar sich entsprechender Geraden als die Seiten $x_1 = 0$, $x_2 = 0$ des Koordinatendreiecks und eine Doppelgerade als $x_3 = 0$; es ist dann auch der Punkt $x_1 = 0$, $x_2 = 0$ ein Doppelpunkt. Die Gleichungen (1) lauten dann einfacher

$$(10\,\mathrm{c}) \qquad \varrho\, x_1' = a_{12}\, x_2\,, \quad \varrho\, x_2' = a_{21}\, x_1\,, \quad \varrho\, x_3' = a_{33}\, x_3\,.$$

Aus ihnen folgen mit Hilfe von (10b) die Gleichungen

$$a_{33} = A_{33} = -\, a_{12}\, a_{21}\,, \quad a_{12} = A_{21} = -\, a_{12}\, a_{33}\,, \quad a_{21} = A_{12} = -\, a_{21}\, a_{33}\,,$$

und daraus ergibt sich $a_{33} = -1$, $a_{12}\, a_{21} = 1$. Weiter findet man für $\varDelta(\varrho) = 0$ die Doppelwurzel $\tau = -1$; für sie nehmen die Gleichungen (6) die einfache Form

$$\tau\, x_1 - a_{12}\, x_2 = 0\,, \quad \tau\, x_2 - a_{21}\, x_1 = 0\,, \quad (\tau + 1)\, x_3 = 0$$

an; die ersten beiden sind identisch und liefern die durch $x_1 + a_{12}\, x_2 = 0$ oder auch $x_2 + a_{21}\, x_1 = 0$ dargestellte Doppelgerade. Wir erhalten also in der Tat die perspektive Lage. Der Punkt $x_1 = 0$, $x_2 = 0$ ist ein Punkt der Geraden (α), während sich der Punkt (β) auf $x_3 = 0$ befindet. Die Besonderheit der perspektiven Lage, die hier noch auftritt, ist die, daß auf jeder Doppelgeraden die sich doppelt entsprechenden Paare (x), (x') eine Involution bilden, und ebenso für jeden Doppelpunkt die durch ihn laufenden Geradenpaare.

§ 3. Affine Beziehung.

Wenn in den kollinearen Ebenen ε und ε' die Geraden g_∞ und g_∞' einander entsprechen, so heißt die kollineare Beziehung *affin* [*Affinität*[1])]. Zu ihrer Darstellung benutzt man zweckmäßig homogene *Parallelkoordinaten* x, y, z. Da die Geraden $z = 0$ und $z' = 0$ einander entsprechen, lauten die Formeln (1) einfacher

$$(11) \qquad \begin{cases} \varrho\, x' = a_{11}\, x + a_{12}\, y + a_{13}\, z \\ \varrho\, y' = a_{21}\, x + a_{22}\, y + a_{23}\, z\,; \quad a_{33} \gtrless 0\,, \\ \varrho\, z' = \qquad\qquad\qquad\quad a_{33}\, z \end{cases}$$

oder in nichthomogener Schreibweise, wenn wir $a_{ik} : a_{33} = b_{ik}$ setzen,

$$(11\,\mathrm{a}) \qquad x' = b_{11}\, x + b_{12}\, y + b_{13}\,, \quad y' = b_{21}\, x + b_{22}\, y + b_{23}\,.$$

Einem Punkt P_∞ entspricht jetzt ein Punkt P_∞', einem Parallelogramm also ein Parallelogramm. Entsprechende Punktreihen sind einander ähnlich; die zugehörige Dehnungskonstante (S. 73) ist von der Richtung abhängig. Einer Kurve mit reellen unendlichfernen Punkten kann nur eine Kurve mit ebenso vielen reellen unendlichfernen Punkten affin sein, einer Ellipse also eine Ellipse, einer Hyperbel oder Parabel eine Hyperbel oder Parabel.

---

1) Es wird sich zeigen, daß diese Definition sich mit der von S. 33 deckt.

Die einfachste Form der Gleichungen (11) tritt wieder ein, wenn wie in (4) zwei entsprechende Geradenpaare g, h und g', h' als Koordinatenachsen gewählt werden; sie lauten dann einfacher

$$(12) \qquad x' : y' : z' = a_{11}\,x : a_{22}\,y : a_{33}\,z\,,$$

oder in unhomogener Schreibweise

$$(13) \qquad x' = \alpha\,x, \quad y' = \beta\,y\,.$$

Es sind dieselben Gleichungen wie die von S. 33; die Übereinstimmung der Definitionen ist damit erwiesen. Es übertragen sich also auch die dort erwähnten Eigenschaften; die Invarianz des Teilungsverhältnisses (Mitte bleibt Mitte) und der Satz, daß die Inhalte entsprechender Flächenstücke in konstantem Verhältnis stehen.

Da g_∞ und g'_∞ einander entsprechen, ist eine affine Beziehung von ε und ε' bereits durch *drei* Paare entsprechender Punkte (oder Geraden) bestimmt.

Für $\sphericalangle\,(xy) = (x'y')$ und $\alpha = \beta$ geht die affine Beziehung in die *Ähnlichkeit* über; ist insbesondere $\alpha = \beta = 1$, in die *Kongruenz*. Bei entgegengesetztem Drehungssinn der beiden Achsenwinkel tritt noch eine *Umlegung* (S. 34) hinzu.

Liegen zwei affine ebene Felder vereinigt, so ist $g_\infty = g'_\infty$ eine Doppelgerade, und es liegt nur eine Ecke des Doppelpunktsdreiecks im Endlichen. Gleichung (7) lautet jetzt einfacher

$$(14) \qquad (a_{33} - \varrho)\,\{(a_{11} - \varrho)\,(a_{22} - \varrho) - a_{12}\,a_{21}\} = 0\,.$$

Die Wurzel $a_{33} - \varrho = 0$ liefert den im Endlichen gelegenen Doppelpunkt $O = O'$ (*Affinitätspol*); die beiden anderen Wurzeln liefern die Doppelpunkte auf g_∞[1]. Sind sie reell, so gibt es zwei reelle Doppelgeraden durch $O = O'$; wählt man sie als Koordinatenachsen, so gehen die Gleichungen (11) wiederum in (12) und (12a) über.

Wird die Affinität zur Ähnlichkeit oder Kongruenz, so entspricht einem Kreis wiederum ein Kreis; die Doppelpunkte auf g_∞ fallen also in die *Kreispunkte*. Für den noch vorhandenen reellen Doppelpunkt ergibt sich das folgende: Liege er zunächst im Endlichen $(O = O')$.

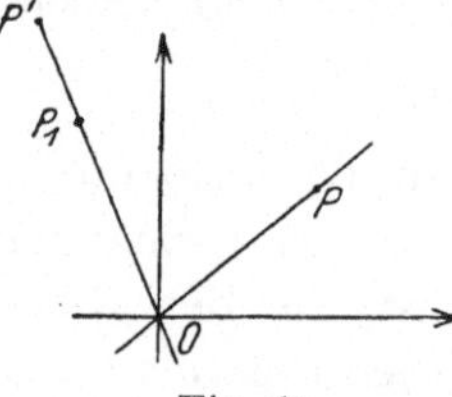

Fig. 67.

Im Fall der *Kongruenz* muß dann ε durch Drehung um O in ε' übergehen. Für zwei Punkte P' und P gelten daher (für rechtwinklige Achsen) die Gleichungen (25) von S. 34, d. h.

$$(15) \qquad \begin{cases} x' = x\cos\alpha - y\sin\alpha\,, \\ y' = x\sin\alpha + y\cos\alpha\,. \end{cases}$$

Für *ähnliche* Systeme ist $OP : OP' = \gamma = \mathrm{const}$. Wird (Fig. 67) auf OP' ein Punkt P_1 so bestimmt, daß $OP_1 = OP = \gamma\,OP'$

---

[1] Die obige Gleichung für diese beiden Punkte läßt sich auch so deuten, daß man nur die auf g_∞ vorhandene Projektivität in Betracht zieht.

ist, so gelten für P und P_1 die vorstehenden Gleichungen, und es folgt

$$(15\,\text{a}) \qquad \begin{cases} \gamma\, x' = x_1 = x\cos\alpha - y\sin\alpha\,, \\ \gamma\, y' = y_1 = x\sin\alpha + y\cos\alpha\,. \end{cases}$$

Für ähnliche Systeme muß der hier vorausgesetzte endliche Doppelpunkt stets vorhanden sein. Seien nämlich g und g' zwei entsprechende Geraden, und es sei $(g\,g')$ als Punkt von ε ein Punkt O. Ihm entspricht in ε' ein Punkt O' von g'. Durch eine Schiebung um die Strecke $O'O$ gehe ε' in eine Lage ε'' über, also P' in P'', dann ist (S. 33)

$$(16) \qquad x'' = x' + \xi\,, \quad y'' = y' + \eta\,.$$

Für die Ebenen ε und ε'' ist jetzt O ein Doppelpunkt; es gelten also für P'' und P die Gleichungen (15a), und so wird weiter

$$(16\,\text{a}) \qquad \gamma\, x' + \gamma\,\xi = x\cos\alpha - y\sin\alpha\,, \quad \gamma\, y' + \gamma\,\eta = x\sin\alpha + y\cos\alpha\,.$$

Der sich hieraus ergebende Doppelpunkt $(x', y') = (x, y)$ liegt im Endlichen, wenn die Determinante $(\cos\alpha - \gamma)^2 + \sin^2\alpha > 0$ ist, für ähnliche Systeme also *immer* (*Ähnlichkeitspol*), für kongruente Systeme ($\gamma = 1$) immer dann, wenn $\alpha \gtrless 0$ ist [*Drehungspol*[1])]. Für $\alpha = 0$ gehen die Gleichungen (16a) in (16) über, es geht also ε durch Schiebung in ε' über, und der dritte Doppelpunkt fällt ebenfalls auf g_∞. Es tritt ein Sonderfall der perspektiven Lage ein.

Beispiel. Alle Parabeln sind ähnliche Kurven; für alle konfokalen Parabeln ist der Brennpunkt ein Ähnlichkeitspol. Dies folgt unmittelbar aus der Form der Polargleichung (S. 20)
$$r = l : (1 - \cos\varphi)\,.$$

§ 4. Die reziproke Beziehung (Korrelation).

Die reziproke Beziehung zweier ebenen Felder ε und ε' enthält die analytische Begründung der Dualität. Sie kommt so zustande, daß wir einem Punkt (x) von ε eine Gerade (u') von ε' durch eine lineare Substitution zuweisen, also mittels der Gleichungen

$$(17) \qquad \sigma' u_i' = a_{i1} x_1 + a_{i2} x_2 + a_{i3} x_3\,; \quad i = 1, 2, 3\,. \qquad \| a_{ik} \| \gtrless 0\,.$$

Die auflösenden Gleichungen lauten (Anhang 34 b)

$$(17\,\text{a}) \qquad \varrho\, x_i = A_{1i} u_1' + A_{2i} u_2' + A_{3i} u_3'\,.$$

Da die Bedingung der vereinigten Lage in ε und ε' die Form

$$\sum u_i x_i = 0 \quad \text{und} \quad \sum u_i' x_i' = 0$$

besitzt, erhalten wir, analog zu § 1, die weiteren Formeln

$$(17\,\text{b}) \qquad \begin{cases} \sigma' x_i' = A_{i1} u_1 + A_{i2} u_2 + A_{i3} u_3\,, \\ \sigma\, u_i = a_{1i} x_1' + a_{2i} x_2' + a_{3i} x_3'\,. \end{cases}$$

---

[1]) In diesen Fällen ist also nur ein reeller Doppelpunkt und eine reelle Doppelgerade vorhanden.

Hierin ist in der Tat die Dualität einschließlich der Invarianz der projektiven Beziehungen enthalten[1]). Wie in § 1 folgern wir, daß jeder Punktreihe der einen Ebene ein projektiver Büschel der anderen entspricht und umgekehrt, jeder Kurve $n$ter Ordnung der einen eine Kurve $n$ter Klasse der anderen usw. Die reziproke Beziehung kann so hergestellt werden, daß man vier Punkten der einen Ebene, die ein Viereck bilden, vier Geraden der anderen, die ein Vierseit ausmachen, als entsprechend zuweist. Auch läßt sich wieder durch geeignete Wahl der Koordinatendreiecke die Vereinfachung der Formeln erreichen, die den Gleichungen (4) und (4a) analog ist.

Die Gleichungen (17) lassen sich durch die *bilineare Relation*

$$(17c) \qquad \sum a_{ik} x_i y'_k = 0; \quad \| a_{ik} \| \gtrless 0$$

ersetzen; sie stellt die Verallgemeinerung der Gleichung $M = 0$ von S. 149 dar. An die Gleichung (17c) können daher analoge Schlüsse geknüpft werden, wie dort an $M = 0$.

Zunächst entsprechen einem festen Punkt (x) unendlich viele Punkte (y'); sie bilden eine Gerade, deren Linienkoordinaten durch

$$\sigma' u'_k = a_{1k} x_1 + a_{2k} x_2 + a_{3k} x_3$$

gegeben sind; und dies sind sachlich die unsern Ausgangspunkt bildenden Gleichungen (17).

Wird eine Ebene ε reziprok auf ε' bezogen und ε' wiederum reziprok auf ε'', so sind ε und ε'' kollinear aufeinander bezogen.

Liegen ε und ε' vereinigt, so kann man nach den Punkten (x) von ε fragen, die auf die ihnen entsprechenden Geraden (u') fallen. Sie genügen der Gleichung

$$x_1 u'_1 + x_2 u'_2 + x_3 u'_3 = 0;$$

aus (17) ergibt sich also für sie

$$(17d) \qquad \sum a_{ik} x_i x_k = 0,$$

wo jedoch a_{ik} im allgemeinen von a_{ki} verschieden ist. Sie bilden also eine C_2. Eine analoge Kurve Γ_2 existiert für die Geraden (u_i) von ε, die mit den ihnen entsprechenden Punkten (x') vereinigt liegen, also der Gleichung $u_1 x'_1 + u_2 x'_2 + u_3 x'_3 = 0$ genügen. Zwei analoge Kurven muß es für ε' geben; man erkennt leicht, daß sie identisch mit den vorstehenden sind, und daß die Kurve C_2 überdies das reziproke Bild von Γ_2 ist.

Für $a_{ik} = a_{ki}$ gehen die Gleichungen (17) in die Gleichungen über, die sich S. 150 für die Polarität ergaben; ist also noch ε' mit ε identisch, so *wird die Korrelation zur Polarität.* Alsdann wird die Kurve C_2 mit Γ_2 identisch; sie wird die Grundkurve der Polarität.

---

[1]) Die Dualität — unabhängig von ihrer Einführung mittels des Polarsystems (S. 153) — tritt als allgemeines Grundprinzip bei Gergonne auf. Über den anschließenden Streit zwischen Gergonne und Poncelet vgl. die vom Verfasser besorgte Ausgabe der Werke von J. Plücker, (1895) Bd. 1, S. 592.

§ 5. Kollineare Transformation von Kurven in sich.

Ein Kreis geht durch Drehung um seinen Mittelpunkt in sich über, eine Parabel kann für den Brennpunkt als Pol (S. 173) ähnlich in sich übergeführt werden, Ellipse und Hyperbel bei gewissen affinen Transformationen (S. 132). In Verallgemeinerung hiervon suchen wir projektive Transformationen allgemeiner Art, die eine C_2 *in sich* überführen. Dabei wird zu unterscheiden sein, ob dieser Transformation zugleich die ganze Ebene unterliegt wie in den obigen Beispielen, oder ob an ihr nur die C_2 selbst teil hat.

Wir beginnen mit dem letzten Fall. Das Koordinatendreieck liege so, daß die C_2 die Gleichung

$$(18) \qquad x_1 x_3 - x_2^2 = 0$$

besitzt; sie wird (S. 116) von den Seiten $x_1 = 0$, $x_3 = 0$ berührt und besitzt $x_2 = 0$ als Berührungssehne. Man kann die Gleichung (18) durch

$$(19) \qquad x_1 - \lambda x_2 = 0, \quad x_2 - \lambda x_3 = 0$$

ersetzen; die C_2 erscheint so als Erzeugnis (S. 80) zweier projektiver Büschel (h) und (k) mit den Scheiteln H $(x_1 = 0, x_2 = 0)$ und K $(x_2 = 0, x_3 = 0)$. Aus (19) erhält man weiter

$$(19a) \qquad x_1 : x_2 : x_3 = \lambda^2 : \lambda : 1 .$$

Es entspricht also jedem Wert des Parameters λ ein Tripel x_i; umgekehrt auch gemäß (19) jedem Tripel x_i ein Wert λ. Die C_2 ist daher in gleicher Weise *Träger des arithmetischen Kontinuums* wie die Gerade. Den Werten $\lambda = 0, \infty, 1$ entsprechen insbesondere die Punkte $H(0, 0, 1)$, $K(1, 0, 0)$ und $1, 1, 1$.

Auch der Begriff des Dv läßt sich auf die C_2 übertragen. Sind h_i und k_i vier Paare entsprechender Strahlen, so ist

$$(20) \qquad (h_1 h_2 h_3 h_4) = \frac{(\lambda_1 - \lambda_3)(\lambda_2 - \lambda_4)}{(\lambda_2 - \lambda_3)(\lambda_1 - \lambda_4)} = (k_1 k_2 k_3 k_4) .$$

Seien nun (p), (q), (r), (s) die Punkte, in denen sich die vier Strahlenpaare h_i, k_i auf der C_2 schneiden, so soll der gemeinsame Wert der vorstehenden Dv als *Dv der vier C_2-Punkte* eingeführt werden; wir schreiben

$$(20a) \qquad Dv(p \, q \, r \, s) = (\lambda_1 \lambda_2 \lambda_3 \lambda_4) .$$

Das so eingeführte Dv ist also zunächst das Dv von vier Büschelstrahlen; wir können deshalb die über die Dv abgeleiteten projektiven Sätze auch auf die C_2 als Träger ausdehnen. Man setze insbesondere

$$(21) \qquad \lambda' = \frac{\alpha \lambda + \beta}{\gamma \lambda + \delta} ;$$

durch diese Substitution gehe der zu λ gehörige Büschelstrahl h in einen zu λ' gehörigen Büschelstrahl h' über, ebenso k in k' und der

C_2-Punkt $\dot{x} = (h\,k)$ in den C_2-Punkt $x' = (h'k')$ (Fig. 68). Die Zuordnung der Strahlen h, h' und der Strahlen k, k' ist dann eine projektive, also $(h_1 h_2 h_3 h_4) = (h'_1 h'_2 h'_3 h'_4)$, und daher auch

$$(p\,q\,r\,s) = (p'q'r's');$$

die *Invarianz der Dv-Werte* besteht also bei der linearen Beziehung (21) auch für die C_2.

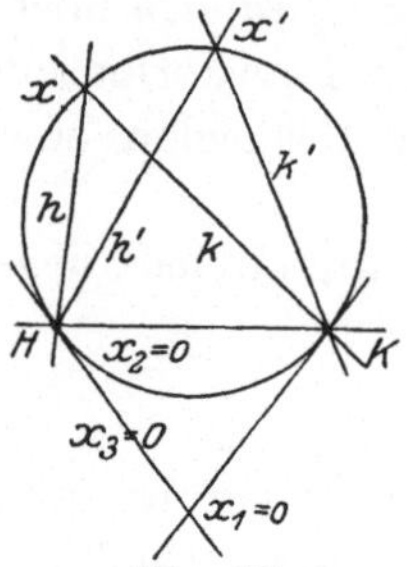

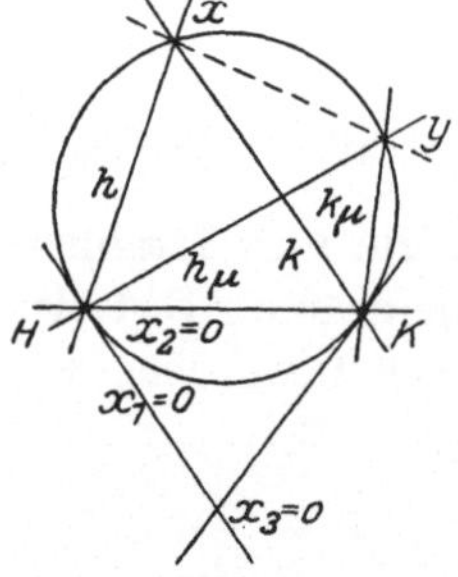

Fig. 68.

Da (x') dem Parameterwert λ' entspricht, so ist

$$(22) \quad \begin{cases} x'_1 : x'_2 : x'_3 = \lambda'^2 : \lambda' : 1 \\ \qquad = (\alpha\lambda + \beta)^2 : (\alpha\lambda + \beta)(\gamma\lambda + \delta) : (\gamma\lambda + \delta)^2. \end{cases}$$

Wird rechts ausmultipliziert und dann $\lambda^2 : \lambda : 1$ durch $x_1 : x_2 : x_3$ ersetzt, so folgt

$$(23) \quad \begin{cases} \varrho\,x'_1 = \alpha^2\,x_1 + 2\,\alpha\,\beta\,x_2 + \beta^2\,x_3 \\ \varrho\,x'_2 = \alpha\,\gamma\,x_1 + (\alpha\,\delta + \beta\,\gamma)\,x_2 + \beta\,\delta\,x_3 \\ \varrho\,x'_3 = \gamma^2\,x_1 + 2\,\gamma\,\delta\,x_2 + \delta^2\,x_3. \end{cases}$$

Damit sind die Transformationsformeln für die Koordinaten x_i und x'_i der C_2 gewonnen. Sie stellen zugleich eine kollineare Beziehung für die ganze Ebene dar. *Die projektive Transformation der C_2 in sich läßt sich also zu einer kollinearen Abbildung der ganzen Ebene auf sich erweitern.*

Dieser Schluß läßt sich umkehren. Die vorstehenden Rechnungen lassen sich in der Weise ausführen, daß man, ausgehend von den Gleichungen (23), unter $x_1 : x_2 : x_3$ den Punkt $\lambda^2 : \lambda : 1$ der C_2 versteht; dann liefern diese Gleichungen den Punkt $x'_1 : x'_2 : x'_3 = \lambda'^2 : \lambda' : 1$, der mit λ durch die Relation (21) verbunden ist, und das ist die Behauptung[1]). Unser Schluß beruht auf dem gleichzeitigen Bestehen der beiden Gleichungen

$$x_1 x_3 - x_2^2 = 0 \quad \text{und} \quad x'_1 x'_3 - x'^2_2 = 0$$

auf Grund von (21) und (23). Fassen wir ε und ε' als *verschiedene* Ebenen auf, so ergibt sich noch eine weitere Folgerung; alsdann entspricht den Gleichungen (23) eine solche kollineare Beziehung von ε und ε', bei der zugleich *eine C_2 projektiv in eine gegebene C'_2 übergeht.*

Unsere C_2 ist als das Erzeugnis der beiden projektiven Büschel (h) und (k) von (19) eingeführt worden; wir wollen zeigen, daß ihre beiden Scheitel durch beliebige Punkte der C_2 ersetzt werden können (Fig. 69). Sei (y) irgend ein Punkt der C_2; er sei Schnitt zweier Strahlen h_μ und k_μ mit den Gleichungen

Fig. 69.

$$x_1 - \mu\,x_2 = 0, \quad x_2 - \mu\,x_3 = 0.$$

---

[1]) Aus (21) folgt auch rechnerisch $x'_1 x'_3 - x'^2_2 = 0$.

Jede durch diesen Punkt (y) gehende Gerade hat eine Gleichung

$$x_1 - \mu\, x_2 + \nu(x_2 - \mu\, x_3) = 0\,.$$

Soll sie auch durch einen Punkt (x) der C_2 gehen, der durch $x_1 - \lambda x_2 = 0$, $x_2 - \lambda x_3 = 0$ bestimmt ist, so muß

$$(\lambda - \mu)\,(x_2 + \nu\, x_3) = 0$$

sein, und wegen $\lambda - \mu \gtrless 0$ folgert man $\nu = -\lambda$. Die Verbindungslinie von (y) und (x) hat daher die Gleichung

$$x_1 - \mu\, x_2 - \lambda(x_2 - \mu\, x_3) = 0\,.$$

Diese Gleichung stellt (für variables λ) ein Büschel dar mit dem Punkt (y) als Scheitel, das zu den beiden Büscheln (19) projektiv ist. Damit ist die Behauptung erwiesen. *Wird irgendein fester Punkt (y) der C_2 mit allen C_2-Punkten verbunden, so entsteht ein zu den Büscheln (19) projektiver Büschel.* Man sagt kürzer, die C_2 werde von irgend zweien ihrer Punkte *durch projektive Büschel projiziert*.

Als letzte Folgerung entnehmen wir hieraus den folgenden Satz: *Wenn eine kollineare Beziehung einer Ebene ε auf sich eine C_2 in sich überführt, so geschieht es projektiv.* Möge nämlich die Kollineation die fünf Punkte (x), (p), (q), (r), (s) der C_2 in die fünf ihr ebenfalls angehörenden Punkte (x'), (p'), (q'), (r'), (s') überführen. Gemäß der kollinearen Beziehung gilt dann für die projizierenden Strahlen (in leicht verständlicher Bezeichnung)

$$x(p\, q\, r\, s) = x'(p'q'r's')\,.$$

Nun ist das Dv von vier Punkten einer C_2 durch das Dv der vier Strahlen bestimmt, durch die sie von *irgendeinem* ihrer Punkte projiziert werden, und so folgt in der Tat

$$(22) \qquad Dv(p\, q\, r\, s) = Dv(p'q'r's')\,.$$

Die kollineare und reziproke Beziehung lassen sich in gleicher Weise, wie es S. 95 für Punktreihen und Strahlbüschel geschehen ist, als Übertragungsprinzip verwenden. Als Beispiel genüge der Hinweis auf den Gedankengang, der Steiner zur projektiven Erzeugung der C_2 führte. Beim Kreis sind die Strahlenbüschel, die zwei seiner Punkte mit den übrigen Punkten verbinden (nach dem Peripheriewinkelsatz) einander gleich, also auch projektiv, und so folgerte er es mittels kollinearer Beziehung auch für die allgemeine C_2.

§ 6. Die Sätze von Pascal und Brianchon.

Nach Kap. XI, § 1 ist eine C_2 durch fünf Punkte allgemeiner Lage bestimmt. Dies läßt sich auf projektiver Grundlage aus ihrer Erzeugung durch projektive Büschel ableiten. Wählt man nämlich zwei Punkte als die Büschelzentra, so bestimmen die drei andern Punkte drei Paare entsprechender Strahlen und damit (S. 72) die projektive Zuordnung.

Da die C_2 durch fünf Punkte bestimmt ist, muß für sechs Punkte eine Beziehung bestehen. Sie bildet einen der wichtigsten geometrischen Sätze (den Satz von Pascal). Seien (Fig. 70) $1, 2, 3, 4, 5, 6$ die sechs Punkte; wir fassen sie als Ecken eines Sechsecks auf. Dieses Sechseck hat drei Paare von Gegenseiten

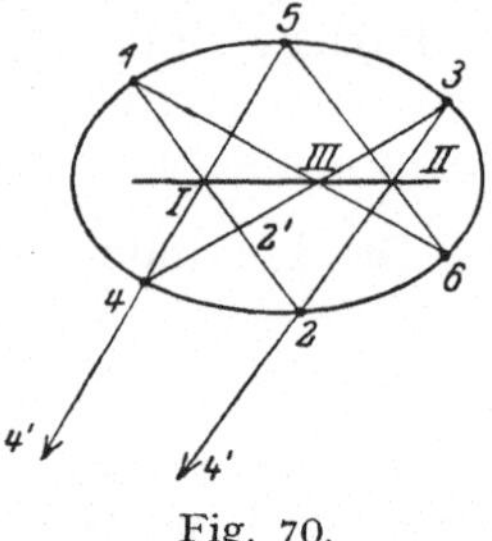
Fig. 70.

$$(1\,2)\,(4\,5),\quad (2\,3)\,(5\,6),\quad (4\,3)\,(6\,1);$$

wir wollen zeigen, daß ihre drei Schnittpunkte I, II, III in *dieselbe Gerade* fallen. Der Pascalsche Satz von S. 62 entspricht also einer in zwei Gerade ausartenden C_2.

Wir verbinden die Punkte 1 und 5 mit $2, 3, 4, 6$, so haben diese vier von 1 und 5 ausgehenden Strahlen nach § 5 dasselbe Dv[1]. Sie schneiden daher auch die Geraden $(2\,3)$ und $(3\,4)$ in je vier Punkten von gleichem Dv. Bezeichnen wir den Punkt $(4\,5)\,(2\,3)$ durch $4'$ und $(3\,4)\,(1\,2)$ durch $2'$, so sind es die Punkte

$$2, 3, 4', II \quad \text{und} \quad 2', 3, 4, III \,.$$

In den so auf $(2\,3)$ und $(3\,4)$ vorhandenen projektiven Punktreihen entspricht der Punkt 3 sich selbst, sie liegen daher perspektiv (S. 81), und die Verbindungslinien entsprechender Punkte gehen durch denselben Punkt (das Perspektivitätszentrum). Solche drei Verbindungslinien sind

$$(2\,2') = (2\,1),\quad (4\,4') = (4\,5),\quad (II\,III),$$

es liegt also der Schnitt I von $(1\,2)\,(4\,5)$ auf $(II\,III)$, und das ist der Satz, d. h.:

In jedem einer C_2 eingeschriebenen Sechseck fallen die Schnittpunkte der drei Paare gegenüberliegender Seiten in dieselbe Gerade (Satz des Pascal).

Die vorstehenden Betrachtungen sind insgesamt dualisierbar. Dies näher auszuführen, ist nicht erforderlich; doch soll der duale Satz selbst ausdrücklich erwähnt werden. Er stammt von *Brianchon* und lautet:

In jedem einer C_2 (genauer Γ_2) umschriebenen Sechsseit gehen die drei Hauptdiagonalen (die Verbindungslinien der Gegenecken) durch einen Punkt.

Ein analytischer Beweis des Pascalschen Satzes ist der folgende (Fig. 71): Seien g, h, k, k_1, h_1, g_1 die sechs aufeinander folgenden Seiten des Sechsecks; l sei die Diagonale, die die Punkte $(g\,g_1)$ und $(k\,k_1)$ verbindet. Die C_2 ist dann jedem der beiden Vierecke (g, h, k, l), (g_1, h_1, k_1, l) umschrieben; ihre Gleichung läßt sich daher in jede der beiden Formen

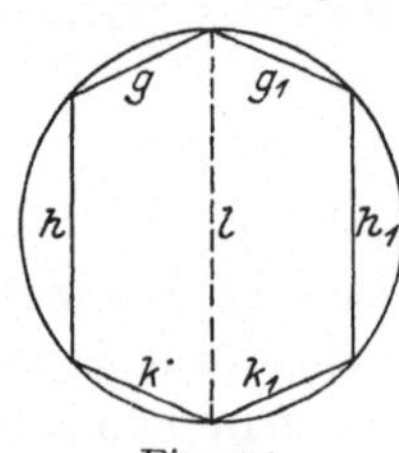
Fig. 71.

$$GK + \lambda HL = 0,\quad G_1 K_1 + \lambda_1 H_1 L = 0$$

setzen. Die linken Seiten können sich also nur

---

um einen konstanten Faktor unterscheiden. Lassen wir diesen Faktor in die linearen Ausdrücke G und H eingehen, so werden die linken Seiten identisch, d.h. es ist

$$GK + \lambda HL \equiv G_1 K_1 + \lambda_1 H_1 L \quad \text{oder}$$
$$GK - G_1 K_1 \equiv L(\lambda_1 H_1 - \lambda H).$$

Die rechte Seite, gleich Null gesetzt, stellt ein Geradenpaar dar. Die eine ist l, die zweite geht durch (h, h_1); sie heiße h' [1]. Das gleiche ist also für die linke der Fall. Sie enthält die vier Punkte

$$(g\,g_1), \quad (g\,k_1), \quad (k\,g_1), \quad (k\,k_1).$$

Von ihnen liegen $(g\,g_1)$ und $(k\,k_1)$ auf l. Die beiden anderen liegen *nicht* auf l und müssen daher auf h' liegen; es liegen also

$$(g\,k_1), \quad (k\,g_1), \quad (h\,h_1)$$

auf derselben Geraden (nämlich h'), und das ist der Satz [2].

Der Pascalsche Satz gestattet, mittels fünf gegebener C_2-Punkte beliebig viele andere linear zu zeichnen. Sind z.B. *1, 2, 3, 4, 5* in Fig. 70 die gegebenen Punkte und ist *(1 6)* ein beliebiger durch *1* gezogener Strahl (der aber nicht durch *2, 3, 4, 5* geht), so sind die Punkte *I* und *III* linear bestimmt, damit auch der Punkt *II* als Schnitt der Geraden *(I III)* und *(2 3)*, und nun auch *6* als Schnitt von *(1 6)* und *(5 II)*.

Läßt man zwei benachbarte Punkte des Sechsecks zusammenrücken, so geht die zugehörige Seite in eine C_2-Tangente über, und man erhält einen Satz über fünf C_2-Punkte und die Tangente in einem von ihnen; ebenso gibt es einen Satz über vier Punkte und die Tangenten in zweien [3], über drei Punkte und die Tangenten in ihnen. Dieser letzte Satz lautet: Bei einem der C_2 einbeschriebenen Dreieck liegen die Schnittpunkte der Seiten mit den Tangenten der Gegenecken auf einer Geraden. Diese Sätze gestatten auch die lineare Konstruktion von C_2-Tangenten.

Alles dies überträgt sich dualistisch auf den Brianchonschen Satz.

§ 7. Ausblicke.

Ein letztes Streben wissenschaftlichen Erkennens ist auf das *Einheitliche* in der Fülle der mannigfachen Gestalten gerichtet. In der Geometrie ist dies Streben in den letzten hundert Jahren von großem

---

[1]) Für Fig. 71 ist h' die Gerade g_∞.

[2]) Man kann aus sechs Punkten durch Änderung der Reihenfolge sechzig verschiedene Sechsecke herstellen (von den $6! = 720$ Permutationen liefern alle zyklischen wie alle inversen dasselbe Sechseck). Es gibt daher sechzig Pascalsche Geraden zu den sechs Punkten, die mannigfach zu dreien durch je einen Punkt gehen (fünfzehn Steinersche Punkte) usw. Das analoge gilt dualistisch für die Brianchonschen Sechsseite.

[3]) Vgl. das Beispiel 65 des Anhangs § 5.

Erfolg gekrönt gewesen. *Dualität, projektive* Denkweise und *Über-tragungsprinzipien, Dualisierung* und *Homogenisierung* des Koordinaten-begriffs sind seine Marksteine. In V. C. Poncelet, J. D. Gergonne, A. F. Möbius und J. Plücker haben wir die Lehrmeister zu erblicken, die uns in erster Linie dahin führten. Die Erkenntnis der Dualität als eines räumlichen Naturgesetzes verdanken wir Gergonne[1]); von Poncelet[2]) und Möbius[3]) stammt der allgemeine Verwandtchafts-begriff und die projektive Denkweise, endlich hat Plücker[4]) das Ver-dienst, daß er die Vervollkommnung der analytischen Methode schuf, die den neuen Ideen gerecht wurde. Wir verdanken ihm insbesondere die Einführung der Linienkoordinaten und den homogenen Koordinaten-begriff. Erst als die Dualität und die das Unendliche durchziehende geometrische Kontinuität[5]) dem analytischen Bewußtsein zugänglich geworden war, hat das projektive Denken die Beherrschung der geo-metrischen Gebilde und die Gestaltungskraft erlangt, die es heute be-sitzt.

In älterer Zeit betrachtete man eine jede geometrische Figur nur für sich allein, als eine Art starren Gebildes. Nicht nur Strecke und Winkel oder Punkt und Gerade galten als heterogene Objekte, auch Ellipse, Parabel und Hyperbel stellten im wesentlichen ungleichartige Einzelgebilde dar. Die letzte Auffassung ist längst der Erkenntnis gewichen, daß wir bei projektiver Denkweise alle eigentlichen C_2 als identisch anzusehen haben; angesichts der Dualität haben wir aber auch in Punkt und Gerade gleichwertige Elementargebilde eines und desselben analytischen Operationsfeldes vor uns. Freilich kann es scheinen, als ob die Dualität von Punktreihe und Strahlenbüschel im rein Metrischen versage; eine gewisse duale Analogie für Strecke und Winkel ist uns aber doch vielfach entgegengetreten[6]). Eine tiefere Auffassung, die freilich jenseits dieses Lehrgangs bleiben muß, zeigt auch für sie eine *volle* dualistische Analogie. Beide erweisen sich als

---

[1]) Seine Artikel erschienen in Gergonnes Ann. de math. Bd. 16, S. 209. 1826 u. Bd. 18, S. 149. 1828. Vgl. auch S. 174, Anm. 1 dieses Buches.

[2]) Die Hauptleistung Poncelets ist sein Traité des propriétés projectives des figures, 1822; mit ihm war die projektive Denkweise geschaffen. Die in ihm niedergelegten Ideen stammen zum Teil schon aus dem Jahr 1813, aus der Zeit, in der Poncelet Kriegsgefangener in Rußland war. „Cet ouvrage est le résultat des recherches que j'ai entreprises, dès le printemps de 1813, dans les prisons de la Russie", heißt es in der Vorrede.

[3]) Vgl. Gesammelte Werke Bd. 1, S. 447. Herausg. von F. Klein. Die Haupt-arbeit stammt aus 1829.

[4]) Vgl. Plückers Gesammelte mathematische Abhandlungen, besonders S. 124ff., 159ff., 178ff.

[5]) Vgl. S. 170.

[6]) Die Invariantentheorie wurde wesentlich von den englischen Mathematikern A. Cayley und J. J. Sylvester um die Mitte des letzten Jahrhunderts be-gründet.

verschiedenartige Sonderfälle eines und desselben Dv-Begriffs, der durch einen und denselben analytischen Ausdruck in Punkt- und Linienkoordinaten gegeben ist (vgl. den Schluß).

Einen letzten erfolgreichen wissenschaftlichen Gedanken bildet der *Invarianzbegriff*, die Einstellung auf solche analytischen Ausdrücke, die sich vom zufällig gewählten Koordinatensystem unabhängig erweisen. In ihnen allen muß ein eigentlich geometrischer Inhalt zum Ausdruck kommen. Beispiele dafür haben wir mannigfach kennengelernt[1]). Wie wir sahen, besitzen aber die Formeln der Koordinatentransformation eine doppelte geometrische Bedeutung. In ihrer allgemeinsten Form stellen sie zugleich kollineare Beziehungen dar (S. 165), in den Formeln (16) von S. 29 haben wir affine (oder auch ähnliche) Beziehungen erkannt (S. 171), in den Formeln (14) von S. 28 Bewegungen. Wir können die Invarianz der analytischen Ausdrücke also auch so deuten, daß die von ihr getroffenen Eigenschaften bei kollinearer, affiner, ähnlicher, kongruenter Transformation geometrischer Figuren ungeändert bleiben. Man spricht insofern von *projektiven, affinen, ähnlichen* und *metrischen Eigenschaften* der geometrischen Gebilde, und ist damit zu einer auf projektiver Grundlage ruhenden inneren Einteilung und Anordnung der geometrischen Tatsachen gelangt[2]).

Eine nur metrisch invariante Größe stellt z. B. der Abstand dar; er ändert seinen Wert schon bei ähnlicher Abbildung. Winkel und Orthogonalität sind Begriffe, die der ähnlichen Geometrie angehören, ebenso aber auch die Kreispunkte, da ja bei ähnlicher Abbildung ein Kreis in einen Kreis übergeht. Die affine Geometrie ist (S. 171) durch die Invarianz von g_∞ gekennzeichnet; es sind also Parallelismus, Teilungsverhältnis, Halbierungspunkt Begriffe der affinen Geometrie; ebenso gehören ihr die Sätze über Mittelpunkt und Durchmesser der C_2 an. Auch besitzen Ellipse, Hyperbel und Parabel in ihr noch ihre Sonderexistenz. Von allgemeinem projektiven Charakter sind das Dv, Ordnung und Klasse einer Kurve, alle reinen Lagenbeziehungen (z.B. drei Gerade durch einen Punkt oder drei Punkte auf einer Geraden) usw.; Ellipse, Parabel und Hyperbel verlieren ihren Sondercharakter und verschmelzen in den einen projektiven Begriff der reellen eigentlichen C_2. Es ist einleuchtend, daß alle projektiv invarianten Eigenschaften es auch in affiner usw. Hinsicht sind, aber nicht umgekehrt; der Abstand besitzt die Invarianz nur für die engste Klasse der betrachteten Transformationen, für die Bewegungen. Da Winkel, Orthogonalität und Kreispunkte für Bewegungen und Ähnlichkeitstrans-

---

[1]) Die Invariantentheorie wurde wesentlich von den englischen Mathematikern A. Cayley und J. J. Sylvester um die Mitte des letzten Jahrhunderts begründet.

[2]) Dies verdankt man den Arbeiten von F. Klein; vgl. Math. Ann. Bd. 43, S. 63 (Wiederabdruck des sog. Erlanger Programms vom Jahre 1872).

formationen invariant sind, so läßt sich erwarten, daß Winkel und Orthogonalität sich in Beziehungen zu den Kreispunkten darstellen. Das ist in der Tat der Fall; gerade darin kommt unser Einteilungsprinzip praktisch zur Geltung. Die oben erwähnte Darstellbarkeit des Winkels als Dv kommt insbesondere so zustande, daß das Dv von den Winkelstrahlen und den beiden Strahlen zu den Kreispunkten gebildet ist.

Dieser Ausblick auf tiefere Probleme mag hier den Abschluß bilden. Möge er für diese Probleme Verständnis und Interesse erwecken[1]).

------

[1]) Es sei dafür auf die demnächst neu erscheinenden Vorlesungen von F. Klein über nichteuklidische Geometrie verwiesen.

Dreizehntes Kapitel

Räumliche Punktkoordinaten.

Vorbemerkungen.

Räumliche Figuren, die in allen metrischen Beziehungen übereinstimmen, sind entweder *kongruent* (deckbar gleich) oder sie verhalten sich wie ein Körper und sein Spiegelbild, wie linke und rechte Hand, Linksschraube und Rechtsschraube. Sie heißen dann *spiegelbildlich (symmetrisch) gleich.* Wird in einer horizontalen Ebene von einem Punkt O aus je eine positive x- und y-Achse gezogen und in O nach oben und unten ein Lot errichtet, so sind die beiden aus den drei Halbstrahlen gebildeten Dreikante nur spiegelbildlich gleich. Sie werden als *Rechtssystem* und *Linkssystem* unterschieden. Daumen, Zeigefinger und Mittelfinger der rechten Hand bilden, wenn sie ungefähr senkrecht zueinander gehalten werden, ein Rechtssystem, bei der linken Hand ein Linkssystem. Legt man um O in der xy-Ebene einen Kreis, so erscheint, von dem in O errichteten Lot aus gesehen, die Umlaufsrichtung (xy) bei einem Rechtssystem umgekehrt zur Uhrzeigerdrehung, bei einem Linkssystem wie die Uhrzeigerdrehung[1]). Die Unterscheidung von Rechtssystem und Linkssystem gilt in derselben Weise für alle von drei Halbstrahlen gebildeten Dreikante.

Zwei von einem Punkt O ausgehende Halbstrahlen g, h bestimmen (S. 6) an sich vier verschiedene Winkel. Der Kosinus aller dieser Winkel hat denselben Wert. Der Sinus hat zwei einander entgegengesetzte Werte. Meistens handelt es sich aber nur um das Verhältnis der Sinus zweier Winkel desselben Büschels, die absolut genommen nicht größer als π sind. Dies Verhältnis ist von dem für das Büschel angenommenen Drehungssinn unabhängig. Ohne daß Zweideutigkeiten entstehen, dürfen wir daher von der Festsetzung eines positiven Drehungssinns absehen und unter (gh) einen Winkel verstehen, der, absolut genommen, π nicht überschreitet.

§ 1. Projektionen von Strecken und Flächen.

Die Projektionssätze von Kap. I, § 5 dehnen wir in der Weise auf den Raum aus, daß wir die projizierenden Strahlen durch projizierende

---

[1]) Fig. 73 (S. 186) zeigt ein Rechtssystem, bei Vertauschung der x- und y-Achse ein Linkssystem.

Ebenen ersetzen. Sei s eine gerichtete Gerade, AB eine Strecke. Durch A und B lege man Ebenen parallel einer festen Ebene η; sie mögen die Gerade in A' und B' treffen, und es heiße $A'B'$ wieder *Parallelprojektion* von AB auf s. Wir schreiben

$$(1) \qquad A'B' = \Pi(AB, \eta, s).$$

Werden s und η festgehalten, so ergeben sich (unter den gleichen Voraussetzungen wie in Kap. I) die folgenden Sätze:

1. Ist $AB \parallel CD$, so ist

$$\frac{A'B'}{C'D'} = \frac{AB}{CD}; \qquad \frac{A'B'}{AB} = \frac{C'D'}{CD};$$

der konstante Wert des zweiten Quotienten heiße wieder *Projektionskonstante*. Ist er c, so hat man

$$(2) \qquad A'B' = c \cdot AB.$$

2. Für $\eta \perp s$ (*rechtwinklige* oder *orthogonale* Projektion) ist

$$(2\,\mathrm{a}) \qquad A'B' = AB \cos(AB, s).$$

Ist nämlich s_1 eine gerichtete Gerade durch A parallel zu s, so ist

$$\Pi(AB, s) = \Pi(AB, s_1) = AB \cos(AB, s_1) = AB \cos(AB, s). \;^1)$$

3. Versteht man unter der Projektion des Streckenzuges $ABC \ldots LM$ wieder die Summe der Projektionen der einzelnen Strecken, so ist

$$(3) \quad \Pi(ABC \ldots LM) = A'B' + B'C' + \cdots + L'M' = A'M' = \Pi(AM);$$

die Projektion des Streckenzuges ist also gleich der Projektion der Strecke, die von seinem Anfangspunkt zum Endpunkt führt.

4. Ist die Projektion insbesondere orthogonal, so gilt

$$(3\,\mathrm{a}) \quad \Pi(ABC \ldots M) = AB \cos(AB, s) + BC \cos(BC, s) + \cdots + LM \cos(LM, s).$$

5. Bei orthogonaler Projektion von AB sind A' und B' zugleich die Fußpunkte *der von A und B auf s gefällten Lote.*

Die Projektion von Flächenstücken betrachten wir nur für den Fall, daß eine Polygonfläche $\mathfrak{P}$ orthogonal auf eine Ebene ε projiziert wird. Ist $\mathfrak{P}'$ die Projektion, so schreiben wir, analog zu (1),

$$(4) \qquad \mathfrak{P}' = \Pi(\mathfrak{P}, \varepsilon).$$

Der Bestimmung von $\mathfrak{P}'$ sei folgendes vorausgeschickt: Einer Polygonfläche legen wir gemäß S. 31 einen Umlaufssinn bei; damit wird auch für die Projektion $\mathfrak{P}'$ ein dem Sinn von $\mathfrak{P}$ analoger Umlaufssinn bestimmt. Es soll aber auch in der Ebene ε ein *ihr* eigentümlicher Umlaufssinn vorhanden sein; er kann mit dem eben genannten Sinn von $\mathfrak{P}'$ identisch sein oder ihm entgegengesetzt. Nun werde auf ε ein Lot n errichtet, das mit dem Umlaufssinn von ε ein Rechtssystem

---

[1]) Der $\cos(AB, s)$ ist, da AB und s gerichtete Geraden sind, eindeutig bestimmt.

bestimmt; ebenso auf $\mathfrak{P}$ ein Lot p, das mit dem Umlaufssinn von $\mathfrak{P}$ ein Rechtssystem bestimmt. Dann soll, wenn $\varkappa$ die Ebene von $\mathfrak{P}$ ist, unter dem Winkel $(\varepsilon\,\varkappa)$ der Winkel $(n\,q)$ verstanden werden[1]).

Bei diesen Festsetzungen gelten die folgenden Sätze: 1. Zerfällt die Polygonfläche $\mathfrak{P}$ in zwei Teilflächen $\mathfrak{P}_1$ und $\mathfrak{P}_2$, so ist

$$(5) \qquad \mathfrak{P}' = \Pi(\mathfrak{P}, \varepsilon) = \Pi(\mathfrak{P}_1, \varepsilon) + \Pi(\mathfrak{P}_2, \varepsilon) = \mathfrak{P}_1' + \mathfrak{P}_2';$$

2. die Projektion $\mathfrak{P}'$ hat für alle einander parallelen Ebenen den gleichen Wert; 3. es besteht die Gleichung

$$(6) \qquad \mathfrak{P}' = \mathfrak{P}\cos(n\,p) = \mathfrak{P}\cos(\varepsilon\,\varkappa);$$

durch sie wird, wenn wir $\mathfrak{P}$ eine positive Flächenzahl beilegen, auch ein Vorzeichen für $\mathfrak{P}'$ und damit sein Umlaufssinn in der Ebene ε bestimmt.

Nur der Satz 3 bedarf eines näheren Beweises. Sei $\mathfrak{P}$ zunächst (Fig. 72) ein Dreieck $\varDelta = ABC$, dessen eine Seite AB in ε fällt; CD sei die Höhe, $C'D$ ihre Projektion in ε. Für den doppelten Flächeninhalt ist dann — absolut genommen —

$$2\varDelta = AB \cdot CD, \quad 2\varDelta' = AB \cdot C'D; \quad C'D = CD\cos(C'DC).$$

Die Lote n und p können wir im Punkte D errichten. Wenn dann der Umlaufssinn von $\varDelta'$ mit dem Umlaufssinn von ε übereinstimmt, so gehen p und n nach *derselben* Seite von ε (in Fig. 72 beide nach oben); es ist $C'DC = (p\,n)$, und die obige Formel gibt den Wert $\mathfrak{P}'$ zahlenmäßig und auch dem Vorzeichen nach. Ist aber der Sinn von $\varDelta'$ der entgegengesetzte wie der von ε, so gehen p und n nach verschiedenen Seiten von ε; es ist $C'DC = (n\,p) \pm \pi$, und die Formel gibt wiederum den richtigen Wert von $\mathfrak{P}'$.

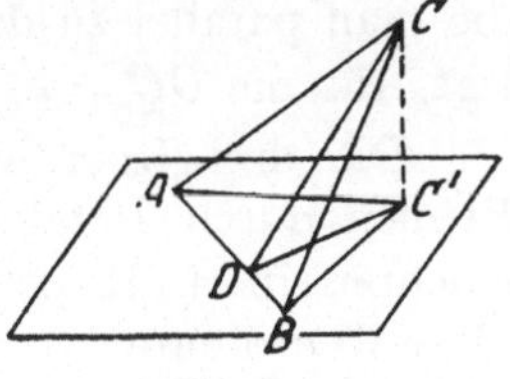

Fig. 72.

Sei jetzt ABC ein Dreieck allgemeiner Lage. Durch die Punkte A, B, C lege man je eine zu ε parallele Ebene; die mittlere durchsetzt das Dreieck und zerlegt es in zwei Teildreiecke. Für ihre Flächen $\varDelta_1$ und $\varDelta_2$ gelten die Formeln (5) und (6), man hat daher

$$\varDelta' = \varDelta_1\cos(p, n) + \varDelta_2\cos(p, n) = \varDelta\cos(p, n).$$

Damit ist Gleichung (6) auch für *jedes einfache Polygon* richtig; denn jedes solche Polygon läßt sich in Dreiecke spalten, und auf sie läßt sich wieder die Gleichung (5) anwenden.

§ 2. Parallelkoordinaten.

Wir legen drei durch einen Punkt O (*Anfangspunkt*) gehende Ebenen zugrunde, die eine dreiseitige Ecke bilden (Fig. 73); ihre Schnittlinien

---

[1]) Ohne Festsetzung eines Umlaufssinns bleibt der Winkel bis auf $\pm\,\pi$ unbestimmt.

sollen x-Achse, y-Achse, z-Achse heißen (*Koordinatenachsen*). Die sie verbindenden Ebenen (*Koordinatenebenen*) heißen xy-Ebene, xz-Ebene, yz-Ebene. Im allgemeinen werden wir die xy-Ebene als horizontale Ebene annehmen und das Dreikant der positiven Achsen als ein *Rechtssystem*, wie es Fig. 73 zeigt; die (xy)-Drehung erscheint also von der positiven z-Achse aus umgekehrt wie der Uhrzeigersinn. Man überzeugt sich leicht, daß dies für die positive x-Achse und die (yz)-Drehung und die positive y-Achse und die (zx)-Drehung ebenso ist. Stehen die drei Ebenen (also auch die Achsen) aufeinander senkrecht, so heißen die Koordinaten *rechtwinklig*.

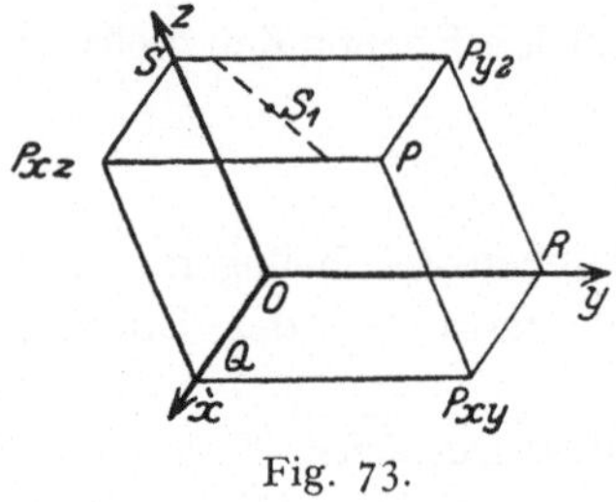

Fig. 73.

Legen wir durch einen Punkt P des Raumes Ebenen parallel zu den Koordinatenebenen, so seien Q, R, S die auf den Achsen entstehenden Schnittpunkte; die drei Strecken

$$(7) \qquad x = OQ, \quad y = OR, \quad z = OS$$

sind dann die *Parallelkoordinaten* des Punktes P. Jedem Punkt P entspricht wieder eindeutig ein Zahlentripel. Umgekehrt entspricht jedem Tripel a, b, c auch ein Punkt P; er ist Schnittpunkt der Ebenen, die man parallel zu den Koordinatenebenen durch die Punkte Q, R, S legt, für die $OQ = a$, $OR = b$, $OS = c$ ist.

Die drei Koordinatenebenen durch O und die ihnen parallelen Ebenen durch P bilden das Parallelepipedon der Fig. 73. Von ihm leuchtet ein: 1. Je vier seiner Kanten stellen nach Länge und Richtung die x-Koordinate dar, je vier die y-Koordinate, je vier die z-Koordinate. 2. In jedem von O nach P führenden dreikantigen Streckenzug ist je eine x-Koordinate, eine y-Koordinate und eine z-Koordinate enthalten. 3. Die Strecken OQ, OR, OS sind Parallelprojektionen von OP auf den Achsen, und zwar so, daß die projizierenden Ebenen den Koordinatenebenen parallel sind. Ferner gilt auch: 4. Für jeden Punkt S_1 der Parallelepipedfläche durch S und P hat z denselben Wert c, für jeden Punkt der analogen Ebene durch Q ist $x = a$, für jeden Punkt der analogen Ebene durch R ist $y = b$.

Die vorstehenden Beziehungen sind uns auch in Kap. III entgegengetreten; hier kommen noch die folgenden, ebenfalls offensichtlichen hinzu: 5. Dem Punkt P_{xy} der xy-Ebene kommen in dieser Ebene die Koordinaten $x = a$, $y = b$ zu; die x- und y-Koordinaten von P *stimmen also mit denen von P_{xy} überein*. Das analoge gilt für den Punkt P_{xz} der xz-Ebene und den Punkt P_{yz} der yz-Ebene. 6. In der Parallelepipedfläche durch S und P mögen zwei durch S gehende, zur positiven x- und y-Achse parallele Halbstrahlen eine positive x- und y-Achse abgeben, so sind $x = a$, $y = b$ die Koordinaten von P auch für diese Achsen[1]). Analog ist es für die Ebenen durch Q und P und durch R und P.

Durch die drei Koordinatenebenen zerfällt der Raum in acht *Oktanten*; über und unter jedem Quadranten der x, y-Ebene liegt je einer. Andererseits gibt es acht Punkte, denen dieselben numerischen Werte a, b, c als Koordinaten entsprechen, nur mit verschiedenen Vorzeichen. Nehmen wir a, b, c als positiv an, so sind es die Punkte mit den Vorzeichen

$$+\,+\,+ \quad +\,-\,+ \quad -\,+\,+ \quad -\,-\,+$$
$$+\,+\,- \quad +\,-\,- \quad -\,+\,- \quad -\,-\,-.$$

In jeden Oktanten fällt je einer; je zwei übereinanderstehende Tripel entsprechen einem Punkt über und einem unter der $x y$-Ebene.

Beispiele. 1. Für den Anfangspunkt ist $x = 0$, $y = 0$, $z = 0$. Für jeden Punkt der $x y$-Ebene ist $z = 0$, für die Punkte der $y z$-Ebene ist $x = 0$, für die der $x z$-Ebene ist $y = 0$. Endlich ist für jeden Punkt der x-Achse $y = 0$ und $z = 0$, für jeden der y-Achse $x = 0$, $z = 0$ und für jeden der z-Achse $x = 0$, $y = 0$.

2. Zwei Punkte (x, y, z) und $(-x, -y, -z)$ liegen *zentrisch symmetrisch* zu O; d. h. ihre Verbindungslinie geht durch O und wird in O halbiert. Zwei Punkte (x, y, z) und $(-x, -y, z)$ liegen zentrisch symmetrisch *zur z-Achse*; ihre Verbindungslinie ist der $x y$-Ebene parallel, schneidet die z-Achse und wird durch den Schnittpunkt halbiert. Bei rechtwinkligen Achsen liegen zwei Punkte x, y, z und $(x, y, -z)$ symmetrisch *zur $x y$-Ebene*. Analoges gilt für die übrigen Achsen und Ebenen.

Die ebenen Parallelkoordinaten konnten wir (S. 12) mittels zweier Scharen von Geraden definieren, die den Achsen parallel liefen; sie waren gegeben durch Gleichungen $x = \lambda$ und $y = \mu$, wo λ und μ alle reellen Werte annehmen können. Analog haben wir es hier mit *drei Scharen paralleler Ebenen* zu tun, den Scharen

$$(8) \qquad x = \text{const} = \lambda, \quad y = \text{const} = \mu, \quad z = \text{const} = \nu;$$

jede dieser Scharen erfüllt, wenn λ, μ, ν alle reellen Werte durchlaufen, den ganzen Raum, und durch jeden Punkt des Raumes geht eine Ebene der ersten Schar, eine der zweiten und eine der dritten. Die zu diesen Ebenen gehörenden Werte λ, μ, ν sind die Koordinaten des bezüglichen Punktes.

§ 3. Räumliche Polarkoordinaten.

In einem rechtwinkligen Koordinatensystem (Fig. 74) sei PP' das von P auf die xy-Ebene gefällte Lot; ferner seien $OP' = \varrho$ und $(x, OP') = \varphi$ die Polarkoordinaten von P' in der xy-Ebene. Dann stellen die drei Zahlenwerte ϱ, φ, z ein durch P bestimmtes Koordinatentripel dar. Umgekehrt bestimmt ein solches Tripel eindeutig einen Punkt P; es liefern ϱ und φ zunächst den

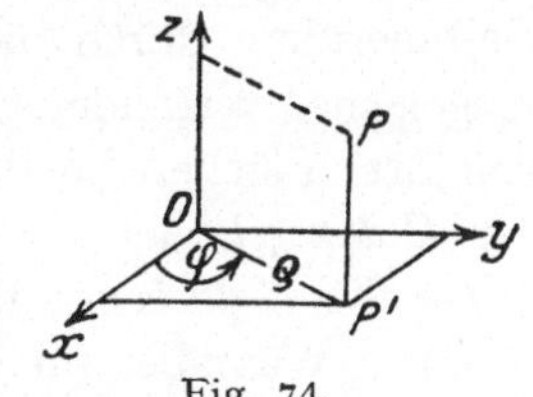
Fig. 74.

---

[1]) In Fig. 73 sind SP_{xz} und SP_{yz} die beiden Achsen.

Punkt P', und dann das Lot $P'P = z$ den Punkt P. Die in Betracht kommenden Zahlenwerte von ϱ, φ, z erfüllen die folgenden Teile des Kontinuums:

$$(9) \qquad 0 \leq \varrho < \infty; \quad 0 \leq \varphi < 2\pi; \quad -\infty < z < \infty.$$

Die *Flächenscharen*, die den eben betrachteten Ebenenscharen analog sind, müssen den Gleichungen

$$(10) \qquad \varrho = \mathrm{const}, \quad \varphi = \mathrm{const}, \quad z = \mathrm{const}$$

entsprechen. Die Größe ϱ können wir auch als Abstand des Punktes P von der z-Achse auffassen, die Flächen $\varrho = \mathrm{const}$ sind daher *Kreiszylinderflächen* um die z-Achse. Der Winkel φ ist auch der Winkel der durch die z-Achse gehenden Ebene $OP'P$ mit der xz-Ebene, die Flächen $\varphi = \mathrm{const}$ sind daher *Halbebenen* durch die z-Achse (den Halbstrahlen der ebenen Koordinatenbestimmung analog); endlich sind $z = \mathrm{const}$ *Parallelebenen* zur xy-Ebene. Je eine Fläche der ersten, zweiten und dritten Schar schneiden sich, wie man leicht erkennt, in je einem Punkt des Raumes (*Zylinderkoordinaten*).

Die Beziehung dieser Koordinaten zu den rechtwinkligen ist durch die Gleichungen

$$(11) \qquad x = \varrho \cos\varphi, \quad y = \varrho \sin\varphi$$

gegeben; die z-Koordinaten stimmen überein. Man findet

$$(12) \qquad OP^2 = \varrho^2 + z^2 = x^2 + y^2 + z^2.$$

Ein zweites System von Polarkoordinaten[1]) knüpft an die Bestimmung der Punkte der Erdoberfläche durch ihre geographische Länge und Breite an[2]). Wir betrachten zunächst die Kurvenscharen, die dieser Koordinatenbestimmung auf der Erdkugel oder einem Globus zugrunde liegen. Die eine besteht aus den *Breitenkreisen* als den Kurven konstanter Breite, die andere aus den Kurven konstanter Länge, also den *Meridianen*; genauer den Halbmeridianen, da die geographische Länge von 0 bis 2π läuft. Jeder Punkt der Globuskugel ist Schnitt einer Kurve der einen Schar mit einer der anderen Schar. In dieser Hinsicht können die Kurven auch durch Flächen ersetzt werden. Den Breitenkreis verbinden wir mit dem Kugelzentrum durch Halbstrahlen, und ersetzen ihn so durch einen Rotationskegel (genauer *Halb*kegel), der die Kugel im Breitenkreis durchdringt. Ebenso ersetzen wir den Halbmeridian durch die Ebene (genauer *Halb*ebene), die ihn mit der Kugelachse verbindet. Damit ist jeder Punkt P der Kugel als Schnitt von drei Flächen bestimmt. Die eine ist *die Kugel selbst*, die zweite der *Halbkegel*, der aus der Kugel den Breitenkreis ausschneidet, die dritte die *Halbebene*, die nun auf dem Breitenkreis den Punkt P bestimmt. Was aber für die Punkte des Globus gilt, gilt ebenso für jede

---

[1]) Sie stellen die eigentlichen räumlichen Polarkoordinaten dar.

[2]) Länge und Breite stellen Koordinaten auf der Kugel dar.

ihm konzentrische Kugel und jeden auf ihr gelegenen Punkt. Damit ist unsere Koordinatenbestimmung auf jeden Raumpunkt ausgedehnt. Als ihre drei Flächenscharen finden wir 1. die konzentrischen Kugeln, 2. die Halbkegel um die Globusachse und 3. die Halbebenen durch diese Achse. Durch jeden Raumpunkt geht je eine Kugel, je ein Halbkegel und je eine Halbebene. Die Halbebenen bestimmen wir wie die Meridiane durch einen Winkel φ, der von 0 bis 2π geht. Die Halbkegel bestimmen wir durch das Komplement der geographischen Breite (Zenithdistanz); es geht von 0 (am Nordpol N) bis π (am Südpol S) und heiße ϑ. Die erzeugenden Flächenscharen sind alsdann

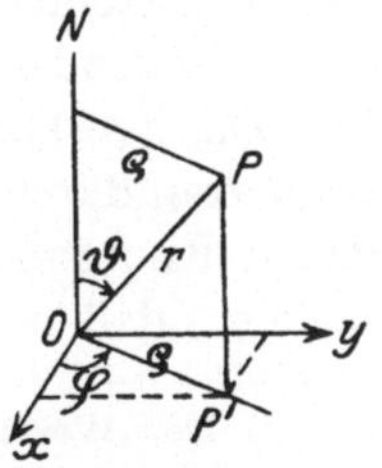

$$(13) \quad \begin{cases} r = \text{const}, & \varphi = \text{const}, & \vartheta = \text{const}, \\ 0 \leq r < \infty, & 0 \leq \varphi < 2\pi, & 0 \leq \vartheta \leq \pi. \end{cases}$$

Um die Beziehung zu rechtwinkligen Achsen herzustellen, wählen wir die Globusachse (von S nach N) als z-Achse und die xz-Ebene als Ebene $\varphi = 0$ (Fig. 75). Ist dann P' die Projektion von P in der xy-Ebene und ϱ der Radius des Breitenkreises, so folgt

Fig. 75.

$$OP' = \varrho = r \sin\vartheta, \quad P'P = z = r \cos\vartheta.$$

Nun stimmen die xy-Koordinaten von P' mit denen von P überein; es ist also $x = \varrho \cos\varphi$, $y = \varrho \sin\varphi$, und demnach hat man insgesamt

$$(14) \quad x = r \sin\vartheta \cos\varphi, \quad y = r \sin\vartheta \sin\varphi, \quad z = r \cos\vartheta.$$

§ 4. Homogene Parallelkoordinaten.

Von den Koordinaten x, y, z gelangt man zu *homogenen* Parallelkoordinaten, indem man wie in Kap. VIII, § 1 zunächst vier Zahlen x', y', z', t' durch die Gleichungen

$$(15) \quad \begin{aligned} x : y : z : 1 &= x' : y' : z' : t' \quad \text{oder} \\ x' = \varrho x, \quad y' &= \varrho y, \quad z' = \varrho z, \quad t' = \varrho \end{aligned}$$

einführt. Einer Gruppe x', y', z', t' (für $t' \gtreqless 0$) entspricht ein Raumpunkt P; jedem Raumpunkt unendlich viele solche Gruppen, die einander proportional sind. Setzt man $t' = 1$, so wird dadurch diejenige Gruppe ausgesondert, die mit x, y, z übereinstimmt. Alle Ausführungen von S. 85 kommen hier sinngemäß zur Geltung; ohne näher auf sie einzugehen, genüge es deshalb, die Resultate anzugeben.

Die Gleichungen $x' = 0$, $y' = 0$, $z' = 0$ stellen die drei Koordinatenebenen $x = 0$, $y = 0$, $z = 0$ dar; die Punkte $t' = 0$ sind sämtlich *unendlichfern [uneigentlich[1])]*. In Übereinstimmung mit den Erwägungen

---

[1]) Daß die hier auftretenden uneigentlichen Punkte dieselben sind, die wir in Kap. I, § 3 eingeführt haben, ergibt sich ebenso wie für die Ebene (S. 85). Die Formel, auf der dieser Beweis ruht, erscheint freilich erst im nächsten Kapitel [§ 2, Gleichung (6a)].

Die unendlichferne Ebene ε_∞ wurde von J. V. Poncelet in seinem Traité des propriétés projectives des figures (Paris 1822, § 96 und 580) eingeführt.

von S. 85 führen wir die Gesamtheit dieser Punkte als eine durch $t' = 0$ dargestellte Ebene ε_∞ ein. Die genannten vier Ebenen bilden das Koordinatentetraeder der homogenen Parallelkoordinaten. In ihm ist jede der sechs Kanten Schnittlinie zweier Koordinatenebenen; für die Koordinaten ihrer Punkte haben wir die Gleichungen

$$x' = 0, \quad y' = 0; \quad x' = 0, \quad z' = 0; \quad y' = 0, \quad z' = 0;$$
$$x' = 0, \quad t' = 0; \quad y' = 0, \quad t' = 0; \quad z' = 0, \quad t' = 0.$$

Die letzten drei entsprechen den drei Kanten in ε_∞. Für jede der vier Tetraederecken haben drei Koordinaten den Wert Null; man stellt sie abkürzend durch $0\,0\,0\,1$, $0\,0\,1\,0$, $0\,1\,0\,0$, $1\,0\,0\,0$ dar[1]).

Die (vorläufigen) Bezeichnungen x', y', z', t' sollen im folgenden wiederum durch x, y, z, t ersetzt werden. Der Übergang von den homogenen Koordinaten x, y, z, t zu den unhomogenen geschieht dann einfach so, daß man $t = 1$ setzt.

---

[1]) Den Werten $x' = 0$, $y' = 0$, $z' = 0$, $t' = 0$ entspricht kein Raumpunkt.

Vierzehntes Kapitel

Allgemeine Formeln und Sätze für räumliche Parallelkoordinaten.

§ 1. Formeln für Abstände.

Bei rechtwinkligen Achsen sind die Koordinaten x, y, z eines Punktes P seine orthogonalen Projektionen auf den Achsen. Ist also $OP = r$ und setzt man $(x\,r) = \alpha$, $(y\,r) = \beta$, $(z\,r) = \gamma$ (*Richtungswinkel*), so bestehen die Formeln

$$(1) \qquad x = r\cos\alpha, \quad y = r\cos\beta, \quad z = r\cos\gamma\,.$$

Ferner fanden wir bereits (S. 188) für r die Formel

$$(2) \qquad r^2 = x^2 + y^2 + z^2.$$

Die Verbindung beider Formeln ergibt weiter (durch Quadrieren und Addieren von (1), sowie durch Multiplikation mit $\cos\alpha$, $\cos\beta$, $\cos\gamma$)

$$(3) \qquad \cos^2\alpha + \cos^2\beta + \cos^2\gamma = 1\,,$$

$$(4) \qquad x\cos\alpha + y\cos\beta + z\cos\gamma = r\,.$$

Gleichung (4) ist übrigens auch eine unmittelbare Folge des Projektionssatzes; sie besagt, daß die orthogonale Projektion des Linienzuges x, y, z auf OP gleich OP ist.

Seien $P_1\,(x_1\,y_1\,z_1)$ und $P_2\,(x_2\,y_2\,z_2)$ zwei Punkte. Wie sie auch liegen, so folgt für die Projektion des Linienzuges $OP_1\,P_2$ auf jeder Achse

$$\Pi(OP_1) + \Pi(P_1\,P_2) = \Pi(OP_2)\,.$$

Für die Projektionen $Q_1\,Q_2$, $R_1\,R_2$, $S_1\,S_2$ auf den Achsen erhalten wir daher wie S. 24

$$(5) \qquad Q_1\,Q_2 = x_2 - x_1, \quad R_1\,R_2 = y_2 - y_1, \quad S_1\,S_2 = z_2 - z_1\,.$$

Diese Gleichungen gelten für *beliebige* Achsen.

Sind die Achsen *rechtwinklig*, so werden $x_2 - x_1$, $y_2 - y_1$, $z_2 - z_1$ die orthogonalen Projektionen von $P_1\,P_2$. Sind α, β, γ die Richtungswinkel von $P_1\,P_2$ mit den Achsen, und wird $P_1\,P_2 = r$ gesetzt, so folgt wie oben

$$(5\,\mathrm{a}) \qquad x_2 - x_1 = r\cos\alpha, \quad y_2 - y_1 = r\cos\beta, \quad z_2 - z_1 = r\cos\gamma\,;$$

durch Quadrieren und Addieren entsteht

$$(5\,\mathrm{b}) \qquad r^2 = (x_2 - x_1)^2 + (y_2 - y_1)^2 + (z_2 - z_1)^2.$$

Ebenso ergibt sich auch wieder

$$(5\,\mathrm{c}) \qquad (x_2 - x_1)\cos\alpha + (y_2 - y_1)\cos\beta + (z_2 - z_1)\cos\gamma = r.$$

Bei Vertauschung von P_1 und P_2 wechselt die Gerade $P_1 P_2$ die Richtung, und es gehen α, β, γ in $\alpha + \pi$, $\beta + \pi$, $\gamma + \pi$ über; es wechseln also die linken wie die rechten Seiten in (5a) ihr Zeichen.

§ 2. Das Teilungsverhältnis.

Sei $P(\xi, \eta, \zeta)$ der Punkt, der die Strecke $P_1 P_2$ im Verhältnis μ teilt, so daß $P_1 P : P_2 P = \mu$ ist. Die Achsen seien beliebig. Für die Projektionen von P_1, P_2, P auf den Achsen folgt dann gemäß dem Projektionssatz (S. 184)

$$(6) \qquad \mu = \frac{P_1 P}{P_2 P} = \frac{x_1 - \xi}{x_2 - \xi} = \frac{y_1 - \eta}{y_2 - \eta} = \frac{z_1 - \zeta}{z_2 - \zeta},$$

und hieraus ergibt sich wie S. 25

$$(6\,\mathrm{a}) \qquad \xi = \frac{x_1 - \mu x_2}{1 - \mu}, \qquad \eta = \frac{y_1 - \mu y_2}{1 - \mu}, \qquad \zeta = \frac{z_1 - \mu z_2}{1 - \mu}.$$

Durchläuft μ alle Werte des Kontinuums, so durchläuft P die Gerade $P_1 P_2$. Für die Mitte M von $P_1 P_2(\mu = -1)$ folgt wieder

$$(6\,\mathrm{b}) \qquad \xi = \frac{x_1 + x_2}{2}, \qquad \eta = \frac{y_1 + y_2}{2}, \qquad \zeta = \frac{z_1 + z_2}{2}.$$

Beispiel. Für den Schwerpunkt des Dreiecks $P_1 P_2 P_3$ ergibt sich

$$\xi = \frac{x_1 + x_2 + x_3}{3}, \qquad \eta = \frac{y_1 + y_2 + y_3}{3}, \qquad \zeta = \frac{z_1 + z_2 + z_3}{3},$$

für den Schwerpunkt des Tetraeders $P_0 P_1 P_2 P_3$

$$\xi = \frac{x_0 + x_1 + x_2 + x_3}{4}, \qquad \eta = \frac{y_0 + y_1 + y_2 + y_3}{4}, \qquad \zeta = \frac{z_0 + z_1 + z_2 + z_3}{4}.$$

Die Formeln (6a) gestatten im Raum die folgende Verallgemeinerung: Wir gehen von drei Punkten $P_i(x_i y_i z_i)$ aus, die eine Ebene ε bestimmen, $P(\xi, \eta, \zeta)$ sei ein beliebiger Punkt von ε und $P'(x', y', z')$ der Schnittpunkt von $P_1 P_2$ mit $P_3 P$. Seien ferner die Teilungsverhältnisse

$$(P_1 P_2 P') = \mu \quad \text{und} \quad (P' P_3 P) = \mu'.$$

Man hat dann zunächst

$$x' = \frac{x_1 - \mu x_2}{1 - \mu}, \qquad y' = \frac{y_1 - \mu y_2}{1 - \mu}, \qquad z' = \frac{z_1 - \mu z_2}{1 - \mu},$$

$$\xi = \frac{x' - \mu' x_3}{1 - \mu'}, \qquad \eta = \frac{y' - \mu' y_3}{1 - \mu'}, \qquad \zeta = \frac{z' - \mu' z_3}{1 - \mu'}.$$

Hieraus folgt, wenn noch $(1 - \mu)\,\mu' = \nu$ gesetzt wird,

$$(7) \quad \xi = \frac{x_1 - \mu\,x_2 - \nu\,x_3}{1 - \mu - \nu}, \quad \eta = \frac{y_1 - \mu\,y_2 - \nu\,y_3}{1 - \mu - \nu}, \quad \zeta = \frac{z_1 - \mu\,z_2 - \nu\,z_3}{1 - \mu - \nu}.$$

Die Punkte von ε sind also mittels zweier unabhängiger Parameter μ, ν dargestellt.

Die Parameter μ, ν stellen Koordinaten von P in ε dar. Man bestimme die Kurvenscharen $\mu = \mathrm{const}$ und $\nu = \mathrm{const}$.

§ 3. Formeln für Flächenprojektionen.

Die Achsen seien rechtwinklig; ferner sei $\varDelta$ eine Dreiecksfläche und $\varDelta_{xy}$, $\varDelta_{zx}$, $\varDelta_{yz}$ ihre Projektionen in den Koordinatenebenen. Wir setzen für $\varDelta$ eine Umlaufsrichtung und eine Normale n so voraus, daß sie zusammen ein Rechtssystem bestimmen. Dann gelten gemäß S. 185 die Formeln

$$(8) \quad \varDelta_{yz} = \varDelta \cos(nx), \quad \varDelta_{zx} = \varDelta \cos(ny), \quad \varDelta_{xy} = \varDelta \cos(nz);$$

aus ihnen folgt weiter

$$(8\,\mathrm{a}) \quad \varDelta_{yz}^2 + \varDelta_{zx}^2 + \varDelta_{xy}^2 = \varDelta^2.$$

Den Dreiecksflächen $\varDelta_{yz}$, $\varDelta_{zx}$, $\varDelta_{xy}$ kommt ein durch (8) bestimmtes Vorzeichen zu; es hängt, wie wir a. a. O. sahen, davon ab, ob ihre Umlaufsrichtung mit der für die Koordinatenebenen vorhandenen übereinstimmt oder nicht. In die Gleichung (8a) geht sie jedoch nicht ein.

Nehmen wir auf der x,y,z-Achse je einen Punkt A,B,C als Ecke von $\varDelta$ an, so sind $\varDelta_{yz}$, $\varDelta_{zx}$, $\varDelta_{xy}$ die Flächen der Dreiecke OBC, OCA, OAB; die Formel (8a) zeigt also, daß im Tetraeder $OABC$ das Quadrat von ABC gleich der Summe der drei Dreiecksquadrate der Seitenflächen ist (*räumlicher Pythagoras*).

Ist das Dreieck durch seine Ecken P_1, P_2, P_3 gegeben, so haben ihre Projektionen P_i' in der xy-Ebene dieselben Koordinaten wie die Punkte P_i; demgemäß finden wir für die Projektion $\varDelta_{xy}$ (S. 32)

$$(9) \quad 2\,\varDelta_{xy} = \begin{vmatrix} x_1 & y_1 & 1 \\ x_2 & y_2 & 1 \\ x_3 & y_3 & 1 \end{vmatrix} = 2\,\varDelta \cos(nz),$$

und es erscheint $\varDelta_{xy}$ mit positivem oder negativem Zeichen, je nachdem der Umlaufssinn von $P_1'P_2'P_3'$ mit dem der xy-Ebene übereinstimmt oder nicht. Ebenso hat man

$$(9\,\mathrm{a}) \quad 2\,\varDelta_{zx} = \begin{vmatrix} z_1 & x_1 & 1 \\ z_2 & x_2 & 1 \\ z_3 & x_3 & 1 \end{vmatrix}, \quad 2\,\varDelta_{yz} = \begin{vmatrix} y_1 & z_1 & 1 \\ y_2 & z_2 & 1 \\ y_3 & z_3 & 1 \end{vmatrix}.$$

Die Verbindung dieser Determinantenwerte mit (8a) liefert eine Formel, die $\varDelta^2$ durch die Koordinaten der Ecken ausdrückt.

§ 4. Das Lot von einem Punkt auf eine Ebene.

Das vom Punkt P (ξ, η, ζ) auf eine Ebene ε gefällte Lot bestimmt sich in der gleichen Weise wie in Kap. IV (S. 26). Die Achsen seien

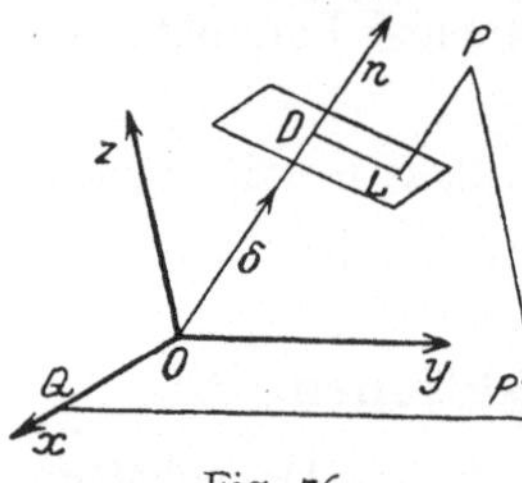

Fig. 76.

beliebig. Ferner sei (Fig. 76) der Halbstrahl n die von O auf ε gefällte Normale, D ihr Schnitt mit ε, $OD = \delta > 0$ und $LP = l$ das von P auf ε gefällte Lot. Die orthogonalen Projektionen der beiden Streckenzüge $OQP'P$ und $ODLP$ auf n sind dann einander gleich. Nun ist $LP \,\|\, n$, $DL \perp n$, und so folgt

$$\xi \cos(nx) + \eta \cos(ny) + \zeta \cos(nz) = \delta + l, \text{ also}$$

$$(10) \qquad l = \xi \cos(nx) + \eta \cos(ny) + \zeta \cos(nz) - \delta.$$

Dem Lot LP haben wir die gleiche positive Richtung erteilt wie der Normalen n; es ist also positiv, wenn O und P auf verschiedenen Seiten von ε liegen, negativ, wenn sie auf derselben Seite liegen. Für O selbst $(\xi = 0, \eta = 0, \zeta = 0)$ gibt daher (10) einen negativen Wert.

Geht die Ebene ε durch den Anfangspunkt, so ist zwar die *Lage* von n bestimmt, aber *nicht* die *Richtung*. Analytisch bedeutet dies, daß $\cos(nx)$, $\cos(ny)$, $\cos(nz)$ nur bis auf das Vorzeichen bestimmt sind. Man kann dann eine der beiden Richtungen von n beliebig als positiv wählen, und damit auch wieder ein Vorzeichen für l. Vgl. die Bemerkung auf S. 39.

§ 5. Die Richtungswinkel der Geraden.

Die Achsen seien rechtwinklig. Sei g eine durch O gehende gerichtete Gerade. Im Interesse der Kürze bezeichnen wir im folgenden die *Kosinus* ihrer Richtungswinkel durch α, β, γ, setzen also

$$\cos(xg) = \alpha, \quad \cos(yg) = \beta, \quad \cos(zg) = \gamma.$$

Für einen Punkt $P(x, y, z)$ von g ist dann gemäß (1)

$$(11) \qquad x = \alpha r, \quad y = \beta r, \quad z = \gamma r.$$

Eine zweite durch O gehende Gerade g_1 habe die Richtungskosinus $\alpha_1, \beta_1, \gamma_1$; ist $P_1(x_1 y_1 z_1)$ einer ihrer Punkte, so ist analog

$$(11a) \qquad x_1 = \alpha_1 r_1, \quad y_1 = \beta_1 r_1, \quad z_1 = \gamma_1 r_1.$$

Nun ist im Dreieck OPP_1

$$2 r r_1 \cos(gg_1) = r^2 + r_1^2 - PP_1^2$$
$$= x^2 + y^2 + z^2 + x_1^2 + y_1^2 + z_1^2 - (x_1 - x)^2 - (y_1 - y)^2 - (z_1 - z)^2;$$

daraus folgt mit Rücksicht auf (11) und (11a)

$$(12) \qquad \cos(gg_1) = \alpha\alpha_1 + \beta\beta_1 + \gamma\gamma_1. [1]$$

---

[1] Man erhält die Formel auch durch Projektion des Streckenzuges $OQP'P$ auf die Gerade g_1.

Insbesondere ist also

$$(12\,\text{a}) \qquad \alpha\alpha_1 + \beta\beta_1 + \gamma\gamma_1 = 0$$

die Bedingung, daß $g \perp g_1$ ist (*Orthogonalitätsbedingung*). Diese Formeln übertragen sich unmittelbar auf beliebige gerichtete Geraden h und h_1; zieht man durch O die Halbstrahlen g und g_1 gleichgerichtet zu h und h_1, so gelten sie für $\sphericalangle(gg_1)$, also auch für $\sphericalangle(hh_1)$.

Man bedarf auch einer Formel für $\sin(gg_1)$. Sie beruht auf der leicht beweisbaren Identität

$$(\alpha^2 + \beta^2 + \gamma^2)(\alpha_1^2 + \beta_1^2 + \gamma_1^2) - (\alpha\alpha_1 + \beta\beta_1 + \gamma\gamma_1)^2 =$$
$$= (\beta\gamma_1 - \beta_1\gamma)^2 + (\gamma\alpha_1 - \gamma_1\alpha)^2 + (\alpha\beta_1 - \alpha_1\beta)^2,$$

die für *beliebige* Größen $\alpha, \beta, \gamma, \alpha_1, \beta_1, \gamma_1$ erfüllt ist. Für die hier benutzten $\alpha, \beta, \gamma, \alpha_1, \beta_1, \gamma_1$ hat die linke Seite gemäß den Gleichungen (3) und (12) den Wert $1 - \cos^2(gg_1) = \sin^2(gg_1)$; also folgt

$$(13) \quad \sin^2(gg_1) = (\beta\gamma_1 - \beta_1\gamma)^2 + (\gamma\alpha_1 - \gamma_1\alpha)^2 + (\alpha\beta_1 - \alpha_1\beta)^2. \;{}^1)$$

Hieran schließt sich folgende Aufgabe. Man soll die Richtung α', β', γ' einer Geraden g' bestimmen, die zu g und g_1 orthogonal ist. Für α', β', γ' bestehen dann die Gleichungen

$$\alpha\alpha' + \beta\beta' + \gamma\gamma' = 0, \quad \alpha_1\alpha' + \beta_1\beta' + \gamma_1\gamma' = 0.$$

Aus ihnen folgt zunächst

$$\alpha':\beta':\gamma' = \begin{vmatrix} \beta & \gamma \\ \beta_1 & \gamma_1 \end{vmatrix} : \begin{vmatrix} \gamma & \alpha \\ \gamma_1 & \alpha_1 \end{vmatrix} : \begin{vmatrix} \alpha & \beta \\ \alpha_1 & \beta_1 \end{vmatrix}.$$

Man kann also setzen

$$(14) \quad \lambda\alpha' = (\beta\gamma_1 - \beta_1\gamma), \quad \lambda\beta' = (\gamma\alpha_1 - \gamma_1\alpha), \quad \lambda\gamma' = (\alpha\beta_1 - \alpha_1\beta)$$

und erhält durch Quadrieren und Addieren

$$(14\,\text{a}) \qquad \lambda^2 = \sin^2(gg_1) \,.$$

Beispiel. Die Projektion der Strecke $P_1P_2(\alpha, \beta, \gamma)$ auf der Geraden $g(\lambda, \mu, \nu)$ ergibt sich aus den vorstehenden Formeln folgendermaßen: Es ist für $P_1P_2 = r$ (in ausführlicher Schreibweise der Kosinus)

$$x_2 - x_1 = r\cos\alpha, \quad y_2 - y_1 = r\cos\beta, \quad z_2 - z_1 = r\cos\gamma \,.$$

Andererseits ist

$$\Pi(P_1P_2, g) = r\cos(gr) = r\{\cos\alpha\cos\lambda + \cos\beta\cos\mu + \cos\gamma\cos\nu\},$$

und daher

$$\Pi(P_1P_2, g) = (x_2 - x_1)\cos\lambda + (y_2 - y_1)\cos\mu + (z_2 - z_1)\cos\nu \,.$$

Man leite die Formel auch aus dem Projektionssatz her, aus dem sie unmittelbar folgt.

${}^1)$ g und g_1 sind gerichtete Geraden; das Zeichen von (gg_1) bleibt unbestimmt. Die Formel ändert sich nicht, wenn man die Richtung von g oder g_1 umkehrt.

§ 6. Die Transformation der Koordinaten.

Es sollen die Beziehungen gefunden werden, die zwischen den Koordinaten *desselben* Punktes für *mehrere* Koordinatensysteme bestehen. Wie in Kap. IV bilden die Projektionssätze unseren Ausgangspunkt. Seien zunächst x, y, z und X, Y, Z parallele und kongruente Achsensysteme (Dreikante), und es möge der Anfangspunkt M des XYZ-Systems im xyz-System die Koordinaten ξ, η, ζ haben (Fig. 77).

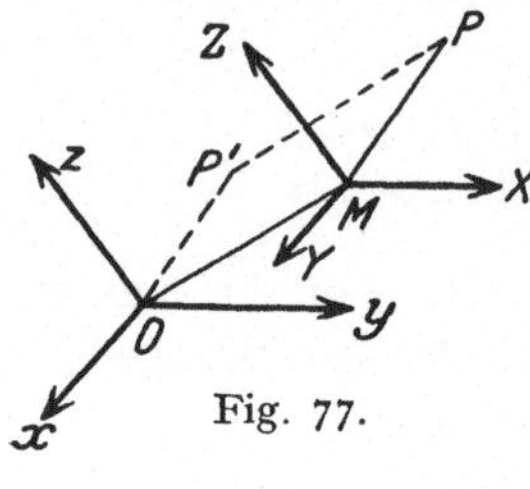

Fig. 77.

Dann sind die projizierenden Ebenen, die die Koordinaten eines Punktes P bestimmen, für beide Systeme einander bezüglich parallel, ebenso die Achsen, auf die projiziert wird. Der Projektionssatz

$$(15) \qquad \Pi(OP) = \Pi(OM) + \Pi(MP)$$

liefert daher unmittelbar die Formel

$$(15\,\mathrm{a}) \qquad x = X + \xi, \quad y = Y + \eta, \quad z = Z + \zeta.$$

Wir gehen zu Achsen xyz und $x'y'z'$ mit demselben Anfangspunkt O über. Die xyz-Achsen seien orthogonal, während das $x'y'z'$-System beliebig bleiben soll. Nun ist die Projektion von OP auf jeder Geraden s gleich der Projektion eines aus x', y', z' bestehenden Streckenzuges (S. 186); also

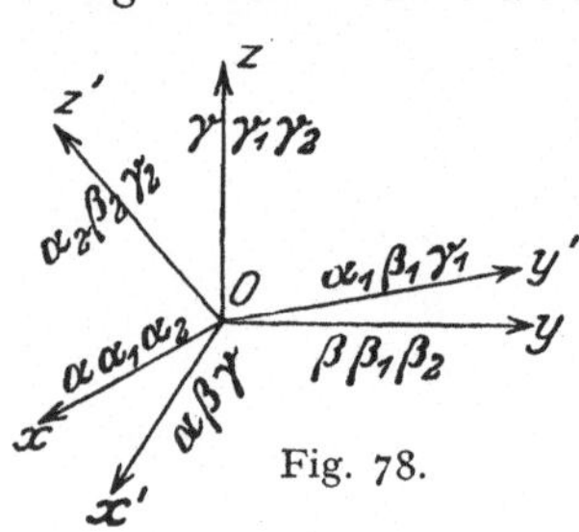

Fig. 78.

$$(15\,\mathrm{b}) \quad \Pi(OP) = \Pi(x') + \Pi(y') + \Pi(z').$$

Dies wenden wir auf die x, y, z-Achsen als Gerade s an, und auf orthogonales Projizieren. Die orthogonalen Projektionen von OP auf diesen drei Achsen sind x, y, z; für die rechte Seite haben wir Gleichung (3 a) von S. 184 anzuwenden und finden so

$$(16) \quad \begin{cases} x = x'\cos(xx') + y'\cos(xy') + z'\cos(xz') \\ y = x'\cos(yx') + y'\cos(yy') + z'\cos(yz') \\ z = x'\cos(zx') + y'\cos(zy') + z'\cos(zz'). \end{cases}$$

Für den Sonderfall, daß auch die $x'y'z'$-Achsen orthogonal sind, setzen wir

$$(17) \quad \begin{cases} \cos(xx') = \alpha, & \cos(xy') = \alpha_1, & \cos(xz') = \alpha_2 \\ \cos(yx') = \beta, & \cos(yy') = \beta_1, & \cos(yz') = \beta_2 \\ \cos(zx') = \gamma, & \cos(zy') = \gamma_1, & \cos(zz') = \gamma_2. \end{cases}$$

Jetzt drücken sich auch x', y', z' durch x, y, z mittels Gleichungen der Form (16) aus; wir erhalten daher insgesamt (Fig. 78)

$$(18) \quad \begin{cases} x = \alpha x' + \alpha_1 y' + \alpha_2 z' & x' = \alpha x + \beta y + \gamma z \\ y = \beta x' + \beta_1 y' + \beta_2 z' & y' = \alpha_1 x + \beta_1 y + \gamma_1 z \\ z = \gamma x' + \gamma_1 y' + \gamma_2 z' & z' = \alpha_2 x + \beta_2 y + \gamma_2 z. \end{cases}$$

Für die hier auftretenden neun Kosinus besteht eine große Reihe von Relationen[1]). Aus (3) folgt zunächst

$$(19)\quad \begin{cases} \alpha^2 + \beta^2 + \gamma^2 = 1 & \alpha^2 + \alpha_1^2 + \alpha_2^2 = 1 \\ \alpha_1^2 + \beta_1^2 + \gamma_1^2 = 1 & \beta^2 + \beta_1^2 + \beta_2^2 = 1 \\ \alpha_2^2 + \beta_2^2 + \gamma_2^2 = 1 & \gamma^2 + \gamma_1^2 + \gamma_2^2 = 1. \end{cases}$$

Die Formel (12a), die für $g \perp g_1$ gilt, liefert, wenn wir sie einerseits auf die Richtung von irgend zweien der x', y', z'-Achsen im xyz-System anwenden, und andererseits auf irgend zwei der x, y, z-Achsen in bezug auf das $x'y'z'$-System,

$$(19a)\quad \begin{cases} \alpha\,\alpha_1 + \beta\,\beta_1 + \gamma\,\gamma_1 = 0 \\ \alpha\,\alpha_2 + \beta\,\beta_2 + \gamma\,\gamma_2 = 0 \\ \alpha_1\alpha_2 + \beta_1\beta_2 + \gamma_1\gamma_2 = 0 \end{cases} \text{und} \quad \begin{cases} \alpha\,\beta + \alpha_1\beta_1 + \alpha_2\beta_2 = 0 \\ \alpha\,\gamma + \alpha_1\gamma_1 + \alpha_2\gamma_2 = 0 \\ \beta\,\gamma + \beta_1\,\gamma_1 + \beta_2\,\gamma_2 = 0. \end{cases}$$

Zu weiteren Gleichungen führen endlich die Gleichungen (14). Wenn wir die y'- und z'-Achse den Geraden g und g_1 entsprechen lassen und die x'-Achse der Geraden g', erhalten wir

$$\lambda\,\alpha = \beta_1\gamma_2 - \beta_2\gamma_1, \quad \lambda^2 = \sin^2(y'z') = 1; \quad \lambda = \pm 1.$$

Insgesamt gibt es neun solche Gleichungen; wir können sie durch zyklische Vertauschung der Indizes und der Kosinus α, β, γ entstehen lassen; so finden wir

$$(20)\quad \begin{cases} \lambda\,\alpha = \beta_1\gamma_2 - \beta_2\gamma_1, & \lambda\,\beta = \gamma_1\alpha_2 - \gamma_2\alpha_1, & \lambda\,\gamma = \alpha_1\beta_2 - \alpha_2\beta_1 \\ \lambda\,\alpha_1 = \beta_2\gamma - \beta\,\gamma_2, & \lambda\,\beta_1 = \gamma_2\alpha - \gamma\,\alpha_2, & \lambda\,\gamma_1 = \alpha_2\beta - \alpha\,\beta_2 \\ \lambda\,\alpha_2 = \beta\,\gamma_1 - \beta_1\gamma, & \lambda\,\beta_2 = \gamma\,\alpha_1 - \gamma_1\alpha, & \lambda\,\gamma_2 = \alpha\,\beta_1 - \alpha_1\beta. \end{cases}$$

Hier ist nur noch der Wert von λ nicht völlig bestimmt. Es wird sich zeigen, daß $\lambda = +1$ ist, wenn die beiden Achsensysteme *kongruent* sind, und $\lambda = -1$, wenn sie *spiegelbildlich gleich* sind[2]).

Dazu wollen wir die letzte Formelgruppe noch auf eine zweite Weise ableiten. Wir gehen von den Gleichungen

$$\begin{matrix} \alpha\,\alpha + \beta\,\beta + \gamma\,\gamma = 1 \\ \alpha_1\alpha + \beta_1\beta + \gamma_1\gamma = 0; \\ \alpha_2\alpha + \beta_2\beta + \gamma_2\gamma = 0 \end{matrix} \qquad \begin{vmatrix} \alpha & \beta & \gamma \\ \alpha_1 & \beta_1 & \gamma_1 \\ \alpha_2 & \beta_2 & \gamma_2 \end{vmatrix} = \varDelta$$

aus und leiten aus ihnen Gleichungen für α, β, γ ebenso ab wie bei der Auflösung eines linearen Gleichungssystems (Anhang 27). Für α erhält man so

$$\varDelta\,\alpha = \begin{vmatrix} 1 & \beta & \gamma \\ 0 & \beta_1 & \gamma_1 \\ 0 & \beta_2 & \gamma_2 \end{vmatrix} = \beta_1\gamma_2 - \beta_2\gamma_1,$$

---

[1]) Man erkennt leicht, daß nur drei von ihnen willkürlich sind; es bestimmen zwei die Lage der x'-Achse und ein weiterer die Lage der y'-Achse. Die z'-Achse ist damit ebenfalls der Lage nach bestimmt.

[2]) Es folgt also zugleich, daß λ in allen Formeln (20) denselben Wert hat.

also

$$(21) \qquad \Delta^2 = \lambda^2 = 1; \quad \Delta = \lambda = \pm 1.$$

Nun ist offenbar Δ eine stetige Funktion der neun Kosinus $\alpha_i, \beta_i, \gamma_i$; ändern diese sich stetig, so ändert sich auch Δ stetig. Bei einer stetigen Änderung der $\alpha_i, \beta_i, \gamma_i$ kann daher Δ niemals von $+1$ zu -1 springen und behält also entweder stets den Wert $+1$ oder aber den Wert -1. Nun bewege man das $x'y'z'$-System so, daß allmählich die positive z'-Achse in die positive z-Achse fällt, und drehe es dann um die z-Achse, bis die positive x'-Achse in die positive x-Achse fällt. Dann wird die positive y'-Achse entweder auch in die positive y-Achse fallen (kongruente Systeme) oder in die negative y-Achse (spiegelbildlich gleiche Systeme). In beiden Fällen hat Δ für die Anfangslage und Endlage der Achsen denselben Wert. Für die Endlage ist aber

$$\Delta = \begin{vmatrix} 1 & 0 & 0 \\ 0 & 1 & 0 \\ 0 & 0 & 1 \end{vmatrix} = +1 \quad \text{oder} \quad \Delta = \begin{vmatrix} 1 & 0 & 0 \\ 0 & -1 & 0 \\ 0 & 0 & 1 \end{vmatrix} = -1,$$

und damit ist die obige Behauptung erwiesen.

Sind beide Achsensysteme schiefwinklig, mit gemeinsamem Anfangspunkt, so darf immer noch die Gleichung (15 b) unseren Ausgangspunkt bilden. Für den Wert der rechtsstehenden Projektionen kommt aber jetzt nicht (3 a) von S. 184 in Betracht, sondern (2). Werden die Projektionskonstanten für x', y', z' in bezug auf die x-Achse durch a, b, c bezeichnet, in bezug auf die y-Achse durch a_1, b_1, c_1 und in bezug auf die z-Achse durch a_2, b_2, c_2, so folgt daher

$$(22) \qquad \begin{cases} x = a\,x' + b\,y' + c\,z' \\ y = a_1 x' + b_1 y' + c_1 z' \\ z = a_2 x' + b_2 y' + c_2 z'. \end{cases}$$

Mittels analoger Formeln drücken sich x', y', z' durch x, y, z aus.

Haben wir es endlich mit zwei beliebigen Systemen x, y, z um O und x', y', z' um O' zu tun, so schieben wir wie in Kap. IV (S. 30) ein X, Y, Z-System ein, das zum x, y, z-System parallel ist und dessen Anfangspunkt in O' fällt, und finden, für d, d_1, d_2 als Koordinaten von O', durch Verbindung von (15 a) und (22)

$$(23) \qquad \begin{cases} x = a\,x' + b\,y' + c\,z' + d \\ y = a_1 x' + b_1 y' + c_1 z' + d_1 \\ z = a_2 x' + b_2 y' + c_2 z' + d_2. \end{cases}$$

Die Transformation erfolgt also durch eine lineare Substitution.

Man kann zu den Gleichungen (19) und (19a) auch in der Weise gelangen, daß man von der geometrischen *Invarianz* der Entfernung für *orthogonale Transformationen*, also von

$$(24) \qquad OP^2 = x^2 + y^2 + z^2 = x'^2 + y'^2 + z'^2$$

ausgeht; hieraus fließen mittels der Formeln (18) die genannten Gleichungen. Für den Übergang zu einem schiefwinkligen $x'y'z'$-System ergibt sich aus (16) gemäß (3) und (12)

$$(24\,\mathrm{a}) \quad OP^2 = x'^2 + y'^2 + z'^2 + 2y'z'\cos(y'z') + 2z'x'\cos(z'x') + 2x'y'\cos(x'y').$$

Daraus kann die *Invarianz* der rechten Seite von (24a) für *alle Transformationen* (22) geschlossen werden. Beim Übergang vom xyz-System zu einem zweiten beliebigen $x''y''z''$-System mittels der Gleichungen (16) folgt für OP^2 eine zu (24a) analoge Gleichung; ihren rechten Seiten kommt daher die Invarianz zu und zwischen den $x'y'z'$- und $x''y''z''$-Systemen bestehen in der Tat Gleichungen der Form (22).

Die vorstehenden Transformationsformeln lassen sich auch so deuten, daß sie sich auf *verschiedene* Punkte für dieselben (oder auch verschiedene) Achsen beziehen. Die Formeln (15a) entsprechen einer *Schiebung* um die Strecke OM. Wir gehen davon aus, daß sie den analytischen Ausdruck der Gleichung (15) bilden. Vervollständigen wir in Fig. 77 das Dreieck OMP zum Parallelogramm $OMPP'$, so ist (15) mit

$$(25) \qquad \Pi(OP) = \Pi(OP') + \Pi(P'P); \quad P'P = OM$$

gleichwertig. Diese Gleichung läßt sich so deuten, daß *der Punkt P aus P' mittels der konstanten Schiebung $P'P = OM$ hervorgeht.* Durch Projektion von (25) auf die Achsen folgt also

$$(25\,\mathrm{a}) \qquad x = x' + \xi, \quad y = y' + \eta, \quad z = z' + \zeta,$$

wo ξ, η, ζ die Projektionen von $P'P$ (die *Komponenten* der Schiebung) sind, und sich alle Koordinaten auf die durch O gehenden Achsen beziehen, und das ist die Behauptung.

Die Gleichungen (18) wollen wir als Formeln für eine Bewegung um O als festen Punkt deuten; wir betrachten insbesondere die rechtsstehenden, die x', y', z' durch x, y, z ausdrücken. Das Dreikant (T) der x, y, z-Achsen und das Dreikant (T') der x', y', z'-Achsen nehmen wir als *kongruent* an. Es läßt sich also das Dreikant T mit T' durch eine geeignete Bewegung — sie heiße $\mathfrak{L}$ — zur Deckung bringen. Sei nun P' ein mit dem Dreikant T' fest verbundener Punkt, und P der homologe Punkt für T, so wird P durch die Bewegung $\mathfrak{L}$ nach P' gelangen. Nun können wir in den genannten Gleichungen (18) x', y', z' als Koordinaten von P' für T' ansehen; es sind dann x, y, z in ihnen die Koordinaten *desselben* Punktes P' für T. Da aber P und P' homologe Punkte für T und T' sind, so stimmen die Koordinaten von P' für T' mit denen von P für T überein; wir dürfen also unter x', y', z' auch die Koordinaten von P für T verstehen. Die betrachteten Formeln lassen sich also so deuten, daß sie sich auf die xyz-Achsen beziehen, und daß (xyz) aus $(x'y'z')$ durch dieselbe Bewegung hervorgeht, die T in T' überführt, also $(x'y'z')$ aus (xyz) durch die umgekehrte Bewegung; und zwar ist die Lage von T' gegen T durch die neun Kosinus $\alpha_i, \beta_i, \gamma_i$ gemäß (18) bestimmt.

Fünfzehntes Kapitel.

Ebene und Gerade in Punktkoordinaten.

§ 1. Die Gleichungsformen der Ebene.

Für das von einem Punkt $P(\xi, \eta, \zeta)$ auf eine Ebene ε gefällte Lot fanden wir (S. 194)

$$l = \xi \cos(nx) + \eta \cos(ny) + \zeta \cos(nz) - \delta;$$

n ist die von O auf ε gefällte Normale und $\delta = OD$ ihre Länge[1]). Für die Punkte der Ebene selbst hat dies Lot die Länge Null, und so stellt

$$(1) \qquad x \cos(nx) + y \cos(nx) + z \cos(ny) - \delta = 0$$

die Gleichung einer Ebene dar. Die Achsen können beliebig sein (*Hessesche Normalform*).

Seien a, b, c die (endlichen) Stücke, die die Ebene auf den Achsen abschneidet. Dann ist δ die orthogonale Projektion von a, b, c auf n, also

$$\delta = a \cos(nx) = b \cos(ny) = c \cos(nz),$$

und die Gleichung (1) verwandelt sich in

$$(2) \qquad \frac{x}{a} + \frac{y}{b} + \frac{z}{c} - 1 = 0.$$

Wir werden daraus folgern, daß jede Gleichung

$$(3) \qquad Ax + By + Cz + D = 0$$

eine Ebene darstellt (*allgemeine Gleichung*). Sind zunächst alle Koeffizienten von Null verschieden, so haben a, b, c die Werte

$$a = -\frac{D}{A}, \quad b = -\frac{D}{B}, \quad c = -\frac{D}{C}.$$

Sei zweitens nur $D = 0$; dann läßt sich (3) in die Gleichung (1) für den Sonderfall $\delta = 0$ überführen. Setzt man nämlich

$$A:B:C = \cos(nx):\cos(ny):\cos(nz),$$

so lassen sich daraus, mittels $\cos^2(nx) + \cos^2(ny) + \cos^2(nz) = 1$ die drei Kosinus bis auf ein Vorzeichen bestimmen, und es geht (3)

---

[1]) Von dem Fall $\delta = 0$ wird zunächst abgesehen; vgl. Kap. V, §2.

in (1) über. Die Ebene selbst ist damit eindeutig bestimmt. Die Unbestimmtheit des Vorzeichens entspricht dem Umstand, daß die Richtung von n an sich unbestimmt bleibt (S. 194).

Ist $C = 0$, $A \gtrless 0$, $B \gtrless 0$, lautet also die Gleichung

$$(3\,\text{a}) \qquad A x + B y + D = 0,$$

so kann man folgendermaßen schließen: In der xy-Ebene gibt es eine durch (3a) dargestellte Gerade g'. Zieht man durch einen Punkt P' von ihr eine Parallele p zur z-Achse, und ist P ein Punkt von p, so genügen auch seine Koordinaten der Gleichung (3a). Alle diese Parallelen bilden eine *zur z-Achse parallele* Ebene durch g'; sie ist die Ebene (3a). Analog ist es, wenn $B = 0$, $A \gtrless 0$, $C \gtrless 0$ oder $A = 0$, $B \gtrless 0$, $C \gtrless 0$ ist; die Ebene ist dann der y-Achse oder x-Achse parallel. Sind zwei der Koeffizienten A, B, C gleich Null, so hat (3) eine der Formen (8) von S. 187; die Ebene (3) ist also einer Koordinaten*ebene* parallel.

Es bleibt noch der Fall $A = 0$, $B = 0$, $C = 0$. Durch Übergang zu homogenen Koordinaten x, y, z, t tritt an die Stelle von (3) die Gleichung $\qquad A x + B y + C z + D t = 0;$

für $A = 0$, $B = 0$, $C = 0$ stellt sie die Ebene $t = 0$, also ε_∞ dar.

Um die allgemeine Gleichung einer im Endlichen gelegenen Ebene in die Normalform überzuführen, befolgen wir die Methode von S. 39. Die Achsen seien *rechtwinklig;* ferner sei $(x\,n) = \alpha$, $(y\,n) = \beta$, $(z\,n) = \gamma$, so daß (1) die Form

$$x \cos \alpha + y \cos \beta + z \cos \gamma - \delta = 0$$

annimmt. Wir multiplizieren (3) mit λ und bestimmen λ so, daß

$$(4) \qquad \lambda A = \cos \alpha, \quad \lambda B = \cos \beta, \quad \lambda C = \cos \gamma, \quad \lambda D = -\delta$$

wird; dies bedingt $\lambda^2 (A^2 + B^2 + C^2) = 1$, also

$$(4\,\text{a}) \quad \begin{cases} \cos \alpha = \dfrac{A}{\sqrt{A^2 + B^2 + C^2}}, \quad \cos \beta = \dfrac{B}{\sqrt{A^2 + B^2 + C^2}}, \quad \cos \gamma = \dfrac{C}{\sqrt{A^2 + B^2 + C^2}}, \\[2ex] \qquad\qquad \delta = - \dfrac{D}{\sqrt{A^2 + B^2 + C^2}}. \end{cases}$$

Das Wurzelzeichen ist so zu wählen, daß $\delta > 0$ ausfällt; es hat also das entgegengesetzte Zeichen wie D, und es ist

$$(5) \qquad \frac{A x + B y + C z + D}{\sqrt{A^2 + B^2 + C^2}} = 0$$

die Normalgleichung der Ebene (3)[1].

Die Gleichung einer Ebene, die durch drei Punkte $P_i(x_i y_i z_i)\,(i = 1, 2, 3)$ bestimmt ist, gewinnen wir nach der mehrfach benutzten Methode. Die Ebene wird für gewisse Werte A, B, C, D durch (3) dargestellt (bei beliebigen Achsen), nämlich für solche, die die Gleichungen

$$(6) \qquad A x_i + B y_i + C z_i + D = 0; \quad i = 1, 2, 3$$

---

[1]) Für den Fall $D = 0$ ist wieder S. 39 zu beachten.

erfüllen. Die Verhältnisse $A : B : C : D$ müssen also diesen drei Gleichungen und der Gleichung (3) genügen; die Determinante der vier Gleichungen ist also Null (Anhang 30) — was die gesuchte Ebenengleichung liefert. Man kann die vier Gleichungen auch auf drei reduzieren, indem man die letzte Gleichung (6) von den vorhergehenden und von (3) subtrahiert. Dies liefert

$$(6\text{a}) \quad \begin{cases} A(x - x_3) + B(y - y_3) + C(z - z_3) = 0 \\ A(x_1 - x_3) + B(y_1 - y_3) + C(z_1 - z_3) = 0 \\ A(x_2 - x_3) + B(y_2 - y_3) + C(z_2 - z_3) = 0, \end{cases}$$

und so ergibt die erste und zweite Betrachtung für die Gleichung der Ebene eine der beiden Formen

$$(7) \quad \begin{vmatrix} x & y & z & 1 \\ x_1 & y_1 & z_1 & 1 \\ x_2 & y_2 & z_2 & 1 \\ x_3 & y_3 & z_3 & 1 \end{vmatrix} = 0 \quad \text{oder} \quad \begin{vmatrix} x - x_3 & y - y_3 & z - z_3 \\ x_1 - x_3 & y_1 - y_3 & z_1 - z_3 \\ x_2 - x_3 & y_2 - y_3 & z_2 - z_3 \end{vmatrix} = 0\,{}^{[1]}).$$

Ersetzt man hier x, y, z durch x_0, y_0, z_0, so ergibt sich die Bedingung, daß *vier Punkte P_0, P_1, P_2, P_3 in einer Ebene liegen.*

Es gibt noch eine letzte wichtige Darstellung der Ebene; sie ist in den Formeln (7) von S. 193 enthalten und stellt x, y, z durch *zwei unabhängige Parameter* dar. Sie lautet

$$(8) \quad x = \frac{x_1 - \mu x_2 - \nu x_3}{1 - \mu - \nu}, \quad y = \frac{y_1 - \mu y_2 - \nu y_3}{1 - \mu - \nu}, \quad z = \frac{z_1 - \mu z_2 - \nu z_3}{1 - \mu - \nu}.$$

Daraus folgt, daß die drei Gleichungen

$$(8\text{a}) \quad x = \frac{a_1 + a_2 u + a_3 v}{d_1 + d_2 u + d_3 v}, \quad y = \frac{b_1 + b_2 u + b_3 v}{d_1 + d_2 u + d_3 v}, \quad z = \frac{c_1 + c_2 u + c_3 v}{d_1 + d_2 u + d_3 v}$$

ebenfalls eine Ebene bestimmen. Setzt man nämlich

$$\frac{a_i}{d_i} = x_i, \quad \frac{b_i}{d_i} = y_i, \quad \frac{c_i}{d_i} = z_i, \quad \frac{d_2}{d_1} u = -\mu, \quad \frac{d_3}{d_1} v = -\nu,$$

so gehen die Gleichungen (8a) in (8) über.

Die Parameter u und v sind zu μ und ν proportional, woraus ihre Bedeutung erhellt.

§ 2. Der Tetraederinhalt.

Der Inhalt V des Tetraeders, das der Punkt O mit drei Punkten P_1, P_2, P_3 bestimmt, läßt sich mit Hilfe der Ebenengleichung (7) ableiten. Die Achsen seien rechtwinklig. Wir formen die Gleichung folgendermaßen um: Wir entwickeln die vierreihige Determinante von (7) nach den Elementen der ersten Zeile, nach Formel (22a) des Anhangs.

---

[1]) Beide Formen lassen sich auseinander ableiten, vgl. das letzte Beispiel zu Anhang (17b).

Die gemäß dieser Formel auftretenden Unterdeterminanten von x, y, z sind uns S. 193 bereits begegnet; sie haben die Werte $2\Delta_{yz}$, $-2\Delta_{zx}$, $2\Delta_{xy}$. Mithin erhalten wir, wenn wir noch die Unterdeterminante von 1 mit Δ_{xyz} bezeichnen,

$$2(x\,\Delta_{yz} + y\,\Delta_{zx} + z\,\Delta_{xy}) - \Delta_{xyz} = 0,$$

und hieraus folgt gemäß (8) von S. 193 weiter

$$2\Delta\{x\cos(nx) + y\cos(ny) + z\cos(nz)\} - \Delta_{xyz} = 0.$$

Diese Gleichung vergleichen wir mit der Normalgleichung unserer Ebene, also mit

$$x\cos(nx) + y\cos(ny) + z\cos(nz) - \delta = 0$$

und erhalten

$$2\Delta\delta = \Delta_{xyz}.$$

Nun stellt aber $\Delta\delta$ — absolut genommen — den dritten Teil des Tetraederinhalts V dar, und so ergibt sich

$$(9) \qquad 6V = \begin{vmatrix} x_1 & y_1 & z_1 \\ x_2 & y_2 & z_2 \\ x_3 & y_3 & z_3 \end{vmatrix}.$$

Dem Inhalt können wir wiederum ein Vorzeichen beilegen, abhängig von der Umlaufsrichtung $P_1 P_2 P_3$, und bestimmt durch das Vorzeichen der Determinante von (9). Wie es bei der Fläche des ebenen Dreiecks (S. 32) der Fall war, ändert es sich bei zyklischer Vertauschung der Punkte nicht, bei den anderen Vertauschungen geht es in seinen entgegengesetzten Wert über (Anhang 12a). In dem speziellen Fall, daß die Punkte P_1, P_2, P_3 die Koordinaten $1, 0, 0$; $0, 1, 0$; $0, 0, 1$ haben, also in die Achsen fallen, erhalten wir

$$\begin{vmatrix} 1 & 0 & 0 \\ 0 & 1 & 0 \\ 0 & 0 & 1 \end{vmatrix} = 1 > 0.$$

In diesem Fall bildet die Umlaufsrichtung $P_1 P_2 P_3$ mit der Normale n ein Rechtssystem, und ebenso ist es für die drei Halbstrahlen OP_1, OP_2, OP_3. Die Determinante muß daher für alle Tetraeder positiv sein, die ein solches Rechtssystem darstellen. Denn zwei solche Tetraeder können durch stetige Umformung so ineinander übergeführt werden, daß der Inhalt niemals Null wird; er behält daher sein Vorzeichen.

Den Inhalt eines durch vier Punkte P_0, P_1, P_2, P_3 bestimmten Tetraeders finden wir nach derselben Methode, die in Kap. IV angewandt wurde (S. 31). Wir legen durch P_0 neue Achsen x', y', z' parallel zu x, y, z, so daß

$$x' = x - x_0, \quad y' = y - y_0, \quad z' = z - z_0$$

ist. Der Tetraederinhalt ergibt sich, wenn man zunächst in der Determinante (9) die x_i, y_i, z_i durch x_i', y_i', z_i' ersetzt. Die so gebildete Determinante geht auf Grund der vorstehenden Gleichungen in die zweite Determinante von (7) über, die wieder der ersten gleich ist. Man findet demnach

$$(10) \qquad 6\,V = \begin{vmatrix} x_1 - x_0 & y_1 - y_0 & z_1 - z_0 \\ x_2 - x_0 & y_2 - y_0 & z_2 - z_0 \\ x_3 - x_0 & y_3 - y_0 & z_3 - z_0 \end{vmatrix} = \begin{vmatrix} x_0 & y_0 & z_0 & 1 \\ x_1 & y_1 & z_1 & 1 \\ x_2 & y_2 & z_2 & 1 \\ x_3 & y_3 & z_3 & 1 \end{vmatrix}.$$

Je nachdem die Halbstrahlen P_0P_1, P_0P_2, P_0P_3 ein Rechtssystem oder Linkssystem bilden, ist V positiv oder negativ.

Zum Inhalt für *beliebige* Achsen x', y', z' gelangen wir mittels der Transformationsgleichungen (16) von S. 196. Setzen wir die in (16) enthaltenen Werte in (9) ein, so finden wir auf Grund des Multiplikationstheorems der Determinanten (Anhang 19) unmittelbar

$$(11) \qquad 6\,V = \begin{vmatrix} \cos(x\,x') & \cos(x\,y') & \cos(x\,z') \\ \cos(y\,x') & \cos(y\,y') & \cos(y\,z') \\ \cos(z\,x') & \cos(z\,y') & \cos(z\,z') \end{vmatrix} \cdot \begin{vmatrix} x_1' & y_1' & 1 \\ x_2' & y_2' & 1 \\ x_3' & y_3' & 1 \end{vmatrix};$$

für das Tetraeder $P_0P_1P_2P_3$ ergeben sich also die mit der Kosinusdeterminante multiplizierten Ausdrücke (10).

Der Tetraederinhalt ist eine geometrische Größe; sein Ausdruck muß daher im Sinne von Anhang 36 b die *Invarianteneigenschaft* besitzen. Das zeigt Gleichung (11) unmittelbar; die Determinante (9) ist durch die Transformation (16) in der Tat in sich übergegangen, multipliziert mit der Substitutionsdeterminante. Für rechtwinklige Transformation hat diese den Wert 1 und verschwindet daher aus der Formel. Weiter folgt nunmehr die Invarianz auch für die erste in (10) enthaltene Determinante und damit auch für die zweite.

Eine Anwendung des vorstehenden sei folgende: Analog zu Kap. IV betrachten wir die Gleichungen

$$(12) \qquad\qquad x' = \alpha x, \quad y' = \beta y, \quad z' = \gamma z;$$

sie können sich auf dasselbe oder auch auf verschiedene Achsensysteme beziehen. Sie ordnen jedem Punkt $P(xyz)$ einen Punkt $P'(x'y'z')$ zu; die so vermittelte Beziehung heißt wieder *affin*. Wir erkennen wiederum: 1. Erfüllen die Punkte P eine Ebene ε, so erfüllen die Punkte P' eine Ebene ε'; einer Geraden g als Schnitt von ε und ε_1 entspricht also eine Gerade g' als Schnitt von ε' und ε_1'. 2. Das Teilungsverhältnis (P_1P_2P) ändert bei affiner Abbildung seinen Wert nicht; der Mitte einer Strecke P_1P_2 entspricht wieder die Mitte von $P_1'P_2'$. 3. Jedem uneigentlichen Punkt P_∞ entspricht ein uneigentlicher Punkt P_∞'; parallelen Ebenen ε und ε_1 entsprechen also wieder parallele Ebenen ε' und ε_1', ebenso parallelen Geraden g und h parallele Geraden g' und h'; einem Parallelepiped also wieder ein Parallelepiped. 4. Endlich überträgt sich auch der Satz 2 von S. 33. Zunächst folgt für Tetraeder mit O und O' als Ecken

$$(13) \qquad \begin{vmatrix} x_1' & y_1' & z_1' \\ x_2' & y_2' & z_2' \\ x_3' & y_3' & z_3' \end{vmatrix} = \alpha\,\beta\,\gamma \begin{vmatrix} x_1 & y_1 & z_1 \\ x_2 & y_2 & z_2 \\ x_3 & y_3 & z_3 \end{vmatrix},$$

d. h. $V' = \alpha\,\beta\,\gamma\,V$; und dasselbe folgt ebenso für die Determinanten von (10).

§ 3. Die Gerade.

Gleichungen einer Geraden sind in den Formeln (6) und (6a) von S. 192 bereits vorhanden. Für variables ξ, η, ζ geben sie die durch zwei Punkte P_1 und P_2 bestimmte Gerade. Aus (6) erhalten wir für sie die Doppelgleichung

$$(14) \qquad \frac{x_1 - x}{x_2 - x} = \frac{y_1 - y}{y_2 - y} = \frac{z_1 - z}{z_2 - z} \; (= \mu);$$

sie drückt die Grundeigenschaft der Geraden aus, daß das Teilungsverhältnis $(P_1 P_2 P)$ bei Parallelprojektion auf eine Achse seinen Wert behält. Diese Eigenschaft besteht auch für $(P P_2 P_1)$ und seine Projektionen; so stellt auch die Doppelgleichung

$$(14a) \qquad \frac{x - x_1}{x_2 - x_1} = \frac{y - y_1}{y_2 - y_1} = \frac{z - z_1}{z_2 - z_1}$$

die Gerade durch P_1 und P_2 dar[1]).

Aus (6a) von S. 192 folgen als Geradengleichungen

$$(15) \qquad x = \frac{x_1 - \mu\,x_2}{1 - \mu}, \quad y = \frac{y_1 - \mu\,y_2}{1 - \mu}, \quad z = \frac{z_1 - \mu\,z_2}{1 - \mu};$$

in ihnen erscheinen x, y, z durch den Parameter μ ausgedrückt. Man folgert daraus, daß auch die Gleichungen

$$(15a) \qquad x = \frac{a_1 + a_2\,t}{d_1 + d_2\,t}, \quad y = \frac{b_1 + b_2\,t}{d_1 + d_2\,t}, \quad z = \frac{c_1 + c_2\,t}{d_1 + d_2\,t}$$

eine Gerade darstellen. Setzt man

$$\frac{a_i}{d_i} = x_i, \quad \frac{b_i}{d_i} = y_i, \quad \frac{c_i}{d_i} = z_i, \quad \frac{d_2}{d_1}\,t = -\mu,$$

so wandeln sich diese Gleichungen in die Gleichungen (15) um.

Eine wichtige Parameterdarstellung für rechtwinklige Achsen ist folgende: Sei die Gerade durch einen ihrer Punkte $M(\xi, \eta, \zeta)$ und ihre Richtung α, β, γ gegeben. Wird der Abstand $MP = s$ als Parameter gewählt, so folgt aus (5a) von S. 191

$$(16) \qquad x = \xi + s\cos\alpha, \quad y = \eta + s\cos\beta, \quad z = \zeta + s\cos\gamma.$$

Ähnliche Formeln ergeben sich bei schiefwinkligen Achsen, wenn wir

---

[1]) Wie S. 36 wird davon abgesehen, daß einer der Nenner in (14a) Null ist.

gemäß dem Projektionssatz die Projektionskonstanten l, m, n für die Achsen einführen (Richtungskonstanten). Es ist dann

$$(16a) \qquad x - \xi = l\,s, \quad y - \eta = m\,s, \quad z - \zeta = n\,s. \;{}^{1})$$

Durch Elimination von s erhalten wir hieraus die Doppelgleichungen

$$(17) \qquad \frac{x-\xi}{\cos\alpha} = \frac{y-\eta}{\cos\beta} = \frac{z-\gamma}{\cos\gamma} \quad \text{und} \quad \frac{x-\xi}{l} = \frac{y-\eta}{m} = \frac{z-\zeta}{n}$$

und folgern, daß auch die Gleichungen

$$(17a) \qquad \frac{x-\xi}{A} = \frac{y-\eta}{B} = \frac{z-\zeta}{C}$$

eine Gerade darstellen, die durch (ξ, η, ζ) geht. Für schiefwinklige Achsen gibt $A:B:C$ das Verhältnis $l:m:n$; für rechtwinklige das Verhältnis der drei Kosinus, woraus

$$(17b) \quad \cos\alpha = \frac{A}{\sqrt{A^2+B^2+C^2}}, \quad \cos\beta = \frac{B}{\sqrt{A^2+B^2+C^2}}, \quad \cos\gamma = \frac{C}{\sqrt{A^2+B^2+C^2}}$$

folgt. Das Zeichen der Wurzel bleibt unbestimmt.

Wir gehen nochmals zu den Doppelgleichungen (14) und (14a) zurück. Jede von ihnen läßt sich in drei einfache Gleichungen auflösen; eine solche ist z. B.

$$(18) \qquad \frac{x_1-x}{x_2-x} = \frac{y_1-y}{y_2-y} \quad \text{oder} \quad \frac{x-x_1}{x_2-x_1} = \frac{y-y_1}{y_2-y_1}.$$

Diese Gleichungen stellen die *Parallelprojektion von g in der xy-Ebene* dar. Sie sind nämlich (wie 3a) zugleich Gleichungen einer Ebene, die der z-Achse parallel ist. Ihr genügen außerdem die Punkte von g; die Ebene enthält also g und schneidet die xy-Ebene in der genannten Projektion. Analoges gilt für die Projektionen in der xz- und yz-Ebene${}^{2})$. Die Gerade ist gemeinsamer Schnitt der drei projizierenden Ebenen. Durch zwei von ihnen ist sie bereits bestimmt; man wählt dazu vielfach die Projektionen in der xz- und yz-Ebene mit den Gleichungen

$$(19) \qquad x = l\,z + a, \quad y = m\,z + b,$$

woraus für die dritte Projektion in der xy-Ebene

$$m\,x - l\,y = m\,a - l\,b$$

folgt. Sie lassen sich (für $l \gtrless 0$, $m \gtrless 0$) in die Form

$$(19a) \qquad \frac{x-a}{l} = \frac{y-b}{m} = \frac{z}{1}$$

setzen, die einen Sonderfall von (17a) bildet. Die Gerade ist hier mittels ihres Punktes $(a, b, 0)$, ihrer *Spur* in der xy-Ebene, dargestellt.

${}^{1})$ Diese Gleichungen entsprechen zugleich den Gleichungen (15a) für $d_2 = 0$.
${}^{2})$ In der Sprache der darstellenden Geometrie stellen diese Gleichungen Grundriß und Aufriß von g dar.

Eine Gerade kann auch als *Schnitt von zwei Ebenen* bestimmt sein. Seien (in homogenen Koordinaten)

$$(20) \quad Ax + By + Cz + Dt = 0 \quad \text{und} \quad A'x + B'y + C'z + D't = 0$$

deren Gleichungen. Durch Elimination von x, y, z, t ergibt sich

$$(21) \quad \begin{cases} (BA' - AB')y + (CA' - AC')z + (DA' - AD')t = 0 \\ (CB' - BC')z + (AB' - BA')x + (DB' - BD')t = 0 \\ (AC' - CA')x + (BC' - CB')y + (DC' - CD')t = 0 \\ (AD' - DA')x + (BD' - DB')y + (CD' - DC')z = 0 . \end{cases}$$

Die drei ersten Gleichungen entsprechen wieder den Ebenen, die die Gerade auf die yz-, zx-, xy-Ebene projizieren; sie gehen durch die Punkte $X_\infty, Y_\infty, Z_\infty$. Die letzte Gleichung entspricht einer Ebene, die durch die Gerade g und O geht, also die Gerade von O auf die Ebene ε_∞ projiziert. Jede dieser Ebenen verbindet also g mit einer Ecke des homogenen Koordinatentetraeders.

Die Gleichungen (21) sind für *alle* x, y, z, t erfüllt, falls

$$A : B : C : D = A' : B' : C' : D'$$

ist; jede Gerade einer jeden Koordinatenebene kann dann als Projektion der gemeinsamen Punkte beider Ebenen aufgefaßt werden. Die Ebenen müssen daher in diesem Falle *identisch* sein.

Die Richtungskonstanten der durch (20) gegebenen Geraden g bestimmen sich folgendermaßen. Sie sind dieselben wie für die Schnittlinie der zu (20) parallelen Ebenen

$$Ax + By + Cz = 0 \quad \text{und} \quad A'x + B'y + C'z = 0 .$$

In diesem Fall ist $D = 0$, $D' = 0$; es lassen sich deshalb die Gleichungen (21) als eine einzige Doppelgleichung schreiben, nämlich

$$(22) \quad \frac{x}{BC' - B'C} = \frac{y}{CA' - C'A} = \frac{z}{AB' - A'B} .$$

Sie stellt die Parallele zu g durch den Anfangspunkt dar, und es folgt

$$(22\text{a}) \quad l : m : n = (BC' - B'C) : (CA' - C'A) : (AB' - A'B) .$$

Seien endlich

$$\frac{x - x_1}{l} = \frac{y - y_1}{m} = \frac{z - z_1}{n} \quad \text{und} \quad \frac{x - x'}{l'} = \frac{y - y'}{m'} = \frac{z - z'}{n'}$$

die Gleichungen zweier Geraden, so sind sie parallel für

$$(23) \quad l : m : n = l' : m' : n' .$$

Der Winkel, den sie bilden, wird — für rechtwinklige Achsen — durch

$$\cos(g g') = \frac{ll' + mm' + nn'}{\sqrt{l^2 + m^2 + n^2}\,\sqrt{l'^2 + m'^2 + n'^2}}$$

dargestellt; die Orthogonalitätsbedingung ist daher

$$(24) \quad ll' + mm' + nn' = 0 .$$

Beispiele. 1. Den Schnittpunkt der Ebene $Ax + By + Cz + D = 0$ mit der Geraden zu finden, die durch

$$x - \xi = lt, \quad y - \eta = mt, \quad z - \zeta = nt$$

gegeben ist. Der gesuchte Punkt entspricht dem Wert t, der auch die Gleichung der Ebene befriedigt, für den also

$$t(Al + Bm + Cn) = A\xi + B\eta + C\zeta + D$$

ist. Für $Al + Bm + Cn = 0$ ist $g \parallel \varepsilon$. Ist außerdem auch $A\xi + B\eta + C\zeta + D = 0$, so ist die Gerade ganz in ε enthalten.

Die Orthogonalität soll nur für rechtwinklige Achsen erörtert werden. Aus $g \perp \varepsilon$ folgt $g \parallel n$, und daher lautet die Bedingung

$$l : m : n = \cos\alpha : \cos\beta : \cos\gamma = A : B : C .$$

Eine Gerade durch den Punkt (a, b, c), die auf der Ebene ε senkrecht steht, hat daher (für rechtwinklige Achsen) die Gleichung

$$\frac{x - a}{A} = \frac{y - b}{B} = \frac{z - c}{C} .$$

2. Eine Gerade sei durch einen Punkt $M(a, b, c)$ und ihre Winkel (α, β, γ) gegeben. Von einem Punkt $P(\xi, \eta, \zeta)$ werde ein Lot PL auf sie gefällt. Man soll $\sphericalangle LMP = \varphi$ sowie die Länge von LP und ML finden. Sind α', β', γ' die Richtungswinkel von $MP(= r)$, so ist

$$\cos\alpha' = \frac{\xi - a}{r}, \quad \cos\beta' = \frac{\eta - b}{r}, \quad \cos\gamma' = \frac{\zeta - c}{r},$$

und daher folgt zunächst

$$\cos\varphi = \frac{\xi - a}{r}\cos\alpha + \frac{\eta - b}{r}\cos\beta + \frac{\zeta - c}{r}\cos\gamma .$$

Weiter ist

$$ML = r\cos\varphi = (\xi - a)\cos\alpha + (\eta - b)\cos\beta + (\zeta - c)\cos\gamma;$$

endlich kann LP aus der Gleichung $LP = r\sin\varphi$ oder aus $LP^2 = MP^2 - ML^2$ ermittelt werden. Mittels ML ergeben sich auch die Koordinaten von L, und aus L und P die Richtungswinkel von LP.

Seien g und g_1 zwei Geraden mit den Gleichungen

$$(25) \quad \begin{cases} x = a + s\cos\alpha, & y = b + s\cos\beta, & z = c + s\cos\gamma, \\ x_1 = a_1 + s_1\cos\alpha_1, & y_1 = b_1 + s_1\cos\beta_1, & z_1 = c_1 + s_1\cos\gamma_1. \end{cases}$$

Sind sie windschief zueinander, so gibt es eine Gerade h, die g und g_1 senkrecht schneidet. Für ihre Winkel λ, μ, ν bestehen die Gleichungen (14) von S. 195. Wir wollen die Länge l des gemeinsamen Lotes berechnen. Mögen (xyz) und $(x_1y_1z_1)$ die Punkte sein, in denen h die Geraden g und g_1 schneidet, so haben wir zunächst

$$x_1 - x = l\cos\lambda, \quad y_1 - y = l\cos\mu, \quad z_1 - z = l\cos\nu,$$

und gemäß (25)

$$(25\,a) \quad \begin{cases} l\cos\lambda = a_1 - a + s\cos\alpha - s_1\cos\alpha_1 \\ l\cos\mu = b_1 - b + s\cos\beta - s_1\cos\beta_1 \\ l\cos\nu = c_1 - c + s\cos\gamma - s_1\cos\gamma_1 . \end{cases}$$

Diese Gleichungen lassen sich als drei Gleichungen für l, s und s_1 als Unbekannte auffassen; aus ihnen lassen sich also l, s, s_1 entnehmen und damit gemäß (25) die Punkte kürzesten Abstandes. Für l erhält man auch direkt durch Multiplikation der Gleichungen (25a) mit $\cos\lambda$, $\cos\mu$, $\cos\nu$ und mit Rücksicht auf die Gleichungen (12a) von S. 195

$$(25\,\text{b}) \qquad l = (a_1 - a)\cos\lambda + (b_1 - b)\cos\mu + (c_1 - c)\cos\nu \,.$$

Setzt man hier für $\cos\lambda$, $\cos\mu$, $\cos\nu$ gemäß (14) ihre Werte, so ergibt sich mit Benutzung der Gleichung (9a) des Anhangs

$$(25\,\text{c}) \qquad l\sin(g\,g_1) = \begin{vmatrix} a_1 - a & \cos\alpha & \cos\alpha_1 \\ b_1 - b & \cos\beta & \cos\beta_1 \\ c_1 - c & \cos\gamma & \cos\gamma_1 \end{vmatrix},$$

und das ist auch der Wert, der gemäß Anhang 27 durch Auflösung aus (25a) hervorgeht. Das Vorzeichen des Sinus bleibt an sich unbestimmt. Ist $l = 0$, so *schneiden sich* die Geraden; die Bedingung dafür ist also *das Verschwinden der Determinante von* (25c). Von dem trivialen Fall $\sin(g\,g_1) = 0$, also $g \,\|\, g_1$ wird dabei abgesehen.

Beispiel. Sind die Gleichungen der beiden Geraden
$$x = lz + p, \quad y = mz + q, \quad x_1 = l_1 z_1 + p_1, \quad y_1 = m_1 z_1 + q_1,$$
so wird man zweckmäßig die Spuren in der x,y-Ebene benutzen, also $a = p$, $b = q$, $a_1 = p_1$, $b_1 = q_1$, $c = c_1 = 0$. Die Kosinus berechnen sich aus $\cos\alpha_i : \cos\beta_i : \cos\gamma_i = l_i : m_i : 1$. Man bestimme analog, indem man die Spuren in der yz-Ebene benutzt, den kürzesten Abstand für die Geraden
$$15x + 20y = 32, \quad 75x - 8z = 44; \quad 15x + 20y = 18, \quad 25x + 15z = -7.$$

§ 4. Mehrere Ebenen.

Zwei Ebenen ε und ε' haben (nach § 3) entweder eine Gerade gemein, oder sie sind identisch. Sind

$$(26) \qquad Ax + By + Cz + Dt = 0, \quad A'x + B'y + C'z + D't = 0$$

ihre (homogen geschriebenen) Gleichungen[1]), so ergab sich (S. 207)

$$(26\,\text{a}) \qquad A : B : C : D = A' : B' : C' : D'$$

als Bedingung für ihre *Identität*. Sind sie nicht identisch, so kann die gemeinsame Gerade in ε_∞ liegen; sie sind dann *parallel*, und für jeden gemeinsamen Punkt ist $t = 0$. Für $t = 0$ müssen also die Gleichungen (26) dieselben Werte x, y, z liefern; woraus

$$(26\,\text{b}) \qquad A : B : C = A' : B' : C'$$

folgt. Für die Bestimmung des Winkels zweier nicht paralleler Ebenen nehmen wir rechtwinklige Achsen an. Wir definieren $\sphericalangle(\varepsilon\varepsilon') = \sphericalangle(nn')$ [2]); dann folgt aus (12) (S. 194) und aus (4a) (S. 201)

$$(27) \qquad \cos(\varepsilon\varepsilon') = \frac{AA' + BB' + CC'}{\sqrt{A^2 + B^2 + C^2}\,\sqrt{A'^2 + B'^2 + C'^2}}\,.$$

---

[1]) Es ist im folgenden zweckmäßig, die Gleichungen bald unhomogen, bald homogen zu benutzen.

[2]) n und n' sind wie immer die von O ausgehenden Normalen; die in (27) auftretenden Wurzeln sind danach zu bestimmen.

Als Bedingung der Orthogonalität ergibt sich also

$$(27a) \qquad AA' + BB' + CC' = 0 .$$

Beispiele. 1. Die Gleichung einer Ebene, die zu $Ax + By + Cz + Dt = 0$ parallel ist und einen Punkt (a, b, c) enthält, lautet

$$A(x - a) + B(y - b) + C(z - c) = 0 .$$

2. Man soll die Bedingung finden, daß die Schnittgerade $(\varepsilon\,\varepsilon')$ zur xy-Ebene parallel ist. Dann sind die Ebenen, die diese Gerade mit X_∞ und Y_∞ verbinden, identisch, die beiden ersten Gleichungen (21) stellen also dieselbe Ebene dar, und es folgt $A : B = A' : B'$.

3. Die Gleichung einer Ebene ε_1, die durch (a, b, c) geht und zu ε und ε' senkrecht ist, hat jedenfalls die Form

$$A_1(x - a) + B_1(y - b) + C_1(z - c) = 0,$$

und es ist

$$AA_1 + BB_1 + CC_1 = 0, \quad A'A_1 + B'B_1 + C'C_1 = 0 .$$

Die Elimination von A_1, B_1, C_1 aus diesen drei Gleichungen ergibt in Determinantenform die gesuchte Gleichung.

Für die weiteren Betrachtungen setzen wir die Gleichungen einer Ebene abkürzend in die Form

$$N(x, y, z) = N = 0 \quad \text{oder} \quad E(x, y, z) = E = 0,$$

und zwar soll

$$(28) \qquad \begin{cases} N(x, y, z) = x \cos(nx) + y \cos(ny) + z \cos(nz) - \delta, \\ E(x, y, z) = Ax + By + Cz + Dt \end{cases}$$

sein[1]). Gemäß S. 201 ist, wenn $N = 0$ und $E = 0$ *dieselbe* Ebene ε darstellen,

$$(28a) \qquad N(x, y, z) = \frac{E(x, y, z)}{\sqrt{A^2 + B^2 + C^2}} ;$$

außerdem bedeutet (S. 194)

$$(28b) \qquad N(\xi, \eta, \zeta) = \frac{E(\xi, \eta, \zeta)}{\sqrt{A^2 + B^2 + C^2}} = l$$

für jeden Punkt (ξ, η, ζ) das von ihm auf ε gefällte Lot l.

Seien nun

$$E = Ax + By + Cz + Dt = 0, \quad E' = A'x + B'y + C'z + D't = 0$$

zwei *verschiedene* Ebenen ε und ε', so geht jede Ebene

$$(29) \qquad E + \lambda E' = 0$$

durch die Schnittlinie $(\varepsilon\,\varepsilon')$ hindurch. Wie in Kap. V zeigt man, daß jede von ε und ε' *verschiedene* Ebene durch diese Schnittlinie für geeignetes endliches $\lambda \gtrless 0$ durch (29) dargestellt wird; die Ebenen ε und ε' entsprechen in dem S. 43 genannten Sinn den Werten $\lambda = 0$

---

[1]) Daß in der abkürzenden Bezeichnung t nicht auftritt, wird kein Mißverständnis hervorrufen.

und $\lambda = \infty$. Die Gesamtheit dieser Ebenen bildet einen *Ebenen-büschel*[1]).

Wir suchen zunächst die Bedingung, daß drei *verschiedene* Ebenen $\varepsilon, \varepsilon', \varepsilon''$ demselben Büschel angehören. Sie ist in dem folgenden (zu S. 46 analogen) Satz enthalten: *Die drei Ebenen gehen dann und nur dann durch eine und dieselbe Gerade, wenn es drei von Null verschiedene Zahlen $\lambda, \lambda', \lambda''$ gibt, so daß identisch ist*

$$(30) \qquad \lambda E + \lambda'E' + \lambda''E'' \equiv 0.$$

Besteht nämlich die vorstehende Identität, so ist auch

$$\lambda E + \lambda'E' \equiv - \lambda''E'';$$

linke Seite und rechte Seite, gleich Null gesetzt, stellen daher dieselbe Ebene dar. Gemäß rechts ist sie ε'', gemäß links geht sie durch den Schnitt von ε und ε', und das ist die Behauptung. Geht umgekehrt die Ebene ε'' durch $(\varepsilon\,\varepsilon')$, so kann sie sowohl durch

$$E'' = 0, \quad \text{wie durch} \quad E + \lambda'E' = 0, \quad (\lambda' \gtrless 0)$$

dargestellt werden. Die linken Seiten beider Gleichungen müssen durch Multiplikation mit einer Konstanten ineinander übergehen; ist $-\lambda''$ diese Konstante, so hat man

$$- \lambda''E'' \equiv E + \lambda'E'; \quad E + \lambda'E' + \lambda''E'' \equiv 0.$$

Gehören die drei Ebenen nicht einem Büschel an, so bestimmen sie ein Dreikant und besitzen *einen* gemeinsamen Punkt. Seine Koordinaten ergeben sich durch Auflösung der Gleichungen $E = 0$, $E' = 0$, $E'' = 0$ in der im Anhang (27) enthaltenen Determinantenform. Benutzt man unhomogene Koordinaten x, y, z, so ist zu fragen, wann der Punkt ins Unendliche fällt. Dies ist der Fall, wenn die dort mit $(a\,b\,c)$ bezeichnete, also hier aus den $A, B, C, A', B', C', A'', B'', C''$ gebildete Determinante *verschwindet*.

Falls die drei Ebenen einem Büschel nicht angehören, überträgt sich auch die in Kap. V, S. 47 bewiesene Formel (26); jede andere Ebene ε_1 durch den Punkt $(\varepsilon, \varepsilon', \varepsilon'')$ läßt sich mittels geeigneter nicht verschwindender Zahlen μ, μ', μ'' durch

$$(30\text{a}) \qquad E_1 \equiv \mu E + \mu'E' + \mu''E''$$

darstellen.

Die vorstehende Schlußweise läßt sich auf vier Ebenen ausdehnen; es genüge, die Resultate auszusprechen.

1. Sind $E = 0$, $E' = 0$, $E'' = 0$ drei verschiedene Ebenen, die nicht durch dieselbe Gerade gehen, so ist

$$(31) \qquad E + \lambda'E' + \lambda''E'' = 0$$

eine Ebene durch den Punkt, der den drei Ebenen gemeinsam ist. Alle diese Ebenen bilden ein *Ebenenbündel*.

---

[1]) Da wir homogene Koordinaten benutzen, so kann $(\varepsilon\,\varepsilon')$ auch in ε_∞ liegen. Dies gilt ebenso für das folgende.

2. Sind $E = 0$, $E' = 0$, $E'' = 0$, $E''' = 0$ vier verschiedene Ebenen, von denen keine drei durch dieselbe Gerade gehen, so haben sie dann und nur dann einen Punkt gemein, wenn es vier nicht verschwindende Zahlen λ, λ', λ'', λ''' gibt, so daß identisch ist

$$(31\,\mathrm{a}) \qquad \lambda E + \lambda'E' + \lambda''E'' + \lambda'''E''' \equiv 0 \,.$$

3. Sind $E = 0$, $E' = 0$, $E'' = 0$, $E''' = 0$ vier Ebenen, die ein Tetraeder bilden, so kann die Gleichung jeder anderen Ebene ε_1 bei geeigneten von Null verschiedenen Multiplikatoren μ, μ', μ'', μ''' durch

$$(31\,\mathrm{b}) \qquad E_1 \equiv \mu E + \mu'E' + \mu''E'' + \mu'''E'''$$

dargestellt werden.

Bemerkung. Beispiele bildet man sich am besten so, daß man Ebenen einfacher Lage benutzt. Hat man es mit vorgegebenen Gleichungen zu tun, so hat man in den Gleichungen (30) und (31 a) die Koeffizienten von x, y, z, t gleich Null zu setzen und zu prüfen, ob man die λ daraus dem Satz entsprechend bestimmen kann.

Seien jetzt ε_1, ε_2, ε_3 drei Ebenen, über deren Lage zueinander nichts bekannt ist; dann bestehen folgende vier Möglichkeiten: 1. alle drei Ebenen sind identisch; 2. zwei sind identisch, die dritte verschieden; 3. keine zwei Ebenen identisch, und es gibt für alle drei eine gemeinsame Gerade; 4. die Ebenen verschieden, und nur ein gemeinsamer Punkt. Es sollen die analytischen Bedingungen für das Eintreten dieser Fälle abgeleitet werden. Ob die gemeinsamen Punkte oder Geraden im Endlichen oder Unendlichen liegen, bleibe außer Betracht.

Die Gleichungen der Ebenen und die ihnen zugehörige Matrix $\mathfrak{M}$, die dafür entscheidend ist, seien

$$(32) \quad \begin{cases} E_1 = A_1 x + B_1 y + C_1 z + D_1 t = 0 \\ E_2 = A_2 x + B_2 y + C_2 z + D_2 t = 0; \\ E_3 = A_3 x + B_3 y + C_3 z + D_3 t = 0 \end{cases} \quad \mathfrak{M} = \begin{Vmatrix} A_1 & B_1 & C_1 & D_1 \\ A_2 & B_2 & C_2 & D_2 \\ A_3 & B_3 & C_3 & D_2 \end{Vmatrix} \,.$$

1. Ist $\varepsilon_1 = \varepsilon_2 = \varepsilon_3$, so ist für je zwei Indizes 1, 2, 3

$$A_i : B_i : C_i : D_i = A_k : B_k : C_k : D_k,$$

es sind also *alle zweireihigen* Unterdeterminanten von $\mathfrak{M}$ gleich Null. 2. Sei $\varepsilon_2 = \varepsilon_3$; es sind dann in $\mathfrak{M}$ die mit der zweiten und dritten Zeile gebildeten Unterdeterminanten, also nur die *eines Zeilenpaares*, sämtlich gleich Null. 3. Im dritten Fall gilt der oben (S. 211) bewiesene Satz. Es besteht daher eine Gleichung

$$\lambda_1 E_1 + \lambda_2 E_2 + \lambda_3 E_3 \equiv 0,$$

und für die Koeffizienten der linken Seite folgt

$$\lambda_1 A_1 + \lambda_2 A_2 + \lambda_3 A_3 = 0, \quad \lambda_1 B_1 + \lambda_2 B_2 + \lambda_3 B_3 = 0,$$
$$\lambda_1 C_1 + \lambda_2 C_2 + \lambda_3 C_3 = 0, \quad \lambda_1 D_1 + \lambda_2 D_2 + \lambda_3 D_3 = 0.$$

Je drei dieser Gleichungen sind homogen und linear für die von Null verschiedenen λ_i, und daher sind *alle dreigliedrigen* Determinanten von $\mathfrak{M}$ gleich Null. 4. Im vierten Fall endlich werden die Gleichungen (32) durch *eine* Gruppe von Werten x, y, z, t befriedigt, die nicht sämtlich Null sind, es können also *nicht alle dreireihigen* Determinanten von $\mathfrak{M}$ verschwinden. Da jeder der obigen vier Fälle die anderen sämtlich ausschließt, so folgt zugleich, daß auch für die Matrix $\mathfrak{M}$ andere Unterfälle nicht in Betracht zu ziehen sind[1]).

Bemerkung. Es kann sehr wohl nur eine einzige Unterdeterminante dritter Ordnung von Null verschieden sein. Für die Gleichungen

$$A_1 x + B_1 y + D_1 t = 0, \quad A_2 x + B_2 y + D_2 t = 0, \quad A_3 x + B_3 y + D_3 t = 0$$

ist es der Fall. Ebenso leicht bildet man Ebenen, für die nur je eine zweireihige Unterdeterminante jeder Zeile von Null verschieden ist. Vgl. auch die Bemerkung auf S. 42.

Beispiel. Die drei Ebenen

$$5x + 9y - z - t = 0, \quad x + 3y + 5z - 2t = 0, \quad 2x + 3y - 3z = 0$$

haben *einen* gemeinsamen Punkt in ε_∞; gegeben durch $x : y : z : t = 24 : -13 : 3 : 0$. Ersetzt man in der ersten Gleichung $-t$ durch $2t$, so besitzen die Ebenen eine gemeinsame Gerade; die Lösungen erhalten die Form

$$x = 8z - 2t, \quad 3y = 4t - 13z.$$

Wir gehen endlich zu vier Ebenen $\varepsilon_1, \varepsilon_2, \varepsilon_3, \varepsilon_4$ über; die Gleichungen seien

$$(33) \qquad E_i = A_i x + B_i y + C_i z + D_i t = 0; \quad i = 1, 2, 3, 4.$$

An der Stelle von $\mathfrak{M}$ spielt hier die Determinante $\varDelta$ der A_i, B_i, C_i, D_i die entscheidende Rolle. Die möglichen Fälle ergeben sich folgendermaßen: 1. Alle vier Ebenen identisch; 2. drei identisch; sei $\varepsilon_2 = \varepsilon_3 = \varepsilon_4$; 3. zwei identische Paare; sei $\varepsilon_1 = \varepsilon_2, \varepsilon_3 = \varepsilon_4$; 4. nur ein Paar identisch; sei $\varepsilon_3 = \varepsilon_4$[2]). In allen übrigen Fällen sind alle vier Ebenen *verschieden*. Es gibt dann noch vier Möglichkeiten: 5. Alle vier Ebenen durch eine Gerade; 6. drei Ebenen durch eine Gerade; es seien $\varepsilon_1, \varepsilon_2, \varepsilon_3$; 7. keine drei Ebenen durch eine Gerade, aber alle vier durch einen Punkt; 8. kein gemeinsamer Punkt; die Ebenen bilden ein Tetraeder.

Die analytischen Bedingungen können zumeist durch wiederholte Anwendung der vorstehenden Sätze für drei Ebenen abgeleitet werden; sie sollen nur in den vier letzten Fällen ausdrücklich genannt werden. Wichtig ist, daß in den ersten vier Fällen offenbar stets $\varDelta = 0$ ist. Im Fall (5) sind (dem obigen Fall 3 für drei Ebenen entsprechend) *alle dreireihigen* Unterdeterminanten von $\varDelta$ gleich Null; im Fall (6) nur die aus den ersten drei Zeilen gebildeten, die also *den Elementen*

---

[1]) Gemäß Anhang (32b) hat im Fall 1 die Matrix den *Rang* 1, in den Fällen 2 und 3 den *Rang* 2, im Fall 4 den *Rang* 3; man spricht auch von $\infty^2, \infty^1, 1$ gemeinsamen Punkten der drei Ebenen. Arithmetisch erscheint also Fall 2 als Unterfall von 3.

[2]) Für $\varepsilon_1, \varepsilon_2, \varepsilon_3$ sind dann wieder die Unterfälle möglich, daß sie eine Gerade oder einen Punkt gemein haben; für die weitere obige Betrachtung ist dies jedoch belanglos.

einer Zeile (der vierten) entsprechen. In diesen beiden Fällen ist auch wieder $\varDelta = 0$. Im Fall 7 besteht eine Gleichung

$$\lambda_1 E_1 + \lambda_2 E_2 + \lambda_3 E_3 + \lambda_4 E_4 \equiv 0;$$

wir folgern auch aus ihr das Verschwinden von $\varDelta$. Da aber die verschiedenen Fälle sich sämtlich geometrisch ausschließen, so besteht hier die Gleichung $\varDelta = 0$ in der Weise, daß für *keine Elementenzeile* A_i, B_i, C_i, D_i die Unterdeterminanten sämtlich verschwinden. Die Fälle $\varDelta = 0$ sind damit sämtlich erschöpft. Im Fall 8 muß daher $\varDelta \gtrless 0$ sein. Als Schlußresultat folgt also: *Die notwendige und hinreichende Bedingung dafür, daß vier Ebenen ein Tetraeder n i c h t bilden, ist das Verschwinden ihrer Determinante*[1]).

Beispiele. 1. Seien $N = 0$ und $N' = 0$ die Gleichungen zweier Ebenen ε und ε' und $(\xi\,\eta\,\zeta)$ ein Punkt einer ihrer Halbierungsebenen. Für ihn folgt dann aus (28b)

$$N(\xi, \eta, \zeta) = \pm N'(\xi, \eta, \zeta);$$

das positive Zeichen gilt, wenn P in demselben Winkelraum liegt wie der Anfangspunkt. Die Halbierungsebenen haben daher die Gleichungen $N - N' = 0$ und $N + N' = 0$.

2. Seien $N_1 = 0$, $N_2 = 0$, $N_3 = 0$ drei Ebenen, die eine körperliche Ecke bilden, so entsprechen ihnen sechs Halbierungsebenen der Kantenwinkel und ihrer Außenwinkel. Ihre Gleichungen sind

$$N_1 \pm N_2 = 0, \quad N_1 \pm N_3 = 0, \quad N_2 \pm N_3 = 0.$$

Es gehen dann je drei dieser Halbierungsebenen durch dieselbe Gerade, z. B.

$$N_1 - N_2 = 0, \quad N_2 - N_3 = 0, \quad N_3 - N_1 = 0 \text{ oder}$$
$$N_1 - N_2 = 0, \quad N_2 + N_3 = 0, \quad N_3 + N_1 = 0$$

usw.

3. Seien $N_1 = 0$, $N_2 = 0$, $N_3 = 0$, $N_4 = 0$ vier Ebenen eines Tetraeders; man leite die Sätze über die Halbierungsebenen der Flächenwinkel und ihrer Außenwinkel ab.

---

[1]) Ecken oder Kanten können in ε_∞ fallen.

Sechzehntes Kapitel

Die räumliche Dualität.

§ 1. Ebenenkoordinaten.

Auch die Koordinaten der Ebene führen wir zunächst in ihrer direkten geometrischen Bedeutung ein und gehen dann erst zur homogenen Darstellung über.

Um eine Ebene ε durch Zahlen festzulegen, benutzt man die drei Abschnitte $OA = a$, $OB = b$, $OC = c$, die sie auf den Achsen bestimmt[1]); ihre *negativen reziproken* Werte sind die *Koordinaten u, v, w* der Ebene. Es ist also

$$(1) \qquad u = -\frac{1}{a}, \quad v = -\frac{1}{b}, \quad w = -\frac{1}{c}.$$

Dies gilt für beliebige Achsen. Setzt man diese Werte in die Gleichung (2) von S. 200 ein, so geht sie in

$$(2) \qquad u x + v y + w z + 1 = 0$$

über. Die so erhaltene Gleichung gilt der Ableitung nach für *feste u, v, w*, nämlich die Koordinaten von ε, und *variable x, y, z*, nämlich für jeden Punkt von ε; sie stellt also die Bedingung dar, daß ein Punkt $(x y z)$ und eine gegebene Ebene $(u v w)$ *vereinigt liegen* (*Bedingung der vereinigten Lage*). Geht man von der Ebenengleichung

$$A x + B y + C z + D = 0$$

aus, so sind die Koordinaten der Ebene (für $D \gtrless 0$) durch

$$(3) \qquad u : v : w : 1 = A : B : C : D$$

bestimmt.

Seien u, v, w und u', v', w' die Koordinaten zweier Ebenen ε und ε'. Gemäß den Formeln (26 b), (27) und (27 a) von S. 209 sind die Ebenen *parallel*, wenn

$$u' : v' : w' = u : v : w$$

ist; *Orthogonalität* besteht bei rechtwinkligen Achsen für

$$u u' + v v' + w w' = 0.$$

---

[1]) Von $a = 0$, $b = 0$, $c = 0$, ebenso von $u = 0$, $v = 0$, $w = 0$ und $D = 0$ in Gleichung (3) ist zunächst wieder abzusehen, vgl. S. 53.

Allgemeiner ist ihr Winkel durch

$$\cos(\varepsilon\,\varepsilon') = \frac{u\,u' + v\,v' + w\,w'}{\sqrt{u^2+v^2+w^2}\,\sqrt{u'^2+v'^2+w'^2}}$$

gegeben. Endlich erhalten wir für das von einem Punkt $(\xi\,\eta\,\zeta)$ auf die Ebene $(u\,v\,w)$ gefällte Lot gemäß S. 210 (für rechtwinklige Achsen)

$$(4)\qquad l = \frac{u\,\xi + v\,\eta + w\,\zeta + 1}{\sqrt{u^2+v^2+w^2}}\,.$$

In Gleichung (2) wollen wir jetzt den x, y, z bestimmte Werte beilegen und u, v, w variabel werden lassen. Dann wird (2) durch unendlich viele u, v, w befriedigt, deren Ebenen sämtlich mit x, y, z vereinigt liegen; wir nennen Gleichung (2) *insofern die Gleichung des Punktes x, y, z in Ebenenkoordinaten* (oder auch Gleichung *des Ebenenbündels*). Die allgemeine Gleichung ersten Grades in Ebenenkoordinaten,

$$A\,u + B\,v + C\,w + D = 0$$

(wo zunächst $D \gtrless 0$ ist), ist daher ebenfalls die Gleichung eines Punktes, und zwar des Punktes (x, y, z) mit den Koordinaten

$$x : y : z : 1 = A : B : C : D\,.$$

Für weitere Betrachtungen führen wir *homogene* Ebenenkoordinaten ein. Es geschieht (in vorläufiger Bezeichnung) mittels der Gleichungen

$$(5)\qquad\qquad u : v : w : 1 = u' : v' : w' : s'$$

oder

$$(5\,\mathrm{a})\qquad\qquad u' = \varrho u, \quad v' = \varrho v, \quad w' = \varrho w, \quad s' = \varrho\,.$$

Wie in Kap. VIII, § 2 erfahren die Fälle, von denen wir zunächst absahen, durch sie ihre Berücksichtigung und ihre geometrische Erläuterung; es geschieht auf Grund derselben Schlüsse wie dort, und so genüge es, die Resultate hier auszusprechen.

Der Ebene ε_∞ kommen die Koordinatenwerte $u' = 0$, $v' = 0$, $w' = 0$ zu, womit der bisher ausgeschlossene Fall $u = 0$, $v = 0$, $w = 0$ seine Deutung findet. Jede einzelne der Gleichungen $u' = 0$, $v' = 0$, $w' = 0$ stellt eine der Ecken $X_\infty, Y_\infty, Z_\infty$ des homogenen Koordinatentetraeders dar. Die Gleichung $s' = 0$ ist mit $a = 0$, $b = 0$, $c = 0$ gleichwertig, sie entspricht dem Punkt O. Die vier Ebenen des homogenen Koordinatentetraeders haben daher die Koordinaten

$$1\,0\,0\,0,\ \ 0\,1\,0\,0,\ \ 0\,0\,1\,0,\ \ 0\,0\,0\,1\,.$$

Für jede der sechs Kanten des Koordinatentetraeders sind zwei Koordinaten gleich Null. Der Zahlengruppe $u' = v' = w' = s' = 0$ entspricht keine Ebene.

In der Folge verwenden wir als homogene Ebenenkoordinaten einfacher wiederum u, v, w, s; für $s = 1$ gehen sie in die unhomogenen über. In homogenen Punkt- und Ebenenkoordinaten lautet dann die Bedingung der vereinigten Lage

$$(6) \qquad u\,x + v\,y + w\,z + s\,t = 0\,.$$

Beispiele. 1. Jeder Gleichung $A\,u + B\,v + C\,w = 0$ entspricht ein Punkt P_∞ von ε_∞. 2. Wie alle Punkte, für die $x:y:z = $ const ist, auf einer durch O gehenden Geraden liegen, so laufen alle Ebenen, für die $u:v:w = $ const ist, durch eine in ε_∞ enthaltene Gerade.

§ 2. Duale Sätze für Punkte und Ebenen.

In der Gleichartigkeit der analytischen Formeln, die das Vorstehende für Punkte und Ebenen aufweist, kommt die *räumliche Dualität* zum Ausdruck. Punkt und Ebene stehen einander als gleichwertige Elementargebilde im Raum gegenüber; der *Punkt*geometrie, die die Lagen und Beziehungen von Punkten zueinander ins Auge faßt, entspricht eine *Ebenen*geometrie, die in analoger Weise die Lagen und Beziehungen von Ebenen betrachtet. Die *Gerade* entspricht *sich selbst*; sie erscheint einerseits als Verbindungslinie zweier Punkte (als *Strahl*), andererseits als Schnittlinie zweier Ebenen (als *Achse*).

Die analytischen Entwicklungen der Punktgeometrie (in x, y, z, t), die der Dualisierung fähig sind, führen unmittelbar zu analogen Ergebnissen (in u, v, w, s) der Ebenengeometrie; die analytischen Beziehungen sind davon unabhängig, ob wir die Variablen durch x, y, z, t oder durch u, v, w, s bezeichnen. Die folgenden Beispiele werden Inhalt und Tragweite dieses Dualitätsprinzips erkennen lassen.

Die Gleichung	Die Gleichung
$A\,x + B\,y + C\,z + D\,t = 0$	$A\,u + B\,v + C\,w + D\,s = 0$
stellt eine Ebene dar; ihre Ebenenkoordinaten sind	stellt einen Punkt dar; seine Punktkoordinaten sind
$u:v:w:s = A:B:C:D\,.$	$x:y:z:t = A:B:C:D\,.$
Den Gleichungen zweier Ebenen	Den Gleichungen zweier Punkte
$A\,x + B\,y + C\,z + D\,t = 0$	$A\,u + B\,v + C\,w + D\,s = 0$
$A'x + B'y + C'z + D't = 0$	$A'u + B'v + C'w + D's = 0$
genügen ∞^1 Punkte[1]), die auf beiden Ebenen liegen; sie bilden ihre Schnittlinie.	genügen ∞^1 Ebenen[1]), die durch beide Punkte gehen; sie bestimmen ihre Verbindungslinie.

Setzen wir abkürzend (analog zu S. 210)

$$(7) \qquad A\,u + B\,v + C\,w + D\,s = Q(u, v, w) = Q,$$

so folgt weiter:

---

[1]) Für die Zeichen $\infty^1, \infty^2 \ldots$ vgl. S. 213, Anm. 1.

Alle Ebenen $E + \lambda'E' = 0$ bilden einen Ebenenbüschel von ∞^1 Ebenen; jede von ihnen geht durch den Schnitt von $E = 0$ und $E' = 0$.

Alle Ebenen $E + \lambda'E' + \lambda''E'' = 0$ bilden ein *Bündel* von ∞^2 Ebenen[1]) die sämtlich durch den Schnitt von $E = 0$, $E' = 0$, $E'' = 0$ gehen.

Die Bedingung, daß vier Punkte $P_i(x_i, y_i, z_i, t_i)$ derselben Ebene angehören, ist das Verschwinden der aus den x_i, y_i, z_i, t_i gebildeten Determinante.

Drei verschiedene Ebenen $E = 0$, $E' = 0$, $E'' = 0$ gehen dann und nur dann durch dieselbe Gerade, wenn für drei endliche, von Null verschiedene Zahlen $\lambda, \lambda', \lambda''$ die Identität $\lambda E + \lambda'E' + \lambda''E'' \equiv 0$ besteht usw.

Alle Punkte $Q + \lambda'Q' = 0$ bilden eine Punktreihe von ∞^1 Punkten; jeder von ihnen liegt auf der Verbindungslinie von $Q = 0$, $Q' = 0$.

Alle Punkte $Q + \lambda'Q' + \lambda''Q'' = 0$ bilden ein *Feld* von ∞^2 Punkten[1]), die sämtlich in der Ebene durch $Q = 0$, $Q' = 0$, $Q'' = 0$ liegen.

Die Bedingung, daß vier Ebenen (u_i, v_i, w_i, s_i) durch denselben Punkt gehen, ist das Verschwinden der aus den u_i, v_i, w_i, s_i gebildeten Determinante.

Drei verschiedene Punkte $Q = 0$, $Q' = 0$, $Q'' = 0$ liegen dann und nur dann auf derselben Geraden, wenn für drei endliche, von Null verschiedene Zahlen $\lambda, \lambda', \lambda''$ die Identität $\lambda Q + \lambda'Q' + \lambda''Q'' \equiv 0$ besteht usw.

Weitere Betrachtungen, die Inhalt und Tragweite des Dualitätsprinzips erhellen sollen, seien die folgenden:

Der Gesamtheit aller Punkte und Geraden eines ebenen Feldes entsprechen die sämtlichen Ebenen und Strahlen durch einen Punkt, das Ebenen- und Strahlenbündel. Einem ebenen n-Eck entspricht eine aus n Ebenen des Bündels bestimmte n-flächige Ecke (n-Flach), einem ebenen n-Seit eine von n Strahlen des Bündels gebildete n-kantige Ecke (n-Kant). Einer ebenen Kurve als Punktort entspricht eine Kegelfläche als Ort ihrer Tangentialebenen, einer ebenen Kurve als Tangentengebilde eine Kegelfläche als Ort ihrer Strahlen. Endlich beachte man, daß der speziellen Dualität des ebenen Feldes (der ebenen Dualität) eine Dualität im Bündel entspricht; Ebene und Strahl stehen im Bündel einander gegenüber wie Punkt und Gerade in der Ebene (Bündeldualität).

Auch die in der Ebene vorhandene kollineare Verwandtschaft (und Reziprozität) überträgt sich durch Dualität auf das Bündel. Eine kollineare Verwandtschaft zweier Bündel ist daher bestimmt, wenn man vier Ebenen oder vier Strahlen allgemeiner Lage des einen Bündels vier analoge Ebenen oder Strahlen des anderen als entsprechende zuweist. Für zwei kollineare Bündel, die denselben Scheitelpunkt haben, gibt es drei Doppelebenen und drei Doppelstrahlen, die ein Dreikant

---

[1]) Für die Zeichen $\infty^1, \infty^2 \ldots$ vgl. S. 213, Anm. 1.

bilden; entsprechende Ebenenbüschel oder Strahlenbüschel zweier kollinearen Bündel sind projektiv usw.

In der allgemeinen räumlichen Dualität stehen sich die regelmäßigen Körper als duale Gebilde gegenüber; das Tetraeder ist sich selbst dual. Das Oktaeder aus $8\,f$, $6\,e$, $12\,k$[1]) bestehend, entspricht dem Hexaeder mit $6\,f$, $8\,e$, $12\,k$; das Ikosaeder mit $20\,f$, $12\,e$, $30\,k$ dem Dodekaeder, das $12\,f$, $20\,e$, $30\,k$ besitzt.

Die einfachste Reziprozität eines Bündels ist die, bei der jeder Ebene ε ein auf ihr senkrechter Strahl e entspricht; jedem Strahlenbüschel entspricht ein ihm *gleicher*, also projektiver Ebenenbüschel usw. In den Formeln der sphärischen Trigonometrie, in denen sich die aus zwei Punkten gebildeten Kreisbogen und die von zwei Hauptkreisen gebildeten Winkel entsprechen, tritt sozusagen der Schnitt dieser Reziprozität mit der Kugel in die Erscheinung.

§ 3. Projektive Beziehungen.

Sind ε_1, ε_2, ε drei Ebenen eines Büschels, so soll der Quotient

$$(8) \qquad \frac{\sin(\varepsilon_1\,\varepsilon)}{\sin(\varepsilon_2\,\varepsilon)} = (\varepsilon_1\,\varepsilon_2\,\varepsilon)$$

als das *Teilungsverhältnis* der drei Ebenen eingeführt werden, und

$$(8\,\mathrm{a}) \qquad \frac{\sin(\varepsilon_1\,\varepsilon)}{\sin(\varepsilon_2\,\varepsilon)} : \frac{\sin(\varepsilon_1\,\varepsilon')}{\sin(\varepsilon_2\,\varepsilon')} = (\varepsilon_1\,\varepsilon_2\,\varepsilon\,\varepsilon')$$

als das *D v der vier Ebenen* ε_1, ε_2, ε, ε'. Damit können wir alle Dv-Sätze von Kap. VI auf die Dv von Ebenenbüscheln übertragen; ebenso auch die Definition der projektiven Beziehung. Punktreihen, Strahlbüschel und Ebenenbüschel erscheinen so als gleichwertige *Elementargebilde*, die sich einheitlich, nämlich auf Grund der *Invarianz der Dv-Werte*, einander projektiv zuordnen lassen.

Seien nun

$$(9) \qquad E_1 = 0, \quad E_2 = 0, \quad E_1 + \lambda E_2 = 0$$

die Gleichungen der Ebenen ε_1, ε_2, ε, so gilt für die Lote l_1 und l_2, die man vom Punkt (x, y, z) der Ebene ε auf ε_1 und ε_2 fällen kann (S. 210),

$$l_1 : l_2 = \frac{E_1(x, y, z)}{\sqrt{A_1^2 + B_1^2 + C_1^2}} : \frac{E_2(x, y, z)}{\sqrt{A_2^2 + B_2^2 + C_2^2}};$$

für λ folgt daher

$$\lambda = -\frac{E_1(x, y, z)}{E_2(x, y, z)} = -\frac{l_1}{l_2} \frac{\sqrt{A_1^2 + B_1^2 + C_1^2}}{\sqrt{A_2^2 + B_2^2 + C_2^2}}.$$

Außerdem ist aber $l_1 : l_2 = \sin(\varepsilon_1\,\varepsilon) : \sin(\varepsilon_2\,\varepsilon)$, und so ergibt sich schließlich

$$(9\,\mathrm{a}) \qquad \lambda = -\frac{\sqrt{A_1^2 + B_1^2 + C_1^2}}{\sqrt{A_2^2 + B_2^2 + C_2^2}} \cdot \frac{\sin(\varepsilon_1\,\varepsilon)}{\sin(\varepsilon_2\,\varepsilon)};$$

es ist also λ *dem Teilungsverhältnis* $(\varepsilon_1\,\varepsilon_2\,\varepsilon)$ *proportional*. Sind die Gleichungen von ε_1 und ε_2 in der Normalform $N_1 = 0$ und $N_2 = 0$ gegeben, so ist λ direkt gleich dem Teilungsverhältnis.

---

[1]) f, e, k bedeutet Flächen, Ecken, Kanten.

Um das dualistische Resultat abzuleiten, befolgen wir die in Kap. VI, § 4 (S. 58) gewählte Methode; wir haben sie nur auf die dritte Koordinate z auszudehnen und finden: Sind

$$(10) \qquad Q_1 = 0, \quad Q_2 = 0, \quad Q_1 + \lambda Q_2 = 0$$

die Gleichungen von drei Punkten P_1, P_2, P derselben Punktreihe, so ist λ *dem Teilungsverhältnis* $(P_1 P_2 P)$ *proportional*. Nunmehr lassen sich, in Verallgemeinerung der Resultate von Kap. VII, § 6, folgende Sätze aussprechen:

<table>
<tr><td>

Die vier Ebenen

$$E = 0, \quad E' = 0, \quad E + \lambda E' = 0,$$
$$E + \mu E' = 0$$

sind vier Ebenen eines Büschels vom Dv $\lambda : \mu$; insbesondere sind

$$E = 0, \quad E' = 0, \quad E - \lambda E' = 0,$$
$$E + \lambda E' = 0$$

vier harmonische Ebenen.

Das Dv der vier Ebenen

$$E + \lambda_i E' = 0 \quad (i = 1, 2, 3, 4)$$

hat den Wert

$$(\varepsilon_1 \varepsilon_2 \varepsilon_3 \varepsilon_4) = \frac{(\lambda_1 - \lambda_3)(\lambda_2 - \lambda_4)}{(\lambda_2 - \lambda_3)(\lambda_1 - \lambda_4)}.$$

Zwei Ebenenbüschel

$$E + \lambda E' = 0, \quad F + \mu F' = 0$$

sind projektiv, wenn für λ und μ die Relation

$$\alpha \lambda \mu + \beta \lambda + \gamma \mu + \delta = 0$$

besteht (einfachster Fall $\lambda = \mu$).

</td><td>

Die vier Punkte

$$Q = 0, \quad Q' = 0, \quad Q + \lambda Q' = 0,$$
$$Q + \mu Q' = 0$$

sind vier Punkte einer Punktreihe vom Dv $\lambda : \mu$; insbesondere sind

$$Q = 0, \quad Q' = 0, \quad Q - \lambda Q' = 0,$$
$$Q + \lambda Q' = 0$$

vier harmonische Punkte.

Das Dv der vier Punkte

$$Q + \lambda_i Q' = 0 \quad (i = 1, 2, 3, 4)$$

hat den Wert

$$(P_1 P_2 P_3 P_4) = \frac{(\lambda_1 - \lambda_3)(\lambda_2 - \lambda_4)}{(\lambda_2 - \lambda_3)(\lambda_1 - \lambda_4)}.$$

Zwei Punktreihen

$$Q + \lambda Q' = 0, \quad R + \mu R' = 0$$

sind projektiv, wenn für λ und μ die Relation

$$\alpha \lambda \mu + \beta \lambda + \gamma \mu + \delta = 0$$

besteht (einfachster Fall $\lambda = \mu$).

</td></tr>
</table>

Ebenso lassen sich auch die Begriffe und Sätze über involutorische Beziehungen, über Doppelelemente usw. auf die Ebenenbüschel ausdehnen; für zwei projektive Büschel, die dieselbe Gerade g als Achse haben, gibt es also zwei sich selbst entsprechende Ebenen usw.

Endlich seien folgende Formeln angeführt, die sich auf die Koordinaten von Punkten einer Punktreihe oder Ebenen eines Büschels beziehen und die unmittelbaren Verallgemeinerungen der Formeln von S. 87 sind. Die Punkte einer Geraden $P_1 P_2$ haben die Koordinaten

$$x : y : z : t = (x_1 - \mu' x_2) : (y_1 - \mu' y_2) : (z_1 - \mu' z_2) : (t_1 - \mu' t_2),$$

und für die Ebenen eines Büschels $(\varepsilon_1 \varepsilon_2)$ ist

$$u : v : w : s = (u_1 - \mu' u_2) : (v_1 - \mu' v_2) : (w_1 - \mu' w_2) : (s_1 - \mu' s_2);$$

in beiden Fällen ist μ' dem bezüglichen Teilungsverhältnis proportional.

Ebenenbüschel und Strahlenbüschel stehen auch in einfacher *metrischer* Beziehung zueinander. Wird ein Ebenenbüschel durch eine zu seiner Achse senkrechte Ebene geschnitten, so bilden die Schnittlinien einen Strahlenbüschel. Bezeichnen wir sie für $\varepsilon_1, \varepsilon_2, \varepsilon$ durch e_1, e_2, e, so ist $\sphericalangle(\varepsilon_1\varepsilon) = (e_1 e)$ und $\sphericalangle(\varepsilon_2\varepsilon) = (e_2 e)$; wir folgern daraus, daß alle besonderen metrischen Arten von projektiven und involutorischen Beziehungen, die bei den Strahlenbüscheln auftreten, in derselben Form auch bei den Ebenenbüscheln vorhanden sind und sich unter Verwendung von Normalgleichungen in derselben Art darstellen lassen wie bei den Strahlenbüscheln. Insbesondere gilt dies von den Sätzen von S. 79 über orthogonale Eigenschaften.

Wird ein Ebenenbüschel durch eine Gerade g in einer Punktreihe geschnitten, so gilt für sie und den Ebenenbüschel die Gleichheit der Dv-Werte; ebenso für den Ebenenbüschel und einen durch eine beliebige Ebene ausgeschnittenen Strahlbüschel. Wir haben darin die *räumliche Verallgemeinerung* des Satzes des Pappus zu erblicken und wollen sie mit der ebenen Form des Satzes (S. 67) ableiten. Sei (Fig. 79) S der Ebenenbüschel und l seine Achse[1]). Durch die Gerade g legen wir eine Ebene γ; sie schneide die Ebene ε des Büschels S im Strahl h. Die Ebene γ enthält dann den Punkt $P = (g\,\varepsilon)$ und den Strahl $h = (\gamma\,\varepsilon)$, und es liegt P auf h; nach dem angezogenen Satz des Pappus ist daher

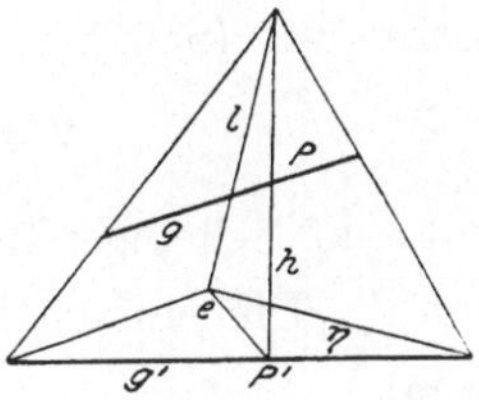

$$(P_1 P_2 P_3 P_4) = (h_1 h_2 h_3 h_4).$$

Fig. 79.

Weiter schneiden wir den Büschel S durch eine zur Achse l senkrechte Ebene η; sie schneide ε in e und die Ebene γ in $g' = (\gamma\,\eta)$. In der Ebene γ liegen dann die beiden Geraden g und g', sowie auch h. Setzen wir noch $P' = (g'h)$, so folgt wieder

$$(P_1 P_2 P_3 P_4) = (P_1' P_2' P_3' P_4').$$

Nun ist der Punkt P' Schnitt von γ, η und ε; er liegt also auf e, und ~~daher ist auch~~ $\varepsilon \perp \eta$ ist, so

$$(P_1' P_2' P_3' P_4') = (e_1 e_2 e_3 e_4) = (\varepsilon_1 \varepsilon_2 \varepsilon_3 \varepsilon_4);$$

insgesamt folgt demnach

$$(h_1 h_2 h_3 h_4) = (P_1 P_2 P_3 P_4) = (\varepsilon_1 \varepsilon_2 \varepsilon_3 \varepsilon_4).$$

Damit ist die Behauptung erwiesen. *Die Invarianz der Dv-Werte besteht für jede Punktreihe, die durch eine Gerade g, und für jeden Strahlenbüschel, der durch eine Ebene γ aus dem Ebenenbüschel ausgeschnitten wird.* Die besondere Lage der drei Elementargebilde (ε, g, P), die hier vorliegt, heißt für je zwei (analog zu S. 81) eine *perspektive* Lage.

Ein analytischer Beweis kann für die Punktreihe folgendermaßen geführt werden. Sei $E + \lambda E' = 0$ der Ebenenbüschel, ferner seien $F = 0$

---

1) In Fig. 79 ist die Ebene $(g\,h) = \gamma$ und $(l\,h) = \varepsilon$.

und $F' = 0$ die Gleichungen der Geraden g in Punktkoordinaten; dazu füge man die Gleichung der vereinigten Lage $ux + vy + wz + st = 0$, die für jede Ebene ε und den Schnittpunkt $P = (g\,\varepsilon)$ erfüllt ist. Die Elimination der x, y, z, t aus diesen Gleichungen führt zu der gesuchten Gleichung in den $u, v. w, s$; es kommt nur darauf an, zu erkennen, daß sie erstens linear in ihnen ist, und zweitens auch linear in λ, also von der Form $Q + \lambda Q' = 0$.

§ 4. Allgemeine homogene Koordinaten.

Allgemeine räumliche homogene Koordinaten für Punkt und Ebene lassen sich in der gleichen Weise einführen wie im ebenen Gebiet; es darf wieder im wesentlichen genügen, die Formeln und Sätze zu nennen. Wir gehen von vier Ebenen ε_i eines Tetraeders aus; ihre Gleichungen seien

$$(11) \qquad a_i x + b_i y + c_i z + d_i = 0; \quad i = 1, 2, 3, 4 .$$

Sind p_i die Lote von einem Punkt $P(x, y, z)$ auf diese Ebenen, und setzen wir (S. 97)

$$(12) \qquad \varrho x_i = \varkappa_i p_i = \varkappa_i \frac{a_i x + b_i y + c_i z + d_i}{\sqrt{a_i^2 + b_i^2 + c_i^2}},$$

mit $\varkappa_i$ als beliebiger Konstante, so sind die x_i *homogene Punktkoordinaten* von P. Die einfachste Wahl von $\varkappa_i$ ist $\varkappa_i = \sqrt{a_i^2 + b_i^2 + c_i^2}$, dann wird

$$(12a) \qquad \varrho x_i = a_i x + b_i y + c_i z + d_i,$$

und durch Auflösung folgt [analog zu (31a) von S. 97]

$$(13) \qquad x = \frac{\sum A_i x_i}{\sum D_i x_i}, \quad y = \frac{\sum B_i x_i}{\sum D_i x_i}, \quad z = \frac{\sum C_i x_i}{\sum D_i x_i},$$

wo die A_i, B_i, C_i, D_i die Unterdeterminanten der a_i, b_i, c_i, d_i sind. Die Gleichung $\sum D_i x_i = 0$ ist die Gleichung von ε_∞.

Analog führt man für eine Ebene $\varepsilon(u, v, w)$ homogene Ebenenkoordinaten mittels der Lote q_i ein, die man von den Ecken des Koordinatentetraeders auf die Ebene ε fällt. Zunächst sind (Anhang, 27 c)

$$x_i : y_i : z_i : 1 = A_i : B_i : C_i : D_i$$

die Koordinaten der Tetraederecken. Man setze nun (S. 98)

$$(14) \qquad \sigma u_i = \mu_i q_i = \mu_i \frac{A_i u + B_i v + C_i w + D_i}{D_i \sqrt{u^2 + v^2 + w^2}},$$

und für $\mu_i = D_i$ wird, wenn man $\sqrt{u^2 + v^2 + w^2}$ in σ eingehen läßt,

$$\sigma u_i = A_i u + B_i v + C_i w + D_i;$$

als Auflösung ergibt sich

$$(15) \qquad u = \frac{\sum a_i u_i}{\sum d_i u_i}, \quad v = \frac{\sum b_i u_i}{\sum d_i u_i}, \quad w = \frac{\sum c_i u_i}{\sum d_i u_i}.$$

Bei der so getroffenen Wahl der $\varkappa_i$ und μ_i geht die Bedingung der vereinigten Lage von S. 215 in

$$(16) \qquad \sum u_i x_i = u_1 x_1 + u_2 x_2 + u_3 x_3 + u_4 x_4 = 0$$

über.

Von den zahlreichen hieraus fließenden Folgerungen seien insbesondere die folgenden hervorgehoben:

1. Alle Punkte der Verbindungslinie zweier Punkte (y) und (z) sind durch

$$(17) \qquad \varrho\, x_i = y_i + \lambda z_i$$

dargestellt, wo λ dem Teilungsverhältnis $(y\,z\,x)$ proportional ist.

Alle Ebenen durch die Schnittlinie zweier Ebenen (v) und (w) sind durch

$$(17\,\mathrm{a}) \qquad \sigma\, u_i = v_i + \lambda w_i$$

dargestellt, wo λ dem Teilungsverhältnis $(v\,w\,u)$ proportional ist.

2. Jede Koordinatentransformation stellt sich durch eine lineare Substitution nicht verschwindender Determinante dar. Für (y_i) und (v_i) als neue Koordinaten hat sie (mit A_{ik} als Unterdeterminante von a_{ik}) die Form

$$(18) \qquad \begin{cases} \varrho\, y_i = a_{i1} x_1 + a_{i2} x_2 + a_{i3} x_3 + a_{i4} x_4 \\ \sigma\, v_k = A_{k1} u_1 + A_{k2} u_2 + A_{k3} u_3 + A_{k4} u_4; \end{cases}$$

die auflösenden Gleichungen sind

$$(18\,\mathrm{a}) \qquad \begin{cases} \varrho'\, x_i = A_{1i} y_1 + A_{2i} y_2 + A_{3i} y_3 + A_{4i} y_i \\ \sigma'\, u_k = a_{1k} v_1 + a_{2k} v_2 + a_{3k} v_3 + a_{4k} v_4\,. \end{cases}$$

Die Transformationsgleichungen für die u_k (in v_k) sind also wieder *kontragredient* (Anhang, 34 c) zu denen für die y_i (in x_i).

3. Wir übertragen das S. 102 unter 5. abgeleitete Resultat; doch mag es genügen, es für die eine Ebene $x_4 = 0$ auszusprechen. Die räumlichen Koordinatenwerte $x_i (i = 1, 2, 3)$, die den Punkten von $x_4 = 0$ zukommen, stellen zugleich *ebene* homogene Punktkoordinaten für diese Ebene dar. Das Koordinatendreieck bilden die drei Geraden, in denen $x_4 = 0$ von den Ebenen $x_1 = 0$, $x_2 = 0$, $x_3 = 0$ geschnitten wird, und den Einheitspunkt schneidet der Strahl $x_1 : x_2 : x_3 : = 1 : 1 : 1$ aus. Dies gilt ebenso für jede beliebige Ebene des Raumes, die mit den Ebenen $x_1 = 0$, $x_2 = 0$, $x_3 = 0$ ein Tetraeder bestimmt.

Das dualistische Resultat lautet: Im Ebenenbündel mit dem Scheitel $u_4 = 0$ stellen $u_1 : u_2 : u_3$ homogene Koordinaten für die Bündelebenen dar, so daß $u_1 = 0$, $u_2 = 0$, $u_3 = 0$ die Grundstrahlen der Koordinatenbestimmung sind, und $u_1 : u_2 : u_3 = 1 : 1 : 1$ den Einheitsstrahl liefern. Damit sind wir zugleich zu einer Koordinatenbestimmung für die Ebenen dieses und so auch jedes Bündels gelangt.

4. Eine Koordinatenbestimmung für die Strahlen des Bündels ergibt sich von hier aus folgendermaßen: Gemäß § 2 ist im Bündel eine Bündeldualität vorhanden, die das Analogon der ebenen Dualität des

ebenen Feldes bildet. Im ebenen Feld kann man von den Punktkoordinaten x_i mittels der Gleichungen $\sum u_i x_i = 0$ zu den Linienkoordinaten u_i übergehen; ebenso kann man im Bündel mittels der analogen Gleichung von den Ebenenkoordinaten zu den Strahlenkoordinaten übergehen. Damit ist das Prinzip der dualen Koordinatenbestimmung für den Bündel grundsätzlich dargelegt; was hier genügen mag.

5. Hierzu kommen folgende im Raum neu auftretende Betrachtungen: Wir gehen von der Ebene

$$(19) \qquad E_1 \equiv E + \lambda' E' + \lambda'' E''$$

aus; die Ebenen ε, ε', ε'' sollen eine Ecke bilden, und ε_1 eine von ihnen verschiedene Ebene durch $(\varepsilon\,\varepsilon'\,\varepsilon'')$ sein. Für die Koordinaten v_i von ε_1 folgt dann

$$(19a) \qquad \sigma v_i = u_i + \lambda' u_i' + \lambda'' u_i',$$

es wird also jede solche Ebene ε_1 mittels zweier Parameter λ', λ'' durch die u_i, u_i', u_i'' dargestellt. Analog ist zu folgern, daß ein Punkt y der durch drei Punkte (x), (x'), (x'') bestimmten Ebene sich in der Form

$$(19b) \qquad \varrho\,y_i = x_i + \lambda' x_i' + \lambda'' x_i''$$

darstellt[1]). Man kann auch wieder λ', λ'' als Koordinaten der Ebene (v) oder des Punktes (y) ansehen.

§ 5. Punktörter und Ebenenörter.

Einer Gleichung in Punktkoordinaten steht dualistisch eine Gleichung in Ebenenkoordinaten gegenüber; die einfachsten Fälle stellen die Gleichungen ersten Grades

$$(20) \qquad \sum a_i x_i = 0 \quad \text{und} \quad \sum a_i u_i = 0$$

dar; der ersten genügen ∞^2 Punkte einer Ebene, der zweiten ∞^2 Ebenen durch einen Punkt. Aus der Formel (4) von S. 216 kann man die (inhomogene) Gleichung entnehmen, der alle Tangentenebenen einer Kugel genügen. Jede hat vom Zentrum (α, β, γ) den Abstand ϱ; man erhält daher in

$$(21) \qquad \varrho^2(u^2 + v^2 + w^2) - (u\,\alpha + v\,\beta + w\,\gamma + 1)^2 = 0$$

die gesuchte Gleichung.

Alle Punkte, die einer homogenen Gleichung n^{ten} Grades in den x_i genügen, bilden einen Punktort (Fläche F_n) der n^{ten} *Ordnung*. Stellen wir eine Gerade gemäß (17) durch

$$\varrho\,x_i = y_i + \lambda\,z_i$$

dar, so ergibt sich für ihre gemeinsamen Punkte mit der F_n eine Gleichung n^{ter} Ordnung in λ. Der F_n steht die Gleichung n^{ter} Ordnung in u_i

---

[1]) Darin sind die Verallgemeinerungen der Formeln (8) von S. 202 enthalten.

dualistisch gegenüber. Die sämtlichen ihr genügenden Ebenen bilden einen Ebenenort Φ_n, der als Fläche n^{ter} *Klasse* bezeichnet wird. Wie die obige Gerade als Punktreihe mit der F_n n Punkte gemein hat, so gibt es in dem durch

$$\sigma\, u_i = v_i + \lambda\, w_i$$

dargestellten Ebenenbüschel n durch eine Gleichung n^{ten} Grades in λ bestimmte Ebenen, die durch seine Achse gehen und zugleich Ebenen der Φ_n sind. Man kann auch wieder beweisen, daß eine Φ_n im allgemeinen von den Tangentialebenen eines Punktorts gebildet wird.

Einfachste Punkt- und Ebenenörter dieser Art werden durch projektive Büschel und Punktreihen erzeugt. Wir gelangen damit zu folgender räumlichen Verallgemeinerung der Sätze von S. 80.

Seien

(22) $E + \lambda F = 0$, $E' + \lambda F' = 0$

zwei projektive Ebenenbüschel. Für die Schnittlinie zweier entsprechender Ebenen besteht die Gleichung

(23) $\qquad EF' - E'F = 0$;

sie besteht ebenso für den Schnitt von je zwei solchen Ebenen. Ihr genügen also ∞^1 Geraden; sie bilden die durch (23) dargestellte Fläche. Sie ist in den Koordinaten vom zweiten Grade, also eine F_2 der zweiten Ordnung, d. h.:

Zwei projektive Ebenenbüschel erzeugen in den Schnittlinien entsprechender Ebenen ∞^1 Geraden, die als Punktort eine F_2 bilden.

Seien

(22a) $Q + \lambda R = 0$, $Q' + \lambda R' = 0$

zwei projektive Punktreihen. Für die Verbindungslinie zweier entsprechender Punkte besteht die Gleichung

(23a) $\qquad QR' - Q'R = 0$;

sie besteht ebenso für die Verbindungslinie je zweier solcher Punkte. Ihr genügen also ∞^1 Geraden; sie bilden die durch (23a) dargestellte Fläche. Sie ist in den Koordinaten vom zweiten Grade, also eine Φ_2 der zweiten Klasse, d. h.:

Zwei projektive Punktreihen erzeugen in den Verbindungslinien entsprechender Punkte ∞^1 Geraden, die als Ebenenort eine Φ_2 bilden[1]).

Es gibt in beiden Fällen noch eine zweite Geradenschar, die der Fläche angehört; es genüge, sie für das Erzeugnis der Büschel abzuleiten[2]). Geht man von den projektiven Büscheln

(24) $\qquad\qquad E + \mu E' = 0$, $F + \mu F' = 0$

aus, so bilden auch sie durch die Schnittlinien entsprechender Ebenen einen Punktort, und zwar ebenfalls den durch (23) dargestellten. Die beiden Geradenscharen, zu denen wir so gelangen, sind aber *verschieden*. Bezeichnen wir die Geraden der ersten Schar durch h, die der zweiten

---

[1]) Wie beim Punktort jeder Punkt einer der ∞^1 Geraden der F_2 angehört, so gehört dem Ebenenort jede Ebene durch eine der ∞^1 Geraden an.

[2]) Vgl. Fig. 80, S. 237.

durch k, so wird sich zeigen: 1. *Eine Gerade h und eine Gerade k schneiden sich*; 2. *zwei Geraden derselben Schar liegen windschief zueinander.*

Seien h und k zwei Geraden, die den Werten λ und μ entsprechen; sie sind Schnittlinien der Ebenen

$$E + \lambda F = 0, \quad E' + \lambda F' = 0 \quad \text{und}$$
$$E + \mu E' = 0, \quad F + \mu F' = 0.$$

Sollen h und k sich in P schneiden, so müssen diese vier Ebenen durch P hindurchgehen; es muß also Satz 2 von S. 212 bestehen. Sind $\alpha, \beta, \gamma, \delta$ die ihm entsprechenden Multiplikatoren, so müssen für sie, wie man leicht erkennt, die folgenden Gleichungen diesem Satz gemäß erfüllt sein:

$$\alpha + \gamma = 0, \quad \beta\lambda + \delta\mu = 0, \quad \lambda\alpha + \delta = 0, \quad \beta + \mu\gamma = 0,$$

und dem genügen in der Tat die Werte

$$\alpha = 1, \quad \gamma = -1, \quad \beta = \mu, \quad \delta = -\lambda.$$

Sollen dagegen zwei Geraden h und h' sich schneiden, so bedeutet dies, wenn wieder $\alpha, \beta, \gamma, \delta$ die bezüglichen Multiplikatoren sind, das Bestehen der Gleichungen

$$\alpha + \gamma = 0, \quad \beta + \delta = 0, \quad \lambda\alpha + \gamma\lambda' = 0, \quad \beta\lambda + \delta\lambda' = 0.$$

Diesen Gleichungen kann durch nicht verschwindende $\alpha, \beta, \gamma, \delta$ nur für $\lambda = \lambda'$ genügt werden. Dann sind aber h und h' identisch, und das gleiche folgt für die Geraden k. Damit ist auch Satz 2 bewiesen.

Dasselbe gilt dualistisch für das Erzeugnis der beiden projektiven Punktreihen; man folgert daraus weiter, daß beide Gebilde, als Geraden-örter betrachtet, *identisch* sind. Sind nämlich h_1, h_2, h_3 drei *beliebige* Geraden h, so werden auch sie von allen Geraden (k) geschnitten; andererseits kann man durch jeden Punkt von h_1 genau *eine* Gerade legen, die auch h_2 und h_3 trifft. Durch h_1, h_2, h_3 ist also die Schar (k) bereits bestimmt, woraus die Richtigkeit der obigen Behauptung hervorgeht.

Schneiden sich die Achsen der beiden projektiven Ebenenbüschel, so gehen auch alle Geraden h durch diesen Schnittpunkt. In diesem Falle gehen die vier Ebenen $E = 0$, $E' = 0$, $F = 0$, $F' = 0$ durch denselben Punkt. Daher schneiden sich auch die Achsen der beiden anderen erzeugenden Büschel, und es werden die Geraden h mit den Geraden k identisch. Man zeige dies analytisch, indem man von einer Gleichung $aE + bF + a'E' + b'F' \equiv 0$ ausgeht und auf Grund davon $\alpha, \beta, \gamma, \delta$ durch a, b, a', b' ausdrückt. Wie lauten die dualistischen Sätze?

§ 6. Die kollineare und reziproke Beziehung im Raum.

Je zwei Punkte (x) und (x') zweier Raumgebilde $\mathfrak{R}$ und $\mathfrak{R}'$ mögen durch dieselbe lineare Substitution

$$(25) \quad \begin{cases} \varrho\,x_1' = a_{11}x_1 + a_{12}x_2 + a_{13}x_3 + a_{14}x_4 \\ \varrho\,x_2' = a_{21}x_1 + a_{22}x_2 + a_{23}x_3 + a_{24}x_4 \\ \varrho\,x_3' = a_{31}x_1 + a_{32}x_2 + a_{33}x_3 + a_{34}x_4 \\ \varrho\,x_4' = a_{41}x_1 + a_{42}x_2 + a_{43}x_3 + a_{44}x_4 \end{cases} \qquad \varDelta = \|a_{ik}\| \gtrless 0$$

miteinander verbunden sein. Die Auflösung ergibt (Anhang 34b)

$$(25\,\mathrm{a}) \qquad \varrho' x_i = A_{1i} x_1' + A_{2i} x_2' + A_{3i} x_3' + A_{4i} x_4'.$$

Die Punkte P und P' der Raumgebilde sind also eineindeutig und linear einander zugeordnet. Es darf wiederum genügen, die wichtigsten den Sätzen von Kap. XII entsprechenden Verallgemeinerungen hier anzuführen.

1. Da die lineare Substitution den Grad einer Gleichung invariant läßt, so entspricht jeder Ebene ε von $\Re$ eine Ebene ε' von $\Re'$, jeder Geraden von $\Re$ also eine Gerade von $\Re'$; die Raumgebilde heißen deshalb wieder *kollinear aufeinander bezogen*. Wird festgesetzt, daß die Gleichung

$$(26) \qquad \sum u_i x_i = 0 \quad \text{in} \quad \sum u_i' x_i' = 0$$

übergeht, so besteht zwischen den entsprechenden u_i und u_i' die zu (25) *kontragrediente* Substitution, nämlich

$$(27) \qquad \begin{cases} \sigma' u_i = a_{1i} u_1' + a_{2i} u_2' + a_{3i} u_3' + a_{4i} u_4' \\ \sigma u_i' = A_{i1} u_1 + A_{i2} u_2 + A_{i3} u_3 + A_{i4} u_4. \end{cases}$$

Wählt man insbesondere die Ecken und Flächen der beiden Koordinatentetraeder als entsprechende Punkte und Ebenen, so lauten die Gleichungen (25) und (27) einfacher

$$(28) \qquad \varrho' x_i' = a_i x_i, \quad \sigma' u_i = a_i u_i'.$$

Die Raumgebilde $\Re$ und $\Re'$ werden wir übrigens durch den ganzen Raum hindurch ausgedehnt denken; jede Stelle des Raumes ist dann doppelt zu zählen, sowohl als Punkt (x) von $\Re$, wie als Punkt (y') von $\Re'$.

2. Jedem Ebenenbüschel von $\Re$ entspricht ein projektiver Büschel von $\Re'$, jeder Punktreihe und jedem Strahlenbüschel eine projektive Punktreihe und ein projektiver Strahlenbüschel; jedem Ebenenbündel ein kollinearer, ebenso jedem ebenen Feld ein kollineares Feld. Alles dies beruht auf dem linearen Charakter der Substitution. Für Ebenenbüschel und Punktreihen folgt es auch daraus, daß die Gleichungen $E + \lambda F = 0$ oder $Q + \lambda R = 0$ in Gleichungen derselben Form übergehen. Die Gleichungen für die kollineare Beziehung der Felder $x_4 = 0$ und $x_4' = 0$ werden direkt durch die Gleichungen (28) geliefert; die in ihnen verbleibenden $x_1, x_2, x_3, x_1', x_2', x_3'$ stellen wiederum homogene Dreieckskoordinaten für die beiden ebenen Felder dar, und zwar in dem in § 4 genannten Sinne. Ebenso ist es mit der projektiven Zuordnung zweier Bündel. Auch übertragen sich alle die Koordinatenfolgerungen, die wir in Kap. VIII, § 6 ausgesprochen haben.

3. Die kollineare Beziehung ist durch fünf Paare entsprechender Punkte (oder Ebenen) allgemeiner Lage bestimmt; vier davon kann man zu Koordinatenebenen machen; das fünfte Paar läßt sich benutzen,

um die Koeffizienten a_i in (28) und damit die kollineare Beziehung zu bestimmen. Mittels der Möbiusschen Netzkonstruktion (S. 167) lassen sich aus den fünf Punktepaaren beliebig viele neue Paare konstruktiv herstellen.

4. Zwei kollineare Räume $\Re$ und $\Re'$ als unendlich ausgedehnte Gebilde befinden sich stets in vereinigter Lage. Es gibt im allgemeinen vier Punkte (x) und vier Ebenen (u), die mit ihren entsprechenden zusammenfallen. Beziehen wir die Punkte (x) und (x') auf dasselbe Tetraeder und denselben Einheitspunkt, so bestehen für die Koordinaten x_i der Doppelpunkte die Gleichungen

$$(29) \quad \begin{cases} (a_{11} - \varrho)x_1 + & a_{12}x_2 + & a_{13}x_3 + & a_{14}x_4 = 0 \\ a_{21}x_1 + (a_{22} - \varrho)x_2 + & a_{23}x_3 + & a_{24}x_4 = 0 \\ a_{31}x_1 + & a_{32}x_2 + (a_{33} - \varrho)x_3 + & a_{34}x_4 = 0 \\ a_{41}x_1 + & a_{42}x_2 + & a_{43}x_3 + (a_{44} - \varrho)x_4 = 0 . \end{cases}$$

Das Nullsetzen ihrer Determinante $\varDelta(\varrho)$ liefert im allgemeinen vier verschiedene Wurzeln ϱ und damit die vier Doppelpunkte. Sie bilden das *Doppelpunktstetraeder;* jede seiner Ebenen ist eine *Doppelebene*, jede Kante eine *Doppelgerade*[1]).

Von den Wurzeln von $\varDelta(\varrho) = 0$ sind, falls sie sämtlich verschieden sind, entweder alle vier reell, oder nur zwei, oder keine. Die Doppelpunkte und Doppelebenen können also sämtlich imaginär sein; dagegen gibt es stets ein Paar reeller Doppelgeraden. Es folgt daraus, daß die Verbindungslinie zweier konjugiert komplexer Punkte reell ist, was für den Raum ebenso bewiesen wird wie das analoge Resultat (51) des Anhangs.

5. Von den vielen Sonderlagen, die für kollineare Räume auftreten können, sollen die folgenden etwas näher erörtert werden, freilich nur in der Weise, daß wir ihre Eigenschaften durch Verallgemeinerung aus den Sätzen über ebene kollineare Felder gewinnen[2]).

Zwei kollineare Räume können *perspektive (zentrisch kollineare) Lage* besitzen. Ein Punkt S (*Perspektivitäts-* oder *Kollineationszentrum*) ist in der Weise Doppelpunkt, daß jede durch ihn gehende Gerade (und Ebene) Doppelgerade (und Doppelebene) ist; dazu kommt eine Doppelebene σ (*Perspektivitäts-* oder *Kollineationsebene*) von der Art, daß jeder Punkt und jede Gerade in ihr ein Doppelelement ist; je zwei entsprechende Ebenen (oder Strahlen) schneiden sich also in einer Geraden (oder einem Punkt) von σ.

---

[1]) In jeder Doppelebene gibt es, dem Satz von S. 167 entsprechend, drei Doppelpunkte, durch jede Doppelgerade zwei Doppelebenen usw.

[2]) Die Fülle der Sonderfälle geht daraus hervor, daß man die Gleichungen (29) als Gleichungen von Ebenen auffassen kann, und vier Ebenen mannigfache Lage besitzen können.

Werden der Punkt S und die Ebene σ beliebig angenommen, und außerdem auf einer durch S gehenden Geraden ein Paar entsprechender Punkte (x), (x'), so ist dadurch die perspektive Kollineation bestimmt.

Die analytischen Betrachtungen, auf denen diese Schlüsse ruhen, ergeben sich durch unmittelbare Verallgemeinerungen von S. 168. Es gibt eine Wurzel τ von $\varDelta(\varrho) = 0$, die sämtliche Doppelpunkte in σ liefert; sie ist eine *dreifache* Wurzel, und die von ihr verschiedene Wurzel ϱ liefert den Punkt S; alle daran in Kap. XII geknüpften Schlüsse übertragen sich sinngemäß auf den Raum.

Der Ebene η'_∞ von $\mathfrak{R}'$ entspricht in $\mathfrak{R}$ eine Ebene η (*Fluchtebene*), von der man, wie S. 170, beweist, daß sie zu σ parallel ist. Darauf beruht die Reliefdarstellung der bildenden Kunst. Sie benutzt die Fläche, auf der sich das Relief erhebt, als Ebene σ und eine meist jenseits des Beschauers liegende Parallelebene zu σ als Fluchtebene η. In der Parallelschicht zwischen σ und η muß also der ganze abzubildende Raum enthalten sein. Naturgemäß erlaubt sich der bildende Künstler die durch seine Sonderzwecke bedingten Abweichungen. Man kann die perspektive Lage von ε und ε' wieder benutzen, um den allmählichen Übergang eines Tetraeders $\mathfrak{T}$ in ein Tetraeder $\mathfrak{T}'$ zu veranschaulichen, das bis zu ε_∞ reicht oder auch ε'_∞ durchdringt; wenn insbesondere $\mathfrak{T}$ die Fluchtebene η durchdringt, so geht das kollineare Bild in ein die ε'_∞ durchziehendes $\mathfrak{T}'$ über.

Wenn je zwei Punkte (x), (x') sich doppelt entsprechen, heißt die Kollineation *involutorisch*. Die Verbindungslinie jedes solchen Paares (x), (x') ist wieder eine Doppelgerade; analog entsprechen sich auch je zwei Ebenen (u) und (u') doppelt und ihre Schnittlinie ist ebenfalls eine Doppelgerade.

Es gibt zwei solche involutorische Kollineationen. Die vorstehende perspektive Lage wird involutorisch, wenn jedes Punktepaar (x), (x') zu S und σ harmonisch liegt; ist es bei einem der Fall, so bei jedem. Die Beziehung ist dann das kollineare Abbild der Symmetrie gegen eine Ebene; die Ebene der Symmetrie liefert die Perspektivitätsebene σ, und das Perspektivitätszentrum fällt in einen Punkt S_∞. Es gibt noch eine zweite einfache Symmetrie, deren kollineare Verallgemeinerung einen involutorischen Sonderfall liefert; es ist die Symmetrie *gegen eine Gerade*. Wir erhalten sie, wenn wir diese Gerade s z. B. vertikal annehmen und je zwei entsprechende Punkte P, P' so, daß ihre Verbindungslinie die Achse s senkrecht schneidet und von ihr halbiert wird. Außer s haben wir dann in ε_∞ noch eine zu s senkrechte Doppelgerade. Das allgemeine kollineare Abbild dieser Symmetrie heißt *axiale* involutorische Kollineation.

Die analytische Behandlung hat wiederum davon auszugehen, daß beim doppelten Entsprechen die Gleichungen (25) und (25a) sachlich dieselbe Zuordnung darstellen, daß also (wie in Kap. XII)

$$a_{ik} = \lambda A_{ki}$$

ist; woraus gemäß (27) auch das (schon oben genannte) doppelte Entsprechen je zweier Ebenen folgt. Man kann, wie in Kap. XII, die a_{ik} so wählen, daß $\|a_{ik}\| = 1$ ist, also auch $\|A_{ik}\| = 1$, woraus sich für λ diesmal $\lambda^4 = 1$ ergibt. Demgemäß liefern $\lambda = 1$ und $\lambda = -1$ die beiden Fälle der involutorischen Lage.

Im ersten Fall hat die Gleichung $\varDelta(\varrho) = 0$ eine dreifache Wurzel, wie es der perspektiven Lage entspricht; der Wert $\tau = -1$ bewirkt außerdem, daß die Punktepaare eines jeden Doppelstrahls eine Involution bilden, und ebenso die Ebenenpaare durch jede Doppelgerade als Achse. Im zweiten Fall hat die Gleichung $\varDelta(\varrho) = 0$ zwei Doppelwurzeln und jeder entsprechen ∞^1 Doppelpunkte einer Geraden; es sind die beiden Geraden, die von allen Doppelstrahlen (x), (x') getroffen werden.

Die kollineare Beziehung ist eine *affine*, wenn die Ebenen ε_∞ und ε'_∞ einander entsprechen; von den Gleichungen (25) lautet die letzte jetzt $\varrho\, x'_4 = a_{44}\, x_4$. Ihr analytischer Ausdruck in nicht homogenen Koordinaten hat die Form

$$(30) \quad \begin{cases} x' = a_{11}x + a_{12}y + a_{13}z + a_{14}, \quad y' = a_{21}x + a_{22}y + a_{23}z + a_{24}, \\ z' = a_{31}x + a_{32}y + a_{33}z + a_{34}. \end{cases}$$

Da ε_∞ und ε'_∞ entsprechende kollineare Ebenen in vereinigter Lage sind, so fallen drei Doppelpunkte in sie hinein. Die Gleichung, die die Doppelelemente bestimmt, erhält den Faktor $(a_{44} - \varrho)$; er liefert den im Endlichen gelegenen stets reellen *Affinitätspol*. Die drei anderen Wurzeln entsprechen den drei Doppelpunkten in ε_∞.

Da jedem P_∞ von $\Re$ ein P'_∞ von $\Re'$ entspricht, so behält wiederum bei affiner Abbildung das Teilungsverhältnis seinen Wert; Mitte bleibt Mitte, parallele Ebenen und Geraden bleiben parallel, ein Parallelepiped also ein Parallelepiped. Auch *das Volumenverhältnis ist invariant*, was ebenso bewiesen wird, wie die Invarianz des Flächenverhältnisses für die Ebene.

Werden für zwei affine Räume die Formeln (28) benutzt, so erhält man einfacher

$$(31) \qquad\qquad x' = \alpha x, \quad y' = \beta y, \quad z' = \gamma z;$$

für $\alpha = \beta = \gamma$ ergibt sich eine Ähnlichkeitsbeziehung; für $\alpha = \beta = \gamma = 1$ die Kongruenz. Für ähnliche und kongruente Systeme ergibt sich die Besonderheit, daß der imaginäre Kugelkreis als Punktgesamtheit sich selbst entspricht. Die kollineare Beziehung der Ebenen ε_∞ und ε'_∞ ist also von der Art (S. 176), daß eine C_2 mit der entsprechenden C'_2 koinzidiert[1]).

---

[1]) Vgl. auch Anhang § 5, Beispiel 95.

Die Ausdehnung der *reziproken* Beziehung (*Korrelation*) von der Ebene auf den Raum führt zu den Formeln

$$(32) \qquad \begin{cases} \varrho' u_i' = a_{i1}x_1 + a_{i2}x_2 + a_{i3}x_3 + a_{i4}x_4, \\ \varrho\, x_i = A_{1i}u_1' + A_{2i}u_2' + A_{3i}u_3' + A_{4i}u_1' \end{cases}$$

und ihren Auflösungen; dabei ist $\sum u_i x_i = \sum u_i' x_i'$. Man kann sie wiederum (S. 174) durch die bilineare Gleichung

$$(32a) \qquad \sum a_{ik} x_i y_k = 0$$

darstellen. Punkt und Ebene sind die einander entsprechenden Elementargebilde. Jeder Punktreihe der einen entspricht ein zu ihr projektiver Ebenenbüschel der anderen, jedem Feld ein kollineares Bündel usw. Unsere Gleichungen liefern zugleich die *analytische Begründung der allgemeinen räumlichen Dualität*[1]). In jedem Raum gibt es im allgemeinen eine F_2, deren Punkte in die ihnen entsprechenden Ebenen fallen, und eine Φ_2 von dualer Bedeutung. Für $a_{ik} = a_{ki}$ wird die Korrelation involutorisch; wir werden ihr alsbald als Polarität für eine F_2 begegnen. Die F_2 und Φ_2 werden identisch und liefern die Fläche, die die Polarität bestimmt.

Einen sehr eigenartigen Sonderfall liefert die Beziehung $a_{ik} + a_{ki} = 0$, $a_{ii} = 0$ (*Nullsystem*). Aus (32) folgert man unmittelbar die Gleichung

$$x_1 u_1' + x_2 u_2' + x_3 u_3' + x_4 u_4' = 0;$$

es liegt also *jeder* Punkt (x) mit der ihm entsprechenden Ebene (u') vereinigt; die vorstehende F_2 erfüllt sozusagen den gesamten Raum. Die bilineare Gleichung (32a) lautet jetzt

$$(33) \qquad \begin{cases} a_{12}(x_1 y_2 - x_2 y_1) + a_{13}(x_1 y_3 - x_3 y_1) + a_{14}(x_1 y_4 - x_4 y_1) \\ \quad + a_{34}(x_3 y_4 - x_4 y_3) + a_{42}(x_4 y_2 - x_2 y_4) + a_{23}(x_2 y_3 - x_3 y_2) = 0. \end{cases}$$

Sie ist in den x_i und y_i gleichartig gebaut und zeigt dadurch, daß zwischen den Räumen $\mathfrak{R}$ und $\mathfrak{R}'$ kein Unterschied besteht; jedem Punkt wird durch das Nullsystem dieselbe Ebene zugeordnet, mag man ihn zu $\mathfrak{R}$ oder $\mathfrak{R}'$ rechnen; sie heißt *Nullebene* des Punktes und der Punkt ihr *Nullpunkt*[2]).

Die für eine allgemeine Korrelation vorhandenen projektiven Eigenschaften kommen auch dem Nullsystem zu. Sind E und E_1 zwei Punkte, so entspricht ihrer Verbindungslinie die Schnittlinie $(\varepsilon\,\varepsilon_1)$ (*konjugierte* Geraden) und der Punktreihe auf EE_1 der ihr projektive Ebenenbüschel durch $(\varepsilon\,\varepsilon_1)$. Jeder Geraden durch E ist also eine Gerade von ε konjugiert, jeder Ebene durch E entspricht ein Punkt von ε als Nullpunkt. Anders ausgedrückt: Dem Bündel aller Ebenen und Strahlen durch einen Punkt E entsprechen die Punkte und Strahlen der Nullebene ε von E.

---

[1]) Für die nähere Darstellung der Dualität vgl. S. 218.

[2]) Für die Ebene gibt es einen analogen Fall nicht; es wird $\varDelta = 0$; vgl. Anhang 10, Beispiel 4. (Das Nullsystem ist von Wichtigkeit für die Zusammensetzung von Kräften im Raum.)

Das Nullsystem besitzt wichtige metrische Eigenschaften; wir gehen daher zu rechtwinkligen homogenen Koordinaten über und ersetzen x_i durch x, y, z, t und y_i durch x', y', z', t'. So erhalten wir statt (33)

$$(33\,\mathrm{a}) \quad \begin{cases} a_{12}(x y' - x' y) + a_{13}(x z' - x' z) + a_{23}(y z' - y' z) \\ + a_{14}(x t' - x' t) + a_{24}(y t' - y' t) + a_{34}(z t' - z' t) = 0 \,. \end{cases}$$

Sei nun E_∞ der Nullpunkt von ε_∞. Allen Strahlen durch E_∞ entsprechen, wie wir soeben sahen, alle Strahlen in ε_∞. Die Strahlen durch E_∞ sind sämtlich der durch E_∞ bestimmten Richtung h parallel. Zu dieser Richtung gibt es in ε_∞ eine ihr orthogonale Gerade l, nämlich die Schnittlinie der zu h senkrechten Ebenen. Dieser Geraden l von ε_∞ entspricht wieder ein bestimmter durch E_∞ gehender Strahl. Ihn wollen wir zur z-Achse wählen; es wird dann l die unendlichferne Gerade der xy-Ebene, und es sind l und die z-Achse konjugierte Geraden. Setzen wir also in (33 a) $x = 0$, $y = 0$, so muß diese Gleichung durch $z' = 0$, $t' = 0$ befriedigt werden; dies liefert

$$a_{13} = a_{14} = a_{23} = a_{24} = 0,$$

und als Gleichung des Nullsystems erscheint (für $t = t' = 1$)

$$(34) \qquad a_{12}(x y' - x' y) + a_{34}(z - z') = 0 \,.$$

Hieraus ergeben sich zwei einfache invariante Eigenschaften des Nullsystems. Die Gleichungen

$$z = z_1 + \zeta, \quad z' = z_1' + \zeta$$

stellen (S. 199) eine Schiebung längs der z-Achse um die Strecke ζ dar; sie führen (34) in sich über, und so folgt, daß das Nullsystem durch diese Schiebung in sich übergeht. Gelangt also ein Punkt E nach E_1, so gelangt auch die Nullebene ε von E in die Lage der Nullebene ε_1 von E_1. In demselben Sinn führt auch die durch

$$x = x_1 \cos \alpha - y_1 \sin \alpha, \quad y = x_1 \sin \alpha + y_1 \cos \alpha$$

dargestellte Drehung um die z-Achse die Gleichung (34) und damit auch das Nullsystem in sich über.

Sei $(x, 0, 0)$ ein Punkt der x-Achse, so folgt für seine Nullebene

$$a_{12}\, x y' - a_{34}\, z' = 0; \quad \text{also} \quad \frac{z'}{y'} = \frac{a_{12}}{a_{34}}\, x,$$

die Nullebene geht also durch die x-Achse, und für ihre Neigung φ gegen die xy-Ebene folgt

$$\operatorname{tg} \varphi = \frac{a_{12}}{a_{34}}\, x = k\, x \,.$$

Von dieser Gleichung aus kann man weiter folgern: 1. Die Nullebene eines Punktes E enthält das von E auf die z-Achse gefällte Lot EZ. 2. Die Neigung φ der Nullebene gegen die xy-Ebene ist gegeben durch $\operatorname{tg} \varphi = k \cdot EZ$; es folgt unmittelbar daraus, daß der Punkt $(x, 0, 0)$ durch die genannte Schiebung und Drehung in alle Punkte im Abstand EZ von der Achse übergeführt werden kann.

Siebzehntes Kapitel

Die Flächen der zweiten Ordnung.

§ 1. Gestaltliches.

Um das Verständnis der allgemeinen Theorie der Flächen zweiter Ordnung (F_2) zu erleichtern, sollen die einfacheren gestaltlichen Eigenschaften der wichtigsten Flächentypen vorangestellt werden.

1. Sei (α, β, γ) der Mittelpunkt einer *Kugel*, ϱ ihr Radius und $P(x, y, z)$ ein Punkt von ihr, so ist gemäß (5b) von S. 192

$$(1) \qquad (x - \alpha)^2 + (y - \beta)^2 + (z - \gamma)^2 - \varrho^2 = 0.$$

Dies ist also die *Gleichung der Kugel*. Fällt der Mittelpunkt in den Anfangspunkt, so lautet sie

$$(1\,\text{a}) \qquad x^2 + y^2 + z^2 - \varrho^2 = 0.$$

Für $\varrho = 0$ reduziert sich (1) auf die Gleichung

$$(x - \alpha)^2 + (y - \beta)^2 + (z - \gamma)^2 = 0.$$

Ihr genügt nur der eine reelle Punkt $x = \alpha$, $y = \beta$, $z = \gamma$ (*Nullkugel*).

Man kann Gleichung (1) in

$$(2) \qquad \begin{cases} x^2 + y^2 + z^2 - 2\alpha x - 2\beta y - 2\gamma z + \delta = 0, \\ \qquad\qquad \delta = \alpha^2 + \beta^2 + \gamma^2 - \varrho^2 \end{cases}$$

überführen; es stellt also auch

$$(3) \qquad A(x^2 + y^2 + z^2) + 2Bx + 2Cy + 2Dz + E = 0$$

(für $A \gtrless 0$) eine Kugel dar. Der Mittelpunkt ist gegeben durch

$$\alpha = -\frac{B}{A}, \quad \beta = -\frac{C}{A}, \quad \gamma = -\frac{D}{A},$$

während sich ϱ durch

$$\varrho^2 = \alpha^2 + \beta^2 + \gamma^2 - \delta = \frac{B^2 + C^2 + D^2 - AE}{A^2}$$

bestimmt. Für $B^2 + C^2 + D^2 < AE$ ist die Kugel imaginär, ihr Mittelpunkt bleibt jedoch reell; für $B^2 + C^2 + D^2 - AE = 0$ ergibt sich die Nullkugel.

Für $A = 0$ artet die Kugel in eine Ebene aus; genauer in ein *Ebenenpaar*, dessen eine Ebene die Ebene ε_∞ ist. In homogener Schreibweise lautet nämlich die Gleichung (3)

$$A(x^2 + y^2 + z^2) + 2\,B\,x\,t + 2\,C\,y\,t + 2\,D\,z\,t + E\,t^2 = 0,$$

dem Fall $A = 0$ entspricht also das Ebenenpaar

$$t\,\{2\,B\,x + 2\,C\,y + 2\,D\,z + E\,t\} = 0.$$

Alle Kugeln schneiden die Ebene ε_∞ in demselben (imaginären) Punktgebilde (Kugelkreis). Für die Kugelpunkte von ε_∞ ist $t = 0$, also auch (da wir $A \gtrless 0$ annehmen)

$$(4) \qquad\qquad x^2 + y^2 + z^2 = 0;$$

die Kugelpunkte der Ebene ε_∞ stellen also zugleich ihren Schnitt mit dem durch (4) dargestellten Gebilde dar. Dieser Schluß ist von den Konstanten der Kugel unabhängig und gilt daher für *jede* Kugel. Damit ist die Behauptung erwiesen. Reelle Koordinatenwerte x, y, z befriedigen Gleichung (4) nicht. Der Kugelkreis gehört auch den ausgearteten Kugeln an, da sie die ganze Ebene ε_∞ enthalten.

Der Punktort der Gleichung (4) *besteht aus lauter Minimalgeraden.* Die Ebene $z = 0$ enthält die durch

$$x^2 + y^2 = (x + iy)\,(x - iy) = 0$$

dargestellten Minimalgeraden. Das gleiche muß aber für jede Ebene durch O gelten. Geometrisch folgt es aus der absoluten Symmetrie der Kugel für die durch O gehenden Ebenen; analytisch ergibt es sich folgendermaßen: Ist ε eine durch O gehende Ebene, so kann man sie zur Ebene $z' = 0$ neuer orthogonaler Achsen durch O machen; dabei geht (4) in $x'^2 + y'^2 + z'^2 = 0$ über, und damit ist der Beweis erbracht. Es stellt also (4) einen aus allen Minimalgeraden durch O bestehenden *imaginären Kegel* dar (*absoluter Kegel*).

Der Kugelkreis ist zugleich der Ort *aller* imaginären Kreispunkte. Ist nämlich ε eine *beliebige* Ebene, so sind die in ihr liegenden Kreispunkte dieselben, die auch einer Ebene $\varepsilon' \,\|\, \varepsilon$ durch O angehören, und deren Kreispunkte gehören dem Kugelkreis an.

Wie die Ebene, läßt sich auch die Kugel mittels *zweier unabhängiger Parameter* darstellen. In den Gleichungen (14) von S. 189 ist diese Darstellung bereits enthalten.

2. Eine in x, y, z homogene Gleichung zweiten Grades

$$(5) \qquad a_{11}\,x^2 + a_{22}\,y^2 + a_{33}\,z^2 + 2\,a_{23}\,y\,z + 2\,a_{13}\,z\,x + 2\,a_{12}\,x\,y = 0$$

stellt einen *Kegel* dar, dessen Scheitel in O fällt. Dies ergibt sich wie folgt: Für die Punkte einer durch O gehenden Geraden g ist

$$x : y : z = l : m : n.$$

Soll nun ein Punkt von g der Fläche (5) angehören, so muß

$$a_{11}\,l^2 + a_{22}\,m^2 + a_{33}\,n^2 + 2\,a_{23}\,mn + 2\,a_{13}\,ln + 2\,a_{12}\,lm = 0$$

sein. Ist aber diese Gleichung für irgendeinen Punkt von g — abgesehen vom Nullpunkt — erfüllt, so auch für jeden Punkt. Die Gerade g hat also mit der F_2 entweder nur den Punkt O gemein oder sie liegt ganz auf ihm. Die F_2 ist also eine *Kegelfläche*.

Der Beweisgrund dieser Schlüsse besteht in dem *homogenen* Charakter der Gleichung (5). Sie bleiben für *jede* in x, y, z homogene Gleichung, von welchem Grad sie auch sei, in Kraft; jede solche Gleichung stellt daher eine Kegelfläche mit O als Scheitel dar.

Eine in $x - \xi$, $y - \eta$, $z - \zeta$ homogene Gleichung stellt einen Kegel durch (ξ, η, ζ) dar, wie am einfachsten durch Parallelverschiebung des Koordinatensystems zum Punkt (ξ, η, ζ) folgt.

3. Weiter betrachten wir eine Gleichung

$$(6) \qquad a_{11}\,x^2 + 2\,a_{12}\,xy + a_{22}\,y^2 + 2\,a_{13}\,x + 2\,a_{23}\,y + a_{33} = 0,$$

die z nicht enthält. Die ihr genügenden Punkte der $x\,y$-Ebene bilden eine Kurve C_2. Zieht man durch einen Punkt $P'(x, y)$ dieser Kurve eine Parallele p zur z-Achse, so hat jeder Punkt von p dieselben x, y-Koordinaten wie P', und da z in (6) nicht vorkommt, gehört auch jeder Punkt P der Parallelen p der Fläche an. Die Fläche ist eine Zylinderfläche mit der C_2 als *Basiskurve*, deren Erzeugenden zur z-Achse parallel sind. Das analoge gilt für Gleichungen, die x oder y nicht enthalten.

Diese Schlüsse sind einer weiten Verallgemeinerung fähig. Wir schließen auf dieselbe Weise, daß eine Gleichung $\varphi(x, y) = 0$ eine zur z-Achse parallele Zylinderfläche darstellt, die die $x\,y$-Ebene in der Basiskurve $\varphi(x, y) = 0$ schneidet; ebenso sind $\psi(x, z) = 0$, $\chi(y, z) = 0$ Zylinderflächen, die der y-Achse und der x-Achse parallel laufen.

4. Es gibt drei reelle Flächen F_2, die den Mittelpunktskurven (Ellipse und Hyperbel) analog sind (*eigentliche Mittelpunktsflächen*); sie entsprechen der Gleichung

$$(7) \qquad A\,x^2 + B\,y^2 + C\,z^2 = 1\,.$$

Für die Konstanten A, B, C können vier Vorzeichenkombinationen eintreten, nämlich

$$+++, \quad ++-, \quad +--, \quad --- \,.$$

Die den drei ersten Fällen entsprechenden Gleichungen schreiben wir

$$(8) \qquad \frac{x^2}{a^2} + \frac{y^2}{b^2} + \frac{z^2}{c^2} = 1 \quad (\textit{Ellipsoid}, \mathfrak{E}_2),$$

$$(8\,\text{a}) \qquad \frac{x^2}{a^2} + \frac{y^2}{b^2} - \frac{z^2}{c^2} = 1 \quad (\textit{einschaliges Hyperboloid}, \mathfrak{H}_2),$$

$$(8\,\text{b}) \qquad \frac{x^2}{a^2} - \frac{y^2}{b^2} - \frac{z^2}{c^2} = 1 \quad (\textit{zweischaliges Hyperboloid}, \mathfrak{H}_2');$$

der letzten Kombination entspricht keine reelle Fläche (*nullteilige F_2*).

Zunächst bilden wir uns eine Vorstellung von der *Gestalt* der Flächen. Ohne weiteres ergibt sich aus der Gleichungsform (7): 1. Jede Koordinatenebene (**Hauptschnitt**) ist eine Symmetrieebene. 2. Der Anfangspunkt ist ein Symmetriezentrum (S. 187); jede durch ihn gehende Sehne wird in ihm halbiert. Er ist also ein *Mittelpunkt* der Fläche.

Weiter betrachten wir die den Koordinatenebenen parallelen Schnitte mit den Ebenen $x = \alpha$, $y = \beta$, $z = \gamma$. Die Punkte, die die Ebene $z = \gamma$ aus der Fläche (5) ausschneidet, genügen der Gleichung

$$A x^2 + B y^2 = 1 - C \gamma^2 .$$

Gemäß S. 186 können wir sie als Gleichung der Schnittkurve betrachten, bezogen auf die Geraden als x- und y-Achse, in denen die Ebene $z = \gamma$ die xz- und yz-Ebene schneidet. Dasselbe gilt für die Schnittkurven in den Ebenen $x = \alpha$ und $y = \beta$.

Dies wenden wir auf die einzelnen Flächen an. Für das $\mathfrak{E}_2$ haben die Schnittkurven der Ebenen $z = \gamma$ die Gleichung

$$\frac{x^2}{a^2} + \frac{y^2}{b^2} = 1 - \frac{\gamma^2}{c^2};$$

sie sind reell nur für die Werte $\gamma^2 \leq c^2$. Für $\gamma = 0$ haben wir eine *Ellipse E_2* mit den Halbachsen a und b; für beliebiges γ sind die Halbachsen der E_2 gegeben durch

$$a_1^2 = a^2\Big(1 - \frac{\gamma^2}{c^2}\Big) \leq a^2, \quad b_1^2 = b^2\Big(1 - \frac{\gamma^2}{c^2}\Big) \leq b^2;$$

die Halbachsen nehmen also mit wachsendem γ^2 beständig ab, und zwar so, daß $a_1 : b_1 = a : b$ ist. Alle Schnittellipsen sind daher *einander ähnlich*. Für $\gamma = \pm c$ ist die E_2 auf einen Punkt zusammengeschrumpft. Das analoge gilt für die anderen beiden Ebenenscharen; das Ellipsoid ist also eine ganz im Endlichen enthaltene Fläche, eingeschlossen in das Parallelepiped der Ebenen $x = \pm a$, $y = \pm b$, $z = \pm c$.

Das $\mathfrak{E}_2$ ist ein *affines Abbild der Kugel*. Durch

$$(9) \qquad\qquad x = a x', \quad y = b y', \quad z = c z'$$

geht es aus der Kugel $x'^2 + y'^2 + z'^2 = 1$ hervor. Mittels der Gleichungen (14) von S. 189 ergibt sich daraus die folgende Parameterdarstellung des $\mathfrak{E}_2$

$$(9\,\mathrm{a}) \qquad x = a \cos\varphi \cos\vartheta, \quad y = b \sin\varphi \cos\vartheta, \quad z = c \sin\vartheta .$$

Das einschalige Hyperboloid $\mathfrak{H}_2$ wird von den Koordinatenebenen in den Kurven

$$\frac{x^2}{a^2} + \frac{y^2}{b^2} = 1 , \quad \frac{x^2}{a^2} - \frac{z^2}{c^2} = 1 , \quad \frac{y^2}{b^2} - \frac{z^2}{c^2} = 1$$

geschnitten; die erste ist eine E_2 (*Kehlellipse*); jede der beiden anderen ist eine H_2 mit der z-Achse als imaginärer Achse. Die Ebenen $z = \gamma$ schneiden in den Ellipsen

$$\frac{x^2}{a^2} + \frac{y^2}{b^2} = 1 + \frac{\gamma^2}{c^2};$$

ihre Halbachsen

$$a_1^2 = a^2\left(1 + \frac{\gamma^2}{c^2}\right), \quad b_1^2 = b^2\left(1 + \frac{\gamma^2}{c^2}\right)$$

wachsen mit γ^2; für die Kehlellipse haben sie die kleinsten Werte (a und b). Alle E_2 sind wieder einander ähnlich. Die Ebenen $x = \alpha$ schneiden in den Hyperbeln

$$\frac{y^2}{b^2} - \frac{z^2}{c^2} = 1 - \frac{\alpha^2}{a^2}.$$

Für $\alpha^2 < a^2$ fällt die reelle Achse in die y-Achse wie für die H_2 in der yz-Ebene; für $\alpha^2 > a^2$ fällt sie dagegen in die z-Achse, was Fig. 80 ersichtlich macht[1]). Für die Ebene $x = a$ artet die H_2 in das Geradenpaar

$$\frac{y^2}{b^2} - \frac{z^2}{c^2} = \left(\frac{y}{b} - \frac{z}{c}\right)\left(\frac{y}{b} + \frac{z}{c}\right) = 0$$

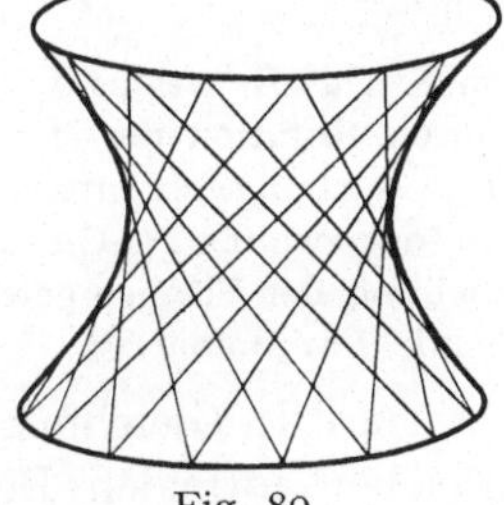

Fig. 80.

aus. Die Asymptoten aller H_2 sind diesen beiden Geraden parallel; die H_2 der ersten und die der zweiten Schar liegen zu ihnen wie *konjugierte* Hyperbeln. Alle H_2 einer jeden Schar sind einander ähnlich. Analog ist es für die Schnittkurven in den Ebenen $y = \beta$; für $\beta = b$ zerfällt sie wieder in zwei Geraden.

Das so gestaltete $\mathfrak{H}_2$ ist eine sich ins Unendliche erstreckende zusammenhängende Fläche, was die Bezeichnung *einschalig* ausdrücken soll.

Die Gleichung (8b) des $\mathfrak{H}_2'$ setzen wir zweckmäßig in die Form

$$(9\,\text{b}) \qquad -\frac{x^2}{a^2} - \frac{y^2}{b^2} + \frac{z^2}{c^2} = 1.$$

Die Koordinatenebenen schneiden es in den Kurven

$$-\frac{x^2}{a^2} - \frac{y^2}{b^2} = 1, \quad -\frac{x^2}{a^2} + \frac{z^2}{c^2} = 1, \quad -\frac{y^2}{b^2} + \frac{z^2}{c^2} = 1;$$

die erste ist eine nullteilige Kurve, die beiden anderen sind Hyperbeln, deren reelle Achse die z-Achse ist. Die xy-Ebene *schneidet also das $\mathfrak{H}_2'$ nicht reell;* es zerfällt, wie das folgende genauer zeigt, in zwei getrennte Stücke, was die Bezeichnung *zweischalig* zum Ausdruck bringt.

Die Ebenen $z = \gamma$ schneiden in den Kurven

$$\frac{x^2}{a^2} + \frac{y^2}{b^2} = \frac{\gamma^2}{c^2} - 1,$$

sie sind reelle E_2 für $\gamma^2 \geq c^2$, es wird

$$a_1^2 = a^2\left(\frac{\gamma^2}{c^2} - 1\right), \quad b_1^2 = b^2\left(\frac{\gamma^2}{c^2} - 1\right),$$

die Halbachsen der E_2 wachsen also mit γ^2. Die Ebenen $\gamma = c$ ent-

---

[1]) Für die in der Figur enthaltenen Geraden vgl. S. 242.

halten nur den einen auf der z-Achse liegenden Punkt. Die Ebenen $x = \alpha$ und $y = \beta$ schneiden wieder in Hyperbeln; ihre Gleichungen sind

$$\frac{z^2}{c^2} - \frac{y^2}{b^2} = 1 + \frac{\alpha^2}{a^2}, \quad \frac{z^2}{c^2} - \frac{x^2}{a^2} = 1 + \frac{\beta^2}{b^2},$$

sie haben sämtlich die z-Achse ihrer Ebene als reelle Achse. Alle Kurven einer jeden Schar sind ähnliche Kurven.

Für $a = b$ gehen die Schnittellipsen in den Ebenen $z = \gamma$ bei allen drei Flächen in Kreise über. Die Flächen sind *Rotationsflächen*[1]), man kann sie durch Rotation einer E_2 oder H_2 um die z-Achse entstanden denken, deren Gleichungen in der xz-Ebene

$$\frac{x^2}{a^2} + \frac{z^2}{c^2} = 1, \quad \frac{x^2}{a^2} - \frac{z^2}{c^2} = 1, \quad \frac{z^2}{c^2} - \frac{x^2}{a^2} = 1$$

sind. Das Rotations-$\mathfrak{E}_2$ entsteht durch Rotation der E_2, das Rotations-$\mathfrak{H}_2$ und $\mathfrak{H}_2'$ durch Rotation der H_2; ist die z-Achse die imaginäre Achse wie bei der ersten H_2-Gleichung, so entsteht das $\mathfrak{H}_2$, und wenn die z-Achse die reelle Achse ist wie bei der zweiten H_2-Gleichung, das $\mathfrak{H}_2'$. Daraus kann man eine anschauliche Vorstellung der Flächen gewinnen. Das gleiche gilt für das im folgenden zu betrachtende Paraboloid $\mathfrak{P}_e$.

5. Die Gleichungen (8a) und (8b) des $\mathfrak{H}_2$ und $\mathfrak{H}_2'$ stehen in der gleichen formalen Beziehung zueinander wie die Gleichungen zweier konjugierter H_2 (S. 131). Zwei solche H_2 besitzen ein gemeinsames Asymptotenpaar; analog besitzen das $\mathfrak{H}_2$ und $\mathfrak{H}_2'$ einen gemeinsamen *Asymptotenkegel*, dargestellt durch

$$(10) \qquad \frac{x^2}{a^2} + \frac{y^2}{b^2} - \frac{z^2}{c^2} = 0.$$

Gemäß 2 enthält er jede Gerade $g(\lambda, \mu, \nu)$ mit den Gleichungen

$$x = r \cos\lambda, \quad y = r \cos\mu, \quad z = r \cos\nu,$$

falls die Bedingung

$$(10\,\mathrm{a}) \qquad \frac{\cos^2 \lambda}{a^2} + \frac{\cos^2 \mu}{b^2} - \frac{\cos^2 \nu}{c^2} = 0$$

erfüllt ist. Schreiben wir die Gleichungen des $\mathfrak{H}_2$ und $\mathfrak{H}_2'$ homogen, so lauten sie gemeinsam

$$\frac{x^2}{a^2} + \frac{y^2}{b^2} - \frac{z^2}{c^2} \pm t^2 = 0.$$

Für ihren Schnitt mit der Ebene $t = 0$ besteht also ebenfalls die Gleichung (10); Kegel, $\mathfrak{H}_2$ und $\mathfrak{H}_2'$ schneiden also die Ebene ε_∞ in derselben Kurve. Ferner ist für die gemeinsamen Punkte der Geraden g und des $\mathfrak{H}_2$ oder $\mathfrak{H}_2'$ gemäß (8a) und (9b)

$$r^2 \left\{ \frac{\cos^2 \lambda}{a^2} + \frac{\cos^2 \mu}{b^2} - \frac{\cos^2 \nu}{c^2} \right\} \pm 1 = 0;$$

und da der Faktor von r^2 verschwindet, hat diese Gleichung (Anhang 55) die *Doppelwurzel* ∞; daher ist g eine Tangente beider Hyper-

---

[1]) Eine analytische Darstellung der allgemeinen Rotationsflächen enthalten die Beispiele 108 und 109 von § 5 des Anhangs.

boloide in ihrem unendlichfernen Punkt. Wegen dieser Eigenschaft heißt (10) der *Asymptotenkegel beider Flächen.*

Von den im Beginn von 4 genannten vier Vorzeichenkombinationen liefern, da die rechte Seite der Kegelgleichung Null ist, je zwei denselben Kegel ($+++$ und $---$, ebenso $++-$ und $--+$). Es gibt also nur *einen reellen* Kegel zweiter Ordnung.

6. Die formale Verallgemeinerung der Parabelgleichung führt auf die beiden Gleichungen

$$(11) \quad \begin{cases} \dfrac{x^2}{p} + \dfrac{y^2}{q} = 2z \quad (\text{elliptisches Paraboloid } \mathfrak{P}_e) \\[2mm] \dfrac{x^2}{p} - \dfrac{y^2}{q} = 2z \quad (\text{hyperbolisches Paraboloid } \mathfrak{P}_h) . \end{cases} \qquad \begin{array}{l} p > 0 \\ q > 0 \end{array}$$

Die xz-Ebene und die yz-Ebene sind Symmetrieebenen beider Flächen, die xy-Ebene ist es nicht.

Das Paraboloid $\mathfrak{P}_e$ wird von den Ebenen $z = \gamma$ in den Kurven

$$\frac{x^2}{p} + \frac{y^2}{q} = 2\gamma \quad \text{oder} \quad \frac{x^2}{2\gamma p} + \frac{y^2}{2\gamma q} = 1$$

geschnitten, für $\gamma > 0$ also in reellen E_2, für $\gamma < 0$ in imaginären. Es liegt also ganz oberhalb der xy-Ebene. Die Ebene $z = 0$ enthält nur den Anfangspunkt. Die Halbachsen der E_2 wachsen mit γ unbegrenzt; alle E_2 sind wieder ähnliche Kurven. Die Ebenen $x = \alpha$ und $y = \beta$ schneiden in Parabeln; die positive z-Achse gibt für alle die positive Achsenrichtung.

Das Paraboloid $\mathfrak{P}_h$ wird von den Ebenen $z = \gamma$ in den Kurven

$$\frac{x^2}{p} - \frac{y^2}{q} = 2\gamma \quad \text{oder} \quad \frac{x^2}{2p\gamma} - \frac{y^2}{2q\gamma} = 1$$

geschnitten, also in lauter Hyperbeln; für $z = 0$ zerfällt die H_2 in die beiden Geraden

$$(12) \quad \frac{x}{\sqrt{p}} - \frac{y}{\sqrt{q}} = 0 \quad \text{und} \quad \frac{x}{\sqrt{p}} + \frac{y}{\sqrt{q}} = 0;$$

die Asymptoten aller Hyperbeln laufen diesem Geradenpaar parallel. Für $\gamma > 0$ ist die x-Achse die reelle Achse, für $\gamma < 0$ ist es die y-Achse; die H_2 oberhalb und unterhalb der xy-Ebene liegen also zu ihren Asymptoten wie konjugierte H_2. Dies be-

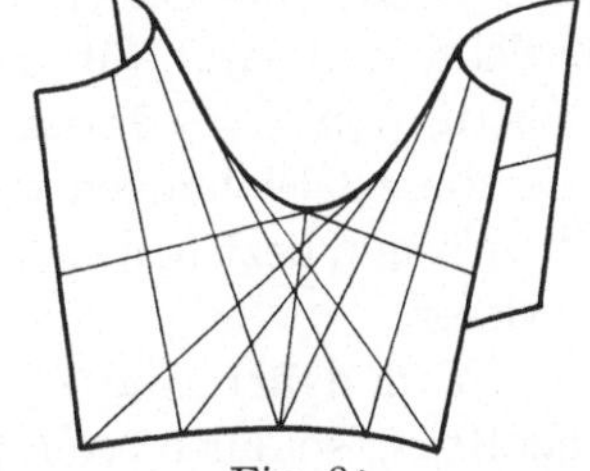

Fig. 81.

wirkt, daß das $\mathfrak{P}_h$ die Gestalt eines Sattels besitzt (Fig. 81). Jede der beiden H_2-Scharen besteht aus ähnlichen H_2. Die Ebenen $x = \alpha$ und $y = \beta$ schneiden aus dem $\mathfrak{P}_h$ lauter Parabeln aus; ihre positive Achse ist in der einen Schar wie die positive z-Achse gerichtet, in der anderen wie die negative[1]).

---

[1]) Vgl. S. 127.

Für den Schnitt des $\mathfrak{P}_e$ und $\mathfrak{P}_h$ mit ε_∞ bestehen die Gleichungen

$$\frac{x^2}{p} + \frac{y^2}{q} = 0 \quad \text{und} \quad \frac{x^2}{p} - \frac{y^2}{q} = 0.$$

Beim $\mathfrak{P}_e$ zerfällt der Schnitt in zwei imaginäre Geraden mit reellem Schnittpunkt Z_∞, beim $\mathfrak{P}_h$ in zwei reelle, ebenfalls durch Z_∞; sie werden aus dem $\mathfrak{P}_h$ durch zwei Ebenen ausgeschnitten, denen die Gleichungen (12) zukommen. Jede dieser Ebenen enthält daher *zwei* Geraden des P_h, eine in der xy-Ebene liegende und eine unendlichferne.

§ 2. Kreise und Geraden auf den F_2.

Folgender Hilfssatz sei vorausgeschickt. Alle eigentlichen C_2, die durch

$$a_{11}x^2 + 2a_{12}xy + a_{22}y^2 + 2a_{13}x + 2a_{23}y + a_{33} = 0$$

bei *festem Verhältnis* $a_{11} : a_{12} : a_{22}$ dargestellt werden, sind *ähnliche* Kurven[1]. Ist zunächst $a_{11}a_{22} - a_{12}^2 = 0$, so sind die C_2 Parabeln, und *alle* Parabeln sind ähnliche Kurven. Ist $a_{11}a_{22} - a_{12}^2 \gtrless 0$, so sind die C_2 Mittelpunktskurven. Geht ihre Gleichung durch Transformation auf den Mittelpunkt in $a_{11}x'^2 + 2a_{12}x'y' + a_{22}y'^2 + a'_{33} = 0$ über, so führt die Ähnlichkeitstransformation $x' = \alpha X$, $y' = \alpha Y$ die Schar in sich selbst über.

Hieraus werden wir folgern, daß eine F_2 von allen parallelen Ebenen in ähnlichen Kurven geschnitten wird. Es geschieht am einfachsten, indem wir uns die F_2 durch eine allgemeine Gleichung zweiten Grades dargestellt denken; die Achsen seien so gewählt, daß eine Ebene der betrachteten Schar die Ebene $z = 0$ sei. Jede Ebene der Schar hat dann die Gleichung $z = \gamma$; setzt man dies in die Flächengleichung ein, so entsteht eine Gleichung in x und y, die sich auf die Schnittkurve bezieht, und zwar für die S. 186 genannten x', y'-Achsen. Durch die Substitution $z = \gamma$ ändern sich die Koeffizienten von x^2, $2xy$, y^2 nicht, alle diese Gleichungen stimmen also in den Koeffizienten a_{11}, a_{12}, a_{22} überein und beziehen sich auf parallele Achsen; somit ist die Behauptung erwiesen.

Wird daher eine F_2 von *irgend* einer Ebene in einem Kreis geschnitten, so auch von *jeder parallelen* Ebene. Gibt es eine solche Ebene insbesondere für eine Mittelpunktsfläche der Gleichung (7), so gibt es auch eine analoge Ebene durch den Mittelpunkt. Sie fällt im allgemeinen nicht in eine Koordinatenebene[2]; und da die Koordinatenebenen Symmetrieebenen der Fläche sind, so gibt es zum mindesten noch eine zweite Ebene durch O, die ebenfalls in einem Kreise schneidet,

---

[1] Zwei konjugierte H_2 gelten hier als ähnlich; übrigens wird der Satz nur für Kreise benutzt.

[2] Von den Sonderfällen wird abgesehen.

und zwar vom gleichen Radius und mit demselben Mittelpunkt. Beide Kreise haben auf derselben Kugel Platz; so folgt, daß es eine um O gelegte Kugel geben muß, der die genannten beiden Kreise ebenfalls angehören. Es handelt sich also nur darum, den Radius ϱ einer solchen Kugel zu ermitteln.

Sei

$$(13) \qquad x^2 + y^2 + z^2 = \varrho^2$$

diese Kugel. Jede Gleichung, die sich aus (7) und (13) ergibt, gilt auch für den Schnitt der Kugel mit der F_2. Können wir aus (7) und (13) für einen Wert ϱ eine Gleichung ableiten, die zwei Ebenen darstellt, so werden die Kreisschnittebenen gefunden sein; denn der Schnitt der beiden Ebenen mit einer Kugel besteht aus zwei Kreisen und ist außerdem auch ihr Schnitt mit der F_2.

Werde $A < B < C$ angenommen. Durch Multiplikation von (13) mit B und Subtraktion von (7) folgt

$$(A - B)x^2 + (C - B)z^2 = 1 - B\varrho^2,$$

und für $B\varrho^2 = 1$ erhalten wir

$$(14) \qquad (B - A)x^2 - (C - B)z^2 = 0.$$

Wegen $A < B < C$ ist dies in der Tat ein Paar reeller Ebenen. Ersetzen wir B durch A oder C, so sind die Ebenenpaare nicht reell, also folgt:

Für jede Mittelpunktfläche gibt es zwei (reelle) Scharen paralleler Ebenen, die sie in Kreisen schneiden; die durch den Mittelpunkt gehenden Ebenen enthalten die Achse des mittleren Koeffizienten.

Die Gleichungen

$$(14a) \quad x\sqrt{B - A} + z\sqrt{C - B} - \lambda = 0, \quad x\sqrt{B - A} - z\sqrt{C - B} - \lambda = 0$$

stellen die beiden Ebenenscharen dar.

Nehmen wir beim $\mathfrak{E}_2$ $a > b > c$, so ist die y-Achse die Achse des mittleren Koeffizienten, dasselbe gilt für das $\mathfrak{H}_2$, wenn $a > b$ ist. Es trifft aber auch für das $\mathfrak{H}_2'$ (9b) zu, wenn $a > b$ ist; denn dann ist $-a^2 < -b^2 < c^2$. Bei dieser Fläche haben freilich die durch O gehenden Ebenen keine reellen Kreise mit ihr gemein, und es ist auch die oben benutzte Kugel nicht reell, wohl aber das Ebenenpaar.

Aus den beiden Hyperboloiden und ihrem Asymptotenkegel werden die Kreisschnitte durch *dieselben* Ebenen ausgeschnitten; dies folgt unmittelbar aus dem anfangs bewiesenen Hilfssatz.

Von den Zylinderflächen kann nur die Fläche mit elliptischer Basiskurve Kreisschnittebenen besitzen; ihre Lage läßt sich durch eine einfache geometrische Betrachtung (mit Benutzung der Ellipse, die durch eine zu den Erzeugenden senkrechte Ebene ausgeschnitten wird) leicht erkennen.

Auch die Werte $A\varrho^2 = 1$ und $C\varrho^2 = 1$ führen, wie bemerkt, zu Kreisschnittebenen, aber zu imaginären; es gibt also, wenn diese mitgerechnet werden, sechs solcher Scharen. Bei den Paraboloiden reduzieren sie sich auf vier.

Auch das Paraboloid $\mathfrak{P}_e$ besitzt Kreisschnittebenen. Da der Anfangspunkt kein Mittelpunkt ist, benutzen wir, um ihre Lage zu erkennen, eine andere Hilfskugel. Ihr Mittelpunkt sei ein Punkt $z = \gamma$ der z-Achse, und der Anfangspunkt O soll ihr angehören. Ihre Gleichung ist dann

$$(15) \qquad x^2 + y^2 + z^2 = 2\gamma z.$$

Die Gleichung beider Paraboloide nehmen wir in der Form

$$(15\,\mathrm{a}) \qquad A x^2 + B y^2 = 2z$$

an; für $A > B$. Aus ihr und (15) folgt [durch Multiplikation von (15 a) mit γ und Subtraktion]

$$x^2(A\gamma - 1) + y^2(B\gamma - 1) - z^2 = 0.$$

Diese Gleichung muß wieder ein reelles Ebenenpaar darstellen. Dies kann für das $\mathfrak{P}_e$ in der Tat eintreten, und zwar für $B\gamma = 1$; die vorstehende Gleichung geht dadurch in

$$(16) \qquad x^2(A - B) - B z^2 = 0$$

über, und wegen $A > B > 0$ stellt sie ein reelles Ebenenpaar dar. Seine beiden Ebenen gehen durch die y-Achse (die Achse des kleineren Koeffizienten).

Für das $\mathfrak{P}_h$ ist $B < 0$; es führt deshalb, wie man leicht bestätigt, weder $A\gamma - 1 = 0$ noch $B\gamma - 1 = 0$ zu einem reellen Ebenenpaar. Doch aber werden wir auch auf ihm in gewissem Sinne reelle Kreisschnitte nachweisen.

Das Paraboloid $\mathfrak{P}_h$ und das Hyperboloid $\mathfrak{H}_2$ bilden nämlich Beispiele zu den Flächen, die wir S. 225 als Erzeugnisse projektiver Büschel (oder Punktreihen) einführten. Das $\mathfrak{H}_2$ läßt die Darstellung

$$(17) \qquad \left(\frac{x}{a} + \frac{z}{c}\right)\left(\frac{x}{a} - \frac{z}{c}\right) = \left(1 + \frac{y}{b}\right)\left(1 - \frac{y}{b}\right)$$

zu; wählt man als lineare Funktionen E, F, E', F' von S. 225

$$E = \frac{x}{a} + \frac{z}{c}, \quad E' = 1 + \frac{y}{b} \quad F = 1 - \frac{y}{b}, \quad F' = \frac{x}{a} - \frac{z}{c},$$

so geht (17) in der Tat in $EF' - E'F = 0$ über. Auf dem $\mathfrak{H}_2$ liegen also zwei Geradenscharen (h) und (k) von der Art, daß *jede Gerade h jede Gerade k schneidet* (Fig. 80, S. 237). Von diesen beiden Scharen werden wir zeigen, daß sie *den Geraden des Asymptotenkegels parallel laufen.* Seine Geraden lassen sich nämlich in ähnlicher Weise als Erzeugnisse projektiver Büschel darstellen wie die des $\mathfrak{H}_2$; solche zwei Büschel sind

$$(18) \qquad \frac{x}{a} + \frac{z}{c} - \lambda\frac{y}{b} = 0 \quad \text{und} \quad \lambda\left(\frac{x}{a} - \frac{z}{c}\right) + \frac{y}{b} = 0;$$

durch Elimination von λ folgt aus ihnen die Kegelgleichung. Die Ebenen dieser Büschel sind für jedes λ den Büschelebenen des $\mathfrak{H}_2$, nämlich

$$(18\,\text{a}) \qquad \frac{x}{a} + \frac{z}{c} - \lambda\left(1 + \frac{y}{b}\right) = 0 \quad \text{und} \quad \lambda\left(\frac{x}{a} - \frac{z}{c}\right) + \left(1 + \frac{y}{b}\right) = 0,$$

parallel; also sind es auch die entsprechenden Schnittgeraden. Das gleiche gilt für die zweite Geradenschar des $\mathfrak{H}_2$. Hieraus ziehen wir zwei Folgerungen: 1. Es gibt zu jeder Geraden h des $\mathfrak{H}_2$ eine ihr parallele Gerade k und umgekehrt. 2. Zieht man durch einen Punkt S alle Geraden, die den Geraden (h) oder (k) parallel laufen, so bilden sie einen zum Asymptotenkegel *kongruenten* Kegel (*Richtungskegel*).

Beim Paraboloid $\mathfrak{P}_h$ werden die erzeugenden Büschel durch

$$(19) \qquad \frac{x}{\sqrt{p}} - \frac{y}{\sqrt{q}} + \lambda = 0, \qquad \lambda\left(\frac{x}{\sqrt{p}} + \frac{y}{\sqrt{q}}\right) + 2z = 0$$

und

$$(19\,\text{a}) \qquad \left(\frac{x}{\sqrt{p}} + \frac{y}{\sqrt{q}}\right) + \mu = 0, \qquad \mu\left(\frac{x}{\sqrt{p}} - \frac{y}{\sqrt{q}}\right) + 2z = 0$$

dargestellt. In diesem Fall sind alle Geraden h und alle Geraden k *je einer Ebene parallel*. Für beide Scharen besteht nämlich das erste der beiden erzeugenden Büschel aus parallelen Ebenen; jede Gerade h liegt in einer Ebene des ersten Büschels und jede Gerade k in einer des zweiten; alle diese Geraden sind daher je einer der beiden Ebenen

$$(19\,\text{b}) \qquad \frac{x}{\sqrt{p}} - \frac{y}{\sqrt{q}} = 0 \quad \text{und} \quad \frac{x}{\sqrt{p}} + \frac{y}{\sqrt{q}} = 0$$

parallel (*Richtungsebenen*). Es sind die Ebenen, die aus dem $\mathfrak{P}_h$ die Geraden (12) der xy-Ebene ausschneiden, und deren jede, wie wir in § 1 sahen, zwei Geraden des $\mathfrak{P}_h$ enthält, eine endliche und eine unendlichferne. Zwei solche Geraden stellen aber einen ausgearteten Kreis dar, und daher kann man diese Ebenen und die ihnen parallelen Scharen auch als *Kreisschnittebenen* auffassen.

Der Richtungskegel des $\mathfrak{H}_2$ ist beim $\mathfrak{P}_h$ in das Paar der Richtungsebenen ausgeartet. Zieht man durch einen Punkt S alle Geraden, die den Geraden (h) oder (k) parallel sind, so müssen sie in je eine Ebene fallen, und zwar in eine Ebene, die der einen und der anderen Ebene (19b) parallel ist.

Die Überführung der Gleichung (7) in die Form (17) ist auch für das $\mathfrak{E}_2$ und das $\mathfrak{H}_2'$ möglich; jedoch nur so, daß E, F, E', F' imaginäre Form erhalten. Man sagt deshalb, daß auf ihnen zwei imaginäre Geradenscharen enthalten sind. Auch für die Kugel ist es der Fall; der zugehörige Richtungskegel ist der durch (4) dargestellte absolute Kegel, und die beiden Scharen (h) und (k) bestehen aus lauter Minimalgeraden.

§ 3. Einige Eigenschaften der allgemeinen Gleichung zweiten Grades.

Die allgemeine Gleichung zweiten Grades werden wir teils für allgemeine Tetraederkoordinaten, teils für Parallelkoordinaten (homogene wie unhomogene) in Betracht ziehen. In der ersten Form laute sie

$$(20) \qquad F(x) = \sum a_{ik} x_i x_k = 0; \quad a_{ik} = a_{ki}, \quad i, k = 1, 2, 3, 4.$$

Sie stellt (§ 1) eine Fläche F_2 der zweiten Ordnung dar. Wir setzen abkürzend

$$f_i(x) = a_{i1} x_1 + a_{i2} x_2 + a_{i3} x_3 + a_{i4} x_4,$$

dann läßt sich (20) in

$$(20a) \qquad F(x) = x_1 f_1(x) + x_2 f_2(x) + x_3 f_3(x) + x_4 f_4(x)$$

umwandeln. Die weitere Untersuchung wird der von Kap. XI wesentlich parallel laufen; Ergebnisse, die sich durch unmittelbare Verallgemeinerung aus ihr ergeben, bedürfen deshalb keines näheren Beweises.

1. Da in Gleichung (20) zehn Koeffizienten auftreten, ist eine F_2 durch neun Punkte allgemeiner Lage bestimmt. Ihre Gleichung ergibt sich (S. 136) durch Nullsetzen der bezüglichen Determinante.

2. Jede Ebene enthält eine der F_2 angehörige C_2. Für die Ebenen $x_i = 0$ ist es evident; und da man jede Ebene durch Übergang zu neuen Koordinaten x_i' zu einer Ebene $x_i' = 0$ machen kann, so folgt es allgemein.

3. Wird $F(x)$ mittels neuer Koordinaten y_i in eine Summe von Quadraten übergeführt (Anhang 41, 45), so kann deren Zahl (ihr *Rang*) 4, 3, 2, 1 sein. Für den Rang 4 sind die so entstehenden Gleichungen

$$(21) \quad y_1^2 + y_2^2 + y_3^2 + y_4^2 = 0, \quad y_1^2 + y_2^2 + y_3^2 - y_4^2 = 0, \quad y_1^2 + y_2^2 - y_3^2 - y_4^2 = 0$$

mit den *Signaturen* 4, 2, 0; für den Rang 3 bestehen die Gleichungen

$$(21a) \qquad y_1^2 + y_2^2 + y_3^2 = 0, \quad y_1^2 + y_2^2 - y_3^2 = 0$$

mit der Signatur 3 und 1; für den Rang 2 und 1 hat man

$$(21b) \qquad y_1^2 + y_2^2 = 0, \quad y_1^2 - y_2^2 = 0 \quad \text{und} \quad y_1^2 = 0.$$

Darin ist zugleich die Einteilung aller F_2 vom *projektiven* Gesichtspunkte aus geleistet. Rang und Signatur sind allgemeine projektive Invarianten; die Invarianz der Signatur werden wir sofort als gleichwertig mit der Invarianz der Realitätsverhältnisse erkennen. Die Beziehung zur ε_∞ ist *keine* projektive Invariante.

4. Die Gleichungen (21) stellen die eigentlichen F_2 dar; die erste die nullteilige F_2 ohne reelle Punkte; die zweite die F_2 mit reellen Punkten, aber ohne reelle Geraden; die dritte die F_2 mit reellen Punkten und reellen Geraden. Sie läßt sich in die Form

$$(y_1 + y_3)(y_1 - y_3) = (y_4 + y_2)(y_4 - y_2)$$

setzen, die die erzeugenden Ebenenbüschel (S. 225) erkennen läßt. Da-

mit ist die Bedeutung der Signatur für die Realitätsverhältnisse gekennzeichnet. Wir erkennen so, daß wohl ein $\mathfrak{E}_2$ und ein $\mathfrak{H}_2'$ kollinear
aufeinander abgebildet werden können, aber nicht ein $\mathfrak{E}_2$ oder $\mathfrak{H}_2'$
auf ein $\mathfrak{H}_2$. Denn das $\mathfrak{H}_2$ hat reelle Geraden, und das $\mathfrak{E}_2$ und $\mathfrak{H}_2'$ nur
imaginäre.

Man kann die S. 228 genannte perspektive Beziehung benutzen, um sich
den Übergang der Kugel in ein $\mathfrak{E}_2$, ein $\mathfrak{P}_e$ und ein $\mathfrak{H}_2'$ zu veranschaulichen.
Ruht die Kugel auf der Ebene σ so, daß sie sich zwischen σ und der Fluchtebene η befindet, so ist ihr kollineares Abbild ein $\mathfrak{E}_2$. Wächst die Kugel, so
wird das Bild in ein $\mathfrak{P}_e$ übergegangen sein, wenn die Kugel die Fluchtebene
berührt; durchdringt sie die Fluchtebene, so ist das Bild ein $\mathfrak{H}_2'$.

Die Gleichungen (21a) sind (S. 234) Kegelflächen, die erste mit
imaginären, die zweite mit reellen Erzeugenden; ob der (stets reelle)
Scheitel im Endlichen oder Unendlichen liegt, ist hier belanglos. Die
Gleichungen (21b) stellen ein Ebenenpaar (reell oder imaginär) und eine
Doppelebene dar. Die gemeinsame Gerade des Ebenenpaars ist stets
reell, ebenso die Doppelebene.

5. Wir gehen nunmehr zur affinen und metrischen Auffassung über,
ersetzen also die x_i durch die Parallelkoordinaten x, y, z, t, die wir
nach Umständen homogen oder unhomogen verwenden[1]). Wir lassen
uns zunächst wieder von dem analytischen Gesichtspunkt leiten, die
Form der Flächengleichung *möglichst zu vereinfachen.* Ausdrücklich
werde festgesetzt, daß die Koeffizienten der Glieder zweiter Ordnung
in x, y, z *nicht sämtlich verschwinden.* Ferner sei

$$(22) \quad \varphi(x,y,z) = a_{11}x^2 + a_{22}y^2 + a_{33}z^2 + 2a_{23}yz + 2a_{13}xz + 2a_{12}xy$$

die aus diesen Gliedern zweiter Ordnung bestehende Form. Die Gleichung $\varphi = 0$ stellt den Schnitt der Ebene $t = 0$ mit der F_2 dar; gemäß S. 223 können x, y, z direkt als ebene homogene Koordinaten der
Punkte P_∞ betrachtet werden, in denen die F_2 die ε_∞ schneidet. Über
die projektive Einteilung dieser C_2 entscheidet gemäß Kap. XI die Dis-
kriminante δ von φ[2]). Man sagt, daß dem Fall $\delta \gtrless 0$ eine F_2 mit *eigentlicher* unendlichferner C_2 entspricht, dem Fall $\delta = 0$ eine F_2 mit *zer-
fallender* (ausgearteter) unendlichferner C_2.

6. Werde die Gleichung der F_2 zunächst inhomogen angenommen.
Mittels der Gleichungen

$$(23) \qquad x = x' + \xi, \quad y = y' + \eta, \quad z = z' + \zeta$$

gehen wir zu parallelen Achsen durch einen Punkt (ξ, η, ζ) über; aus F
gehe dadurch die quadratische Form F' hervor. Die Koeffizienten der
Form φ bleiben dadurch unverändert; für die übrigen Koeffizienten a'_{i4}

---

[1]) Weil es sich vielfach um Fragen handelt, für die ε_∞ nicht in Betracht
kommt.

[2]) Eine andere Einteilung kommt für die C_2 in ε_∞ nicht in Betracht.

ergibt sich

$$(23\,\text{a}) \quad \begin{cases} a'_{14} = a_{11}\,\xi + a_{12}\,\eta + a_{13}\,\zeta + a_{14} = f_1(\xi,\,\eta,\,\zeta) \\ a'_{24} = a_{21}\,\xi + a_{22}\,\eta + a_{23}\,\zeta + a_{24} = f_2(\xi,\,\eta,\,\zeta) \\ a'_{34} = a_{31}\,\xi + a_{32}\,\eta + a_{33}\,\zeta + a_{34} = f_3(\xi,\,\eta,\,\zeta), \\ a'_{44} = F(\xi,\,\eta,\,\zeta) = \xi\,f_1 + \eta\,f_2 + \zeta\,f_3 + f_4; \end{cases}$$

die letzte Gleichung unter Benutzung von (20a).

7. Es handelt sich nun darum, Werte ξ, η, ζ zu bestimmen, für die

$$(24) \qquad\qquad a'_{14} = a'_{24} = a'_{34} = 0$$

ist. Gibt es endliche Lösungen ξ, η, ζ von (24), so geht die F_2-Gleichung durch (23) (inhomogen) in

$$a_{11}\,x'^2 + a_{22}\,y'^2 + a_{33}\,z'^2 + 2\,a_{23}\,y'z' + 2\,a_{13}\,z'x' + 2\,a_{12}\,x'y' + a'_{44} = 0$$

über. Gehört ihr ein Punkt $(x',\,y',\,z')$ an, so auch $(-x',\,-y',\,-z')$; der Anfangspunkt ist daher ein *Mittelpunkt*, woraus die geometrische Bedeutung unserer Transformation erhellt. Wir wollen aber jetzt die Gleichungen (23 a) in die homogene Form

$$a'_{i4} = a_{i1}\,\xi + a_{i2}\,\eta + a_{i3}\,\zeta + a_{i4}\,\tau$$

setzen und wollen im folgenden *jede* Lösung ξ, η, ζ, τ von (24) als Mittelpunkt bezeichnen; es kann also der Mittelpunkt auch in die Ebene ε_∞ fallen. Allerdings kann er dann zur Mittelpunktstransformation (23) *nicht* benutzt werden.

8. Die Gleichungen (24) und die zugehörige Matrix $\mathfrak{M}$ sind dann in ausführlicher Darstellung

$$(24\,\text{a}) \quad \begin{cases} a_{11}\,\xi + a_{12}\,\eta + a_{13}\,\zeta + a_{14}\,\tau = 0 \\ a_{21}\,\xi + a_{22}\,\eta + a_{23}\,\zeta + a_{24}\,\tau = 0; \\ a_{31}\,\xi + a_{32}\,\eta + a_{33}\,\zeta + a_{34}\,\tau = 0 \end{cases} \quad \mathfrak{M} = \begin{Vmatrix} a_{11} & a_{12} & a_{13} & a_{14} \\ a_{21} & a_{22} & a_{23} & a_{24} \\ a_{31} & a_{32} & a_{33} & a_{34} \end{Vmatrix}.$$

Zugleich reduziert sich der Wert von a'_{44} wegen $f_1 = 0$, $f_2 = 0$, $f_3 = 0$ auf

$$(24\,\text{b}) \qquad\qquad a'_{44} = a_{41}\,\xi + a_{42}\,\eta + a_{43}\,\zeta + a_{44}\,\tau.$$

Wir stellen uns nun die Aufgabe, *alle* Lösungen der Gleichungen (24a) zu finden. Dazu werden wir ξ, η, ζ, τ als variabel ansehen; die Gleichungen (24a) stellen dann drei Ebenen dar, und deren gemeinsame Punkte stehen in Frage. Diese Aufgabe haben wir in Kap. XV, S. 212 eingehend behandelt; das Verschwinden der Unterdeterminanten von $\mathfrak{M}$ ist dafür maßgebend. Im allgemeinen haben die Ebenen (22a) *einen* eigentlichen oder uneigentlichen Punkt gemein; wir betrachten aber zunächst die Sonderfälle, in denen sie demselben Büschel angehören oder gar identisch sind. Die F_2 artet in diesen Fällen aus. Wir erhalten unendlich viele Mittelpunkte; es kann vorkommen, daß sie sämtlich in ε_∞ liegen, also zur Transformation (23) nicht benutzbar sind. Es wird sich aber zeigen, daß dies für den hier vorliegenden Zweck der Aufstellung aller bezüglichen Flächentypen ohne Belang ist; es wird also nicht weiter darauf eingegangen werden.

§ 4. Die F_2 mit unendlich vielen Mittelpunkten.

Die Ebenengleichungen (24a) seien in abgekürzter Form

$$E_1 = 0, \quad E_2 = 0, \quad E_3 = 0 .$$

Wir beginnen mit dem Fall, daß alle drei Ebenen identisch sind; für jeden Index k ist also

$$(25) \qquad a_{2k} = \varrho\, a_{1k}, \quad a_{3k} = \varrho\, \sigma\, a_{1k} .$$

Alle zweireihigen Unterdeterminanten von $\mathfrak{M}$ verschwinden; ebenso ist das umgekehrte der Fall. Die drei Gleichungen (24a) sind einer einzigen Gleichung äquivalent; jedes ihnen genügende Wertsystem ξ, η, ζ, τ ist ein Mittelpunkt, und alle diese Mittelpunkte erfüllen eine Ebene. Die Matrix $\mathfrak{M}$ ist (Anhang 32b) vom *Rang* 1. Den Gleichungen (25) läßt sich (wegen $a_{ik} = a_{ki}$) durch (S. 143)

$$a_{ii} = \mu\, \alpha_i^2, \quad a_{ik} = \mu\, \alpha_i \alpha_k; \quad i = 1, 2, 3, \quad k = 1, 2, 3, 4$$

genügen. Dadurch geht F in

$$(26) \quad \mu(\alpha_1 x + \alpha_2 y + \alpha_3 z + \alpha_4 t)^2 + a_{44}' t^2 = 0; \quad a_{44}' = a_{44} - \mu\, \alpha_4^2$$

über, also in die Gleichung eines *Paares paralleler Ebenen.* Gemäß den Festsetzungen im Beginn von § 3 über die a_{ik} können $\alpha_1, \alpha_2, \alpha_3$ nicht sämtlich Null sein; die Ebenen liegen also beide im Endlichen. Hat man auch noch $a_{44}' = 0$, also $a_{44} = \mu\, \alpha_4^2$, so haben wir es mit einer *Doppelebene* zu tun. Dann ist auch

$$(27) \qquad a_{41} : a_{42} : a_{43} : a_{44} = a_{11} : a_{12} : a_{13} : a_{14},$$

es ist also auch noch die Ebene

$$E_4 = a_{41} \xi + a_{42} \eta + a_{43} \zeta + a_{44} \tau = 0$$

mit $\varepsilon_1, \varepsilon_2, \varepsilon_3$ identisch, und alle vier mit

$$\alpha_1 \xi + \alpha_2 \eta + \alpha_3 \zeta + \alpha_4 \tau = 0 .$$

Gehören die drei Ebenen demselben Büschel an, so können zunächst zwei von ihnen identisch sein. Sei insbesondere $\varepsilon_2 = \varepsilon_3$, dann sind in $\mathfrak{M}$ die Unterdeterminanten $A_{11}, A_{12}, A_{13}, A_{14}$ sämtlich Null, also alle A_{ik} für $i = 1$, aber nicht alle A_{ik} für $i = 2$ oder $i = 3$. Die drei Gleichungen (24a) sind durch

$$(28) \qquad \begin{cases} a_{11} \xi + a_{12} \eta + a_{13} \zeta + a_{14} \tau = 0 \\ a_{21} \xi + a_{22} \eta + a_{23} \zeta + a_{24} \tau = 0 \end{cases}$$

ersetzbar; ihre Matrix $\mathfrak{M}$ ist vom *Rang* 2. Jedes ihnen genügende Wertsystem η, ξ, ζ, τ stellt einen Mittelpunkt dar; die Mittelpunkte erfüllen eine Gerade. Ist

$$E_3 \equiv \mu E_2$$

die zwischen ε_2 und ε_3 bestehende Gleichung, so findet sich

$$(29) \qquad a_{31} = \mu\, a_{21}, \quad a_{32} = \mu\, a_{22}, \quad a_{33} = \mu^2 a_{22}, \quad a_{34} = \mu\, a_{24} .$$

Dadurch geht F (inhomogen) in

(29a) $a_{11}x^2 + 2a_{12}x(y+\mu z) + a_{22}(y+\mu z)^2 + 2a_{14}x + 2a_{24}(y+\mu z) + a_{44} = 0$

über. Führen wir jetzt mittels der Gleichungen

(30) $x = x', \quad y + \mu z = y', \quad z = z'$

neue Achsen durch O ein, so verwandelt sich die gefundene Gleichung in

(30a) $F' = a_{11}x'^2 + 2a_{12}x'y' + a_{22}y'^2 + 2a_{14}x' + 2a_{24}y' + a_{44} = 0.$

Dies ist gemäß S. 235 eine *zylindrische Fläche*, deren Erzeugende der z'-Achse parallel sind. Ihre Basiskurve in der $x'y'$-Ebene ist eine durch (30a) gegebene C_2. Die C_2 ist durch eine allgemeine Gleichung zweiten Grades bestimmt und kann an sich jede in Kap. XI aufgeführte Kurvenart sein. Dafür kommen die dort aufgeführten Kriterien in Betracht, worauf nicht näher eingegangen werden soll. Bemerkt sei nur, daß zwei sich schneidenden Geraden als Basiskurve ein Ebenenpaar als F_2 entspricht, und daß der Fall der Doppelgeraden und eines Paares paralleler Geraden nicht eintritt, falls *nur* $\varepsilon_2 = \varepsilon_3$ ist, aber nicht $\varepsilon_1 = \varepsilon_2 = \varepsilon_3$. Im Fall des parabolischen Zylinders gehört die ganze Mittelpunktsgerade der ε_∞ an. Übrigens kann man die einzelnen Fälle auch noch durch das in ε_∞ vorhandene Gebilde kennzeichnen. Es ist durch

$$a_{11}x'^2 + 2a_{12}x'y' + a_{22}y'^2 = 0$$

bestimmt und liefert für hyperbolischen Zylinder und Ebenenpaar zwei reelle Geraden, für elliptischen und imaginären Zylinder zwei imaginäre Geraden, für den parabolischen Zylinder die eben erwähnte Mittelpunktsgerade als Doppelgerade.

Außer der Gestalt der F_2 interessiert noch ihre Lage zu den Achsen oder, was dasselbe ist, die Lage der x', y', z'-Achsen. Sie sind durch die Gleichungen

$$y + \mu z = 0, \ z = 0; \ \ x = 0, \ z = 0;$$
$$x = 0, \ y + \mu z = 0$$

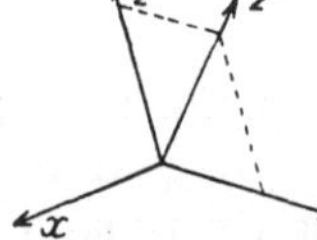

Fig. 82.

bestimmt. Die x'-Achse und y'-Achse ist also mit der x- und y-Achse identisch; die z'-Achse ist der Durchschnitt der yz-Ebene mit $y + \mu z = 0$, ist also von der z-Achse verschieden. Dagegen ist die $x'y'$-Ebene mit der xy-Ebene identisch (Fig. 82).

Sind endlich $\varepsilon_1, \varepsilon_2, \varepsilon_3$ drei voneinander verschiedene Ebenen eines Büschels, so gibt es (S. 211) zwei Zahlen $\lambda \gtrless 0$ und $\mu \gtrless 0$, so daß

$$E_3 = \lambda E_1 + \mu E_2$$

ist. In $\mathfrak{M}$ verschwinden *alle dreireihigen Determinanten*, während die zweireihigen Unterdeterminanten für keine Horizontale sämtlich Null sind. Die drei Gleichungen (24a) sind wiederum durch (28) ersetzbar, und wie im zweiten Fall stellt jedes ihnen genügende Wertsystem einen

Mittelpunkt dar; die Matrix $\mathfrak{M}$ ist wiederum vom *Rang* 2[1]). Man hat jetzt

$$(31) \quad \begin{cases} a_{31} = \lambda\, a_{11} + \mu\, a_{12}, \quad a_{32} = \lambda\, a_{12} + \mu\, a_{22}, \quad a_{34} = \lambda\, a_{14} + \mu\, a_{24}, \\ \quad a_{33} = \lambda\, a_{13} + \mu\, a_{23} = \lambda^2 a_{11} + 2\, a_{12}\, \lambda\, \mu + a_{22}\, \mu^2. \end{cases}$$

Für F ergibt sich daher

$$F = a_{11}(x + \lambda z)^2 + 2\, a_{12}(x + \lambda z)\,(y + \mu z) + a_{22}(y + \mu z)^2 \\ + 2\, a_{14}(x + \lambda z) + 2\, a_{24}(y + \mu z) + a_{44} = 0.$$

Die neuen x', y', z'-Achsen führen wir mittels der Gleichungen

$$x + \lambda z = x', \quad y + \mu z = y', \quad z = z'$$

ein, dadurch ergibt sich weiter

$$(31a) \quad F = a_{11}\, x_1'^2 + 2\, a_{12}\, x'y' + a_{22}\, y'^2 + 2\, a_{14}\, x' + 2\, a_{24}\, y' + a_{44} = 0;$$

die Gleichung stellt wieder eine *Zylinderfläche* dar, deren Erzeugenden zur z'-Achse parallel sind. Ihre Basiskurve in der $x'y'$-Ebene ist wie vorher eine allgemeine C_2, die jedem in Kap. XI gefundenen Einzelfall entsprechen kann. Alle oben für (30a) angestellten Betrachtungen übertragen sich auf sie.

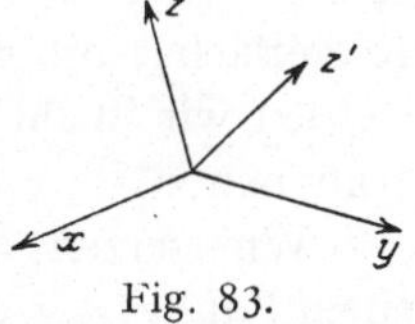

Fig. 83.

Die neuen Achsen sind durch die Gleichungen

$$y + \mu z = 0,\; z = 0; \quad x + \lambda z = 0,\; z = 0; \quad x + \lambda z = 0,\; y + \mu z = 0$$

gegeben. Die x'- und y'-Achse ist wieder mit der x- und y-Achse identisch; die z'-Achse ist von der z-Achse verschieden, fällt aber diesmal nicht in eine Koordinatenebene (Fig. 83).

Beispiel. Für die Gleichung

$$x^2 + y^2 + 4\, z^2 + 4\, y z + 4\, z x + 2\, x y + 8\, x + 4\, y - 8 = 0$$

findet man an Hand ihrer Matrix die Identität

$$E_3 \equiv -2\, E_1 + 4\, E_2,$$

also $\lambda = -2$, $\mu = 4$. Demgemäß wandelt sich die Gleichung in

$$(x - 2z)^2 + 2\,(x - 2z)(y + 4z) + (y + 4z)^2 + 8\,(x - 2z) + 4\,(y + 4z) - 8 = 0.$$

Setzt man $x - 2z = x'$, $y + 4z = y'$, so ergibt sich

$$x'^2 + 2\, x'y' + y'^2 + 8\, x' + 4\, y' - 8 = 0.$$

Das ist die Parabelgleichung des Beispiels 1 von S. 145. Die F_2 ist also ein parabolischer Zylinder, die Richtung seiner Geraden ist durch

$$x - 2z = 0, \quad y + 4z = 0$$

gegeben.

§ 5. Die F_2 mit einem einzigen Mittelpunkt.

Wenn die Gleichungen (24a) nur *ein* Lösungssystem liefern, so ist zu scheiden, ob ihm ein endlicher Punkt entspricht ($\tau \gtrless 0$) oder ein unendlichferner ($\tau = 0$). Die Matrix $\mathfrak{M}$ hat jetzt den Rang 3. Analog

---

[1]) Analytisch erscheint also der vorstehende Fall als Sonderfall des obigen.

zu Kap. XI spielen die beiden Diskriminanten von F_2 und φ, also

(32) $\varDelta = \| a_{ik} \| \ (i, k = 1, 2, 3, 4)$ und $\delta = \| a_{ik} \| \ (i, k = 1, 2, 3)$

eine entscheidende Rolle. Übrigens ist in sämtlichen in § 4 behandelten Fällen $\varDelta = 0$.

Beim Übergang zu inhomogenen Koordinaten x, y, z erhalten wir aus (24a) nach Anhang (27d), da $\delta = A_{44}$ ist,

(33) $\delta \xi = A_{14}, \quad \delta \eta = A_{24}, \quad \delta \zeta = A_{34}; \quad a'_{44} = \dfrac{\varDelta}{\delta} = \dfrac{\varDelta}{A_{44}}.$

Sei nun zunächst $\delta \gtrless 0$, dann liefern diese Gleichungen ein *endliches* Tripel ξ, η, ζ, und die *Mittelpunktstransformation läßt sich ausführen.* Die F_2-Gleichung wird also

(34) $F(x, y, z) = a_{11}x^2 + a_{22}y^2 + a_{33}z^2 + 2a_{23}yz + 2a_{13}zx + 2a_{12}xy + a'_{44} = 0.$

Wir unterscheiden nun $a'_{44} = 0$ und $a'_{44} \gtrless 0$; oder, was gemäß (33) dasselbe ist, $\varDelta = 0$ und $\varDelta \gtrless 0$. Für $\varDelta = 0$ stellt (34) (S. 234) eine Kegelfläche mit dem Anfangspunkt als Mittelpunkt dar; für $\varDelta \gtrless 0$ werden wir in ihr die Gleichung einer der Mittelpunktsflächen von § 1 erkennen.

Wir setzen die Achsen von nun an *rechtwinklig* voraus. Durch einen Punkt (x_0, y_0, z_0) legen wir die Gerade $g(\alpha, \beta, \gamma)$ mit den Gleichungen

$$x = x_0 + s \cos \alpha, \quad y = y_0 + s \cos \beta, \quad z = z_0 + s \cos \gamma.$$

Ihre Schnittpunkte mit der F_2 entsprechen den Wurzeln s_1 und s_2 der aus (34) entstehenden quadratischen Gleichung

$$L s^2 + 2 M s + N = 0,$$

und zwar ist

(35) $\begin{cases} M = x_0(a_{11}\cos\alpha + a_{12}\cos\beta + a_{13}\cos\gamma) + y_0(a_{21}\cos\alpha + a_{22}\cos\beta + a_{23}\cos\gamma) \\ \qquad + z_0(a_{31}\cos\alpha + a_{32}\cos\beta + a_{33}\cos\gamma). \end{cases}$

Ist insbesondere $M = 0$, also $s_1 + s_2 = 0$, so ist (x_0, y_0, z_0) die Mitte der auf g durch die Fläche bestimmten Sehne. Verändern wir g parallel zu sich, so bleibt M der Form nach ungeändert; es liefert also

(35a) $$M = 0$$

den Ort der Mitten (x_0, y_0, z_0) paralleler Sehnen der Richtung (α, β, γ). Er ist eine Ebene durch den Anfangspunkt. *Die Mitten aller parallelen Sehnen erfüllen also eine Ebene ε durch den Flächenmittelpunkt (Durchmesserebene)*; sie heißt *konjugiert* zur Richtung (α, β, γ). Für die Richtungswinkel λ, μ, ν ihrer Normale n folgt

(35b) $\begin{cases} \varrho \cos \lambda = a_{11} \cos \alpha + a_{12} \cos \beta + a_{13} \cos \gamma \\ \varrho \cos \mu = a_{21} \cos \alpha + a_{22} \cos \beta + a_{23} \cos \gamma \\ \varrho \cos \nu = a_{31} \cos \alpha + a_{32} \cos \beta + a_{33} \cos \gamma. \end{cases}$

Unter allen diesen Sehnen gibt es eine ausgezeichnete, nämlich den durch O gehenden *Durchmesser;* er heißt der zur Durchmesserebene ε konjugierte Durchmesser d.

Sei nun $g_1(\alpha_1, \beta_1, \gamma_1)$ eine zu ε parallele Gerade, so ist $g_1 \perp n$, also

$$\cos\alpha_1 \cos\lambda + \cos\beta_1 \cos\mu + \cos\gamma_1 \cos\nu = 0;$$

hieraus folgt auf Grund von (35 b)

$$(a_{11}\cos\alpha + a_{12}\cos\beta + a_{13}\cos\gamma)\cos\alpha_1 + (a_{21}\cos\alpha + a_{22}\cos\beta + a_{23}\cos\gamma)\cos\beta_1$$
$$+ (a_{31}\cos\alpha + a_{32}\cos\beta + a_{33}\cos\gamma)\cos\gamma_1 = 0.$$

Diese Gleichung ist, wie die Umordnung nach α, β, γ zeigt, in α, β, γ und $\alpha_1, \beta_1, \gamma_1$ symmetrisch; die beiden Geraden g und g_1 haben daher wechselseitige Beziehung zueinander. *Wie g_1 zur Durchmesserebene ε parallel liegt, die zur Richtung von g konjugiert ist, so liegt g der Durchmesserebene ε_1 parallel, die zur Richtung von g_1 konjugiert ist (konjugierte Geraden).* Wir wollen jetzt g und g_1 insbesondere selbst als Durchmesser d und d_1 annehmen, so daß also d_1 in der Ebene ε selbst enthalten ist. Wie dann auch d_1 in ε liegen mag, immer geht ε_1 durch d; d ist also gemeinsamer Schnitt der zu den d_1 konjugierten Durchmesserebenen ε_1.

Hieraus kann die Existenz von sogenannten *Tripeln konjugierter Durchmesser* geschlossen werden. Wir wählen wieder den Durchmesser d beliebig, den Durchmesser d_1 in ε, und wählen endlich die Gerade $(\varepsilon\,\varepsilon_1)$ als den dritten Durchmesser d_2. Die ihm konjugierte Ebene ε_2 muß dann die Ebene $(d\,d_1)$ sein; da nämlich d_2 in ε liegt, geht ε_2 durch d, und da d_2 auch in ε_1 liegt, geht ε_2 auch durch d_1, und das ist die Behauptung. *Jeder der drei Durchmesser ist also konjugiert zur Ebene der beiden anderen.* Für drei solche Durchmesser als (im allgemeinen schiefwinklige) Koordinatenachsen X, Y, Z nimmt die F_2-Gleichung die einfache Form

$$(35\,\text{c}) \qquad AX^2 + BY^2 + CZ^2 + a'_{44} = 0$$

an; in dieser und nur in dieser Form ist jede Koordinatenebene eine Durchmesserebene für die der dritten Achse parallelen Sehnen.

Wir fragen nun, ob es Durchmesser gibt, die auf den zu ihnen konjugierten Ebenen senkrecht stehen, wie es offenbar die Hauptachsen unserer F_2 tun. Für jeden solchen Durchmesser müssen die Winkel α, β, γ mit λ, μ, ν übereinstimmen; es bestehen also die Gleichungen

$$(36) \qquad \begin{cases} \varrho\cos\alpha = a_{11}\cos\alpha + a_{12}\cos\beta + a_{13}\cos\gamma \\ \varrho\cos\beta = a_{21}\cos\alpha + a_{22}\cos\beta + a_{23}\cos\gamma \\ \varrho\cos\gamma = a_{31}\cos\alpha + a_{32}\cos\beta + a_{33}\cos\gamma\,, \end{cases}$$

und daraus folgt wieder

$$(36\,\text{a}) \qquad \begin{vmatrix} a_{11}-\varrho & a_{12} & a_{13} \\ a_{21} & a_{22}-\varrho & a_{23} \\ a_{31} & a_{32} & a_{33}-\varrho \end{vmatrix} = \varDelta(\varrho) = 0;$$

wir erhalten also (Anhang 19c) für ϱ die Gleichung

$$(36\text{b}) \qquad \delta - \varrho(a_{11} + a_{22} + a_{33}) + \varrho^2(A_{11} + A_{22} + A_{33}) - \varrho^3 = 0,$$

wo $\delta = \| a_{ik} \|$ die Diskriminante der Form φ von (22) ist, und die A_{ii} die Unterdeterminanten der a_{ii} für δ sind[1]). Zu jeder Wurzel ϱ liefern die Gleichungen (36) mindestens ein Lösungssystem α, β, γ.

Die so gewonnenen Gleichungen sind uns schon mehrfach begegnet, einmal wie hier mit der Bedingung $a_{ik} = a_{ki}$ (S. 160), einmal ohne sie (S. 167). Im ersten Fall ergab sich, daß alle ihre Wurzeln reell sind. Wir zeigen es hier ebenso wie dort: Sind $\varrho' \gtrless \varrho''$ zwei ihrer Wurzeln und $\alpha', \beta', \gamma', \alpha'', \beta'', \gamma''$ zugehörige Winkel, so gelten für $\varrho', \alpha', \beta', \gamma'$ und $\varrho'', \alpha'', \beta'', \gamma''$ die Gleichungen (36). Multiplizieren wir die ϱ'-Gleichungen mit $\cos\alpha''$, $\cos\beta''$, $\cos\gamma''$ und addieren sie, und die ϱ''-Gleichungen analog mit $\cos\alpha'$, $\cos\beta'$, $\cos\gamma'$, so ergibt sich rechts beidemal dasselbe, und so folgt

$$(37) \qquad (\varrho' - \varrho'')(\cos\alpha' \cos\alpha'' + \cos\beta' \cos\beta'' + \cos\gamma' \cos\gamma'') = 0.$$

Hieraus wird genau wie S. 160 die Realität gefolgert. Weiter schließen wir aus (37), daß jede zu ϱ' gehörige Achse auf jeder zu ϱ'' gehörigen *senkrecht* steht.

Seien nun für eine Wurzel ϱ die Unterdeterminanten Δ_{ik} von $\Delta(\varrho)$ nicht sämtlich Null, so liefern die Gleichungen (36) *eine* Lösung $\cos\alpha$, $\cos\beta$, $\cos\gamma$; man hat dann (Anhang 26)

$$\cos\alpha : \cos\beta : \cos\gamma = \Delta_{i1} : \Delta_{i2} : \Delta_{i3} \quad (i = 1, 2, 3),$$

und daraus schließt man (wegen $\Delta_{ik} = \Delta_{ki}$) wie S. 143, daß man

$$(38) \quad \begin{cases} \sigma \cdot \cos^2\alpha \;\; = \Delta_{11}, \quad \sigma\cos^2\beta \;\;\;\; = \Delta_{22}, \quad \sigma\cos^2\gamma \;\;\;\; = \Delta_{33}, \\ \sigma\cos\beta\cos\gamma = \Delta_{23}, \quad \sigma\cos\gamma\cos\alpha = \Delta_{13}, \quad \sigma\cos\alpha\cos\beta = \Delta_{12} \end{cases}$$

setzen kann; aus den drei ersten Gleichungen folgt weiter

$$(38\text{a}) \qquad\qquad \sigma = \Delta_{11} + \Delta_{22} + \Delta_{33}.$$

Wir sehen daraus noch, daß $\Delta_{11} + \Delta_{22} + \Delta_{33} \gtrless 0$ ist, wenn zu ϱ nur eine Lösung $\cos\alpha$, $\cos\beta$, $\cos\gamma$ gehört; aus $\sigma = 0$ würde allgemein $\Delta_{ik} = 0$ folgen.

Das weitere ergibt sich wie S. 168. Die drei Gleichungen (36) geben nur dann zu einem Wert ϱ mehrere Lösungen, wenn sie *derselben* linearen Gleichung in $\cos\alpha$, $\cos\beta$, $\cos\gamma$ äquivalent sind und daher alle ihre Unterdeterminanten Δ_{ik} für dieses ϱ verschwinden. Dann ist ϱ gemäß S. 168 eine Doppelwurzel von (36b) und die a. a. O. abgeleiteten Gleichungen (8) nehmen, weil hier $a_{ik} = a_{ki}$ ist, für τ als Doppelwurzel die einfachere Form

$$(39) \qquad\qquad a_{ii} - \tau = \varkappa_i^2, \quad a_{ik} = \varkappa_i \varkappa_k$$

an. Übrigens folgt hier auch umgekehrt aus der Existenz einer Doppel-

---

[1]) Die Unterdeterminanten von $\Delta(\varrho)$ sind Δ_{ik}.

wurzel das Verschwinden aller $\varDelta_{ik}$[1]). Wenn nämlich zu zwei Wurzeln ϱ' und ϱ'' nur je eine Richtung $(\alpha\,\beta\,\gamma)$ gehört, so sind diese zueinander senkrechten Richtungen auch zueinander konjugiert und bedingen daher in der Schnittlinie der beiden zu ihnen konjugierten Ebenen eine dritte Richtung, die mit ihnen ein konjugiertes Tripel bildet; außerdem muß sie auch zu beiden senkrecht sein. Wenn also jedes ϱ nur eine Richtung bestimmt, kann eine Doppelwurzel nicht existieren.

Seien nun zunächst drei einfache Wurzeln $\varrho, \varrho', \varrho''$ vorhanden. Wir wählen die ihnen entsprechenden Richtungen als Achsen neuer Koordinaten X, Y, Z. Für sie und x, y, z bestehen dann, wenn im Interesse der Kürze jetzt $\alpha, \beta, \gamma, \ldots$, wie S. 197 die *Kosinus* der Winkel sind, die Gleichungen

$$(40)\quad \begin{cases} X = \alpha\,x + \beta\,y + \gamma\,z & x = \alpha\,X + \alpha'Y + \alpha''Z \\ Y = \alpha'x + \beta'y + \gamma'z & y = \beta\,X + \beta'\,Y + \gamma''Z \\ Z = \alpha''x + \beta''y + \gamma''z, & z = \gamma\,X + \gamma'\,Y + \gamma''Z. \end{cases}$$

Aus den rechtsstehenden Gleichungen folgert man leicht gemäß (36)

$$(41)\quad \begin{cases} a_{11}x + a_{12}y + a_{13}z = \alpha\,X\varrho + \alpha'Y\varrho' + \alpha''Z\varrho'' \\ a_{21}x + a_{22}y + a_{23}z = \beta\,X\varrho + \beta'Y\varrho' + \beta''Z\varrho'' \\ a_{31}x + a_{32}y + a_{33}z = \gamma\,X\varrho + \gamma'Y\varrho' + \gamma''Z\varrho'', \end{cases}$$

und wenn dies mit x, y, z multipliziert und dann addiert wird, so ergibt sich links die Form $\varphi(x, y, z)$ von (22), und gemäß (40) wird

$$(42)\qquad F(x, y, z) = \varrho\,X^2 + \varrho'Y^2 + \varrho''Z^2 + a'_{44}.$$

Die neuen Koeffizienten sind die drei Wurzeln von (36b). Die Wurzeln sind also den Halbachsenquadraten der Fläche umgekehrt proportional[2]). Die Transformation kann daher *ohne Berechnung der Substitutionskoeffizienten* ausgeführt werden; darin besteht der rechnerische Wert unserer Betrachtung.

Im Fall, daß eine Doppelwurzel τ existiert, kann man direkt die Werte (39) in (34) einsetzen und findet als F_2-Gleichung

$$(43)\quad F(x, y, z) = \tau(x^2 + y^2 + z^2) + (\varkappa_1 x + \varkappa_2 y + \varkappa_3 z)^2 + a'_{44} = 0;$$

die Richtung, die der Wurzel $\varrho \gtrless \tau$ entspricht, steht auf jeder Richtung, die τ entspricht, senkrecht. Alle diese Richtungen erfüllen also eine Ebene; es muß die Ebene

$$\varkappa_1 x + \varkappa_2 y + \varkappa_3 z = 0$$

sein. Führt man nämlich neue Achsen X, Y, Z so ein, daß

$$\varkappa_1 x + \varkappa_2 y + \varkappa_3 z = \sqrt{\varkappa_1^2 + \varkappa_2^2 + \varkappa_3^2} \cdot Z$$

---

[1]) Im allgemeinen ist es gemäß S. 168 nicht der Fall.
[2]) Sie heißen auch *Eigenwerte* der quadratischen Form.

gesetzt wird, während die beiden anderen Achsen nur der Bedingung

$$x^2 + y^2 + z^2 = X^2 + Y^2 + Z^2$$

zu genügen haben, so erhält man weiter

$$F = \tau(X^2 + Y^2 + Z^2) + (\varkappa_1^2 + \varkappa_2^2 + \varkappa_3^2)Z^2 + a'_{44} = 0\,.$$

Nun folgt aber aus (36b), gemäß Anhang (49b), $\varrho + 2\tau = a_{11} + a_{22} + a_{33}$, und es ergibt sich aus (39) weiter

$$\varkappa_1^2 + \varkappa_2^2 + \varkappa_3^2 + \tau = a_{11} + a_{22} + a_{33} - 2\tau = \varrho\,.$$

Die F_2-Gleichung geht daher in

$$(44) \qquad \tau(X^2 + Y^2) + \varrho Z^2 + a'_{44} = 0$$

über, also in die Gleichung einer *Rotationsfläche* mit der Z-Achse als Rotationsachse.

Die vorstehende Betrachtung verliert für $\varkappa_1^2 + \varkappa_2^2 + \varkappa_3^2 = 0$, also $\varkappa_1 = 0$, $\varkappa_2 = 0$, $\varkappa_3 = 0$ ihre Bestimmtheit. Dann folgt aber direkt aus (39)

$$a_{11} = a_{22} = a_{33} = \tau\,, \quad a_{ik} = 0\,,$$

und als F_2-Gleichung erscheint

$$(45) \qquad \tau(x^2 + y^2 + z^2) + a'_{44} = 0\,,$$

also die Gleichung der Kugel. Die Wurzel τ ist jetzt eine dreifache Wurzel von (36b).

Von hier aus gelangen wir, indem wir die Vorzeichen von $\varrho, \varrho', \varrho''$ und von a'_{44} in Betracht ziehen, zu den in § 2 betrachteten Mittelpunktsflächen zurück; dem Fall, daß $\varrho, \varrho', \varrho''$ und a'_{44} dasselbe Zeichen haben, entspricht eine imaginäre (nullteilige) Fläche. Ersetzen wir nämlich a'_{44} durch seinen Wert $\varDelta : \delta$, so erhält die Gleichung (42) die Form

$$\frac{\varrho\,\delta}{\varDelta} X^2 + \frac{\varrho'\,\delta}{\varDelta} Y^2 + \frac{\varrho''\,\delta}{\varDelta} Z^2 + 1 = 0\,,$$

die je nach den Vorzeichen von $\varrho, \varrho', \varrho'', \varDelta$ und δ die nullteilige F_2 und die drei Flächen $\mathfrak{E}_2, \mathfrak{H}_2, \mathfrak{H}'_2$ von S. 235 liefert.

In der vorstehenden Betrachtung spielte der Wert von a'_{44} keine Rolle, sie gilt also auch für $a'_{44} = 0$. Dann ist die F_2 gemäß § 1 ein Kegel. Dem Fall dreier ungleicher Wurzeln $\varrho, \varrho', \varrho''$ entspricht der allgemeine (reelle oder imaginäre) Kegel, dem Fall der Doppelwurzel ein Rotationskegel, dem Fall der dreifachen Wurzel der absolute Kegel von S. 234.

Wie beim $\mathfrak{H}_2$ und $\mathfrak{H}'_2$ gibt es für jede Fläche einen Kegel, der aus ε_∞ dieselbe Kurve ausschneidet wie die Fläche selbst. Kegel und Kurve werden durch $\varphi(x, y, z) = 0$ dargestellt; die Kurve in ε_∞ in dem Fall, daß wir x, y, z als homogene Koordinaten für ε_∞ deuten. Die Kurve ist für die Mittelpunktsflächen eine eigentliche C_2, die sowohl nullteilig wie reell sein kann. Weitere Unterschiede treten nicht auf, da die

Koordinatenbestimmung in ε_∞ allgemeinen projektiven Charakter besitzt.

Beispiel. Die Gleichung $2xy + 2xz + 2yz + 2x + 2y + 2z + 1 = 0$ liefert die Werte $\xi = \eta = \zeta = -\frac{1}{2}$ als Mittelpunktskoordinaten, und für $\varrho, \varrho', \varrho''$ besteht die Gleichung $\varrho^3 - 3\varrho^2 - 2 = 0$. Die in ε_∞ liegende C_2 ist $xy + xz + yz = 0$; sie hat die gleiche Lage zum Koordinatendreieck von ε_∞ und damit zu den x, y, z-Achsen wie der im Anhang Beispiel 57 behandelte C_2.

Die Methode, die in Kap. X die Tangente der E_2, H_2 und P_2 lieferte, führt zur *Tangentialebene* unserer zentrischen Flächen $\mathfrak{E}_2$, $\mathfrak{H}_2$, $\mathfrak{H}_2'$. Seien die Flächen auf *irgend* ein System konjugierter Durchmesser bezogen und

$$(46) \qquad Ax^2 + By^2 + Cz^2 - 1 = 0$$

ihre Gleichung; ferner sei

$$x = \frac{\xi_1 - \mu\,\xi_2}{1 - \mu}, \quad y = \frac{\eta_1 - \mu\,\eta_2}{1 - \mu}, \quad z = \frac{\zeta_1 - \mu\,\zeta_2}{1 - \mu}$$

eine durch $P_1(\xi_1\eta_1\zeta_1)$ und $P_2(\xi_2\eta_2\zeta_2)$ gehende Gerade. Die Werte μ_1 und μ_2, die ihren Schnittpunkten mit der F_2 entsprechen, seien Wurzeln von

$$(46\mathrm{a}) \qquad L\,\mu^2 - 2M\,\mu + N = 0;$$

es ist dann

$$L = A\,\xi_2^2 + B\,\eta_2^2 + C\,\zeta_2^2 - 1, \quad N = A\,\xi_1^2 + B\,\eta_1^2 + C\,\zeta_1^2 - 1,$$
$$M = A\,\xi_1\xi_2 + B\,\eta_1\eta_2 + C\,\zeta_1\zeta_2 - 1.$$

Wir lassen P_1 auf die F_2 fallen, so daß also $N = 0$ ist, und bestimmen wiederum $(\xi_2\eta_2\zeta_2)$ so, daß $\mu = 0$ eine Doppelwurzel wird; als Bedingungsgleichung erhalten wir $M = 0$, in variablen x, y, z also

$$(46\mathrm{b}) \qquad A\xi_1 x + B\eta_1 y + C\zeta_1 z - 1 = 0.$$

Dies ist die Gleichung einer Ebene, und wir folgern so, daß alle die F_2 in $(\xi_1\eta_1\zeta_1)$ berührenden Geraden eine Ebene bilden (*Tangentialebene*). Diese Ebene braucht keineswegs *nur* den Punkt $(\xi_1\eta_1\zeta_1)$ von der F_2 zu enthalten. Wenn nämlich in der Gleichung (46a) auch $L = 0$ ist, wird sie für *jeden* Wert μ befriedigt, und es gehört daher die ganze Gerade P_1P_2 der F_2 an. Das kann nur bei den geradlinigen $\mathfrak{H}_2$ eintreten; man erkennt auch umgekehrt, daß jede der beiden durch einen Punkt P_1 des $\mathfrak{H}_2$ gehenden Geraden in der Tangentialebene enthalten ist. Ist nämlich $(\xi_2\eta_2\zeta_2)$ einer ihrer Punkte, so muß Gleichung (46a) für jeden Wert μ befriedigt sein; alle ihre Koeffizienten verschwinden, und es muß auch $M = 0$ sein. Die Tangentialebene *durchsetzt* das $\mathfrak{H}_2$; das $\mathfrak{H}_2$ hat also an *jeder* Stelle eine ähnliche Form wie ein sattelförmiger Sitz an seiner tiefsten Stelle[1]).

---

[1]) Da (S. 244) jede Ebene mit der F_2 eine C_2 gemein hat, ist dies auch für die Tangentialebene der Fall; die C_2 besteht entweder aus zwei reellen Geraden, wie beim $\mathfrak{H}_2$, oder zwei imaginären, wie beim $\mathfrak{E}_2$, oder einer Doppelgeraden, wie beim Kegel oder Zylinder.

Mittels der Gleichung der Tangentialebene beweisen wir, daß es unter den Kreisschnittebenen (§ 2) auch solche gibt, für die der Kreis ein Nullkreis wird, also die Ebene eine Tangentialebene. Die Kreisschnittebenen der eigentlichen Mittelpunktflächen waren (S. 241)

$$x\sqrt{B-A} - z\sqrt{C-B} - \lambda = 0 \quad \text{und} \quad x\sqrt{B-A} + z\sqrt{C-B} - \lambda = 0.$$

Soll eine von ihnen Tangentialebene in einem Punkt (ξ, η, ζ) sein, so muß zunächst $\eta = 0$ sein, außerdem bestehen für ξ und ζ die Gleichungen (46) und (46 b), also

$$A x \xi + C z \zeta - 1 = 0, \quad A \xi^2 + C \zeta^2 - 1 = 0.$$

Die beiden in x und z linearen Gleichungen sollen dieselbe Ebene darstellen, wie $A x \xi + C z \zeta - 1 = 0$, also folgt

$$A \xi : C \zeta : 1 = \sqrt{B-A} : \pm \sqrt{C-B} : \lambda,$$

und wenn man dies mit $A \xi^2 + C \zeta^2 - 1$ kombiniert, so ergibt sich

$$\lambda^2 = \frac{B(C-A)}{AC}, \quad A \xi^2 = \frac{B-A}{C-A} \cdot \frac{C}{B}, \quad C \zeta^2 = \frac{C-B}{C-A} \cdot \frac{A}{B}.$$

Für das $\mathfrak{E}_2$ ergeben sich daraus vier reelle Punkte $(\xi, 0, \zeta)$, die also in der xz-Ebene liegen. Sie heißen *Nabelpunkte* (oder auch Kreispunkte). Für das $\mathfrak{H}_2$ ergeben sich keine solchen reellen Punkte; dem Umstand entsprechend, daß jede Tangentialebene das $\mathfrak{H}_2$ in zwei Geraden durchdringt. Für das $\mathfrak{H}_2'$ erhalten wir wiederum vier reelle Nabelpunkte in der xz-Ebene.

Ähnlich zeigt man, daß das $\mathfrak{P}_e$ zwei reelle Nabelpunkte, und zwar ebenfalls in der xz-Ebene, besitzt.

Beispiele (für rechtwinklige Achsen). 1. Für das vom Anfangspunkt auf die Tangentialebene gefällte Lot δ ist

$$\delta^2(A^2 \xi_1^2 + B^2 \eta_1^2 + C^2 \zeta_1^2) = 1.$$

2. Das in $(\xi_1 \eta_1 \zeta_1)$ auf der Fläche errichtete Lot heißt *Normale* der Fläche; ihre Gleichungen sind

$$\frac{x-\xi_1}{A \xi_1} = \frac{y-\eta_1}{B \eta_1} = \frac{z-\zeta_1}{C \zeta_1}.$$

3. Sind α, β, γ die Richtungswinkel der Normale, so ergibt sich, wie S. 125,

$$\delta^2 = \frac{\cos^2 \alpha}{A} + \frac{\cos^2 \beta}{B} + \frac{\cos^2 \gamma}{C}.$$

Daraus folgert man, daß die Summe der Quadrate dieser Lote für drei zueinander senkrechte Tangentialebenen konstant ist, also

$$\delta^2 + \delta'^2 + \delta''^2 = \frac{1}{A} + \frac{1}{B} + \frac{1}{C}.$$

Es bleibt schließlich noch der Fall $\delta = 0$ zu behandeln; die drei Ebenen $\varepsilon_1, \varepsilon_2, \varepsilon_3$ von § 4 haben also einen in ε_∞ fallenden Punkt gemein, und die Gleichungen (33) versagen. Wir werden finden, daß dem die beiden Paraboloide entsprechen. Vorher soll noch gezeigt werden, daß dann stets $\varDelta \gtrless 0$ ist. Dazu ziehen wir auch die Ebene ε_4 mit der Gleichung

$$E_4 = a_{41}\,\xi + a_{42}\,\eta + a_{43}\,\zeta + a_{44}\,\tau = 0$$

in Betracht; die Determinante aller vier Ebenen ist also $\varDelta$. Für vier Ebenen unterschieden wir (S. 213) acht mögliche Lagen. Hier kommen aber, da ε_1, ε_2, ε_3 keinem Büschel angehören, nur die Ebenenlagen (7) und (8) in Betracht; für (7) ist $\varDelta = 0$, für (8) ist $\varDelta \gtrless 0$. Der Fall (7) ist hier aber auszuschließen. In diesem Fall verschwindet nämlich $\varDelta$ in der Weise, daß für keine ihrer Zeilen die Unterdeterminanten A_{ik} sämtlich Null sind. Nun verhalten sich in diesem Fall (Anhang 26a) die Unterdeterminanten der einen Zeile wie die jeder anderen; aus $\delta = A_{44} = 0$ folgt hier wegen $a_{ik} = a_{ki}$ auch $A_{41} = A_{42} = A_{43} = 0$, im Widerspruch zur Annahme. Es kann also nur der Fall $\varDelta \gtrless 0$ vorliegen.

Nunmehr gehen wir zur Transformation der F_2-Gleichung über. Wie in Kap. XI, § 4 führen wir *zunächst* neue Achsen x', y', z' durch O so ein, daß die homogene Funktion $\varphi(x, y, z)$ von (22) in eine Summe quadratischer Glieder übergeht. Wir behaupten, daß ihre Zahl (der Rang von φ) nicht gleich drei sein kann. Wäre es so, so möge φ die Form

$$a'_{11}\,x'^2 + a'_{22}\,y'^2 + a'_{33}\,z'^2; \quad a'_{11} \gtrless 0, \quad a'_{22} \gtrless 0, \quad a'_{33} \gtrless 0$$

annehmen; es wird dann aus F selbst die Funktion

$$F' = a'_{11}\,x'^2 + a'_{22}\,y'^2 + a'_{33}\,z'^2 + 2\,a'_{14}\,x' + 2\,a'_{24}\,y' + 2\,a'_{34}\,z' + a_{44} = 0$$

hervorgehen. Weil alle $a'_{ii} \gtrless 0$ sind, könnte man aber jetzt die Größen ξ', η', ζ' einer Parallelverschiebung

$$x' = X + \xi', \quad y' = Y + \eta', \quad z' + Z + \zeta'$$

so bestimmen, daß die Glieder erster Ordnung aus F verschwinden, daß also F die Gleichung einer Mittelpunktsfläche würde, was nicht sein kann.

Um das Resultat der Transformation auf die durch O gehenden neuen $x'y'z'$-Achsen zu erhalten, können wir den vorher benutzten Weg einschlagen, der an den Ort paralleler Sehnen anknüpft. Die Gleichung $M = 0$ (35) ändert sich zwar für die allgemeine in x, y, z geschriebene F_2-Gleichung, aber doch nur so, daß in ihr außer den ungeändert bleibenden Gliedern in x_0, y_0, z_0 noch ein von x_0, y_0, z_0 freies Glied auftritt; die zugehörige Ebene geht also nicht mehr durch O. Dagegen bleiben die Gleichungen (35 b) *ungeändert*, und ebenso alle Schlüsse, die wir an sie knüpften. Es lassen sich also die zu den Sehnen normalen Durchmesserebenen ebenso bestimmen wie vorher, nur wissen wir jetzt von vornherein, daß $\varrho = 0$ eine der Wurzeln von $\varDelta(\varrho) = 0$ ist. Auch können wir die Transformationsgleichungen (40) wieder in derselben Weise behandeln wie oben. Liegt also der allgemeine Fall $\varrho' \gtrless \varrho'' \gtrless 0$ vor, so erhalten wir als transformierte F_2-Gleichung

$$(47) \qquad \varrho'X^2 + \varrho''Y^2 + 2\,a'_{14}X + 2\,a'_{24}Y + 2\,a'_{34}Z + a_{44} = 0,$$

und zwar ist

$$(47a) \quad \begin{cases} a'_{14} = a_{14}\cos\alpha + a_{24}\cos\beta + a_{34}\cos\gamma \\ a'_{24} = a_{14}\cos\alpha' + a_{24}\cos\beta' + a_{34}\cos\gamma' \\ a'_{34} = a_{14}\cos\alpha'' + a_{24}\cos\beta'' + a_{34}\cos\gamma'', \end{cases}$$

und es ist notwendig $a'_{34} \gtrless 0$, da F_2 sonst eine zylindrische Fläche ist. Nunmehr verschieben wir die Achsen parallel zu sich, und zwar soll in den Gleichungen

$$(48) \qquad X = X' + \xi, \quad Y = Y' + \eta, \quad Z = Z' + \zeta$$

ξ, η, ζ so bestimmt werden, daß die Koeffizienten von X' und Y' und ebenso das absolute Glied verschwinden. Dies liefert die Bedingungsgleichungen

$$(48a) \quad \begin{cases} \varrho'\xi + a'_{14} = 0, \quad \varrho''\eta + a'_{24} = 0, \\ \varrho'\xi^2 + \varrho''\eta^2 + 2(a'_{14}\xi + a'_{24}\eta + a'_{34}\zeta) + a_{44} = 0, \end{cases}$$

und wegen $\varrho' \lessgtr 0$, $\varrho'' \gtrless 0$, $a_{34} \gtrless 0$ lassen sich ξ, η, ζ aus ihnen in endlicher Form entnehmen. Der sich so ergebenden Gleichung

$$(48b) \qquad \varrho'X^2 + \varrho''Y^2 + 2a'_{34}Z = 0$$

entsprechen in der Tat die beiden Paraboloide.

Ist $\varrho' = \varrho''$, so verfahren wir, da alle oben benutzten Schlüsse von den Werten von ϱ unabhängig sind, wie vorher; hier folgt insbesondere $\varkappa_1^2 + \varkappa_2^2 + \varkappa_3^2 + \tau = \varrho = 0$; und so erhält die F_2-Gleichung zunächst die Form

$$\tau(X^2 + Y^2) + 2a'_{14}X + 2a'_{24}Y + 2a'_{34}Z + a_{44} = 0,$$

die analog wie vorher schließlich in

$$(48c) \qquad \tau(X^2 + Y^2) + 2a'_{34}Z = 0$$

übergeht. Sie stellt ein Rotations-$\mathfrak{P}_e$ dar[1]).

Insgesamt ergibt sich aus § 3 und § 4 *als notwendige und hinreichende Bedingung dafür, daß die F_2 in einen Kegel, einen Zylinder, ein Ebenenpaar oder eine Doppelebene ausartet, das Verschwinden der Diskriminante Δ.*

In der Ebene ε_∞ schneiden die Paraboloide je ein Geradenpaar durch Z_∞ aus, wie auch bereits S. 240 erwähnt ist; es ist reell oder imaginär, je nachdem ϱ' und ϱ'' ungleiches oder gleiches Vorzeichen besitzen.

Beispiel. Die zu transformierende Gleichung sei

$$x^2 + y^2 + 4z^2 - 14xy - 28xz + 4yz + 4z + 12 = 0.$$

Sie liefert ein $\mathfrak{P}_h$ mit der Gleichung $3X^2 - 4Y^2 = 2Z$.

Auch den Paraboloiden kommt in jedem Punkt $(\xi_1 \eta_1 \zeta_1)$ eine Tangentialebene zu; nach der S. 255 benutzten Methode finden wir,

---

[1]) Die Doppelwurzel $\varrho = 0$ führt auf die in § 4 behandelten Fälle.

wenn wir die Gleichung des $\mathfrak{P}_e$ und $\mathfrak{P}_h$ gemeinsam

$$(49) \qquad A x^2 + B y^2 - 2 z = 0$$

schreiben, für M den Ausdruck

$$M = A \xi_1 \xi_2 + B \eta_1 \eta_2 - (\zeta_1 + \zeta_2),$$

und die Gleichung der Tangentialebene ist also

$$(49a) \qquad A \xi_1 x + B \eta_1 y - (\zeta_1 + z) = 0.$$

Weiter folgert man wiederum, wie S. 255, daß die Tangentialebene des $\mathfrak{P}_h$ in jedem Punkt $(\xi_1 \eta_1 \zeta_1)$ die beiden durch ihn gehenden Geraden des $\mathfrak{P}_h$ enthält. Wie das $\mathfrak{H}_2$ wird also auch das $\mathfrak{P}_h$ von der Tangentialebene *durchsetzt*. Der Übergang zu homogenen Koordinaten zeigt, daß die Ebene ε_∞ für beide Paraboloide als Tangentialebene im Punkt Z_∞ anzusehen ist.

§ 6. Das Polarsystem.

Wir gehen von einer eigentlichen Fläche F_2 mit der Gleichung

$$(50) \qquad F(x) = \sum a_{ik} x_i x_k = 0, \quad \varDelta = \| a_{ik} \| \gtrless 0$$

aus und von einer Geraden g, die durch

$$(50a) \qquad \varrho x_i = y_i + \lambda z_i$$

gegeben sei. Für den Schnitt der F_2 mit g besteht die Gleichung

$$(51) \qquad F(y + \lambda z) = \sum a_{ik} (y_i + \lambda z_i)(y_k + \lambda z_k) = 0;$$

nach Potenzen von λ geordnet sei sie

$$(51a) \qquad L \lambda^2 + 2 M \lambda + N = 0,$$

und es ist

$$L = \sum a_{ik} z_i z_k, \quad N = \sum a_{ik} y_i y_k, \quad 2 M = \sum a_{ik} (y_i z_k + y_k z_i).$$

Der bilineare Ausdruck $2 M$ läßt sich ausführlicher in der Form

$$(52) \quad \sum y_i (a_{i1} z_1 + a_{i2} z_2 + a_{i3} z_3 + a_{i4} z_4) = \sum z_i (a_{i1} y_1 + a_{i2} y_2 + a_{i3} y_3 + a_{i4} y_4)$$

darstellen; er ist aus den y_i und z_i *symmetrisch* aufgebaut.

Genügen die Wurzeln λ' und λ'' von (51a), die mit (50a) die Schnittpunkte (x') und (x'') bestimmen, der Gleichung

$$(52a) \qquad \lambda' + \lambda'' = 0, \quad \text{also} \quad M = 0,$$

so bilden sie mit (y) und (z) zwei harmonische Paare; (y) und (z) sollen wieder *konjugierte Punkte* für die F_2 heißen. Damit ist die analytische Grundlage für die Theorie des *Polarsystems* analog zu Kap. XI, § 7 gewonnen; es darf im wesentlichen genügen, die dort abgeleiteten Resultate sinngemäß auf den Raum zu verallgemeinern. Nur das für den Raum neu Auftretende soll ausführlicher erörtert werden.

1. Alle Punkte (z), die zu einem festen Punkt (y) konjugiert sind, erfüllen eine Ebene, die *Polarebene* von (y). Sie ist der Ort der vierten

harmonischen Punkte zu (x'), (x''), (y). Liegt (z) in der Polarebene von (y), so liegt auch (y) in der Polarebene von (z); diese involutorische Beziehung folgt aus dem symmetrischen Charakter der Gleichung $M = 0$. Die Ebenenkoordinaten der Polarebene von (y) sind

$$(53) \qquad \sigma u_i = a_{i1} y_1 + a_{i2} y_2 + a_{i3} y_3 + a_{i4} y_4;$$

durch Auflösung folgt

$$(53\,\text{a}) \qquad \varrho y_k = A_{1k} u_1 + A_{2k} u_2 + A_{3k} u_3 + A_{4k} u_4.$$

Das Entsprechen zwischen den (y) und den (u) ist also eineindeutig; jeder Ebene (u) entspricht ein Punkt (y), ihr *Pol*.

2. Fällt (y) auf die F_2, so ist auch $N = 0$, die Gleichung (51a) hat die Doppelwurzel $\lambda = 0$, und daraus folgt, daß die Gerade $(y\,z)$ für jeden in der Ebene $M = 0$ gelegenen Punkt (z) zwei in (y) zusammenfallende Punkte mit der F_2 gemein hat. Sie ist eine *Tangente* der F_2, und die Gleichung $M = 0$ als Ort dieser Tangenten heißt die *Tangentialebene* von (y)[1]. *Die Polarebene eines Punktes der F_2 ist also seine Tangentialebene.* In diesem Fall ist der Punkt (y) zu allen Punkten (z) seiner Tangentialebene konjugiert. Wie S. 150 folgert man hieraus, daß die Polarebene jedes solchen Punktes (z) auch den Punkt (y) enthält, daß also der Polarebene von (z) die Berührungspunkte *aller* von (z) an die F_2 gehenden Tangenten angehören. Sie bilden somit eine ebene Kurve, und da jede Ebene mit der F_2 eine C_2 gemein hat, insbesondere eine C_2; d. h. *die Berührungspunkte der von (z) an die F_2 gezogenen Tangenten erfüllen eine ebene C_2.* Der Ort aller dieser Tangenten ergibt sich, wenn man die Bedingung sucht, daß die Wurzeln λ' und λ'' von (51a) einander gleich sind; sie lautet

$$L N - M^2 = 0.$$

Sie liefert für den Ort der Tangenten (bei festem z und variablem y) einen Kegel zweiten Grades. Sein Schnitt mit der Polarebene von (z) enthält die Berührungspunkte der sämtlichen Tangenten, ist also die soeben betrachtete C_2.

3. Gemäß 1. sind zwei Punkte (y) und (z) *konjugiert*, wenn jeder in der Polarebene des anderen liegt; analog sollen zwei Ebenen *konjugiert* heißen, wenn jede durch den Pol der anderen geht. Denken wir uns eine Gerade g als Verbindungslinie von (y') und (y'') gegeben und stellen ihre Punkte (y) durch

$$(54) \qquad \varrho y_i = y_i' + \lambda y_i''$$

dar, so sind die zugehörigen Polarebenen (u) gemäß (53) durch

$$(54\,\text{a}) \qquad \sigma u_i = u_i' + \lambda u_i''$$

dargestellt; sie bilden also einen durch die Achse $(u'u'') = h$ gehenden,

---

[1] Ist auch $L = 0$, so gehört die ganze Gerade $(y\,z)$ der F_2 an; vgl. S. 156. Auch die dort abgeleitete Gleichung ist Gleichung der Polarebene.

zur Punktreihe $(y'y'')$ projektiven Ebenenbüschel. Die Geraden g und h heißen *konjugierte Polaren* für die F_2; enthält die eine einen Punkt (y), so liegt die andere in der Polarebene (u) von (y) und umgekehrt. Die involutorische Beziehung des Polarsystems überträgt sich auch auf diese Geraden; h ist zugleich Ort der Pole der durch g laufenden Ebenen.

4. Wir wollen wieder zu einfacheren Bezeichnungen übergehen; die Polarebene von P sei π. Ist dann Q ein Punkt von π, so geht seine Polarebene $\varkappa$ durch P; ist R ein Punkt auf $(\varkappa\,\pi)$, so geht seine Polarebene ϱ durch P und Q; und ist endlich S der Punkt $(\varkappa\,\pi\,\varrho)$, so geht die Polarebene σ durch P, Q, R. Die vier Punkte P, Q, R, S bilden also ein Tetraeder, dessen Ebenen die Polarebenen der gegenüberliegenden Ecken sind (*Polartetraeder*). *Jede* durch P gehende Kante ist (nach 3) *jeder* in π enthaltenen Kante konjugiert; daher sind auch *je zwei* Kanten des Tetraeders konjugiert; z. B. $PQ = (\varrho\,\sigma)$ und $PR = (\varkappa\,\sigma)$ in der Weise, daß PQ durch Q geht und PR in der Polarebene $\varkappa$ von Q liegt.

5. Jedem Punkt P_∞ entspricht eine *Durchmesserebene;* der zu P_∞ zugeordnete vierte harmonische Punkt fällt in die Mitte von (x'), (x''). Damit erscheinen die in § 5 abgeleiteten Sätze als Sonderfälle der Polarität. Der Polarebene ε_∞ entspricht als Pol der *Mittelpunkt* der F_2; bei den Paraboloiden fällt er in den Punkt Z_∞ von ε_∞, in Übereinstimmung damit, daß sich ε_∞ als Tangentialebene für sie ergab (S. 259). Konjugierte Durchmesser sind also auch im Sinn des Polarsystems konjugiert; man schließt daher, daß alle Durchmesserebenen des $\mathfrak{P}_e$ und $\mathfrak{P}_h$ durch Z_∞ gehen, also der Hauptachse der Paraboloide parallel sind. Drei konjugierte Durchmesser einer Mittelpunktsfläche bilden mit ε_∞ ein Polartetraeder.

6. Für ein Polartetraeder als Koordinatentetraeder nimmt die F_2-Gleichung die einfache Form

$$(55) \qquad a_1 x_1^2 + a_2 x_2^2 + a_3 x_3^2 + a_4 x_4^2 = 0$$

an; darin ist zugleich die geometrische Bedeutung der Transformation auf eine Summe von Quadraten enthalten. Die Gleichungen (46) der Mittelpunktsflächen benutzen ein Polartetraeder aus drei konjugierten Durchmessern und ε_∞.

7. Die Polaritätsbeziehung zwischen den Punkten und Ebenen und den durch sie geformten Gebilden ist wiederum *mit der räumlichen Dualität sachlich identisch.* Einer aus Punkten, Geraden, Ebenen aufgebauten Figur entspricht polar die aus Ebenen, Geraden und Punkten analog aufgebaute Polarfigur. Einem Punktort F_n der n^{ten} *Ordnung* entspricht ein Ebenenort Φ_n der n^{ten} *Klasse*. Sein Aufbau aus den ihm angehörenden Ebenen erhellt aus folgendem: Wie die in einer einzelnen Ebene ε liegenden ∞^1 Punkte von F_n eine Punktkurve C_n der n^{ten} Ordnung bilden, so gibt es durch den Pol E von ε (als Polarebenen dieser Punkte) ∞^1 Ebenen von Φ_n, die eine Kegelfläche Γ_n der n^{ten} Klasse

als Tangentialebenen umhüllen. Ist $F_n(x) = 0$ die Gleichung der F_n, so ergibt sich durch Einsetzen der Werte (53a) die Gleichung $\Phi_n(u) = 0$ von Φ_n. Wählt man statt der F_n die F_2 selbst, die die Grundfläche der Polarität ist, so erhält man die Gleichung der F_2 in Ebenenkoordinaten. Wie S. 154 ergibt sich dafür die zur dortigen Gleichung (47) analoge Determinantengleichung oder

$$(56) \qquad \sum A_{ik} u_i u_k = 0 \quad (A_{ik} = A_{ki}),$$

wo die A_{ik} diesmal die bezüglichen dreireihigen Unterdeterminanten sind.

8. Artet die F_2 aus, so artet auch das Polarsystem aus. Es geschehe zunächst so, daß $\varDelta = 0$ ist, aber nicht alle $A_{ik} = 0$ sind. Als Polarebene von (y) definieren wir wieder die durch $M = 0$ für variables z bestimmte Ebene; ihre Koordinaten u_i sind also wiederum

$$(57) \qquad \sigma u_i = a_{i1} y_1 + a_{i2} y_2 + a_{i3} y_3 + a_{i4} y_4 \quad (i = 1, 2, 3, 4).$$

Da $\varDelta = 0$ ist, während die A_{ik} nicht sämtlich verschwinden, hat man (Anhang 26a)

$$A_{1i} : A_{2i} : A_{3i} : A_{4i} = A_{1k} : A_{2k} : A_{3k} : A_{4k},$$

und es ist für jedes Indizespaar i, k

$$(57a) \qquad a_{1i} A_{1k} + a_{2i} A_{2k} + a_{3i} A_{3k} + a_{4i} A_{4k} = 0.$$

Aus (57) folgt mithin für jeden Index k

$$A_{1k} u_1 + A_{2k} u_2 + A_{3k} u_3 + A_{4k} u_4 = 0.$$

Ist daher (ξ) der durch $A_{1k} : A_{2k} : A_{3k} : A_{4k}$ gegebene Punkt, so folgt für ihn

$$(57b) \qquad \xi_1 u_1 + \xi_2 u_2 + \xi_3 u_3 + \xi_4 u_4 = 0,$$

und wegen (57a) ist weiter

$$\sum a_{i1} \xi_i = 0, \quad \sum a_{i2} \xi_i = 0, \quad \sum a_{i3} \xi_i = 0, \quad \sum a_{i4} \xi_i = 0.$$

Wie S. 156 ergibt sich hieraus, daß die Polarebene *jedes* Punktes (y) durch (ξ) geht (ξ heißt auch *singulärer* Punkt), während als Polarebene von (ξ) *jede* Ebene zu betrachten ist. Ist ferner x' irgend ein von (ξ) verschiedener Punkt der F_2, so folgert man, wie dort, daß $F(\xi_i + \lambda x_i') = 0$ ist für jedes λ, und daher die Gerade $(\xi x')$ ganz der F_2 angehört. Die F_2 ist demnach die Kegelfläche mit (ξ) als Mittelpunkt[1]).

Ein Polartetraeder wird durch (ξ) und irgend ein Tripel konjugierter Punkte (oder dreier durch (ξ) gehender konjugierter Geraden) gebildet. Jedes Paar konjugierter Geraden g, h durch (ξ) bildet mit den Strahlen, in denen seine Ebene den Kegel schneidet, zwei harmonische Paare. Für die Gleichung der F_2 in Ebenenkoordinaten folgt wie S. 157

$$(58) \qquad (\xi_1 u_1 + \xi_2 u_2 + \xi_3 u_3 + \xi_4 u_4)^2 = 0;$$

sie stellt den Scheitel des Kegels doppelt zählend dar.

---

[1]) Da wir hier allgemeine x_i-Koordinaten benutzen, kann (ξ) auch auf ε_∞ fallen, also F_2 eine zylindrische Fläche sein.

Verschwinden auch alle Unterdeterminanten A_{ik} (aber nicht alle der zweiten Ordnung), so daß (S. 247) die F_2 in ein Ebenenpaar ausartet, so geht die Polarebene jedes Punktes (y) durch die Schnittlinie beider Ebenen (*singuläre* Gerade); das Ebenenpaar, die Polarebene und die Ebene durch (y) bilden vier harmonische Ebenen durch die singuläre Gerade. Für die letzten beiden Ebenen ist jeder Punkt der einen Ebene ein Pol der anderen. Eine beliebige Ebene (u) hat unendlich viele Pole, nämlich alle Punkte der singulären Geraden.

Dem ebenen Feld als Ort seiner Punkte und Geraden entspricht dualistisch der Bündel als Ort seiner Ebenen und Strahlen; der Polarität des ebenen Feldes für eine C_2 entspricht im Bündel die Polarität seiner Strahlen und Ebenen für einen Kegel der zweiten Ordnung. Betrachten wir z. B. für räumliche Koordinaten x_i den Bündel mit der Ecke $(0\,0\,0)$ des Koordinatentetraeders, die also der Ebene $x_4 = 0$ gegenüberliegt. Jeder seiner Strahlen h ist durch ein Tripel $x_1 : x_2 : x_3$ bestimmt; die einfachste Art, diese Koordinaten geometrisch zu deuten, ist die, daß man $x_1 : x_2 : x_3$ als Punktkoordinaten in der Ebene $x_4 = 0$ betrachtet, und zwar für den Punkt, in dem $x_4 = 0$ vom Strahl h geschnitten wird. Dann haben wir es mit homogenen Koordinaten x_i in dieser Ebene zu tun und können auf sie die Betrachtungen von Kap. XI anwenden. In dieser Weise kann man die (ausgeartete) Polarität für den Kegel ebenfalls betrachten.

Es handele sich z. B. um die Polarität für den absoluten Kegel $x^2 + y^2 + z^2 = 0$. Die Gleichungen (53) haben die einfache Form $\sigma u = x$, $\sigma v = y$, $\sigma w = z$, und die bilineare Relation $M = 0$ lautet für zwei konjugierte Richtungen $x' : y' : z'$ und $x'' : y'' : z''$

$$x'x'' + y'y'' + z'z'' = 0 .$$

Sie ist zugleich die Polarität für den Kugelkreis. Für die den beiden Richtungen entsprechenden Winkel α', β', γ' und α'', β'', γ'' ist also

$$\cos\alpha' \cos\alpha'' + \cos\beta' \cos\beta'' + \cos\gamma'\gamma'' = 0 .$$

Hieraus ergibt sich beiläufig: Orthogonale Geraden g', g'' durch O sind konjugiert zum absoluten Kegel und zum Kugelkreis in ε_∞. Dasselbe gilt für irgend zwei orthogonale Geraden, ebenso für $g \perp \varepsilon$ und für $\varepsilon' \perp \varepsilon''$.

§ 7. Einige kollineare Transformationen der F_2 in sich.

Zunächst sei bemerkt, daß man die ersten Sätze von Kap. X, § 7 auf eine Mittelpunktsfläche übertragen kann. Daraus folgt wieder, daß das durch drei konjugierte Durchmesser bestimmte Tetraeder für alle solche Tripel einen konstanten Wert besitzt.

Eingehender soll die folgende kollineare Transformation der geradlinigen Flächen in sich behandelt werden. Wir gehen von den Gleichungen

$$x_1 = 0, \quad x_2 = 0, \quad x_3 = 0, \quad x_4 = 0$$

des Koordinatentetraeders aus und wählen

$$(59) \qquad x_1 x_4 - x_2 x_3 = 0$$

als Gleichung der F_2. Sie ist (S. 225) auf doppelte Weise Erzeugnis von zwei projektiven Büscheln, nämlich von

$$(59a) \qquad \begin{cases} x_1 - \lambda\, x_2 = 0, \quad x_3 - \lambda\, x_4 = 0 \quad \text{und} \\ x_1 - \mu\, x_3 = 0, \quad x_2 - \mu\, x_4 = 0 . \end{cases}$$

Hieraus folgt weiter

$$(59\,\mathrm{b}) \qquad x_1 : x_2 : x_3 : x_4 = 1 : \lambda : \mu : \lambda\mu .$$

Die Parameter λ und μ begründen daher eine Koordinatenbestimmung auf der F_2; die Punkte (x) und die Parameterpaare λ, μ entsprechen sich eineindeutig. Weiter ist klar, daß $\lambda = \mathrm{const}$ und $\mu = \mathrm{const}$ je eine Gerade der einen und der anderen Schar darstellt. Wir können also von den λ-Geraden und den μ-Geraden sprechen, und die genannte Koordinatenbestimmung kommt darauf hinaus, jeden Punkt der $\dot{F}_2$ mittels der Gleichungen (59 b) als Schnitt der durch ihn gehenden λ- und μ-Geraden aufzufassen.

Wir unterwerfen nun λ und μ den linearen Substitutionen

$$(60) \qquad \lambda = \frac{\alpha\lambda' + \beta}{\gamma\lambda' + \delta}, \quad \mu = \frac{\alpha'\mu' + \beta'}{\gamma'\mu' + \delta'},$$

so werden λ', μ' ebenfalls Parameter einer Koordinatenbestimmung auf der F_2 darstellen. *Diese Transformation führt die F_2 kollinear in sich über.* Ist nämlich (x') der zu λ', μ' gehörige Punkt, so daß

$$x_1' : x_2' : x_3' : x_4' = 1 : \lambda' : \mu' : \lambda'\mu'$$

ist, so ergibt sich aus (59b) und (60) durch Einsetzen dieser x_i' für λ' und μ'

$$(60\,\mathrm{a}) \quad \begin{cases} \varrho\, x_1 = (\gamma\lambda' + \delta)(\gamma'\mu' + \delta') = \delta\,\delta'x_1' + \gamma\,\delta'x_2' + \delta\,\gamma'\,x_3' + \gamma\,\gamma'x_4' \\ \varrho\, x_2 = (\alpha\lambda' + \beta)(\gamma'\mu' + \delta') = \beta\,\delta'x_1' + \alpha\,\delta'x_2' + \beta\,\gamma'\,x_3' + \alpha\,\gamma'x_4' \\ \varrho\, x_3 = (\gamma\lambda' + \delta)(\alpha'\mu' + \beta') = \delta\,\beta'x_1' + \gamma\,\beta'x_2' + \delta\,\alpha'\,x_3' + \gamma\,\alpha'x_4' \\ \varrho\, x_4 = (\alpha\lambda' + \beta)(\alpha'\mu' + \beta') = \beta\,\beta'x_1' + \alpha\,\beta'x_2' + \beta\,\alpha'\,x_3' + \alpha\,\alpha'x_4'. \end{cases}$$

Dies ist eine kollineare Beziehung des Raumes; an ihr hat die F_2 in der Weise teil, daß die *λ-Geraden in sich* und auch *die μ-Geraden in sich* übergehen. Augenscheinlich kann man aber auch bewirken, daß die λ-Geraden in die μ-Geraden und die μ-Geraden in die λ-Geraden übergehen. Dies leisten die linearen Substitutionen

$$(61) \qquad \mu = \frac{\alpha\lambda' + \beta}{\gamma\lambda' + \delta}, \quad \lambda = \frac{\alpha'\mu' + \beta'}{\gamma'\mu' + \delta'},$$

was in der nämlichen Weise gezeigt wird.

Auf dieser Grundlage ist von Plücker eine analytische Geometrie auf den F_2 begründet worden; die Bestimmung eines Punktes durch je zwei Gleichungen $\lambda = \mathrm{const}, \mu = \mathrm{const}$ bildet den Ausgangspunkt. Ersetzt man λ durch $\lambda_1 : \lambda_2$ und μ durch $\mu_1 : \mu_2$, so hat man

$$x_1 : x_2 : x_3 : x_4 = \lambda_2\mu_2 : \lambda_1\mu_2 : \lambda_2\mu_1 : \lambda_1\mu_1,$$

und erhält in einer Gleichung $f(\lambda_1, \lambda_2; \mu_1, \mu_2) = 0$, die für λ_1 und λ_2 und ebenso für μ_1 und μ_2 homogen ist, eine auf der F_2 verlaufende Kurve; der Grad in den λ_i und in den μ_i bestimmt, wie oft jede λ-Gerade und jede μ-Gerade von der Kurve geschnitten wird.

Anhang.

§ 1. Determinanten.

Auf die *Determinanten* ist man bei der Auflösung linearer Gleichungen mit mehreren Unbekannten geführt worden[1]). Wir schlagen diesen Weg für ihre Einführung auch hier ein; er wird ihre Eigenart und Bedeutung unmittelbar erkennen lassen. Die Auflösung selbst behandeln wir in § 2; besondere Werte der Koeffizienten werden deshalb zunächst nicht in Betracht gezogen.

Aus den Gleichungen

$$(1) \qquad a_1 x + b_1 y + c_1 = 0, \quad a_2 x + b_2 y + c_2 = 0$$

berechne man x und y in bekannter Weise durch Multiplikation mit b_2 und $-b_1$, alsdann mit $-a_2$ und a_1 und nachfolgende Addition. Man findet so

$$(1\,\text{a}) \qquad x = \frac{b_1 c_2 - b_2 c_1}{a_1 b_2 - a_2 b_1}, \quad y = \frac{c_1 a_2 - c_2 a_1}{a_1 b_2 - a_2 b_1}.$$

Die formale Analogie der Zähler und Nenner hat den Anstoß zur Einführung des Determinantenbegriffs gegeben. Aus dem gemeinsamen Nenner entstehen die Zähler, indem man a, b durch b, c und c, a ersetzt. Bezeichnen wir den Nenner durch das Symbol $(a\,b)$, schreiben also

$$(2) \qquad (a\,b) = a_1 b_2 - a_2 b_1,$$

so sind die Zähler durch $(b\,c)$ und $(c\,a)$ zu bezeichnen, und es wird

$$(2\,\text{a}) \qquad x : y : 1 = (b\,c) : (c\,a) : (a\,b).$$

Die Ausdrücke $(b\,c)$, $(c\,a)$, $(a\,b)$ sind die einfachsten *Determinanten*; die außerdem übliche Bezeichnung für sie ist

$$(3) \qquad (b\,c) = \begin{vmatrix} b_1 & c_1 \\ b_2 & c_2 \end{vmatrix}, \quad (c\,a) = \begin{vmatrix} c_1 & a_1 \\ c_2 & a_2 \end{vmatrix}, \quad (a\,b) = \begin{vmatrix} a_1 & b_1 \\ a_2 & b_2 \end{vmatrix},$$

so daß man auch

$$(3\,\text{a}) \qquad x : y : 1 = \begin{vmatrix} b_1 & c_1 \\ b_2 & c_2 \end{vmatrix} : \begin{vmatrix} c_1 & a_1 \\ c_2 & a_2 \end{vmatrix} : \begin{vmatrix} a_1 & b_1 \\ a_2 & b_2 \end{vmatrix}$$

schreiben kann. Den *Wert* des so eingeführten Determinantensymbols erhält man, indem man die Differenz der beiden diagonalen Produkte

---

[1]) Es geschah im wesentlichen um 1750 durch G. C r a m e r.

bildet. Die Koeffizienten a_1, b_1, c_1, a_2, b_2, c_2 heißen *Elemente* der Determinanten. Das Schema

$$(3\,\mathrm{b}) \qquad \mathfrak{M} = \begin{Vmatrix} a_1 & b_1 & c_1 \\ a_2 & b_2 & c_2 \end{Vmatrix},$$

aus dem alle drei Determinanten durch Tilgung je einer Vertikalzeile entstehen, heißt eine *Matrix*.

Beispiele. 1. Aus $5x + 4y - 1 = 0$, $3x - y + 7 = 0$ folgt

$$x : y : 1 = \begin{vmatrix} 4 & -1 \\ -1 & 7 \end{vmatrix} : \begin{vmatrix} -1 & 5 \\ 7 & 3 \end{vmatrix} : \begin{vmatrix} 5 & 4 \\ 3 & -1 \end{vmatrix} = 27 : -38 : -17.$$

2. Aus $6x - 2y + 7 = 0$, $-3x + y - 8 = 0$ würde folgen

$$x : y : 1 = \begin{vmatrix} -2 & 7 \\ 1 & -8 \end{vmatrix} : \begin{vmatrix} 7 & 6 \\ -8 & -3 \end{vmatrix} : \begin{vmatrix} 6 & -2 \\ -3 & 1 \end{vmatrix} = 9 : 27 : 0;$$

endliche Zahlenwerte für x und y stellen sich also als Lösungen nicht ein. Wir kommen hierauf alsbald zurück.

Für zwei *homogene* Gleichungen

$$(4) \qquad\qquad a_1 x + b_1 y = 0, \quad a_2 x + b_2 y = 0,$$

wo gemäß den einleitenden Worten $a_1 \gtrless 0$, $b_1 \gtrless 0$, $a_2 \gtrless 0$, $b_2 \gtrless 0$ sein soll, gibt es zunächst die *evidente* Lösung $x = 0$, $y = 0$; sie bleibt hier wie im folgenden *außer Betracht*. Soll es andere (*eigentliche*) Lösungen geben, muß offenbar $a_1 : b_1 = a_2 : b_2$ sein, also

$$(4\,\mathrm{a}) \qquad\qquad \delta = a_1 b_2 - a_2 b_1 = (a\,b) = 0;$$

die Determinante $(a\,b)$ muß also verschwinden. Es folgt alsdann

$$x : y = b_1 : -a_1 = b_2 : -a_2,$$

es wird also durch (4) nur das *Verhältnis* $x : y$ bestimmt.

Man kann auch die Gleichungen (1) in *homogene* Form setzen; sie gehen dadurch in

$$(5) \qquad a_1 x + b_1 y + c_1 z = 0, \quad a_2 x + b_2 y + c_2 z = 0$$

über. Die obige Lösung (2a) nimmt dann die Form

$$(6) \quad x : y : z = (b\,c) : (c\,a) : (a\,b) \quad \text{oder} \quad \varrho x = (b\,c), \ \varrho y = (c\,a), \ \varrho z = (a\,b)$$

an[1]). Es ist wiederum nur das Verhältnis $x : y : z$ bestimmbar, und zwar *stets in endlichen Zahlen*, wenn auch einzelne Determinanten gleich Null sind. Das oben behandelte zweite Beispiel wird man daher so erledigen, daß man zur homogenen Schreibweise übergeht; dann ergibt sich $x : y : z = 9 : 27 : 0$.

Wir gehen zu drei homogenen linearen Gleichungen

$$(7) \quad a_1 x + b_1 y + c_1 z = 0, \quad a_2 x + b_2 y + c_2 z = 0, \quad a_3 x + b_3 y + c_3 z = 0$$

über und fragen, wann es eigentliche Lösungen $x : y : z$ für sie gibt[2]).

---

[1]) Es wird meist die Schreibweise der ersten Gleichung benutzt werden.
[2]) Vgl. auch die eingehende geometrische Behandlung S. 44.

Aus der zweiten und dritten Gleichung ergibt sich zunächst

$$
(8) \qquad x : y : z = \begin{vmatrix} b_2 & c_2 \\ b_3 & c_3 \end{vmatrix} : \begin{vmatrix} c_2 & a_2 \\ c_3 & a_3 \end{vmatrix} : \begin{vmatrix} a_2 & b_2 \\ a_3 & b_3 \end{vmatrix} ;
$$

diese Werte müssen aber auch der ersten Gleichung genügen; also muß

$$
(9) \qquad a_1 \begin{vmatrix} b_2 & c_2 \\ b_3 & c_3 \end{vmatrix} + b_1 \begin{vmatrix} c_2 & a_2 \\ c_3 & a_3 \end{vmatrix} + c_1 \begin{vmatrix} a_2 & b_2 \\ a_3 & b_3 \end{vmatrix} = 0, \quad \text{oder}
$$

$$
(9a) \qquad a_1(b_2 c_3 - b_3 c_2) + b_1(c_2 a_3 - c_3 a_2) + c_1(a_2 b_3 - a_3 b_2) = 0
$$

sein oder auch

$$
(9b) \qquad a_1 b_2 c_3 - a_1 b_3 c_2 + a_2 b_3 c_1 - a_2 b_1 c_3 + a_3 b_1 c_2 - a_3 b_2 c_1 = 0.
$$

Den Ausdruck (9), (9a) oder (9b) nennt man die (dreireihige) *Determinante D* der Gleichungen (7) (auch Determinante *dritter Ordnung*) und schreibt

$$
(10) \qquad D = \begin{vmatrix} a_1 & b_1 & c_1 \\ a_2 & b_2 & c_2 \\ a_3 & b_3 & c_3 \end{vmatrix} = (a\,b\,c).
$$

Die sechs Glieder des Ausdrucks (9b) entsprechen den sechs Permutationen der Indizes $1, 2, 3$; die drei zyklischen Permutationen besitzen das positive Vorzeichen, die drei übrigen das negative[1]).

Ist D gleich Null, so besteht Gleichung (9), also ist auch die erste Gleichung (7) für die Lösungen (8) erfüllt. Das Verschwinden von D *erscheint so als Bedingung für eigentliche Lösungen.* Wir kommen in § 2 hierauf zurück.

Aus dem Schema (10) ergeben sich die Ausdrücke (9a) oder (9b) folgendermaßen: Die von links oben nach rechts unten laufende Diagonale ($\searrow$) liefert im Produkt $a_1 b_2 c_3$ das erste Glied in (9a). Denkt man sich, daß auf die dritte Vertikale des Determinantenschemas wieder die erste folgt usw., so gibt es zwei dieser Diagonale parallele Elemententripel b_1, c_2, a_3 und c_1, a_2, b_3; sie liefern zwei weitere *positive* Produkte von (9a). Ebenso liefern die Elemente a_3, b_2, c_1 der umgekehrt gerichteten Diagonale ($\nearrow$) nebst den parallelen Gliedern a_1, b_3, c_2 und a_2, b_1, c_3 die drei *negativen* Produkte von (9a).

Beispiele.

$$
1. \quad \begin{vmatrix} 7 & 3 & 1 \\ 2 & 5 & 0 \\ 3 & -1 & 6 \end{vmatrix} \begin{aligned} &= 7 \cdot 5 \cdot 6 + 3 \cdot 0 \cdot 3 + 1 \cdot 2 (-1) \\ &- 3 \cdot 5 \cdot 1 - (-1) \cdot 0 \cdot 7 - 6 \cdot 2 \cdot 3 \\ &= 210 - 2 - 15 - 36 = 157. \end{aligned}
$$

$$
2. \quad \begin{vmatrix} 3 & 7 & 4 \\ 0 & 1 & 5 \\ 0 & 3 & 6 \end{vmatrix} = -27; \qquad 3. \quad \begin{vmatrix} 0 & a & b \\ a & 0 & c \\ b & c & 0 \end{vmatrix} = 2\,a\,b\,c; \qquad 4. \quad \begin{vmatrix} 0 & a & b \\ -a & 0 & c \\ -b & -c & 0 \end{vmatrix} = 0.
$$

Die Determinante (3), die sich gegen die Diagonale ($\searrow$) symmetrisch verhält, heißt *symmetrisch*.

(10a) Daß wir x, y, z in (7) als Unbekannte auffaßten, ist unwesentlich; wesentlich ist nur, daß die Gleichungen (7) für gewisse endliche

---

[1]) *Zyklisch* sind die drei Permutationen $1\,2\,3$, $2\,3\,1$, $3\,1\,2$.

Zahlen, die nicht sämtlich Null sind, zugleich bestehen. Die notwendige Bedingung dafür ist das Verschwinden der Determinante (10). In dieser Weise wird das vorstehende Resultat vielfach benutzt.

Die Einführung der Determinanten ist damit erledigt. Wir gehen nun zur Erörterung der Sätze und Rechnungsregeln für die Determinanten dritter Ordnung über. Die beiden Determinanten

$$(11) \qquad \begin{vmatrix} a_1 & b_1 & c_1 \\ a_2 & b_2 & c_2 \\ a_3 & b_3 & c_3 \end{vmatrix} \quad \text{und} \quad \begin{vmatrix} a_1 & a_2 & a_3 \\ b_1 & b_2 & b_3 \\ c_1 & c_2 & c_3 \end{vmatrix}$$

gehen durch Vertauschung der horizontalen und vertikalen Zeilen auseinander hervor. Ihr *Wert* bleibt dabei *ungeändert*. Der Wert der zweiten ist nämlich gemäß (9a)

$$a_1(b_2 c_3 - b_3 c_2) + a_2(b_3 c_1 - b_1 c_3) + a_3(b_1 c_2 - b_2 c_1),$$

er geht aus (9a) durch Umordnung nach a_1, a_2, a_3 hervor. Also folgt:

(11a) *Die Determinante ändert den Wert nicht, wenn man Horizontalen und Vertikalen miteinander vertauscht.*

Von den beiden Determinanten

$$(12) \qquad \begin{vmatrix} a_1 & b_1 & c_1 \\ a_2 & b_2 & c_2 \\ a_3 & b_3 & c_3 \end{vmatrix} \quad \text{und} \quad \begin{vmatrix} a_1 & b_1 & c_1 \\ a_3 & b_3 & c_3 \\ a_2 & b_2 & c_2 \end{vmatrix}$$

geht die zweite durch Vertauschung der beiden letzten Horizontalen (der Indizes 2 und 3) aus der ersten hervor. Führt man dies im Ausdruck (9a) aus, so ändert sich nur sein Zeichen. Dasselbe erkennt man bei der Vertauschung eines anderen Indizespaares. Bei jeder solchen Vertauschung nimmt also die Determinante den entgegengesetzten Wert an. Gemäß (11a) muß aber eine für die Horizontalen gültige Regel auch für die Vertikalen gelten, und so folgt:

(12a) *Die Determinante ändert ihr Vorzeichen, wenn man zwei Vertikalen oder zwei Horizontalen miteinander vertauscht.*

(12b) Aus Satz (11a) folgt weiter, daß *eine Unterscheidung zwischen Horizontalen und Vertikalen belanglos ist;* wir lassen sie daher im folgenden meist außer Betracht und sprechen gemeinsam von *Zeilen* (oder *Reihen*). Aus (12a) folgert man weiter, daß allgemeine Sätze, die wir für eine einzelne Zeile ableiten werden, analog für jede Zeile gelten müssen; kommt der Wert der Determinante in Frage, so ist auch das Vorzeichen zu berücksichtigen. Wir werden daher die folgenden Sätze nur für irgendwelche Zeilen ableiten.

Ersetzen wir die Elemente a_1, b_1, c_1 durch $\varrho\, a_1$, $\varrho\, b_1$, $\varrho\, c_1$, so nimmt (9a) den ϱ-fachen Wert an; dies läßt sich durch folgenden Satz ausdrücken:

(13) *Um eine Determinante mit dem Faktor ϱ zu multiplizieren, hat man die Elemente irgend einer Zeile mit ϱ zu multiplizieren und umgekehrt.* Sind also alle Elemente einer Zeile Null, so hat die Determinante *selbst den Wert Null.*

Hat die Determinante *zwei gleiche Zeilen*, so bleibt sie bei deren Vertauschung *formal* ungeändert; nach Satz (12a) soll sie aber ihr Vorzeichen ändern. Dies kann nur der Fall sein, wenn sie Null ist, d. h.:

(14) *Eine Determinante mit zwei gleichen Zeilen hat den Wert Null.* Gemäß (13) gilt dies sogar auch, wenn die Elemente zweier Zeilen einander *proportional* sind.

Für die dreireihige Determinante folgt, daß ihr Wert bei *zyklischer* Vertauschung der Vertikalen oder Horizontalen *ungeändert* bleibt. Eine zyklische Vertauschung von a, b, c läßt sich nämlich durch zwei einfache Vertauschungen bewirken; die erste führt die Anordnung $a\,b\,c$ in $b\,a\,c$ über, die zweite in $b\,c\,a$[1]).

Jedem Element einer Determinante ist eine *Unterdeterminante* zugeordnet. Tilgt man in (10) die Horizontale und Vertikale, die a_1 enthält, so bilden die übrigbleibenden Glieder die Unterdeterminante A_1 von a_1. Dasselbe gilt für die übrigen Elemente. Wir erhalten so die neun Unterdeterminanten

$$
(15) \quad
\begin{cases}
A_1 = \begin{vmatrix} b_2 & c_2 \\ b_3 & c_3 \end{vmatrix}, &
B_1 = \begin{vmatrix} c_2 & a_2 \\ c_3 & a_3 \end{vmatrix}, &
C_1 = \begin{vmatrix} a_2 & b_2 \\ a_3 & b_3 \end{vmatrix}, \\[2ex]
A_2 = \begin{vmatrix} b_3 & c_3 \\ b_1 & c_1 \end{vmatrix}, &
B_2 = \begin{vmatrix} c_3 & a_3 \\ c_1 & a_1 \end{vmatrix}, &
C_2 = \begin{vmatrix} a_3 & b_3 \\ a_1 & b_1 \end{vmatrix}, \\[2ex]
A_3 = \begin{vmatrix} b_1 & c_1 \\ b_2 & c_2 \end{vmatrix}, &
B_3 = \begin{vmatrix} c_1 & a_1 \\ c_2 & a_2 \end{vmatrix}, &
C_3 = \begin{vmatrix} a_1 & b_1 \\ a_2 & b_2 \end{vmatrix},
\end{cases}
$$

Die Elemente a_i, b_i, c_i treten hier stets in *derselben* Reihenfolge auf wie in D, ebenso die Indizes 1, 2, 3, und zwar in dem Sinn, daß für a, b, c und für die Indizes 1, 2, 3 die *zyklische* Reihenfolge bewahrt wird.

Mit Verwendung von A_1, B_1, C_1 geht zunächst (9a) in

$$(15\,\text{a}) \qquad D = a_1 A_1 + b_1 B_1 + c_1 C_1$$

über. Ersetzen wir in (10) die Elemente a_1, b_1, c_1 der ersten Zeile durch a_2, b_2, c_2 oder a_3, b_3, c_3, so ändern sich gemäß (15) A_1, B_1, C_1 *nicht;* der Wert von D wird gemäß (14) zu Null, und es folgt

$$(15\,\text{b}) \qquad 0 = a_2 A_1 + b_2 B_1 + c_2 C_1, \quad 0 = a_3 A_1 + b_3 B_1 + c_3 C_1.$$

Analoge Gleichungen ergeben sich für A_2, B_2, C_2 und A_3, B_3, C_3; wir erhalten also allgemein

$$(15\,\text{c}) \quad D = a_i A_i + b_i B_i + c_i C_i; \quad 0 = a_i A_k + b_i B_k + c_i C_k \quad (i \gtrless k).$$

---

[1]) Die Permutationen $a\,c\,b$, $b\,a\,c$, $c\,b\,a$ entspringen aus $a\,b\,c$ durch einfache Vertauschung.

Dies sind im ganzen neun Gleichungen. Neun analoge Gleichungen ergeben sich für die vertikalen Zeilen; es ist

$$(16) \qquad D = a_1 A_1 + a_2 A_2 + a_3 A_3 = b_1 B_1 + b_2 B_2 + b_3 B_3$$
$$= c_1 C_1 + c_2 C_2 + c_3 C_3,$$

während die übrigen Summen Null sind, z. B.

$$(16a) \qquad b_1 C_1 + b_2 C_2 + b_3 C_3 = 0 \quad \text{usw.}$$

Gleichung (15a) und die Gleichungen (16) lassen sich zweckmäßig zur Berechnung von Determinanten benutzen. Man hat z. B. unmittelbar (vgl. Beispiel 2, S. 267)

$$\begin{vmatrix} 3 & 7 & 4 \\ 0 & 1 & 5 \\ 0 & 3 & 6 \end{vmatrix} = 3 \begin{vmatrix} 1 & 5 \\ 3 & 6 \end{vmatrix}, \quad \begin{vmatrix} a_1 & b_1 & c_1 \\ 0 & b_2 & c_2 \\ 0 & 0 & c_3 \end{vmatrix} = a_1 \begin{vmatrix} b_2 & c_2 \\ 0 & c_3 \end{vmatrix} = a_1 b_2 c_3.$$

Wir gehen zu Summen und Produkten von Determinanten über. Ersetzen wir in (9b) die Elemente a_1, a_2, a_3 durch $a_1 + \alpha_1$, $a_2 + \alpha_2$, $a_3 + \alpha_3$, so läßt sich (9b) in zwei gleichartig gebaute Ausdrücke zerlegen; es folgt so unmittelbar

$$(17) \qquad \begin{vmatrix} a_1 + \alpha_1 & b_1 & c_1 \\ a_2 + \alpha_2 & b_2 & c_2 \\ a_3 + \alpha_3 & b_3 & c_3 \end{vmatrix} = \begin{vmatrix} a_1 & b_1 & c_1 \\ a_2 & b_2 & c_2 \\ a_3 & b_3 & c_3 \end{vmatrix} + \begin{vmatrix} \alpha_1 & b_1 & c_1 \\ \alpha_2 & b_2 & c_2 \\ \alpha_3 & b_3 & c_3 \end{vmatrix}.$$

Hieraus fließt eine wichtige Rechnungsregel. Sie drückt sich in folgender Gleichung aus, die eine Folge von (17) und (14) ist,

$$(17a) \quad \begin{vmatrix} a_1 + \varrho b_1 & b_1 & c_1 \\ a_2 + \varrho b_2 & b_2 & c_2 \\ a_3 + \varrho b_3 & b_3 & c_3 \end{vmatrix} = \begin{vmatrix} a_1 & b_1 & c_1 \\ a_2 & b_2 & c_2 \\ a_3 & b_3 & c_3 \end{vmatrix} + \varrho \begin{vmatrix} b_1 & b_1 & c_1 \\ b_2 & b_2 & c_2 \\ b_3 & b_3 & c_3 \end{vmatrix} = \begin{vmatrix} a_1 & b_1 & c_1 \\ a_2 & b_2 & c_2 \\ a_3 & b_3 & c_3 \end{vmatrix},$$

d. h.:

(17b) Die Determinante bleibt ihrem Werte nach *ungeändert*, wenn man zu den Elementen einer Zeile *dasselbe Vielfache der Elemente einer Parallelzeile addiert* (oder von ihr subtrahiert). Der Satz gilt auch noch so, daß man ein Vielfaches *mehrerer* Parallelzeilen zugleich addieren oder subtrahieren kann.

Dieser Satz ist für die Berechnung der Determinanten von Nutzen; man sucht sie möglichst so umzuformen, daß mehrere Glieder derselben Zeile Null werden, und wendet dann (15a) oder (16) an. Es ist

$$\begin{vmatrix} 4 & 1 & 7 \\ 3 & 6 & -2 \\ 5 & 1 & 8 \end{vmatrix} = \begin{vmatrix} -3 & 1 & 7 \\ 5 & 6 & -2 \\ -3 & 1 & 8 \end{vmatrix} = \begin{vmatrix} 0 & 0 & -1 \\ 5 & 6 & -2 \\ -3 & 1 & 8 \end{vmatrix} = -1 \begin{vmatrix} 5 & 6 \\ -3 & 1 \end{vmatrix} = -23;$$

man erhält die zweite Determinante durch Subtraktion der dritten Vertikale von der ersten, die dritte durch Subtraktion der dritten Horizontale von der ersten.

Weitere Beispiele sind (im ersten wird zunächst das doppelte der letzten Horizontalen von der ersten subtrahiert):

$$\begin{vmatrix} 5 & 9 & -1 \\ 2 & 6 & 10 \\ 2 & 3 & -3 \end{vmatrix} = \begin{vmatrix} 1 & 3 & 5 \\ 2 & 6 & 10 \\ 2 & 3 & -3 \end{vmatrix} = 2\begin{vmatrix} 1 & 3 & 5 \\ 1 & 3 & 5 \\ 2 & 3 & -3 \end{vmatrix} = 0;$$

$$\begin{vmatrix} 1 & 1 & 1 \\ a & b & c \\ a^2 & b^2 & c^2 \end{vmatrix} = \begin{vmatrix} 1 & 0 & 0 \\ a & b-a & c-a \\ a^2 & b^2-a^2 & c^2-a^2 \end{vmatrix} = \begin{vmatrix} b-a & c-a \\ b^2-a^2 & c^2-a^2 \end{vmatrix} = (b-a)(c-a)(c-b).$$

Die vorstehenden Beispiele führen eine dreireihige Determinante auf die zweireihige zurück. Daß auch das umgekehrte von Nutzen sein kann, zeigt folgendes Beispiel (in der zweiten Determinante addiere man die erste Horizontale zur zweiten und dritten):

$$\begin{vmatrix} x_2-x_1 & y_2-y_1 \\ x_3-x_1 & y_3-y_1 \end{vmatrix} = \begin{vmatrix} 1 & x_1 & y_1 \\ 0 & x_2-x_1 & y_2-y_1 \\ 0 & x_3-x_1 & y_3-y_1 \end{vmatrix} = \begin{vmatrix} 1 & x_1 & y_1 \\ 1 & x_2 & y_2 \\ 1 & x_3 & y_3 \end{vmatrix}.$$

Man beachte, daß die Werte x_1, y_1 in der neu hinzugefügten Zeile beliebig sein können.

Das Haupttheorem über Determinanten betrifft ihre Multiplikation; man kann ihr Produkt wieder als Determinante darstellen. Seien

$$(18) \qquad D = \begin{vmatrix} a_1 & b_1 & c_1 \\ a_2 & b_2 & c_2 \\ a_3 & b_3 & c_3 \end{vmatrix} \quad \text{und} \quad \varDelta = \begin{vmatrix} \alpha_1 & \beta_1 & \gamma_1 \\ \alpha_2 & \beta_2 & \gamma_2 \\ \alpha_3 & \beta_3 & \gamma_3 \end{vmatrix}$$

die gegebenen Determinanten. Wir setzen abkürzend (für *festes* i und k, wo i und k irgend einen der Werte $1, 2, 3$ haben können)

$$(18\,\text{a}) \qquad a_i\alpha_k + b_i\beta_k + c_i\gamma_k = \sum a_i\alpha_k = \sum_{ik}$$

und nennen die so gebildeten Summenausdrücke aus den Elementen von D und $\varDelta$ *komponiert;* insbesondere entsteht $\sum a_i\alpha_k$ durch Komposition der i^{ten} *Horizontale* von D mit der k^{ten} *Horizontale* von $\varDelta$. Nun wird behauptet, daß

$$(19) \quad \begin{aligned} \mathfrak{D} &= \begin{vmatrix} a_1\alpha_1+b_1\beta_1+c_1\gamma_1 & a_1\alpha_2+b_1\beta_2+c_1\gamma_2 & a_1\alpha_3+b_1\beta_3+c_1\gamma_3 \\ a_2\alpha_1+b_2\beta_1+c_2\gamma_1 & a_2\alpha_2+b_2\beta_2+c_2\gamma_2 & a_2\alpha_3+b_2\beta_3+c_2\gamma_3 \\ a_3\alpha_1+b_3\beta_1+c_3\gamma_1 & a_3\alpha_2+b_3\beta_2+c_3\gamma_2 & a_3\alpha_3+b_3\beta_3+c_3\gamma_3 \end{vmatrix} \\ &= \begin{vmatrix} \sum_{11} & \sum_{12} & \sum_{13} \\ \sum_{21} & \sum_{22} & \sum_{23} \\ \sum_{31} & \sum_{32} & \sum_{33} \end{vmatrix} = D\cdot\varDelta \end{aligned}$$

ist. Der Beweis fließt aus der wiederholten Anwendung der vorstehenden Sätze. Man zerlegt $\mathfrak{D}$ zunächst [durch Anwendung von (17) auf die erste Vertikale] in drei Determinanten und erhält so die Darstellung

$$\mathfrak{D} = \begin{vmatrix} a_1\alpha_1 & \sum_{12} & \sum_{13} \\ a_2\alpha_1 & \sum_{22} & \sum_{23} \\ a_3\alpha_1 & \sum_{32} & \sum_{33} \end{vmatrix} + \begin{vmatrix} b_1\beta_1 & \sum_{12} & \sum_{13} \\ b_2\beta_1 & \sum_{22} & \sum_{23} \\ b_3\beta_1 & \sum_{23} & \sum_{33} \end{vmatrix} + \begin{vmatrix} c_1\gamma_1 & \sum_{12} & \sum_{13} \\ c_2\gamma_1 & \sum_{22} & \sum_{23} \\ c_3\gamma_1 & \sum_{23} & \sum_{33} \end{vmatrix}.$$

In jeder dieser drei Determinanten verfährt man mit der zweiten Vertikale ebenso, und in jeder der dann entstandenen neun Determinanten nochmals ebenso mit der dritten Vertikale. So spaltet sich $\mathfrak{D}$ in 27 einfache Teildeterminanten. Deren Wert ist jetzt zu ermitteln. Zuvor sei auf das formale Bildungsgesetz dieser 27 Determinanten hingewiesen. Jede Vertikale enthält einen festen lateinischen und den analogen griechischen Buchstaben; für die lateinischen kommen die Indizes $1, 2, 3$ den drei aufeinanderfolgenden *Horizontalen*, für die griechischen dagegen den drei *Vertikalen* zu. Eine jede solche Determinante ist daher durch die in sie eingehenden a, b, c eindeutig bestimmt. Sei eine solche

$$\begin{vmatrix} a_1\alpha_1 & b_1\beta_2 & a_1\alpha_3 \\ a_2\alpha_1 & b_2\beta_2 & a_2\alpha_3 \\ a_3\alpha_1 & b_3\beta_2 & a_3\alpha_3 \end{vmatrix} = \alpha_1\beta_2\alpha_3 \begin{vmatrix} a_1 & b_1 & a_1 \\ a_2 & b_2 & a_2 \\ a_3 & b_3 & a_3 \end{vmatrix}.$$

Sie hat, da sie zwei gleiche Zeilen enthält, den Wert Null. Wir haben daher nur die Determinanten näher in Betracht zu ziehen, die keine zwei Vertikalen mit denselben lateinischen Buchstaben enthalten. Eine solche sei

$$\begin{vmatrix} b_1\beta_1 & a_1\alpha_2 & c_1\gamma_3 \\ b_2\beta_1 & a_2\alpha_2 & c_2\gamma_3 \\ b_3\beta_1 & a_3\alpha_2 & c_3\gamma_3 \end{vmatrix} = \beta_1\alpha_2\gamma_3 \begin{vmatrix} b_1 & a_1 & c_1 \\ b_2 & a_2 & c_2 \\ b_3 & a_3 & c_3 \end{vmatrix} = -\beta_1\alpha_2\gamma_3 \begin{vmatrix} a_1 & b_1 & c_1 \\ a_2 & b_2 & c_2 \\ a_3 & b_3 & c_3 \end{vmatrix}.$$

Sie enthält die Determinante D als Faktor. Solcher Glieder gibt es sechs, entsprechend den sechs möglichen Anordnungen von a, b, c. Ihre sechs Faktoren sind die sechs Glieder von $\varDelta$, jedes mit einem Vorzeichen; es ist, wie man aus der letzten Gleichung ersieht, dasselbe, das der bezüglichen Permutation der a, b, c oder, was dasselbe ist, der α, β, γ in dem Ausdruck (9b) zukommt[1]). Damit ist der Satz bewiesen.

(19a) Die Komposition von D und $\varDelta$ zur Produktdeterminante $\mathfrak{D}$ ist auf vier Arten möglich. Vorstehend wurde Horizontale mit Horizontale komponiert. Man kann aber auch Vertikale mit Vertikale und Horizontale der einen mit Vertikale der anderen komponieren; dies liefert drei neue Formen für $\mathfrak{D}$.

Insbesondere findet man aus (19) und den Gleichungen (15c)[2])

$$(19b) \quad \begin{vmatrix} a_1 & b_1 & c_1 \\ a_2 & b_2 & c_2 \\ a_3 & b_3 & c_3 \end{vmatrix} \cdot \begin{vmatrix} A_1 & B_1 & C_1 \\ A_2 & B_2 & C_2 \\ A_3 & B_3 & C_3 \end{vmatrix} = D^3; \quad \begin{vmatrix} A_1 & B_1 & C_1 \\ A_2 & B_2 & C_2 \\ A_3 & B_3 & C_3 \end{vmatrix} = D^2.$$

---

[1]) In der obigen Gleichung handelt es sich um die Permutation $(b\,a\,c)$, sie ist nicht zyklisch und bedingt daher (S. 267) das negative Zeichen.

[2]) Für die zweite Gleichung (19b) ist $D \gtreqless 0$ anzunehmen.

Beispiel. Man erhält, indem man die Horizontalen mit den Vertikalen komponiert, für das Produkt

$$\begin{vmatrix} a_1 & b_1 & c_1 \\ 0 & b_2 & c_2 \\ 0 & 0 & c_3 \end{vmatrix} \cdot \begin{vmatrix} \alpha_1 & \beta_1 & \gamma_1 \\ 0 & \beta_2 & \gamma_2 \\ 0 & 0 & \gamma_3 \end{vmatrix}.$$

wiederum eine Determinante, bei der alle Elemente links von der Diagonale Null sind.

Eine oft auftretende Determinante ist

$$(19\,\mathrm{c}) \quad \begin{vmatrix} a_1+\lambda & b_1 & c_1 \\ a_2 & b_2+\lambda & c_2 \\ a_3 & b_3 & c_3+\lambda \end{vmatrix} = \lambda^3 + \lambda^2(a_1+b_2+c_3) + \lambda(A_1+B_2+C_3) + D.$$

Die Entwicklung nach λ ergibt sich so. Es ist evident, daß λ^3 nur aus dem Diagonalglied entspringt, und daß das absolute Glied D sein muß; es entsteht, wenn wir $\lambda = 0$ setzen. Bezeichnen wir die Unterdeterminante von $a_1 + \lambda$ mit $A_1(\lambda)$, so liefert das Produkt $(a_1 + \lambda)\,A_1(\lambda)$ erstens $a_1 \cdot A_1(\lambda)$, und dies liefert zum Glied mit λ^2 in (19c) den Beitrag $a_1 \lambda^2$; außerdem liefert es $\lambda \cdot A_1(\lambda)$. Hiervon kommt, wenn wir den Beitrag zum Koeffizienten von λ bestimmen, nur $\lambda \cdot A_1(0) = \lambda A_1$ in Betracht, wo A_1, wie immer, die Unterdeterminante von a_1 in D ist.

(20) Von der Determinante D der dritten Ordnung kann man, von m zu $m + 1$ fortgehend, zu den Determinanten mit n Horizontalen und n Vertikalen aufsteigen; für $n = 4$ soll es hier geschehen. Die charakteristischen Eigenschaften der Determinante D sind: 1. Sie ist eine *ganze homogene* Funktion *dritten* Grades von neun Elementen, in jedem *einzelnen* Element *linear*. 2. Die Zahl ihrer Glieder ist $3! = 6$, also gleich der Zahl der Permutationen der Indizes 1, 2, 3. 3. Alle Glieder haben den Koeffizienten ± 1; insbesondere hat $a_1\,b_2\,c_3$ den Koeffizienten $+1$, die übrigen sind so bestimmt, daß jede Vertauschung zweier Indizes eine Vorzeichenänderung bewirkt[1]). Hieraus läßt sich, wie beiläufig bemerkt sei, die Theorie der Determinanten ableiten.

Hier kommen nur die formalen Sätze und Rechnungsregeln in Frage; grundlegend sind dafür die Sätze (11a), (12a) und (13), sowie der in (9a) enthaltene Ausdruck von D. *Aus ihnen sind im vorstehenden alle weiteren Sätze abgeleitet worden;* der Ausdruck (9a) entspricht für $n = 3$ dem, was wir soeben über D als Funktion der a_i, b_i, c_i ausführten. Um unsere Sätze auf Determinanten vierter Ordnung auszudehnen, ist daher nur nötig, dies für die Sätze (11a), (12a) und (13), sowie den Ausdruck (9a) zu tun.

Die Art, in der wir von der dreireihigen zur vierreihigen Determinante übergehen werden, läßt sich schon für die Bildung der

---

[1]) Man teilt die Permutationen in gerade und ungerade, je nachdem sie aus 1 2 3 durch eine gerade oder ungerade Zahl einfacher Vertauschungen entstehen. Die zyklischen Permutationen von 1 2 3 sind gerade (S. 269).

dreireihigen benutzen; in der Gleichung (16), also in
$$D = a_1 A_1 + a_2 A_2 + a_3 A_3$$
ist sie schon enthalten. Hier erscheint D mittels der drei zweireihigen Determinanten A_1, A_2, A_3 aufgebaut. Mit Rücksicht auf das folgende bezeichnen wir diese Unterdeterminanten von (10) jetzt durch

$$[a_1] = \begin{vmatrix} b_2 & c_2 \\ b_3 & c_3 \end{vmatrix}, \quad [a_2] = \begin{vmatrix} b_1 & c_1 \\ b_3 & c_3 \end{vmatrix}, \quad [a_3] = \begin{vmatrix} b_1 & c_1 \\ b_2 & c_2 \end{vmatrix}.$$

Es ist also $A_1 = [a_1]$, $A_2 = -[a_2]$, $A_3 = [a_3]$, und wir erhalten aus (16)

$$(21) \qquad D = a_1[a_1] - a_2[a_2] + a_3[a_3].$$

Dies ist die Gleichung, die wir verallgemeinern wollen. Wir definieren also den Wert der vierreihigen Determinante

$$(22) \qquad D_4 = \begin{vmatrix} a_1 & b_1 & c_1 & d_1 \\ a_2 & b_2 & c_2 & d_2 \\ a_3 & b_3 & c_3 & d_3 \\ a_4 & b_4 & c_4 & d_4 \end{vmatrix}$$

durch die Gleichung

$$(22\,\text{a}) \qquad D_4 = a_1[a_1] - a_2[a_2] + a_3[a_3] - a_4[a_4],$$

und zwar soll jetzt $[a_i]$ diejenige dreireihige Determinante darstellen, die sich aus D_4 durch Tilgung der Horizontalen und Vertikalen ergibt, in der a_i enthalten ist, unter *Wahrung der Anordnung der Zeilen;* dasselbe soll für $[b_i]$, $[c_i]$, $[d_i]$ gelten. Auf Grund dieser Definition ist nunmehr zunächst das Bestehen der Sätze (11a), (12a) und (13) für (22a) zu beweisen.

Jedes $[a_i]$ enthält nur die Elemente b, c und d. Vertauscht man also in D_4 irgend zwei Zeilen, die b oder c oder d enthalten, so ist die Geltung des Satzes (12a) evident; denn jedes $[a_i]$ nimmt dann den entgegengesetzten Wert an. Es ist also nur noch zu zeigen, daß der Satz auch für Vertauschung von a und b zutrifft (der ersten und zweiten Zeile). Dazu sei folgende Bezeichnung eingeführt. Unter $[a_i b_k]$ soll diejenige Determinante verstanden werden, die von D_4 übrigbleibt, wenn die Zeilen mit den Elementen a_i und b_k gestrichen werden, die also weder a noch b noch die Indizes i und k enthält, wiederum unter Wahrung der Anordnung. Es ist dann, wie man aus (21) leicht erhält[1]),

$$(23) \qquad \begin{cases} [a_1] = b_2[a_1 b_2] - b_3[a_1 b_3] + b_4[a_1 b_4] \\ [a_2] = b_1[a_2 b_1] - b_3[a_2 b_3] + b_4[a_2 b_4] \\ [a_3] = b_1[a_3 b_1] - b_2[a_3 b_2] + b_4[a_3 b_4] \\ [a_4] = b_1[a_4 b_1] - b_2[a_4 b_2] + b_3[a_4 b_3]. \end{cases}$$

---

[1]) Es ist z. B.

$$[a_1] = \begin{vmatrix} b_2 & c_2 & d_2 \\ b_3 & c_3 & d_3 \\ b_4 & c_4 & d_4 \end{vmatrix} = b_2 \begin{vmatrix} c_3 & d_3 \\ c_4 & d_4 \end{vmatrix} - b_3 \begin{vmatrix} c_2 & d_2 \\ c_4 & d_4 \end{vmatrix} + b_4 \begin{vmatrix} c_2 & d_2 \\ c_3 & d_3 \end{vmatrix},$$

und die Faktoren von b_2, b_3, b_4 sind gerade durch $[a_1 b_2]$, $[a_1 b_3]$, $[a_1 b_4]$ zu bezeichnen.

Durch Multiplikation mit a_1, $-a_2$, a_3, $-a_4$ und Addition erhalten wir [nach (22a)] D_4; also folgt

$$(24) \quad \begin{cases} D_4 = [a_1 b_2](a_1 b_2 - a_2 b_1) - [a_1 b_3](a_1 b_3 - a_3 b_1) + [a_1 b_4](a_1 b_4 - a_4 b_1) \\ \quad + [a_2 b_3](a_2 b_3 - a_3 b_2) - [a_2 b_4](a_2 b_4 - a_4 b_2) + [a_3 b_4](a_3 b_4 - a_4 b_3) \,. \end{cases}$$

In den eckigen Klammern kommen nur c und d vor; die runden Klammern ändern bei Vertauschung von a und b sämtlich ihr Zeichen, der Satz ist also bewiesen.

Die Eigenschaft (11a) ergibt sich durch ein ähnliches Verfahren; wir entwickeln dazu die in (23) enthaltenen dreireihigen Determinanten $[a_i]$ nach den Elementen einer Horizontalen. Es ergibt sich

$$\begin{aligned} [a_2] &= b_1[a_2 b_1] - c_1[a_2 c_1] + d_1[a_2 d_1] \\ [a_3] &= b_1[a_3 b_1] - c_1[a_3 c_1] + d_1[a_3 d_1] \\ [a_4] &= b_1[a_4 b_1] - c_1[a_4 c_1] + d_1[a_4 d_1] \,, \end{aligned}$$

und hieraus weiter

$$\begin{aligned} D_4 = {}& a_1[a_1] - b_1\{a_2[a_2 b_1] - a_3[a_3 b_1] + a_4[a_4 b_1]\} \\ & + c_1\{a_2[a_2 c_1] - a_3[a_3 c_1] + a_4[a_4 c_1]\} - d_1\{a_2[a_2 d_1] - a_3[a_3 d_1] + a_4[a_4 d_1]\}. \end{aligned}$$

Die Faktoren von b_1, c_1, d_1 sind aber, wie man leicht erkennt, $[b_1]$, $[c_1]$ und $[d_1]$, und so folgt

$$D_4 = a_1[a_1] - b_1[b_1] + c_1[c_1] - d_1[d_1] \,.$$

Für die hier auftretenden Unterdeterminanten gilt aber der Satz (11a). Denken wir also in ihnen die Horizontalen und Vertikalen vertauscht, so ist alsdann die Entwicklung von D_4 genau diejenige, die dem Satz (11a) entspricht, und der Beweis damit erbracht.

Der Satz (13) bedarf eines längeren Beweises nicht. Für die Zeile der Elemente a_i ist er gemäß (22a) evident; für eine andere Zeile deswegen, weil jedes $[a_i]$ den Faktor ϱ annimmt. Ebenso leicht ist es, die im Ausdruck (9a) enthaltenen Eigenschaften für den Ausdruck (22a) nachzuweisen; was jedoch nicht näher ausgeführt werden soll.

(24a) *Damit sind die sämtlichen für D abgeleiteten Sätze auch für D_4 als gültig erwiesen.*

Der Gleichung (24) entnehmen wir noch einen wichtigen Satz. Die in den runden Klammern stehenden Ausdrücke sind sämtlich Unterdeterminanten von D_4; z. B. ist $a_1 b_2 - a_2 b_1 = [c_3 d_4]$, denn $[c_3 d_4]$ ist die Unterdeterminante, die weder c noch d, noch einen der Indizes 3, 4 enthält, und zwar unter Erhaltung der Anordnung, und das ist $a_1 b_2 - a_2 b_1$. Somit folgt

$$(25) \quad \begin{cases} D_4 = [a_1 b_2][c_3 d_4] - [a_1 b_3][c_2 d_4] + [a_1 b_4][c_2 d_3] \\ \quad + [a_2 b_3][c_1 d_4] - [a_2 b_4][c_1 d_3] + [a_3 b_4][c_1 d_2] \,. \end{cases}$$

§ 2. Lineare Gleichungen.

Wir gehen nochmals zu den homogenen Gleichungen (7) zurück. Daß $D = 0$ eine *notwendige* Bedingung für eigentliche Lösungen ist, wurde S. 267 bereits gezeigt. Setzen wir jetzt $D = 0$ als erfüllt voraus. Alsdann gehen die Gleichungen (7) in (15 a) und (15 b) über, falls man x, y, z durch A_1, B_1, C_1 ersetzt; gemäß (15 c) gilt das gleiche für irgend drei Unterdeterminanten A_i, B_i, C_i. Also folgt

(26) *Ist $D = 0$ und sind nicht alle A_i, B_i, C_i Null, so wird den Gleichungen (7) durch die eigentliche Lösung*

$$x : y : z = A_i : B_i : C_i$$

genügt. Den Fall, daß alle A_i, B_i, C_i Null sind, behandeln wir in (33). Wir ziehen hieraus noch die Folgerung:

(26a) Ist $D = 0$ und verschwinden nicht alle A_i, B_i, C_i, so *verhalten sich die Unterdeterminanten der einen Zeile wie die der anderen.*

Beispiel. Für $5x + 9y - z = 0$, $2x + 6y + 10z = 0$, $2x + 3y - 3z = 0$ haben die Unterdeterminanten die einander proportionalen Werte

$$-48,\ 26,\ -6;\quad 24,\ -13,\ 3;\quad 96,\ -52,\ 12,$$

und es ist $x : y : z = 24 : -13 : 3$.

Drei nicht homogene lineare Gleichungen und ihre Matrix seien

$$(27)\quad \begin{cases} a_1 x + b_1 y + c_1 z + d_1 = 0 \\ a_2 x + b_2 y + c_2 z + d_2 = 0; \\ a_3 x + b_3 y + c_3 z + d_3 = 0 \end{cases} \quad \mathfrak{M} = \left\|\begin{matrix} a_1 & b_1 & c_1 & d_1 \\ a_2 & b_2 & c_2 & d_2 \\ a_3 & b_3 & c_3 & d_3 \end{matrix}\right\|.$$

Werden diese drei Gleichungen mit

$$A_1 = \begin{vmatrix} b_2 & c_2 \\ b_3 & c_3 \end{vmatrix}, \quad A_2 = \begin{vmatrix} b_3 & c_3 \\ b_1 & c_1 \end{vmatrix}, \quad A_3 = \begin{vmatrix} b_1 & c_1 \\ b_2 & c_2 \end{vmatrix}$$

multipliziert und addiert, so folgt wegen (16a)

$$x(a_1 A_1 + a_2 A_2 + a_3 A_3) + (d_1 A_1 + d_2 A_2 + d_3 A_3) = 0,$$

oder, wenn wir wieder

$$\begin{vmatrix} a_1 & b_1 & c_1 \\ a_2 & b_2 & c_2 \\ a_3 & b_3 & c_3 \end{vmatrix} = (a\,b\,c), \quad \begin{vmatrix} d_1 & b_1 & c_1 \\ d_2 & b_2 & c_2 \\ d_3 & b_3 & c_3 \end{vmatrix} = (d\,b\,c)$$

setzen und beachten, daß $(d\,b\,c) = (b\,c\,d)$ ist,

$$(27a)\qquad\qquad (a\,b\,c)\,x + (b\,c\,d) = 0.$$

Analog ergibt sich

$$(27b)\qquad (a\,b\,c)\,y - (a\,c\,d) = 0, \quad (a\,b\,c)\,z + (a\,b\,d) = 0.$$

Die in diesen drei Gleichungen auftretenden Determinanten sind die vier Determinanten dritter Ordnung, die sich aus $\mathfrak{M}$ bilden lassen.

Gehen wir zu homogenen Variablen x, y, z, t über, so lautet die Lösung

(27c) $\qquad x : y : z : t = (b\,c\,d) : -(a\,c\,d) : (a\,b\,d) : -(a\,b\,c).$

Der Fall, daß diese Determinanten sämtlich verschwinden, wird in (31) behandelt[1]).

Wir gehen zu vier homogenen Gleichungen und ihrer Determinante über; die Gleichungen schreiben wir

(28) $\qquad \begin{cases} a_{11}\,x_1 + a_{12}\,x_2 + a_{13}\,x_3 + a_{14}\,x_4 = 0 \\ a_{21}\,x_1 + a_{22}\,x_2 + a_{23}\,x_3 + a_{24}\,x_4 = 0 \\ a_{31}\,x_1 + a_{32}\,x_2 + a_{33}\,x_3 + a_{34}\,x_4 = 0 \\ a_{41}\,x_1 + a_{42}\,x_2 + a_{43}\,x_3 + a_{44}\,x_4 = 0 \,. \end{cases}$

Zunächst fassen wir nur die ersten drei Gleichungen ins Auge. Sie sind drei Gleichungen wie die Gleichungen (27); man erkennt leicht, daß man ihre analog abzuleitende Lösung durch

(28a) $\qquad x_1 : x_2 : x_3 : x_4 = A_{41} : A_{42} : A_{43} : A_{44}$

darstellen kann; dabei sind A_{41}, A_{42}, A_{43}, A_{44} die Unterdeterminanten von a_{41}, a_{42}, a_{43}, a_{44} in der *vier*reihigen Determinante aller a_{ik}, die den vier Gleichungen (28) entspricht[2]).

Diese Determinante wollen wir abkürzend durch das unmittelbar verständliche Symbol

(29) $\qquad \varDelta = \|\,a_{ik}\,\|\ {}^3);\quad i = 1, 2, 3, 4,\quad k = 1, 2, 3, 4$

bezeichnen. Die vier Gleichungen (28) stellen geometrisch vier Ebenen dar, und wir wissen aus S. 214, daß die notwendige und hinreichende Bedingung für das Auftreten eigentlicher Lösungen in $\varDelta = 0$ besteht. Dies soll auf analytischer Grundlage auf beliebig viele lineare Gleichungen verallgemeinert werden. Wir knüpfen zunächst wieder an die Gleichungen (28) an und gehen davon aus, daß auch für sie (ebenso also für Determinanten beliebiger Ordnung) die Gleichungen (15a) bis (16a) bestehen. Ist A_{ik} die dem Element a_{ik} entsprechende Unterdeterminante, so lauten sie für die Elemente einer Horizontalen

(29a) $\qquad \begin{cases} a_{i1}\,A_{i1} + a_{i2}\,A_{i2} + a_{i3}\,A_{i3} + a_{i4}\,A_{i4} = \varDelta \\ a_{i1}\,A_{k1} + a_{i2}\,A_{k2} + a_{i3}\,A_{k3} + a_{i4}\,A_{k4} = 0; \end{cases}$

die erste ist identisch mit der Definition [22a][4]), die zweite folgt wieder, ebenso wie (15b), aus (14). Ebenso hat man für die Vertikalen

(29b) $\qquad \begin{cases} a_{1i}\,A_{1i} + a_{2i}\,A_{2i} + a_{3i}\,A_{3i} + a_{4i}\,A_{4i} = \varDelta \\ a_{1i}\,A_{1k} + a_{2i}\,A_{2k} + a_{3i}\,A_{3k} + a_{4i}\,A_{4k} = 0 \,. \end{cases}$

---

[1]) Auf geometrischer Grundlage sind die Gleichungen (27) S. 212 erörtert worden; dort findet sich auch ein Zahlenbeispiel.

[2]) Es ist klar, daß für diese (*formale*) Festsetzung der Wert von a_{41}, a_{42}, a_{43}, a_{44} ganz aus dem Spiel bleibt, und von den vier Gleichungen (28) nur die drei ersten und die zugehörige Matrix $\mathfrak{M}$ in Betracht kommen.

[3]) Sie wird vielfach auch durch $|\,a_{ik}\,|$ bezeichnet.

[4]) Man beachte, daß $A_{ik} = \pm\,[a_{ik}]$ ist.

Wenn nun eigentliche Lösungen x_i für (28) vorhanden sind, so muß *notwendig* $\varDelta = 0$ *sein*. Möge nämlich eine Lösung existieren, für die $x_l \gtrless 0$ ist. Multiplizieren wir dann die Gleichungen (28) mit $A_{1l}, A_{2l}, A_{3l}, A_{4l}$, so folgt gemäß (29a)

$$(30) \qquad\qquad x_l \varDelta = 0, \quad \text{also} \quad \varDelta = 0.\,{}^{1})$$

Um auch die Umkehrung zu beweisen, behandeln wir zunächst den folgenden allgemeinen Satz:

(31) *Für m homogene lineare Gleichungen mit n Variablen gibt es, wenn m < n ist, stets eigentliche Lösungen.*

Eine Vorbemerkung sei vorausgeschickt. Um den Beweisgang nicht zu beschweren, wollen wir von Gleichungen der Form $a_i x_i = 0$, die also nur *einen* Koeffizienten $a_i \gtrless 0$ enthalten und aus denen $x_i = 0$ folgt, absehen; es reduziert sich dadurch sowohl m wie n um eine Einheit. Ebenso sehen wir davon ab, daß zwei Gleichungen z. B. *nur* x_1 und x_2 enthalten und daß sie *nur* $x_1 = 0$, $x_2 = 0$ als Lösung haben usw. Es mag auch genügen, den Beweis für $m = 4$, $n = 5$ zu führen. Wir setzen abkürzend

$$(31a) \qquad U_i = a_{i1} x_1 + a_{i2} x_2 + a_{i3} x_3 + a_{i4} x_4 + a_{i5} x_5 = 0;$$

die gegebenen Gleichungen sind also

$$U_1 = 0, \quad U_2 = 0, \quad U_3 = 0, \quad U_4 = 0.$$

Wir beschränken uns aber auch hier auf einen Einzelfall, und zwar den folgenden:

Mögen alle vierreihigen und alle dreireihigen Unterdeterminanten der zugehörigen Matrix verschwinden, aber nicht alle zweireihigen; außerdem nehmen wir an, die Gleichungen seien so geordnet und die Bezeichnung der x_i so getroffen, daß insbesondere $\begin{vmatrix} a_{11} & a_{12} \\ a_{21} & a_{22} \end{vmatrix} = \delta \gtrless 0$ ist. Gemäß unserer Festsetzung enthält also mindestens eine der Gleichungen $U_1 = 0$, $U_2 = 0$ außer x_1 und x_2 noch andere Variable. Wir zeigen, daß dann *zwischen* U_1, U_2 *und* U_3 *und ebenso zwischen* U_1, U_2 *und* U_4 *je eine lineare Identität besteht*. Zunächst ist nach (17)

$$D_3 = \begin{vmatrix} a_{11} & a_{12} & a_{13} x_3 + a_{14} x_4 + a_{15} x_5 \\ a_{21} & a_{22} & a_{23} x_3 + a_{24} x_4 + a_{25} x_5 \\ a_{31} & a_{32} & a_{33} x_3 + a_{34} x_4 + a_{35} x_5 \end{vmatrix}$$

$$= x_3 \begin{vmatrix} a_{11} & a_{12} & a_{13} \\ a_{21} & a_{22} & a_{23} \\ a_{31} & a_{32} & a_{33} \end{vmatrix} + x_4 \begin{vmatrix} a_{11} & a_{12} & a_{14} \\ a_{21} & a_{22} & a_{24} \\ a_{31} & a_{32} & a_{34} \end{vmatrix} + x_5 \begin{vmatrix} a_{11} & a_{12} & a_{15} \\ a_{21} & a_{22} & a_{25} \\ a_{31} & a_{32} & a_{35} \end{vmatrix},$$

und da alle dreireihigen Determinanten nach Annahme verschwinden, so folgt $D_3 = 0$. Dies gilt für *beliebige* x_3, x_4, x_5. Wir formen jetzt D_3

---

^{1}) Auch dieser Satz läßt sich im Sinn von (10a) aussprechen.

so um, daß wir das x_1-fache der ersten und das x_2-fache der zweiten Vertikale zur dritten addieren, und finden so für *beliebige* x_i

$$(32) \qquad D_3 = \begin{vmatrix} a_{11} & a_{12} & U_1 \\ a_{21} & a_{22} & U_2 \\ a_{31} & a_{32} & U_3 \end{vmatrix} = c_1 U_1 + c_2 U_2 + \delta U_3 \equiv 0 .$$

Hier ist $\delta \gtrless 0$; daher kann nicht $c_1 = 0$ und $c_2 = 0$ sein, denn sonst wäre $\delta U_3 \equiv 0$, d. h. $U_3 \equiv 0$, und zwar für *beliebige* x_i, was nur der Fall wäre, wenn alle $a_{3k} = 0$ sind, was naturgemäß ausgeschlossen ist. Ebenso besteht eine analoge Relation

$$(32a) \qquad c_1' U_1 + c_2' U_2 + \delta U_4 \equiv 0 .$$

Damit ist der Satz bewiesen. Die Gleichungen (32) und (32a) zeigen nämlich, daß alle Werte x_i, für die $U_1 = 0$ und $U_2 = 0$ ist, auch $U_3 = 0$ und $U_4 = 0$ erfüllen; alle diese Werte sind also Lösungen. Diese Werte ergeben sich durch Auflösung von $U_1 = 0$ und $U_2 = 0$ nach x_1 und x_2, was wegen $\delta \gtrless 0$ möglich ist. Diese Lösungen sind unserer Festsetzung gemäß so gestaltet, daß sich x_1 und x_2 linear in den beliebig bleibenden Parametern x_3, x_4, x_5 ausdrücken.

(32b) Der Beweis läßt sich für *jedes* $m < n$ und *jede* Annahme über Verschwinden oder Nichtverschwinden der Unterdeterminanten ebenso führen. Die Zahl 2 des Beispiels (allgemein die höchste Ordnung, für die nicht alle Unterdeterminanten verschwinden) heißt der *Rang* des linearen Systems (und der Matrix oder Determinante).

(33) Wir können nunmehr auch den Fall n homogener linearer Gleichungen mit n Variablen erledigen, knüpfen aber wiederum an (28) an und haben jetzt $\varDelta = 0$ anzunehmen. Sind dann nicht alle Unterdeterminanten A_{ik} Null, so bestehen die Gleichungen (29a) für Werte A_{ik}, die nicht sämtlich Null sind, und wir haben in

$$x_1 : x_2 : x_3 : x_4 = A_{i1} : A_{i2} : A_{i3} : A_{i4}$$

eine eigentliche Lösung, und zwar für beliebigen Index i; in Verallgemeinerung von (26). Sind aber alle A_{ik} Null, so ist die vorstehende Behandlung von Satz (31) anwendbar. In dem oben betrachteten Fall ändert sich nur die Zahl der Gleichungen $U_i = 0$ (5 statt 4) und es tritt wieder für U_1, U_2 und jedes $U_i (i > 2)$ eine Gleichung der Form (32) auf. Es gibt also wiederum eigentliche Lösungen.

Beispiel. Sei $U_1 = x_1 + 3 x_2 + 5 x_3 - 2 x_4 = 0$, $U_2 = 2 x_1 + 3 x_2 - 3 x_3 = 0$, $U_3 = 5 x_1 + 9 x_2 - x_3 - 2 x_4 = 0$. Alle dreireihigen Determinanten sind Null. Man findet weiter

$$\begin{vmatrix} a_{11} & a_{12} \\ a_{21} & a_{22} \end{vmatrix} = \begin{vmatrix} 1 & 3 \\ 2 & 3 \end{vmatrix} \gtrless 0 ; \quad U_3 \equiv U_1 + 2 U_2 ,$$

$$x_1 = 8 x_3 - 2 x_4 , \quad 3 x_2 = 4 x_4 - 13 x_3 .$$

Es gibt also ∞^1 Wertsysteme $x_1 : x_2 : x_3 : x_4$, die Lösungen sind. Geometrisch erfüllen sie die Schnittlinie der Ebenen $U_1 = 0$ und $U_2 = 0$.

§ 3. Substitutionen, Invarianten, Formen.

Die beiden Substitutionen[1])

$$(34) \quad \begin{cases} y_1 = \alpha_{11}x_1 + \alpha_{12}x_2 + \alpha_{13}x_3 & y_1' = \alpha_{11}x_1' + \alpha_{12}x_2' + \alpha_{13}x_3' \\ y_2 = \alpha_{21}x_1 + \alpha_{22}x_2 + \alpha_{23}x_3 & y_2' = \alpha_{21}x_1' + \alpha_{22}x_2' + \alpha_{23}x_3' \\ y_3 = \alpha_{31}x_1 + \alpha_{32}x_2 + \alpha_{33}x_3 & y_3' = \alpha_{31}x_1' + \alpha_{32}x_2' + \alpha_{33}x_3' \end{cases}$$

stimmen in den Substitutionskoeffizienten überein; sie heißen deshalb *kogredient*. Weiter heißt die Substitution

$$(34\,\mathrm{a}) \quad \begin{cases} \eta_1 = \alpha_{11}\xi_1 + \alpha_{21}\xi_2 + \alpha_{31}\xi_3 \\ \eta_2 = \alpha_{12}\xi_1 + \alpha_{22}\xi_2 + \alpha_{32}\xi_3 \\ \eta_3 = \alpha_{13}\xi_1 + \alpha_{23}\xi_2 + \alpha_{33}\xi_3, \end{cases}$$

die aus (34) durch Vertauschung der horizontalen und vertikalen Koeffizienten entsteht, die *transponierte* Substitution von (34). Wir nehmen durchgehends an, daß die Substitutionsdeterminante

$$\Delta_\alpha = \|\alpha_{ik}\| \gtrless 0$$

ist[2]). Die Auflösungen von (34) und (34a) lauten dann, wenn A_{ik} die Unterdeterminante von α_{ik} ist,

$$(34\,\mathrm{b}) \quad \begin{cases} \varrho x_i = A_{1i}y_1 + A_{2i}y_2 + A_{3i}y_3 & \text{und} \\ \sigma \xi_i = A_{i1}\eta_1 + A_{i2}\eta_2 + A_{i3}\eta_3; \end{cases}$$

sie ergeben sich [gemäß (29b)] aus (34) und (34a) durch Multiplikation mit den in (34b) auftretenden Unterdeterminanten und dann folgende Addition. Diese Gleichungen stellen die *inverse* Substitution zu (34) und (34a) dar.

(34c) Solche Substitutionen sind in den Formeln vorhanden, die die gleichzeitige Transformation der Punkt- und Linienkoordinaten (Ebenenkoordinaten) betreffen. Man hat für die Ebene (S. 103)

$$\varrho\, y_i = a_{i1}x_1 + a_{i2}x_2 + a_{i3}x_3,$$
$$\sigma\, u_i = a_{1i}v_1 + a_{2i}v_2 + a_{3i}v_3.$$

Während hier die ersten Gleichungen die neuen Koordinaten y_i durch die (alten) x_i ausdrücken, drücken die zweiten Gleichungen die (alten) u_i durch die neuen v_i mittels der transponierten Substitution aus. Man nennt diese Substitutionen *kontragredient*. Analog ist es im Raum.

Fügt man zu den Gleichungen (34) noch die Gleichungen

$$(35) \quad z_i = \beta_{i1}y_1 + \beta_{i2}y_2 + \beta_{i3}y_3,$$

so ergibt sich daraus eine lineare [aus (34) und (35) *zusammengesetzte*] Substitution zwischen z_i und x_i; sie laute

$$(35\,\mathrm{a}) \quad z_i = \gamma_{i1}x_1 + \gamma_{i2}x_2 + \gamma_{i3}x_3;$$

---

[1]) Wir betrachten im Text stets den Fall $n = 3$.

[2]) Für die lineare Substitution (18) von S. 70 ist $\alpha\delta - \beta\gamma$ die Substitutionsdeterminante.

es ist, wie die Ausrechnung unmittelbar ergibt,

$$(35\,\mathrm{b}) \qquad \gamma_{ik} = \beta_{i1}\,\alpha_{1k} + \beta_{i2}\,\alpha_{2k} + \beta_{i3}\,\alpha_{3k}\,.$$

Die Koeffizienten γ_{ik} sind also aus den β_{ik} und α_{ik} im Sinn von (19a) *komponiert* [und zwar die i^{te} Horizontale von (35) mit der k^{ten} Vertikale von (34)], für die Substitutionsdeterminanten besteht daher die Gleichung

$$(35\,\mathrm{c}) \qquad \varDelta_\gamma = \varDelta_\alpha \cdot \varDelta_\beta\,;$$

aus $\varDelta_\alpha \gtrless 0$ und $\varDelta_\beta \lessgtr 0$ folgt also auch $\varDelta_\gamma \lessgtr 0$.

Seien nun $\sum a_i x_i$, $\sum b_i x_i$, $\sum c_i x_i$ drei *lineare Formen*; die Determinante $(a\,b\,c)$ der neun Koeffizienten a_i, b_i, c_i heiße kurz ihre *Determinante*. Durch die Substitution

$$(36) \qquad x_i = \beta_{i1}\,x_1' + \beta_{i2}\,x_2' + \beta_{i3}\,x_3' = \sum \beta_{ik}\,x_k'$$

mögen die drei Formen in $\sum a_i' x_i'$, $\sum b_i' x_i'$, $\sum c_i' x_i'$ übergehen. Es ist dann, wie die Ausrechnung zeigt,

$$(36\,\mathrm{a}) \quad a_i' = a_1 \beta_{1i} + a_2 \beta_{2i} + a_3 \beta_{3i}, \quad b_i' = b_1 \beta_{1i} + b_2 \beta_{2i} + b_3 \beta_{3i},$$
$$c_i' = c_1 \beta_{1i} + c_2 \beta_{2i} + c_3 \beta_{3i};$$

gemäß (19b) sind also a_i', b_i', c_i' aus den a_i, b_i, c_i und den Substitutionskoeffizienten β_{ik} *komponiert*, und zwar so, daß man die Horizontalen a_i, b_i, c_i mit den Vertikalen der Substitutionsdeterminante kombiniert. Daher ist nach dem Produktsatz (19a)

$$(36\,\mathrm{b}) \qquad (a'\,b'\,c') = \|\,\beta_{ik}\,\| \cdot (a\,b\,c)\,.$$

Die Determinante $(a\,b\,c)$ heißt deshalb eine *Invariante* für die Substitution (36). Wir gelangen also hier zu der rein algebraischen Einführung des Invariantenbegriffs. Koeffizientenausdrücke von der Art, daß die aus den transformierten Koeffizienten gebildeten Ausdrücke sich *als Produkt der ursprünglichen Ausdrücke in eine Potenz der Substitutionsdeterminante* darstellen, werden als *Invarianten* bezeichnet. Ist die Potenz die nullte, heißen sie *absolute* Invarianten.

Die Invariante (36b) hat eine geometrische Bedeutung; ihr Verschwinden bedeutet, daß die den drei linearen Formen entsprechenden Geraden kein Dreieck bilden[1]); die Invarianten sind also die Ausdrücke, in denen dieser Tatbestand analytisch zum Ausdruck kommt.

Eine *bilineare* Form in y_1, y_2, y_3 und z_1, z_2, z_3 sei

$$(37) \quad \begin{cases} f(y,z) = \sum a_{ik} y_i z_k = y_1(a_{11}z_1 + a_{12}z_2 + a_{13}z_3) \\ \qquad + y_2(a_{21}z_1 + a_{22}z_2 + a_{23}z_3) + y_3(a_{31}z_1 + a_{32}z_2 + a_{33}z_3)\,. \end{cases}$$

Der erste Index i von a_{ik} richtet sich also nach dem Index von y_i, der zweite Index k nach z_k. Wir transformieren y_i und z_k kogredient zur Substitution (36), führen es aber zunächst nur in den z_k, also in

---

[1]) Vgl. S. 45.

den Faktoren der y_i, aus. Diese Faktoren sind drei lineare Formen von z_k, nämlich $a_{i1}z_1 + a_{i2}z_2 + a_{i3}z_3$, jede von ihnen gehe in

$$a'_{i1}z'_1 + a'_{i2}z'_2 + a'_{i3}z'_3$$

über, wo gemäß (36a)

$$a'_{ik} = a_{i1}\beta_{1k} + a_{i2}\beta_{2k} + a_{i3}\beta_{3k}$$

ist; dann besteht für diese drei Formen gemäß (36b) die Gleichung

$$\| a'_{ik} \| = \| \beta_{ik} \| \cdot \| a_{ik} \| .$$

Die so entstandene Form $f(y, z')$ werde nun nach den z'_k umgeordnet; sie geht dadurch in

$$z'_1(a'_{11}y_1 + a'_{21}y_2 + a'_{31}y_3) + z'_2(a'_{12}y_1 + a'_{22}y_2 + a'_{32}y_3) + z'_3(a'_{13}y_1 + a'_{23}y_2 + a'_{33}y_3)$$

über. Wir transformieren nun auch die y_i durch die Substitution (36); der Faktor von z'_k gehe dadurch in

$$b_{1k}y'_1 + b_{2k}y'_2 + b_{3k}y'_3$$

über; die gesamte Form also in

$$f(y', z') = \sum b_{ik} y'_i z'_k ,$$

und zwar bezieht sich der erste Index von b_{ik} wieder auf y'_i, der zweite auf z'_k. Wir erhalten dann genau wie vorher aus (36b)

(37a) $$\| b_{ik} \| = \| \beta_{ik} \| \cdot \| a'_{ik} \| = \| \beta_{ik} \|^2 \cdot \| a_{ik} \| .$$

Wir nennen $\| a_{ik} \|$ die *Diskriminante* der bilinearen Form und erhalten so:

(37b) *Die Diskriminante einer bilinearen Form ist eine Invariante.*

Die vorstehenden Entwicklungen bleiben in Kraft, wenn wir $y_i = z_i = x_i$ setzen; die bilineare Form geht dadurch in eine quadratische Form der x_i über. Setzen wir auch noch $a_{ik} = a_{ki}$, so entsteht die quadratische Form

(38) $$\begin{cases} f(x) = \sum a_{ik} x_i x_k; \qquad a_{ik} = a_{ki} \\ = a_{11}x_1^2 + a_{22}x_2^2 + a_{33}x_3^2 + 2a_{23}x_2 x_3 + 2a_{13}x_1 x_3 + 2a_{12}x_1 x_2 . \end{cases}$$

Auch für sie gilt Gleichung (37a). Um aber das Resultat in der Form aussprechen zu können, deren wir bedürfen, ist noch zu zeigen, daß aus $a_{ik} = a_{ki}$ auch $b_{ik} = b_{ki}$ folgt. Wir erkennen es, wenn wir den Wert von b_{ik} ausführlich hierher setzen. Man findet zunächst

$$b_{ik} = a'_{1k}\beta_{1i} + a'_{2k}\beta_{2i} + a'_{3k}\beta_{3i}$$

und erhält nunmehr mittels der obigen Werte von a'_{ik}

$$b_{ik} = \beta_{1i}(a_{11}\beta_{1k} + a_{12}\beta_{2k} + a_{13}\beta_{3k})$$
$$+ \beta_{2i}(a_{21}\beta_{1k} + a_{22}\beta_{2k} + a_{23}\beta_{3k})$$
$$+ \beta_{3i}(a_{31}\beta_{1k} + a_{32}\beta_{2k} + a_{33}\beta_{3k}) .$$

Vertauscht man hier i und k, so gehen für $a_{ik} = a_{ki}$ die Horizontalen in die Vertikalen über; es ist also auch $b_{ik} = b_{ki}$, d. h.:

(39) *Die Diskriminante der quadratischen Form ist eine Invariante.*

(40)   Von einer quadratischen Form gilt der wichtige Satz: *Jede quadratische Form von n Variablen läßt sich durch geeignete Substitutionen (nicht verschwindender Determinante) in eine Summe rein quadratischer Glieder transformieren.*

Der Beweis beruht auf dem Schluß von m auf $m + 1$. Für $n = 2$ entspricht der Satz dem Verfahren, das bei der Lösung einer Gleichung zweiten Grades benutzt wird. Sei

$$(41) \qquad f(x) = a_{11}\,x_1^2 + 2\,a_{12}\,x_1\,x_2 + a_{22}\,x_2^2$$

die Form für $n = 2$. Wir *setzen zunächst stets* $a_{11} \gtreqless 0$ *voraus*. Bilden wir dann

$$(41\,a) \qquad a_{11}\,f(x) = (a_{11}\,x_1 + a_{12}\,x_2)^2 + (a_{11}\,a_{22} - a_{12}^2)x_2^2,$$

so ist die Umformung in der Sache bereits geleistet. Die Substitution

$$y_1 = a_{11}\,x_1 + a_{12}\,x_2, \quad y_2 = x_2$$

führt $f(x)$ in

$$(42) \qquad f(y) = b_1\,y_1^2 + b_2\,y_2^2; \quad b_1 = \frac{1}{a_{11}}, \quad b_2 = \frac{a_{11}\,a_{22} - a_{12}^2}{a_{11}}$$

über, mit endlichen Koeffizienten b_i. Je nachdem die Diskriminante

$$(42a) \qquad \delta = a_{11}\,a_{22} - a_{12}^2 > 0, \quad < 0, \quad = 0$$

ist, läßt sich $f(y)$ in die Form

$$(42b) \qquad \beta_1^2\,y_1^2 + \beta_2^2\,y_2^2, \quad \beta_1^2\,y_1^2 - \beta_2^2\,y_2^2, \quad \beta_1^2\,y_1^2$$

setzen. Das Verschwinden der Diskriminante δ besagt also, daß sich $f(x)$ in die Form eines einzigen Quadrats überführen läßt[1]), nämlich in $(a_{11}\,x_1 + a_{12}\,x_2)^2 : a_{11}$.

In diesem Falle hat man weiter gemäß (41 a)

$$(43) \qquad a_{11}\,f = (a_{11}\,x_1 + a_{12}\,x_2)^2 \quad \text{und ebenso} \quad a_{22}\,f = (a_{12}\,x_1 + a_{22}\,x_2)^2.$$

Die Gleichung $f = 0$ kann daher beliebig

$$(43\,a) \qquad (a_{11}\,x_1 + a_{12}\,x_2)^2 = 0 \quad \text{oder} \quad (a_{12}\,x_1 + a_{22}\,x_2)^2 = 0$$

geschrieben werden[2]).

Werde nun angenommen, der Satz sei für den Wert $n - 1$ richtig, und es sei $f_n(x)$ eine Form von n Variablen; wir spalten alle Glieder, die x_1 enthalten, von ihr ab, setzen also

$$f_n(x) = a_{11}\,x_1^2 + 2\,a_{12}\,x_1\,x_2 + \cdots + 2\,a_{1n}\,x_1\,x_n + \sum a_{ik}\,x_i\,x_k \quad (i \geq 2,\; k \geq 2).$$

Analog zum Fall $n = 2$ bilden wir durch Addition und Subtraktion der dazu nötigen Glieder

$$a_{11}\,f_n(x) = (a_{11}\,x_1 + a_{12}\,x_2 + \cdots + a_{1n}\,x_n)^2 + a_{11}\!\sum a_{ik}\,x_i\,x_k - \sum{}'a_{ik}'\,x_i\,x_k,$$

und zwar kommt von $\sum$ und $\sum'$ nur in Betracht, daß x_1 darin *nicht*

---

[1]) Es ist ersichtlich, daß sich dies durch eine Substitution nicht ändern kann.

[2]) Da $a_{11} > 0$ ist, würde $a_{22} = 0$ auch $a_{12} = 0$ machen, und ebenso umgekehrt.

vorkommt, während der genaue Wert belanglos ist. Setzen wir nun

$$(44) \qquad \begin{cases} y_1 = a_{11}x_1 + a_{12}x_2 + \cdots + a_{1n}x_n, \\ y_2 = x_2, \quad \ldots\ldots, \quad y_n = x_n, \end{cases}$$

so ergibt sich

$$(44\,\mathrm{a}) \quad a_{11}f_n(x) = y_1^2 + \sum b_{ik}y_iy_k = y_1^2 + f_{n-1}(y), \quad i \geq 2, \; k \geq 2,$$

wo $f_{n-1}(y)$ eine quadratische Form von höchstens $n-1$ Variablen ist. Damit ist die Grundlage des Schlusses von m auf $m+1$ vorhanden. Es ist nur noch zu zeigen, daß die Determinante der Substitution nicht Null ist, was aber unmittelbar erhellt.

Die vorstehenden Beweise beruhen auf der Voraussetzung $a_{11} \gtrless 0$. Ist $a_{11} = 0$, aber irgend ein $a_{ii} \gtrless 0$, so verfährt man analog. Sind alle $a_{ii} = 0$, so sei $2\,a_{ik}x_ix_k$ irgend ein wirklich vorhandenes Glied von $f_n(x)$ Dann setze man

$$x_i = x_i' + x_k', \quad x_k = x_i' - x_k' \quad \text{und} \quad x_l = x_l'$$

für alle von i und k verschiedenen Indizes l. Dadurch geht $2\,a_{ik}x_ix_k$ in $2\,a_{ik}(x_i'^2 - x_k'^2)$ über, während aus den Gliedern $2\,a_{il}x_ix_l$ und $2\,a_{kl}x_kx_l$ kein Glied mit $x_i'^2$ oder $x_k'^2$ entstehen kann. Wir haben so $f_n(x)$ in eine Form $f_n(x')$ übergeführt, für die nicht alle $a_{ii} = 0$ sind.

Sei z. B.

$$f = 9x_1^2 + 16x_2^2 - 2x_3^2 - 2x_4^2 + 5x_5^2 - 24x_1x_2 - 4x_3x_4.$$

Man erhält zunächst

$$f = (3x_1 - 4x_2)^2 - (2x_3^2 + 2x_4^2 - 5x_5^2 + 4x_3x_4);$$

mittels der Substitution $x_1' = 3x_1 - 4x_2$, $x_i = x_i'(i > 1)$ geht dies in

$$f = x_1'^2 - (2x_3'^2 + 2x_4'^2 - 5x_5'^2 + 4x_3'x_4')$$

über. Die neue Substitution

$$\sqrt{2}\,(x_3' + x_4') = x_3'', \quad x_i' = x_i''(i > 3)$$

läßt dies schließlich in

$$f = x_1'^2 - x_3''^2 + 5x_5''^2$$

übergehen, und die Transformation ist geleistet. Um noch die entsprechende Substitution aufzustellen, beachte man, daß die letzte Substitution sich praktisch nur auf die Variablen x_3', x_4', x_5' bezog; wir können sie dadurch erweitern, daß wir (in einheitlicher Bezeichnung)

$$x_1' = y_1, \quad x_2' = y_2, \quad \sqrt{2}\,(x_3' + x_4') = y_3, \quad x_4' = y_4, \quad \sqrt{5}\,x_5' = y_5$$

setzen; wir erhalten dann die Form

$$\varphi = y_1^2 - y_2^2 + y_3^2.$$

Man beachte, daß sich jede der beiden benutzten Substitutionen durch fünf lineare Gleichungen darstellt, von der Art, daß alle Elemente links der Diagonale Null sind. Gemäß dem Beispiel von (19b) gilt dies also auch für die zusammengesetzte Substitution, die die x_i durch die y_i ersetzt.

(45) Die Zahl der Quadrate, auf die sich die Form $f_n(x)$ zurückführen läßt, bleibt im vorstehenden Beweis unbestimmt; sie kann jeden Wert von 1 bis n annehmen und heißt ihr *Rang*[1]; der (absolut ge-

---

[1] Er hängt mit dem S. 279 eingeführten Rangbegriff aufs engste zusammen, wie aus Kap. XVII, § 4, hervorgeht.

nommene) Überschuß der Zahl der positiven über die Zahl der negativen Glieder ihre *Signatur;* im vorstehenden Beispiel ist also 3 der Rang und 1 die Signatur.

Diese Bezeichnung gründet sich darauf, daß *Rang und Signatur Invarianten der quadratischen Form sind (Trägheitsgesetz der quadratischen Formen).* In den in diesem Lehrbuch in Betracht kommenden Fällen $n = 4$ geht dies aus der Invarianz der Realitätsverhältnisse und der gestaltlichen Eigenschaften der Flächen und Kurven unmittelbar hervor, wie es z. B. S. 247 ff. für die F_2 erörtert worden ist[1]).

§ 4. Imaginäre Größen, Gleichungen.

Eine nähere Begründung des Rechnens mit imaginären Größen kann hier nicht gegeben werden; es genüge, die (übrigens naheliegende) Definition der Gleichheit und der vier Grundoperationen anzugeben und einige Folgerungen daraus zu ziehen. Man wird auch leicht erkennen, daß diese Definitionen die allgemeinen Rechnungsregeln befriedigen.

Werde $\sqrt{-1} = i$ gesetzt, ferner $i^2 = -1$, $i^3 = -i$, $i^4 = 1$ usw. Weiter schreibt man $\sqrt{-b^2} = b\sqrt{-1} = ib$. Der Ausdruck $a + bi$, wo a und b reell sind, heißt *komplexe* Größe; $a + bi$ und $a - bi$ heißen *konjugiert* komplex. Man kann mit den komplexen Größen, wie schon erwähnt, nach denselben Regeln rechnen wie mit den reellen, und zwar gemäß folgenden Festsetzungen. Die erste betrifft die Gleichheit und lautet:

(46) $\qquad a + bi = c + di$ heißt $\quad a = c$ *und* $b = d$,

(46a) $\qquad a + bi = 0 \qquad$ heißt $\quad a = 0$ *und* $b = 0$.

Summe, Differenz, Produkt, Quotient ist folgendermaßen definiert:

(47) $\qquad \begin{cases} (a + bi) \pm (c + di) = a \pm c + (b \pm d)i, \\ (a + bi)(c + di) \quad = ac - bd + i(ad + bc). \end{cases}$

Insbesondere folgt also

(47a) $\quad (a + bi) + (a - bi) = 2a, \quad (a + bi)(a - bi) = a^2 + b^2,$

Summe und Produkt konjugiert komplexer Größen ist also *reell*. Für den Quotienten gilt

(47b) $\qquad \dfrac{a + bi}{c + di} = \dfrac{(a + bi)(c - di)}{(c + di)(c - di)} = \dfrac{ac + bd + i(bc - ad)}{c^2 + d^2},$

d. h. Summe, Differenz, Produkt und Quotient zweier komplexer Größen stellen sich wiederum als komplexe Größen dar; man sagt deshalb, die komplexen Größen bilden einen *Zahlkörper*.

---

[1]) Das Trägheitsgesetz wurde von J. J. Sylvester 1852 zuerst ausgesprochen.

(48)   Gleiche Rechnungen, die mit konjugiert komplexen Größen vorgenommen werden, liefern konjugiert komplexe Resultate. Für Addition und Multiplikation zeigt es der Vergleich von (47) mit

$$(a - b\,i) \pm (c - d\,i) = (a \pm c) - (b \pm d)i,$$
$$(a - b\,i)(c - d\,i) = (ac - bd) - i(ad + bc),$$

und ebenso beweist man es für den Quotienten.

(49)   Die Gleichung

$$(x - x_1)(x - x_2) = 0 \quad \text{oder} \quad x^2 - (x_1 + x_2)x + x_1 x_2 = 0$$

hat die beiden Wurzeln x_1 und x_2. Bezeichnet man also die Wurzeln von

$$x^2 + 2\,\alpha\,x + \beta = 0$$

ebenfalls durch x_1 und x_2, so folgt durch Vergleich mit (49)

(49a) $2\,\alpha = -(x_1 + x_2), \quad \beta = x_1 x_2.$

$x_1 x_2$ und $x_1 + x_2$ heißen *elementare symmetrische Funktionen von x_1 und x_2*.

Analog stellt

$$(x - x_1)(x - x_2)(x - x_3) = 0$$

oder

$$x^3 - (x_1 + x_2 + x_3)\,x^2 + (x_1 x_2 + x_1 x_3 + x_2 x_3)\,x - x_1 x_2 x_3 = 0$$

eine Gleichung dritten Grades mit den Wurzeln x_1, x_2, x_3 dar. Der Vergleich mit

$$x^3 + 3\,\alpha\,x^2 + 3\,\beta\,x + \gamma = 0$$

ergibt wiederum

(49b) $3\,\alpha = -(x_1 + x_2 + x_3), \quad 3\,\beta = (x_1 x_2 + x_1 x_3 + x_2 x_3), \quad \gamma = -x_1 x_2 x_3.$

Die hier auftretenden Verbindungen von x_1, x_2, x_3 heißen wieder die *elementaren symmetrischen Funktionen* von x_1, x_2, x_3.

Eine Gleichung $f(x) = 0$ habe die komplexe Wurzel $\xi + i\eta$. Dann ist also $f(\xi + i\eta) = 0$. Nun ist $f(\xi + i\eta)$ aus $\xi + i\eta$ durch Addition, Subtraktion, Multiplikation gebildet, also erhalten wir nach (47b)

$$f(\xi + i\eta) = A + iB = 0.$$

Daraus folgt $A = 0$, $B = 0$, also auch $A - iB = 0$, also $f(\xi - i\eta) = 0$, d. h.:

(50) *Besitzt eine algebraische Gleichung $f(x) = 0$ mit reellen Koeffizienten eine komplexe Wurzel $\xi + i\eta$, so besitzt sie auch die konjugiert komplexe Wurzel.*

Eine Gleichung ungeraden Grades besitzt daher mindestens eine reelle Wurzel.

(51)   Die beiden konjugiert komplexen *linearen* Gleichungen

$$(A + iA_1)x + (B + iB_1)y + (C + iC_1) = 0$$
$$(A - iA_1)x + (B - iB_1)y + (C - iC_1) = 0$$

haben eine gemeinsame reelle Lösung x, y. Jede der beiden Gleichungen ist gemäß (46) mit

$$A x + B y + C = 0 \quad \text{und} \quad A_1 x + B_1 y + C_1 = 0$$

gleichwertig; woraus die Behauptung folgt. Zwei konjugiert imaginäre Geraden besitzen also einen *gemeinsamen reellen Punkt*[1]).

(52) Sollen die zwei *quadratischen* Gleichungen

$$a_0 x^2 + 2 a_1 x + a_2 = 0, \quad b_0 x^2 + 2 b_1 x + b_2 = 0$$

eine gemeinsame Wurzel besitzen, so müssen sie für diese Wurzel x zugleich bestehen. Sie stellen dann zwei lineare Relationen für die Zahlen x^2 und x dar, und gemäß (3a) ist

$$x^2 : 2x : 1 = \begin{vmatrix} a_1 & a_2 \\ b_1 & b_2 \end{vmatrix} : \begin{vmatrix} a_2 & a_0 \\ b_2 & b_0 \end{vmatrix} : \begin{vmatrix} a_0 & a_1 \\ b_0 & b_1 \end{vmatrix};$$

daraus folgt als Bedingungsgleichung

(52a) $\qquad (a_2 b_0 - a_0 b_2)^2 - 4 (a_0 b_1 - a_1 b_0)(a_1 b_2 - a_2 b_1) = 0$.

Man zeigt leicht, daß die Bedingung eine *Invariante* ist. *Beide* Wurzeln sind nur gemeinsam für

$$a_0 : a_1 : a_2 = b_0 : b_1 : b_2.$$

(53) Man schließt hieraus, daß es für die beiden Gleichungen

$$f = a_{11} x^2 + 2 a_{12} x y + a_{22} y^2 + 2 a_{13} x + 2 a_{23} y + a_{33} = 0$$
$$\varphi = b_{11} x^2 + 2 b_{12} x y + b_{22} y^2 + 2 b_{13} x + 2 b_{23} y + b_{33} = 0$$

im allgemeinen vier gemeinsame Lösungen x, y gibt. Setzen wir diese Gleichungen in die Form

$$A_0 y^2 + 2 A_1 y + A_2 = 0, \quad B_0 y^2 + 2 B_1 y + B_2 = 0,$$

so ist die Gleichung (52a) für $A_0, A_1, A_2, B_0, B_1, B_2$ die Bedingung für *eine* gemeinsame Wurzel y. Diese Gleichung ist eine Gleichung vierten Grades in x, und so ergeben sich die vier gemeinsamen Werte x, y. Aus (50) folgt wieder, daß zu jedem komplexen Paar x, y auch das konjugiert komplexe Paar vorhanden ist.

(54) Es kann der Fall eintreten, daß wir einer Gleichung *unendlich große* Wurzeln beizulegen haben; das ist folgendermaßen zu verstehen: Sei z. B. eine Gleichung dritten Grades gegeben, und zwar

(54a) $\qquad a_0 x^3 + 3 a_1 x^2 + 3 a_2 x + a_3 = 0$.

Für $a_3 = 0$ hat eine Wurzel den Wert Null; für $a_3 = 0$, $a_2 = 0$ läßt sich die Gleichung in

$$x^2 (a_0 x + 3 a_1) = 0$$

umformen und $x = 0$ ist eine Doppelwurzel. Ist auch noch $a_1 = 0$, so ist $x = 0$ eine dreifache Wurzel.

---

[1]) Ein zweiter kann im allgemeinen nicht existieren, da eine Gerade durch zwei reelle Punkte selbst reell ist; es tritt ein, wenn $A : B : C = A_1 : B_1 : C_1$ ist.

(55) Wir wollen nun annehmen, ein gewisses Problem führe auf die Gleichung dritten Grades (54a), habe daher drei Lösungen. In einem besonderen Falle ergebe sich $a_0 = 0$. Setzen wir die Gleichung in die Form

$$a_0 + 3\,a_1\frac{1}{x} + 3\,a_2\left(\frac{1}{x}\right)^2 + a_3\left(\frac{1}{x}\right)^3 = 0,$$

so hat diese Gleichung die Wurzel $1/x = 0$, was im Sinne von S. 5 mit $x = \infty$ gleichwertig ist. Ist auch $a_1 = 0$, so werden wir ihr die *Doppel*wurzel ∞ beilegen, und falls auch noch $a_2 = 0$ ist, so zählt ∞ sogar als *dreifache* Wurzel.

Dieser Sprachgebrauch ist in diesem Buch durchgehends befolgt worden.

§ 5. Beispiele und Aufgaben.

(Zu Kap. II, III, IV). 1. Sind $P_i(x_i y_i)$ vier Punkte, so ist

$$\xi = \frac{x_1 + x_2 + x_3 + x_4}{4}, \qquad \eta = \frac{y_1 + y_2 + y_3 + y_4}{4}$$

gemeinsamer Schnittpunkt von sieben Geraden. Welche sind es?

2. Für n Punkte P_i treten $2^{n-1} - 1$ Geraden auf, die sich sämtlich in dem analogen Punkt (ξ, η) schneiden.

3. Welche drei Transversalen des Dreiecks $P_1 P_2 P_3$ schneiden sich in

$$\xi = \frac{m_1 x_1 + m_2 x_2 + m_3 x_3}{m_1 + m_2 + m_3}, \qquad \eta = \frac{m_1 y_1 + m_2 y_2 + m_3 y_3}{m_1 + m_2 + m_3}?$$

4. Von den Gleichungen (16) (S. 29) ausgehend soll man die Werte, die a, b, c, d für rechtwinklige Achsen besitzen, nach der Methode von Kap. XIV, § 6 ableiten, also auf Grund von $x^2 + y^2 = x'^2 + y'^2$. Man erhält der Reihe nach

$$a^2 + c^2 = b^2 + d^2 = 1, \quad ab + cd = 0, \quad ad - bc = \pm 1.$$

Wird insbesondere $ad - bc = +1$ gesetzt, so folgt analog

$$a^2 + b^2 = c^2 + d^2 = 1, \quad ac + bd = 0.$$

Daraus folgt $a = d = \cos(x\,x')$, $-b = c = \sin(x\,x')$.

5. Für schiefwinklige Achsen folgert man ähnlich

$$a^2 + c^2 + 2\,ac\cos(xy) = b^2 + d^2 + 2\,bd\cos(xy) = 1,$$
$$\cos(x'y') = ab + cd + (ad + bc)\cos(xy).$$

6. Es ist der Ort der Spitzen aller Dreiecke über der Grundlinie AB zu bestimmen für

a) $\operatorname{ctg}A + \operatorname{ctg}B = m$, b) $\operatorname{tg}a + \operatorname{tg}B = m$, c) $\operatorname{tg}a \cdot \operatorname{tg}B = m$, d) $A + B = m$.

Man wähle AB als x-Achse und das Mittellot als y-Achse. Für a) ergibt sich eine Parallele zur x-Achse, für b) eine Parabel, für c) eine Ellipse, für d) ein Kreis.

7. Dieselbe Aufgabe für

$$\operatorname{ctg}A - \operatorname{ctg}B = m, \quad \operatorname{tg}a - \operatorname{tg}B = m, \quad \operatorname{tg}a : \operatorname{tg}B = m, \quad A - B = m.$$

Man erhält für a) eine Gerade durch O, für c) eine Parallele zur y-Achse, für b) und d) eine Hyperbel.

8. Durch den Punkt (ξ, η) ziehe man eine Gerade und durch ihre Schnittpunkte mit den Achsen Parallelen zu den Achsen. Die Schnittpunkte dieser Parallelen bilden eine Hyperbel mit der Gleichung

$$\eta\,x + \xi\,y = x\,y.$$

9. Die Achsen seien rechtwinklig. Eine Gerade AB der Länge l bewege sich so, daß der Punkt A auf der x-Achse und der Punkt B auf der y-Achse bleiben. Jeder andere Punkt P der Geraden beschreibt eine Ellipse mit den Achsen $AP = b$ und $BP = a$. Hierauf beruht die mechanische Zeichnung der Ellipse mittels des „Ellipsographen".

10. In biangularen Koordinaten stellen die Gleichungen $\varphi_1 + \varphi_2 = $ const und $\varphi_1 - \varphi_2 = $ const einen Kreis und eine gleichseitige Hyperbel $(a = b)$ dar.

11. Der Ort der Punkte P, für die das Produkt der Entfernungen $F_1 P \cdot F_2 P$ konstant $(= m^2)$ ist, hat für $F_1 F_2 = 2\,c$ die Gleichung (in rechtwinkligen Koordinaten)

$$(x^2 + y^2)^2 - 2\,c^2(x^2 - y^2) + c^4 - m^4 = 0\,.$$

Für $m^4 = c^4$ geht die Kurve durch O; sie heißt *Lemniskate* und hat die Form einer liegenden 8 und die Gleichung

$$(x^2 + y^2)^2 - 2\,c^2(x^2 - y^2) = 0\,.$$

In Polarkoordinaten lautet sie

$$r^2 = 2\,c^2 \cos 2\,\varphi\,.$$

12. Durch einen Punkt O eines Kreises mit dem Mittelpunkt C und dem Radius a ziehe man eine Sehne OK und trage auf ihr von K aus nach links und rechts ein Stück $KP_1 = P_2 K = l$ ab, wo l eine Konstante ist. Die Polargleichung der Punkte P_1 und P_2 für O als Anfangspunkt und OC als Polarachse lautet dann

$$r = 2\,a \cos \varphi + l,$$

die Kurve heißt eine *Pascalsche Schnecke*.

Für den besonderen Fall $l = 2\,a$ ist die Gleichung

$$r = 2\,a\,(1 + \cos \varphi),$$

die Kurve heißt *Kardioide*; sie hat eine herzförmige Gestalt.

13. Sei P ein fester Punkt eines Kreises vom Radius a. Er liege so, daß er die x-Achse in O berührt und P in O fällt. Rollt der Kreis auf der x-Achse ab, so beschreibt P eine Kurve, die *Zykloide* heißt. Wenn für irgend eine Kreislage P_1 die Lage von P und O' der momentane Berührungspunkt ist, so mißt der zum Bogen $P_1 O'$ gehörige Zentriwinkel ω den abgelaufenen Teil der Peripherie; er soll den variablen Parameter darstellen. Sind (x, y) die Koordinaten von P_1, so sind

$$x = a\,\omega - a \sin \omega, \quad y = a - a \cos \omega$$

die Kurvengleichungen. Die Kurve geht, da ω alle Werte zwischen $-\infty$ und $+\infty$ annehmen kann, nach links und rechts ins Unendliche; sie besteht aus lauter kongruenten Teilen.

14. Man kann die Gerade durch einen festen Kreis ersetzen, von dem der bewegliche Kreis $(\varrho = a)$ von außen oder innen abrollt (*Epizykloide* und *Hypozykloide*). Man stelle deren Gleichungen auf.

(Zu Kap. V, VI.) 15. Die Gleichung einer Geraden g sei gegeben; man soll den Punkt $P'(\xi', \eta')$ finden, der Spiegelbild eines Punktes P für g ist. Da $PP' \perp g$ ist und von g halbiert wird, hat man zwei Gleichungen für ξ' und η'.

16. Der Übergang von $Ax + By + C = 0$ in die Normalgleichung läßt sich für schiefwinklige Achsen $[\sphericalangle(x\,y) = \omega]$ folgendermaßen ausführen. Die Normalgleichung sei wieder

$$x \cos (n\,x) + y \cos (n\,y) - \delta = 0,$$

weiter bestehen für den Multiplikator λ zwei zu (9b) von S. 39 analoge Gleichungen. Man projiziere ODQ auf die x-Achse und y-Achse und erhält

$$x + y \cos \omega - \delta \cos (x\,n) = 0, \quad x \cos \omega + y - \delta \cos (y\,n) = 0\,.$$

Die Determinante der drei vorstehenden Gleichungen muß verschwinden; dies liefert den gesuchten Wert von λ, und zwar

$$\lambda^2 = \frac{\sin^2 \omega}{A^2 + B^2 - 2AB \cos \omega}.$$

Die Zeichenbestimmung der auftretenden Wurzel kann wie S. 39 geschehen.

17. Eine Gerade schneide die Achsen so, daß $OA + OB = a + b = $ const ist. Der Ort der Punkte P, die die Strecke AB im festen Verhältnis μ teilen, hat die Gleichung $(1 - \mu)(x + y) = a + b$.

18. In ein Dreieck ABC sei ein Rechteck $A'B'A''B''$ eingeschrieben; $A''B''$ falle in AB. Der Ort der Mittelpunkte M dieser Rechtecke ist zu finden. Man wähle AB als x-Achse, die Höhe als y-Achse, und es sei $OC = h$, $OA = p$, $OB = q$. *Man führe zunächst variable Hilfsgrößen ein;* die Koordinaten von A'' seien ξ', η', die von B'' seien ξ'', η'' (für $\eta' = \eta''$), endlich x, y die von M. Man hat dann die Gleichungen

$$\frac{\xi'}{p} + \frac{\eta'}{h} = 1, \quad \frac{\xi''}{q} + \frac{\eta''}{h} = 1, \quad 2x = \xi' + \xi'', \quad 2y = \eta' = \eta'';$$

aus ihnen ergibt sich die Gleichung des Orts in der Form

$$\frac{2x}{p + q} + \frac{2y}{h} = 1.$$

Er enthält die Mitte der Höhe und die Mitte der Grundlinie (Rechtecke der Höhe Null und der Grundlinie Null).

19. Durch einen Punkt (ξ, η) ziehe man zwei Geraden g und g', die auf den Achsen die Abschnitte a, b und a', b' bestimmen. Gesucht ist der Ort der Schnittpunkte der Geraden, deren Achsenabschnitte a, b' und a', b sind. Für ihn hat man zunächst

$$\frac{x}{a} + \frac{y}{b'} = 1 \quad \text{und} \quad \frac{x}{a'} + \frac{y}{b} = 1.$$

Zugleich ist

$$\frac{\xi}{a} + \frac{\eta}{b} = 1 \quad \text{und} \quad \frac{\xi}{a'} + \frac{\eta}{b'} = 1.$$

Aus diesen beiden Gleichungspaaren erhält man

$$x\left(\frac{1}{a} - \frac{1}{a'}\right) + y\left(\frac{1}{b'} - \frac{1}{b}\right) = 0 \quad \text{und} \quad \xi\left(\frac{1}{a} - \frac{1}{a'}\right) + \eta\left(\frac{1}{b} - \frac{1}{b'}\right) = 0,$$

woraus sich nach Anhang (4a) $x\eta + y\xi = 0$ als der gesuchte Ort ergibt.

20. Eine Gerade g ist so zu bestimmen, daß die von gewissen Punkten P_i auf sie gefällten Lote l_i, mit gewissen Konstanten m_i multipliziert, die Summe Null ergeben. Ist $x \cos \alpha + y \sin \alpha - \delta = 0$ die Gleichung von g, so wird

$$m_i l_i = m_i (x_i \cos \alpha + y_i \sin \alpha - \delta),$$

und man erhält aus $\sum m_i l_i = 0$ die Gleichung

$$x \cos \alpha \sum m_i x_i + y \sin \alpha \sum m_i y_i - \delta \sum m_i = 0$$

oder, mit Benutzung der Gleichung von g,

$$\cos \alpha \left\{ x \sum m_i - \sum m_i x_i \right\} + \sin \alpha \left\{ y \sum m_i - \sum m_i y_i \right\} = 0.$$

Die Gerade geht durch den Schnitt von

$$x \sum m_i - \sum m_i x_i = 0, \quad y \sum m_i - \sum m_i y_i = 0,$$

also durch den Punkt $x = \sum m_i x_i : \sum m_i$, $y = \sum m_i y_i : \sum m_i$. (Er stimmt mit dem Schwerpunkt der Punkte P_i überein, wenn man jedem die Maße m_i beilegt.)

21. Den Punkt zu finden, in dem eine Gerade g die Verbindungslinie zweier Punkte P', P'' schneidet. Jeder Punkt dieser Verbindungslinie wird durch

$$x = \frac{x' - \mu x''}{1 - \mu}, \quad y = \frac{y' - \mu y''}{1 - \mu}$$

dargestellt; soll er auch einer Gleichung $Ax + By + C = 0$ genügen, so ergibt sich für den gesuchten Wert μ

$$\mu = (Ax' + By' + C) : (Ax'' + By'' + C).$$

Eine Anwendung dieser Formel ist folgende: Die Gerade schneide die Seiten eines Dreiecks $P'P''P'''$ in Q_1, Q_2, Q_3; die zugehörigen Teilungsverhältnisse seien

$$\mu_1 = (P''P'''Q_1), \quad \mu_2 = (P'''P'Q_2), \quad \mu_3 = (P'P''Q_3),$$

dann ist (Satz des Menelaos) $\mu_1 \mu_2 \mu_3 = 1$ oder

$$Q_1P'' \cdot Q_2P''' \cdot Q_3P' = Q_1P''' \cdot Q_2P' \cdot Q_3P''.$$

Wie lautet der durch Dualisierung entstehende Satz (Satz des de Céva.)? Man kann diese Gleichung auf ein ebenes Polygon übertragen.

22. Die parallele Lage zweier Geraden g und g_1 ist eine affin invariante Eigenschaft, die orthogonale eine metrisch invariante. Man beweise, daß die Bedingungen (S. 40)

$$AB_1 - BA_1 = 0 \quad \text{und} \quad AA_1 + BB_1 = 0$$

beim Übergang zu neuen Achsen diese Invarianz besitzen; die erste also für die Formeln (17) von S. 30, die zweite für (14) von S. 28.

23. Man übertrage die Betrachtungen von S. 49 auf

$$N_1 \pm N_2 \pm N_3 \pm N_4 = 0.$$

24. Man erörtere (im Anschluß an Kap. V, § 4) die Bedeutung der Gleichungen

$$\lambda'G' \pm \lambda''G'' = 0, \quad \lambda''G'' \pm \lambda G = 0, \quad \lambda G \pm \lambda'G' = 0$$

für $G = 0$, $G' = 0$, $G'' = 0$ als die Geraden eines Dreiecks, ebenso von

$$\lambda G \pm \lambda'G' \pm \lambda''G'' = 0$$

und dualisiere diese Resultate.

25. Im Anschluß an den S. 62 enthaltenen Beweis des Desarguesschen Satzes ist von Plücker folgender Satz ausgesprochen worden[1]): Außer den drei in eine Gerade fallenden Schnittpunkten zweier perspektivischen Dreiecke erhält man noch weitere sechs Schnittpunkte ihrer Seiten. Verbindet man je zwei dieser sechs Punkte durch gerade Linien, so erhält man 45 neue Schnittpunkte, von denen (die drei erstgenannten mitgerechnet) 60 mal drei in gerader Linie liegen. Ein derartiges Tripel bilden z. B. die Punkte $A = 0$, $C - B' = 0$; $B = 0$, $A - C' = 0$; $C = 0$, $B - A' = 0$; die Gerade, die sie enthält, ist $A + B + C - U = 0$[2]).

(Zu Kap. VII, VIII.) 26. Sind (a, b) und (c, d) zwei harmonische Strahlenpaare und m, n die Halbierungslinien von (a, b) und (c, d), so ist

$$\cos(ab) \cos(cd) = \cos 2(mn).$$

27. Man zeige, daß die Gleichung $\alpha x x' + \beta x + \gamma x' + \delta = 0$ in der Weise für unendlich viele Wertepaare x_1, x_2 und x_1', x_2' besteht, daß $x_2 - x_1 = x_2' - x_1'$ ist. In zwei projektiven Punktreihen gibt es also unendlich viele Paare gleicher Strecken. Man zeige das gleiche dualistisch.

28. Man zeige, daß eine reelle projektive Beziehung zweier Strahlenbüschel so hergestellt werden kann, daß den Minimalgeraden des einen zwei gegebene konjugiert komplexe Strahlen des anderen entsprechen. Als Koordinate im Büschel wählt man zweckmäßig $\operatorname{tg} \varphi$.

---

[1]) Gesammelte mathematische Abhandlungen 1895, S. 161.

[2]) Für die Bezeichnungen vgl. S. 62.

29. Eine Drehung um O ist, da die Kreispunkte fest bleiben, eine Projektivität, deren Doppelstrahlen die Minimalgeraden sind; eine Projektivität im Strahlenbüschel mit konjugiert komplexen Doppelstrahlen läßt sich also (nach 28) auf eine Drehung projektiv abbilden.

30. Entspreche für eine Drehung um O dem Strahl a der Strahl a' und dem Strahl a' der Strahl a'' [so daß $\sphericalangle\,(a\,a') = (a'a'')$ ist]. Konstruiert man a_1 so, daß $(a\,a'')$ und $(a'a_1)$ zwei harmonische Paare bilden, so bilden die Paare $(a'a_1)$ eine orthogonale Involution, also eine Involution, die dieselben Doppelstrahlen hat wie die Drehung (S. 79). Man übertrage den Satz auf eine Projektivität im Strahlenbüschel.

31. Auf einer Geraden g nehme man zunächst eine Ähnlichkeit an, gegeben durch $\alpha\,x' = \beta\,x$, und weise den zu (30) dualen Satz für sie nach; man zeige also, daß die Paare $(A_1\,A')$ eine Involution bilden, die dieselben Doppelelemente hat wie die Ähnlichkeit. Durch Übertragung ergibt sich der Satz dann auch für jede Projektivität mit *reellen* Doppelelementen.

32. Seien A, B, C drei Punkte einer Geraden, weiter A', B', C' drei solche Punkte, daß
$$(CBAA') = -1, \quad (ACBB') = -1, \quad (BACC') = -1$$
ist; es ist also A', B', C' zu dem Tripel A, B, C in drei verschiedenen Anordnungen harmonisch. Man folgert daraus $(ACBB') = (ABCC')$ usw.; hieraus läßt sich zunächst weiter ableiten, daß (B, C) und (B', C') zwei Paare einer Involution mit A und A' als Doppelpunkten sind. Es ist also auch
$$(C'B'A'A) = -1, \quad (A'C'B'B) = -1, \quad (B'A'C'C) = -1\,.$$
Die Paare A, B, C und A', B', C' stehen somit in wechselseitiger Beziehung zueinander. Daraus ist endlich (geometrisch) abzuleiten, daß (AA'), (BB'), (CC') drei Paare *derselben* Involution sind.

33. In einer Projektivität auf der Geraden g — sie heiße $\mathfrak{P}$ — möge dem Punkt A der Punkt A' entsprechen; wir sagen kurz, die Punktreihe (A) sei projektiv zur Punktreihe (A'), und es werde (A) durch $\mathfrak{P}$ in (A') übergeführt. Weiter entspreche in $\mathfrak{P}$ dem Punkt A' der Punkt A'', dem A'' wieder A''' usw., dann sind außer der Punktreihe (A') auch die Punktreihen (A'') ebenso (A''') zur Punktreihe (A) projektiv; man bezeichnet diese projektiven Beziehungen durch $\mathfrak{P}^2, \mathfrak{P}^3 \ldots$; durch $\mathfrak{P}^2$ geht also A in A'' über; durch $\mathfrak{P}^3$ A in A''' usw. Dann kann es kommen, daß für ein gewisses n der Punkt $A^{(n)}$ auf A fällt; es führt also $\mathfrak{P}^n$ jeden Punkt *in sich* über. Die Projektivität $\mathfrak{P}$ heißt dann *zyklisch* und man schreibt $\mathfrak{P}^n = 1$ (*Identität*). Für $n = 2$ hat man den Fall der Involution. Wir betrachten im folgenden den Fall $n = 3$, also $\mathfrak{P}^3 = 1$. Bezeichnen wir A, A', A'' jetzt durch A, B, C, so folgt, daß die Projektivität $\mathfrak{P}$ das Punkttripel

$$ABC \text{ in } BCA, \quad BCA \text{ in } CAB, \quad CAB \text{ in } ABC$$

übergehen läßt. Sind M und N die Doppelpunkte von $\mathfrak{P}$, so ist also
$$(MABC) = (MBCA) = (MCAB) \quad \text{oder} \quad (S.\,66)$$
$$\lambda = \frac{1}{1-\lambda} = \frac{\lambda-1}{\lambda}, \quad \text{also} \quad \lambda^2 - \lambda + 1 = 0\,;$$
und analog folgt für N
$$\frac{1}{\lambda} = 1 - \lambda = \frac{\lambda}{\lambda-1}, \quad \text{also wiederum} \quad \lambda^2 - \lambda + 1 = 0\,.$$

Die beiden Dv $(MABC)$ und $(NABC)$ sind also gleich einer dritten Wurzel aus -1; M und N bilden daher mit A, B, C je eine *äquianharmonische* Punktgruppe.

34. Die vorstehende zyklische Projektivität kann (nach 29) so auf den Strahlbüschel abgebildet werden, daß den Doppelelementen M und N die Minimal-

geraden entsprechen, also die Projektivität in eine Drehung übergeht. Die einfache Figur, die sich so ergibt, besteht aus den drei Diagonalen a, b, c eines regulären Sechsecks; die Projektivität ist eine Drehung um $120°$. Man zeige, daß in dieser Abbildung sowohl (32) wie (33) realisiert ist; die dem Beispiel (32) entsprechenden Strahlen a', b', c' sind die Halbierungslinien der Winkel (ab), (bc), (ca).

35. Analytisch läßt sich das vorstehende mittels der beiden Formen

$$x_1^3 - x_2^3 = (x_1 - x_2)(x_1 - \varepsilon x_2)(x_1 - \varepsilon^2 x_2) = 0,$$
$$y_1^3 + y_2^3 = (y_1 + y_2)(y_1 + \varepsilon y_2)(y_1 + \varepsilon^2 y_2) = 0$$

darlegen; für ε als dritte Einheitswurzel. Man zeige, daß die Wurzeln (x'), (x''), (x''') und (y'), (y''), (y''') dieselbe geometrische Beziehung zueinander haben wie A, B, C und A', B', C', und daß die in (32) betrachtete Involution dieselbe ist wie die von (33), im Strahlenbüschel also die orthogonale.

Man kann die vorstehenden Gleichungen noch so transformieren, daß ihre Wurzeln sämtlich reell werden. Dazu dient die Transformation

$$\varrho x_1 = \xi + i\eta, \quad \varrho x_2 = \xi - i\eta;$$

sie führt die gegebenen Gleichungen in

$$\eta(3\xi^2 - \eta^2) = 0 \quad \text{und} \quad \xi(\xi^2 - 3\eta^2) = 0$$

über. Die Wurzeln entsprechen derjenigen Lage des Sechsecks, bei der eine Diagonale in die x-Achse fällt.

36. Ist $\mathfrak{P}$ eine zyklische Projektivität, für die $\mathfrak{P}^n = 1$ ist, so ist das $Dv\,(MNAA')$ für M und N als Doppelpunkte eine n^{te} Einheitswurzel; die Projektivität läßt sich auf die Drehung eines Strahlenbüschels um den Winkel $2\pi/n$ abbilden.

37. Da die Doppelelemente vereinigter Punktreihen Wurzeln einer quadratischen Gleichung sind, lassen sie sich mit Zirkel und Lineal konstruieren[1]; darauf läßt sich die konstruktive Lösung vieler geometrischer Aufgaben zurückführen.

Man gehe von gewissen Geraden $g, g_1, g_2 \ldots$ und gewissen Punkten $S, S_1, S_2 \ldots$ aus. Durch einen Punkt A auf g ziehe man den Strahl $a = (AS)$, er schneide g_1 in A_1, durch A_1 ziehe man $a_1 = (A_1 S_1)$ usw. $\ldots$ Durchläuft dann A die Gerade g, so beschreibt a den Büschel um S, A_1 die Punktreihe g_1, a_1 den Büschel um S_1 usw., und nach dem Satz des Pappus sind je zwei solche Gebilde projektiv; man schreibt dafür

$$g(A) \,\pi\, S(a) \,\pi\, g_1(A_1) \,\pi\, S_1(a_1) \ldots$$

Entsteht so auf g_n der Punkt A_n, ist wieder $a_n = (A_n S_n)$ und A' Schnitt von a_n und g, so ist auch $g(A) \,\pi\, g(A')$. In den Doppelpunkten von $g(A)$ und $g(A')$ fällt A mit A' zusammen. Auf diese Weise kann man z. B. folgende Aufgaben lösen: 1. Gegeben zwei n-Ecke p_n und q_n; ein n-Eck zu konstruieren, das p_n eingeschrieben und q_n umschrieben ist. 2. Ein n-Eck p_n so zu zeichnen, daß es q_n eingeschrieben und zugleich umgeschrieben ist. 3. Ein n-Eck p_n zu zeichnen, das *sich selbst* ein- und umgeschrieben ist. Für $n \geqq 9$ ist dies reell möglich.

38. Das Koordinatendreieck der Koordinaten x_i (S. 97) zerlegt die Ebene in sieben Gebiete, von denen je zwei durch das Unendliche zusammenhängen. Man nehme den Ausgangspunkt O innerhalb des Dreiecks an und bestimme die den sieben Gebieten zugehörigen Vorzeichenkombinationen der x_i. Das analoge ist für den Raum und die in ihm vorhandenen 15 Raumteile auszuführen.

39. Bestimmt man in Fig. 45 (S. 102) den Punkt E_i' so, daß (G_i, G_k) und (E_l, E_i') zwei harmonische Paare sind, so liegen die drei Punkte E_i', E_k', E' auf einer Geraden (*Harmonikale* von E für das Dreieck). Man beachte, daß E ein beliebiger Punkt der Ebene sein kann, der nicht auf dem Dreiecksumfang liegt. Der dualistisch zu bestimmende Punkt heißt *harmonischer Pol* von e für das Dreieck.

---

[1] Ein einziger gezeichnet vorliegender Kreis genügt sogar nach Steiner; vgl. Werke, herausgegeben von Weierstraß: Bd. 1, S. 461. 1881.

40. Seien $GH = 0$, $G'H' = 0$, $G''H'' = 0$ drei Geradenpaare; sie bilden dann und nur dann die drei Paare von Gegenseiten eines vollständigen Vierecks, wenn für $\lambda \gtrless 0$, $\lambda' \gtrless 0$, $\lambda'' \gtrless 0$ eine Relation $\lambda GH + \lambda'G'H' + \lambda''G''H'' \equiv 0$ besteht.

41. Sind für ein vollständiges Viereck $G = 0$, $H = 0$, $K = 0$ die Gleichungen der Seiten des Diagonaldreiecks, so haben die drei Geradenpaare die Gleichungen
$$H \pm \lambda K = 0, \quad K \pm \mu G = 0, \quad G \pm \nu H = 0,$$
und es ist $\lambda \mu \nu = 1$. Diese drei Geradenpaare werden von jeder Geraden in drei Punktepaaren einer Involution geschnitten. Ein Beweis folgt aus dem allgemeineren Satz von S. 157 über das C_2-Büschel.

(Zu Kap. IX, X.) 42. Ein rechter Winkel bewege sich so, daß der eine Schenkel durch einen festen Punkt geht, und von beiden Schenkeln auf den Achsen gleiche Stücke abgeschnitten werden. Der Scheitel beschreibt einen Kreis.

43. Seien $N_1 = 0$, $N_2 = 0$, $N_3 = 0$ die Seiten eines Dreiecks. Für welche Dreiecksformen stellen (für rechtwinklige Achsen)
$$N_1 N_2 = N_3^2 \quad \text{und} \quad N_1^2 + N_2^2 = N_3^2$$
einen Kreis dar, und welche Sätze sind hierin enthalten?

44. Seien $S = 0$, $S' = 0$ zwei sich schneidende Kreise, P ein Punkt von $S = 0$, p das Lot von P auf die gemeinsame Sehne und t die Länge der Tangente von P an $S' = 0$. Dann ist $t^2 = 2ap$.

45. Sei $S - \lambda S' = 0$ ein Büschel mit reellen Grundpunkten. Sie sind harmonisch zu jedem Punktepaar, in dem ein zum Büschel orthogonaler Kreis die Potenzlinie trifft.

46. Die Gleichungen zweier Kreise K und K' in Linienkoordinaten seien
$$\varrho^2(u^2 + v^2) - (u\alpha + v\beta + 1)^2 = 0, \quad \varrho'^2(u^2 + v^2) - (u\alpha' + v\beta' + 1)^2 = 0.$$
Für ihre gemeinsamen Tangenten gilt
$$\varrho'(\alpha u + \beta v + 1) = \pm \varrho (\alpha'u + \beta'v + 1).$$
Auf Grund dieser Gleichung zeige man, daß die Zentrale beider Kreise von den Schnittpunkten zweier Tangentenpaare im Verhältnis der Radien geteilt wird (Ähnlichkeitspunkte).

47. Alle Kreise, die sowohl einen Kreis K wie einen Kreis K_1 unter demselben Winkel schneiden, schneiden auch jeden Kreis des durch K und K_1 bestimmten Büschels unter festem Winkel, und einen davon insbesondere orthogonal.

48. Für zwei konjugierte Halbmesser a', b' einer E_2 oder H_2 ist
$$a'^2 = \pm b^2 - e^2 x^2, \quad \pm b'^2 = a^2 + e^2 x^2.$$

49. Das Produkt $r_1 r_2$ der Brennstrahlen des Punktes P ist gleich b'^2, wo b' der zu OP konjugierte Halbmesser ist.

50. Das Produkt der von den Brennpunkten auf eine Tangente der E_2 oder H_2 gefällten Lote ist $\pm b^2$; das Lot von O auf die Tangente ist $ab : b'$, wo b' dieselbe Bedeutung hat wie vorstehend.

51. Das Produkt der von einem H_2-Punkt auf die Asymptoten gefällten Lote ist konstant; das vom Brennpunkt auf eine Asymptote gefällte Lot ist gleich b.

52. Die Kreise, die durch die Scheitel A_1 und A_2 der E_2 und H_2 gehen, und deren Mittelpunkte auf der x-Achse im Abstand $\alpha = \pm e^2 : a$ von O liegen, haben in A_1 und A_2 vier zusammenfallende Punkte mit der E_2 und H_2 gemein. Für die Scheitel B_1 und B_2 der E_2 gibt es zwei analoge Kreise mit den Mittelpunkten $\beta = \mp e^2 : b$ (*Scheitelkrümmungskreise*). Sie schmiegen sich eng an die E_2 an. Zeichnet man sie, so kann man die E_2 mit den Achsen a und b in guter Annäherung mit der Hand herstellen.

53. Die Parabel $y^2 = 2px$ und der Kreis $x^2 + y^2 - 2\alpha x - 2\beta y = 0$ schneiden sich in O orthogonal; sie haben außerdem noch einen reellen gemeinsamen Punkt. Wie sind α und β zu wählen, damit sich für diesen Schnittpunkt die Gleichung $y^3 - 4ay - 8b = 0$ ergibt, bei gegebenem a und b? Dies liefert eine Auflösung der vorstehenden Gleichung dritten Grades mit Hilfe des Kreises, wenn die Parabel gezeichnet vorliegt; eine angenäherte, wenn von der Parabel eine größere Reihe von Punkten vorhanden ist. Ähnlich kann man auch eine Gleichung vierten Grades behandeln.

(Zu Kap. XI, XII.) 54. Für welche Lagen der Geraden $N_1 = 0$, $N_2 = 0$, $N_3 = 0$, $N_4 = 0$ stellen (bei rechtwinkligen Achsen)
$$N_1 N_2 = N_3^2, \quad N_1^2 + N_2^2 = N_3^2 + N_4^2$$
eine gleichseitige H_2 dar, und welche Sätze folgen daraus?

55. Man transformiere $5x^2 + 4xy + y^2 - 5x - 2y - 19 = 0$ und $3x^2 + 4xy + y^2 - 3x - 2y + 21 = 0$ auf die Hauptachsen.

56. In der Gleichung $x^2 + 2bxy + y^2 - 4x - 4y + 1 = 0$ die Konstante b so zu bestimmen, daß die Gleichung 1. ein Geradenpaar, 2. eine P_2, 3. eine gleichseitige H_2 darstellt.

57. Hat eine C_2 die Gleichung
$$a_1 x_2 x_3 + a_2 x_3 x_1 + a_3 x_1 x_2 = 0,$$
so geht sie durch die Ecken des Koordinatendreiecks, ist ihm also umschrieben; die Tangenten in seinen Ecken sind $a_i x_k + a_k x_i = 0$. Die Gerade
$$\frac{x_1}{a_1} + \frac{x_2}{a_2} + \frac{x_3}{a_3} = 0$$
enthält die Schnittpunkte der Dreiecksseiten mit den Tangenten in den gegenüberliegenden Ecken. Man zeige, daß darin ein Sonderfall des Pascalschen Satzes enthalten ist. Welche Geraden sind durch $a_i x_k - a_k x_i = 0$ gegeben, und welcher Schnittpunktssatz gilt für sie?

58. Die Formeln (19a) von S. 175 führen auf die Vermutung, daß auch die Gleichungen $\quad \varrho x_i = a_{i1} \lambda^2 + a_{i2} \lambda + a_{i3}$
eine C_2 darstellen; dies ist zu beweisen. Sonderfälle ergeben sich, wenn man in die Gleichungen (21) und (23) von S. 22 für φ den Parameter $\operatorname{tg} \tfrac{1}{2} \varphi = t$ einführt. Für den Kreis findet man so
$$\varrho x = a(1 - t^2), \quad \varrho y = 2at, \quad \varrho z = 1 + t^2.$$

59. Die Gleichung aller C_2 aufzustellen, die die (rechtwinkligen) Achsen in $x = a$, $y = b$ berühren, und für das so gebildete Büschel die Geraden, die P_2 und die gleichseitigen H_2 zu bestimmen.

60. Die Gleichung $x_1 x_2 - \lambda x_3 x_4 = 0$ bildet ein Büschel von C_2. Zwei Geradenpaare entsprechen den Werten 0 und ∞ von λ; wann gehört das dritte zum Wert $\lambda = -1$?

61. Es seien $f = 0$ und $\varphi = 0$ zwei P_2; wann stellt $f - \lambda \varphi = 0$ lauter P_2 dar?

62. Der Ort der Polaren eines Punktes P für alle C_2 eines Büschels $f - \lambda \varphi = 0$ ist ein Strahlenbüschel um den Punkt P'; diese Strahlenbüschel sind für alle Punkte zueinander projektiv. Das analoge gilt dualistisch. P und P' sind für alle C_2 des Büschels konjugierte Punkte.

63. Man bestimme das gemeinsame Polardreieck für einen Kreis $x^2 + y^2 - a^2 = 0$ und eine gleichseitige Hyperbel $xy - k^2 = 0$. Wie spezialisiert sich das Resultat im Fall der Berührung beider C_2? Ebenso behandele man die Kreise $x^2 + y^2 - z^2 = 0$ und $x^2 + y^2 - 2\alpha xz = 0$ und untersuche die Abhängigkeit der Realität vom Wert von α.

64. Sind (x), (y), (z) drei Punkte eines Dreiecks, so mögen (x'), (y'), (z') die Ecken des Dreiecks sein, das von den Polaren der drei Ausgangspunkte gebildet wird. *Beide Dreiecke liegen perspektiv;* die Geraden $(x\,x')$, $(y\,y')$, $(z\,z')$ gehen durch einen Punkt. Schreibt man die Gleichung $M = 0$ von S. 149 für zwei konjugierte Punkte ausführlicher $M(y\,z) = 0$, so ist z. B.

$$M(y\,x') = 0, \quad M(z\,x') = 0,$$

und daraus folgt, daß die Gerade $(x\,x')$ in variablen Koordinaten ξ_i

$$M(\xi\,y)\,M(x\,z) - M(\xi\,z)\,M(x\,y) = 0$$

lautet. Damit ist der Satz im wesentlichen bewiesen.

65. Man kann das Sechseck des Pascalschen Satzes auf zwei Arten in *dasselbe* Viereck mit den Tangenten in zwei Gegenecken übergehen lassen. Der so sich ergebende Gesamtsatz lautet, daß die Schnittpunkte der beiden Paare von Gegenseiten und der beiden Tangentenpaare in *dieselbe* Gerade fallen. Man zeige, daß der vorstehende Satz mit seinem dualistischen identisch wird, wenn man noch zu dem vollständigen Viereck der vier C_2-Punkte übergeht.

66. Man leite die Sätze von Kap. VI, § 5 durch kollineare Übertragung aus den metrischen Eigenschaften des Quadrats ab, indem man dem Quadrat das Vierseit oder Viereck kollinear zuordnet.

67. Man zeige, daß die kollineare Zuordnung auch durch drei Punktepaare und ein Geradenpaar (ebenso dual) bestimmt ist, aber nicht durch zwei Punktepaare und zwei Geradenpaare.

68. Welche Gleichungen bestehen für u, v und u', v' bei affinen Transformationen? Man leite damit die Gleichung der E_2 in u, v aus der Kreisgleichung ab.

69. Man leite alle Lagen ab, die es für zwei vereinigte spiegelbildlich gleiche Ebenen gibt (alle Arten von *Umlegungen*); man unterscheide sie, je nachdem ein Doppelpunkt im Endlichen vorhanden ist oder nicht, und bestimme das bezügliche Doppelpunktsdreieck (oder seine Ausartung). (Die Kreispunkte vertauschen sich gegenseitig.)

70. Was sind die allgemeinsten ähnlichen, affinen oder projektiven Bilder einer Schiebung, Drehung, Spiegelung einer Ebene?

(Zu Kap. XIII, XIV, XV.) 71. Ein Würfel um O habe die acht Ecken ± 1, ± 1, ± 1; eine seiner Diagonalen verbindet den Punkt $1, 1, 1$ mit $(-1, -1, -1)$. Durch geeignete Drehung um sie geht die x-Achse in die y-Achse, die y-Achse in die z-Achse, diese in die x-Achse über. Man zeige, daß $P(x, y, z)$ dadurch in einen Punkt $(x_1\,y_1\,z_1)$ übergeht, für den *der Größe nach*

$$x_1 = z, \quad y_1 = x, \quad z_1 = y$$

ist. Sagt man kurz, $(x\,y\,z)$ gehe in $(z\,x\,y)$ über, so entsteht aus $(z\,x\,y)$ durch Wiederholung dieser Drehung der Punkt $(y\,z\,x)$, durch nochmalige Drehung wieder $(x\,y\,z)$.

72. Ein Würfel geht durch 24 Drehungen in sich über (je drei um die acht Diagonalen); man stelle alle dadurch aus einem Punkt $(x\,y\,z)$ entstehenden Punkte auf (also außer denen des Beispiels 71 noch 21 andere).

73. Man leite die Kosinusrelationen von S. 197 in der Weise ab, daß man in die rechts stehenden Gleichungen (18) die Werte für x, y, z aus den linken Gleichungen einsetzt.

74. Man zeige, daß die Determinante der neun Kosinus (S. 197), wenn man in ihr die Diagonalglieder α, β_1, γ_2 durch $\alpha - 1$, $\beta_1 - 1$, $\gamma_2 - 1$ ersetzt, den Wert Null erhält.

75. Auf Grund davon folgt, daß den Transformationsgleichungen (18) durch Werte $x = x'$, $y = y'$, $z = z'$ genügt wird; es ist für sie

$$x : y : z = (\gamma_1 - \beta_2) : (\alpha_2 - \gamma) : (\beta - \alpha_1) \, .$$

Alle Punkte dieser Art bilden also eine Gerade. Sie hat für das xyz-System und das $x'y'z'$-System dieselben Koordinaten; durch Drehung um sie kann also das eine System in das andere übergeführt werden.

76. Man übertrage Aufgabe 1 und 2 auf den Raum; ferner bestimme man den Punkt

$$\xi = \frac{l_1 x_1 + l_2 x_2 + l_3 x_3}{l_1 + l_2 + l_3}, \quad \eta = \frac{l_1 y_1 + l_2 y_2 + l_3 y_3}{l_1 + l_2 + l_3}, \quad \zeta = \frac{l_1 z_1 + l_2 z_2 + l_3 z_3}{l_1 + l_2 + l_3}$$

und löse dieselbe Aufgabe für vier Punkte $(x_i y_i z_i)$.

77. Eine Koordinatentransformation ist so vorzunehmen, daß die Ebene $x + y + z = 0$ die neue Ebene $z' = 0$ ist. Die drei Kosinus für die z'-Achse sind damit bestimmt. Da noch eine Achse in der $x'y'$-Ebene beliebig ist, wähle man ihre Schnittlinie mit der xy-Ebene als neue x'-Achse, so daß $\cos(x'z) = 0$ ist. Die weiteren Kosinus sind zu ermitteln.

78. (Rechtwinklige Achsen.) Seien $P_i(x_i y_i z_i)$ die vier Ecken eines Tetraeders. Man zeige, daß aus der Orthogonalität zweier Paare von Gegenkanten des Tetraeders die Orthogonalität des dritten Paares folgt.

79. Man beweise, daß das sechsfache Volumen eines Tetraeders gleich dem Produkt aus den Längen zweier gegenüberliegender Kanten, ihrem kürzesten Abstand und dem Sinus des von ihnen gebildeten Winkels ist (rechtwinklige Achsen).

80. (Rechtwinklige Achsen.) Die Koordinaten des Punktes P' zu finden, der Spiegelbild von $P(\xi, \eta, \zeta)$ für eine Ebene $x \cos \alpha + y \cos \beta + z \cos \gamma - \delta = 0$ ist.

81. Zwei durch (ξ, η, ζ) gehende Geraden haben die Gleichungen

$$\frac{x - \xi}{l} = \frac{y - \eta}{m} = \frac{z - \zeta}{n} \quad \text{und} \quad \frac{x - \xi}{l'} = \frac{y - \eta}{m'} = \frac{z - \zeta}{n'} \, ;$$

die Gleichung ihrer Verbindungsebene ist aufzustellen.

82. Die Gleichungen der Geraden durch P zu finden, die zwei Gerade g_1 und g_2 schneidet.

83. Im Ebenenbüschel $E + \lambda E' = 0$ eine Ebene so zu bestimmen, daß sie von den Achsen ein Tetraeder von gegebenem Inhalt abschneidet (rechtwinklige Achsen).

84. Man beweise die metrische Invarianz für die Orthogonalitätsbedingung (27a), die affine für die Parallelitätsbedingung (26b) und die projektive für die Lagenbedingung $\varDelta \gtreqless 0$ (S. 214) von Kap. XV.

(Zu Kap. XVI.) 85. Man leite die Transformationsformeln für u, v, w für Parallelkoordinaten ab, insbesondere bei Erhaltung des Anfangspunktes.

86. Man dualisiere die Betrachtungen über drei und vier Ebenen von S. 211 ff.

87. Seien $Q_1 = 0$, $Q_2 = 0$, $Q_3 = 0$ drei Punkte, die ein Dreieck bilden, so stellen $\quad \lambda_2 Q_2 - \lambda_3 Q_3 = 0, \quad \lambda_3 Q_3 - \lambda_1 Q_1 = 0, \quad \lambda_1 Q_1 - \lambda_2 Q_2 = 0$

drei Punkte dar, die aus den Seiten durch dieselbe Ebene ausgeschnitten werden. Man übertrage die Betrachtungen von S. 49 auf die Gleichung

$$\lambda_1 Q_1 \pm \lambda_2 Q_2 \pm \lambda_3 Q_3 = 0 \, .$$

88. Man dualisiere das Vorstehende auf drei Ebenen, die eine Ecke bilden, und auf die Gleichung $\lambda_1 E_1 \pm \lambda_2 E_2 \pm \lambda_3 E_3 = 0$.

89. Sind $Q_1 = 0$, $Q_2 = 0$, $Q_3 = 0$, $Q_4 = 0$ vier Punkte eines Tetraeders, so ist zu zeigen, daß die sechs Punkte $\lambda_i Q_i - \lambda_k Q_k = 0$ durch dieselbe Ebene auf den sechs Tetraederkanten ausgeschnitten werden. Ebenso dualistisch.

90. Man deute (analog zum Beispiel 24) die Gleichung $\sum \lambda_i Q_i = 0$ für vier Punkte Q_i und die dualistische Gleichung $\sum \lambda_i E_i = 0$.

91. Haben die erzeugenden Büschel von S. 229 die Gleichungen $E + \lambda F = 0$, $E' + \lambda F = 0$, so lautet die Gleichung des erzeugten Geradenorts $(E - E') F = 0$. Man übertrage hierauf die Betrachtung von S. 81; in welcher Art perspektiver Lage befinden sich die beiden Büschel? Man dualisiere das Vorstehende.

92. Wie hat man die Gleichungen (27) von S. 227 zu deuten, damit sie eine kollineare Beziehung zweier Bündel darstellen, und welche ist es? Gibt es für die Bündelgeometrie die Begriffe der Ähnlichkeit und Affinität?

93. Für zwei spiegelbildlich gleiche Bündel stelle man (rechtwinklige Achsen) die Gleichungen für vereinigte Lage auf und bestimme die Doppelstrahlen und Doppelebenen für alle möglichen Fälle mittels $\Delta(\varrho) = 0$.

94. Das Beispiel 75 zeigt, daß es für zwei vereinigte kongruente Bündel stets einen reellen Doppelstrahl gibt; was trifft ein, wenn es mehr als einen gibt?

95. Für zwei kongruente Räume $\Re$ und $\Re'$ folgert man analog wie vorstehend, daß es im allgemeinen in $\varepsilon_\infty = \varepsilon'_\infty$ einen Doppelpunkt $P_\infty = P'_\infty$ gibt; daraus folgt die Existenz einer Doppelgeraden $u = u'$ durch diesen Doppelpunkt. Durch Drehung um u und Gleitung längs u, also auch durch *Schraubung* um u, geht $\Re$ in $\Re'$ über. Was tritt ein, wenn in ε_∞ mehr als ein Doppelpunkt vorhanden ist? Man bestimme auf gleiche Art die Doppelelemente für spiegelbildlich gleiche Räume.

(Zu Kap. XVII.) 96. Es ist zu zeigen, daß der Ausdruck $S(\xi, \eta, \zeta) = (\xi - \alpha)^2 + (\eta - \beta)^2 + (\zeta - \gamma)^2 - \varrho^2$ für jeden Punkt $P(\xi, \eta, \zeta)$, analog zum Kreis, die Potenz $PA \cdot PB$ bedeutet.

97. Man übertrage die Sätze von Kap. IX, §§ 3, 4, 5 auf die Kugel; für zwei Kugeln gibt es eine Ebene der Punkte gleicher Potenz, für drei eine Gerade, für vier einen Punkt; jeder solche Punkt ist Zentrum einer Kugel, die alle bezüglichen Kugeln orthogonal schneidet. [Der Schnittwinkel wird ebenso definiert wie für zwei Kreise (S. 111.)] Auch die Sätze über orthogonale Kreisbüschel lassen sich auf Kugelbüschel und Kugelbündel ausdehnen; ein Kugelbündel enthält alle durch $S + \lambda S' + \mu S'' = 0$ dargestellten Kugeln.

98. Man dualisiere (für Parallelkoordinaten) den Satz 3 von S. 235. Wie also einer Gleichung in x, y, z, die z nicht enthält, unendlich viele Geraden einer zylindrischen Fläche (als Punktort) genügen, so genügen auch einer Gleichung in u, v, w, die w nicht enthält, ∞^1 Geraden und die sämtlichen durch jede Gerade gehenden Ebenen. Was bilden die ∞^1 Geraden?

99. Durch welche Gleichung in Ebenenkoordinaten sind die Tangentialebenen der zylindrischen Fläche $Ax^2 + By^2 - 1 = 0$ bestimmt?

100. Seien $N_1 = 0$, $N_2 = 0$, $N_3 = 0$ die Normalgleichungen von drei Ebenen; wann stellt die Gleichung

$$N_1^2 + N_2^2 + N_3^2 = \text{const}$$

eine Kugel dar?

101. Der Ort aller Punkte, die von zwei windschiefen Geraden gleichen Abstand haben, ist ein $\mathfrak{P}_h$, für das $p = q$ ist (gleichseitig hyperbolisches $\mathfrak{P}_h$).

102. Der Ort der Punkte, die von zwei windschiefen Geraden gleiches Abstandsverhältnis besitzen, ist ein $\mathfrak{H}_2$, dessen Kreisschnitte auf je einer Erzeugenden senkrecht stehen. Für seine Konstanten ist $1/a^2 + 1/b^2 = 1/c^2$ (orthogonales $\mathfrak{H}_2$).

103. Eine Gerade bewegt sich so, daß drei ihrer Punkte auf je einer der drei (rechtwinkligen) Koordinatenebenen bleiben; alle Lagen eines beliebigen Punktes P von ihr erfüllen dann ein $\mathfrak{E}_2$.

104. Für drei zueinander senkrechte Halbmesser $\varrho, \varrho', \varrho''$ des $\mathfrak{E}_2$ besteht die Gleichung

$$\frac{1}{\varrho^2} + \frac{1}{\varrho'^2} + \frac{1}{\varrho''^2} = \frac{1}{a^2} + \frac{1}{b^2} + \frac{1}{c^2}.$$

105. Die zentrische Fläche $Ax^2 + By^2 + Cz^2 = 1$ wird durch eine Ebene geschnitten, die durch eine Hauptachse geht; man bestimme die Hauptachsen der Schnittkurve.

106. Die Gleichungen einer Kugel und eines auf die Hauptachsen bezogenen $\mathfrak{E}_2$ seien

$$\xi^2 + \eta^2 + \zeta^2 = 1, \quad \frac{x^2}{a^2} + \frac{y^2}{b^2} + \frac{z^2}{c^2} = 1.$$

Man kann das $\mathfrak{E}_2$ auf die Kugel affin abbilden durch

$$x = a\xi, \quad y = b\eta, \quad z = c\zeta.$$

Drei zueinander senkrechten Halbmessern der Kugel entspricht ein Tripel konjugierter Halbmesser a', b', c' des $\mathfrak{E}_2$. Nun seien $(\xi_i \eta_i \zeta_i)$ die drei Halbmesserendpunkte der Kugel, so ist

$$\xi_1^2 + \eta_1^2 + \zeta_1^2 = 1, \quad \xi_2^2 + \eta_2^2 + \zeta_2^2 = 1, \quad \xi_3^2 + \eta_3^2 + \zeta_3^2 = 1.$$

Hieraus soll mit Hilfe der Kosinusrelationen die Gleichung

$$a'^2 + b'^2 + c'^2 = a^2 + b^2 + c^2$$

abgeleitet werden.

107. Wenn eine Gerade sich so bewegt, daß sie beständig drei windschiefe Geraden g, h, k schneidet, erzeugt sie nach S. 226 ein $\mathfrak{H}_2$. Man leite seine Gleichung ab und wähle das Koordinatensystem folgendermaßen. Durch jede der drei Geraden kann man Ebenen legen, die den anderen beiden parallel sind; diese sechs Ebenen bilden ein Parallelepiped, und es gibt zwei Ecken von ihm, durch die keine der drei Geraden g, h, k hindurchgeht. Man nehme die Mitte des Parallelepipeds als Punkt O und nehme die Achsen den drei Kanten in einer der beiden eben genannten Ecken gleichgerichtet. Die Gleichungen von g, h, k sind dann $y = b$, $z = -c$; $z = c$, $x = -a$, $x = a$, $y = -b$, und die Gleichung des $\mathfrak{H}_2$ wird $ayz + bzx + cxy + abc = 0$.

108. (*Rotationsflächen.*) Die Achsen seien rechtwinklig; in einer Ebene durch die z-Achse denke man sich durch O eine zur z-Achse senkrechte s-Achse und eine Kurve $s = \varphi(z)$; für jeden Punkt $P(s, z)$ dieser Kurve ist also s der Abstand von der z-Achse, und daher $s^2 = x^2 + y^2$. Rotiert diese Kurve um die z-Achse, so beschreibt jeder Punkt $P(s, z)$ einen Kreis um die z-Achse, bei der sich die Koordinaten z und s der Größe nach nicht ändern. Für alle so aus P entstehenden Punkte ist daher

$$s^2 = \varphi^2(z), \quad \text{also} \quad x^2 + y^2 = \varphi^2(z),$$

und dies ist die Gleichung der Rotationsfläche.

Man behandle folgende Beispiele: 1. Den Rotationskegel, den eine durch O gehende Gerade erzeugt; 2. die F_2, die durch Rotation einer E_2, P_2, H_2 um ihre Achsen entstehen; 3. die *Ringfläche*, die durch Rotation eines Kreises um eine in seiner Ebene liegende ihn nicht schneidende Gerade (z-Achse) entsteht. Für ϱ als Kreisradius und α als x-Koordinate seines Mittelpunktes ist ihre Gleichung

$$(x^2 + y^2 + z^2 - \varrho^2)^2 - 4\alpha^2(x^2 + y^2) = 0.$$

109. Die allgemeine F_2-Gleichung stellt eine Rotationsfläche für

$$\frac{a_{11}\,a_{23} - a_{12}\,a_{13}}{a_{23}} = \frac{a_{22}\,a_{31} - a_{23}\,a_{21}}{a_{31}} = \frac{a_{33}\,a_{12} - a_{31}\,a_{32}}{a_{12}}$$

dar; wann ist $a_{23}\,y\,z + a_{31}\,z\,x + a_{12}\,x\,y + 2\,a_{14}\,x + 2\,a_{24}\,y + 2\,a_{34}\,z + a_{44} = 0$ eine Rotationsfläche?

110. Man zeige, daß der durch $a\,y\,z + b\,z\,x + c\,x\,y = 0$ (für rechtwinklige Achsen) dargestellte Kegel unendlich viele Tripel zueinander senkrechter Kanten besitzt. Was folgt daraus für ein $\mathfrak{H}_2$ mit der Gleichung $a\,y\,z + b\,z\,x + c\,x\,y + d = 0$?

111. Die Basis eines Kreiszylinders habe die Gleichungen

$$x = a\cos\varphi, \quad y = a\sin\varphi; \quad x^2 + y^2 = a^2.$$

Auf ihm bewege sich ein Punkt so, daß seine Steigung längs der z-Achse der Drehung um die z-Achse, also zum Winkel φ proportional wächst. Entspricht dem Wert $\varphi = 0$ der Wert $z = 0$, so ist $z = \lambda\,\varphi$. Die Kurve heißt *Schraubenlinie;* sie schneidet die Erzeugenden des Zylinders unter konstantem Winkel. Das Stück h, um das z wächst, wenn φ um $2\,\pi$ zunimmt, heißt *Ganghöhe;* es ist also $h = 2\,\pi\,\lambda$. Demgemäß sind

$$x = a\cos\varphi, \quad y = a\sin\varphi, \quad z = \frac{h}{2\,\pi}\,\varphi$$

die Gleichungen der Schraubenlinie.

112. Wird der Zylindermantel in eine Ebene ausgebreitet, so bleiben die Erzeugenden parallel, und es geht der erste Schraubengang (d. h. das Stück $0 \leqq \varphi \leqq 2\,\pi$) in eine Gerade über, die alle Erzeugenden wiederum unter dem Winkel φ schneidet. Sie ist Diagonale eines Rechtecks von der Grundlinie $2\,a\,\pi$ (Basiskreis) und der Höhe h (Ganghöhe); es ist also

$$\operatorname{tg}\varphi = \frac{h}{2\,a\,\pi} = \frac{\lambda}{a}.$$

Unter diesem Winkel schneidet also die Schraubenlinie in jedem Punkt P des Zylinders die durch ihn gehende Erzeugende; wir wollen die Zylindertangente in P, die ebenfalls die Erzeugende unter dem Winkel φ schneidet, die *Tangente der Schraubenlinie* nennen. Man folgert daraus folgenden Satz für die Nullebene eines Punktes E (S. 232): Sie steht senkrecht auf der Tangente der Schraubenlinie durch E, die auf dem Zylinder um die z-Achse liegt und die Ganghöhe $h = 2\,\lambda\,\pi$ besitzt. Die Ganghöhe ist also für alle in Betracht kommenden Punkte E, also für alle Schraubenlinien, dieselbe.

113. Wird in den letzten Gleichungen a als variabler Parameter u genommen, so daß

$$x = u\cos\varphi, \quad y = u\sin\varphi, \quad z = \frac{h}{2\,\pi}\,\varphi = \frac{h}{2\,\pi}\,\operatorname{arctg}\frac{y}{x}$$

wird, so ergibt sich ein Punktort, dem die sämtlichen ∞^1 Schraubenlinien angehören, die den Werten $0 \leqq u < \infty$ entsprechen; alle haben dieselbe Ganghöhe. Der Ort ist eine geradlinige Fläche. Wie die letzte Gleichung zeigt, ergibt sich für ihren Schnitt mit einer Ebene $z = \zeta$

$$\frac{y}{x} = \operatorname{tg}\frac{2\,\pi}{h}\zeta = \operatorname{tg}\varphi;$$

sie schneidet also aus der Fläche eine die z-Achse senkrecht kreuzende Gerade heraus. Diese Geraden bilden die Fläche. Sie entsteht, wenn eine der $x\,y$-Ebene parallele Gerade längs der z-Achse gleitet und sich zugleich proportional zu dieser Gleitung um die z-Achse dreht (da ζ proportional zu φ wächst). Die Fläche heißt *Schraubenfläche.*

114. Seien $1, 2, 3, 4$ vier Punkte. Die Geraden $(1\,2) = g$, $(2\,3) = h$, $(3\,4) = k$ wähle man als drei Kanten des Koordinatentetraeders; ihre Gleichungen seien $x_1 = 0$, $x_2 = 0$; $x_2 = 0$, $x_3 = 0$; $x_3 = 0$, $x_4 = 0$. Die drei projektiven Ebenenbüschel

$$x_1 - \lambda x_2 = 0, \quad x_2 - \lambda x_3 = 0, \quad x_3 - \lambda x_4 = 0$$

erzeugen in den Schnittpunkten von je drei entsprechenden Ebenen einen Punktort. Er hat die Gleichungen

$$x_1 : x_2 : x_3 : x_4 = 1 : \lambda : \lambda^2 : \lambda^3,$$

und ist der Schnitt der beiden $\mathfrak{H}_2$ $x_1 x_3 - x_2^2 = 0$ und $x_2 x_4 - x_3^2 = 0$, die beide die Gerade $(2\,3)$ gemein haben. In einer beliebigen Ebene ε liegen drei Punkte von ihm (nämlich drei gemeinsame Punkte der beiden C_2, in denen die beiden $\mathfrak{H}_2$ von ε geschnitten werden); der vierte fällt in die Gerade $(2\,3)$ (*Raumkurve dritter Ordnung*). Man folgert weiter, daß auch durch die Gleichungen

$$\varrho\, x_i = a_i + b_i \lambda + c_i \lambda^2 + d_i \lambda^3$$

eine solche Raumkurve dargestellt wird.

115. Die Gleichungen eines $\mathfrak{E}_2$ und einer durch seinen Mittelpunkt O gehenden Ebene ε seien

$$\frac{x^2}{a^2} + \frac{y^2}{b^2} + \frac{z^2}{c^2} = 1 \ (a > b > c) \quad \text{und} \quad A x + B y + C z = 0;$$

ferner seien a' und b' die Halbachsen der durch ε aus $\mathfrak{E}$ ausgeschnittenen E_2. Dann gilt die Beziehung $\quad a \geq a' \geq b \geq b' \geq c.$

Geometrisch ist dies leicht einzusehen. Bei allgemeiner Lage hat die Ebene ε mit jeder Koordinatenebene eine Gerade gemein; die E_2 enthält daher von jedem der drei Hauptschnitte zwei Punkte. Ist P ein solcher Punkt in der $x\,y$-Ebene, so ist $a \geq OP \geq b$, und ebenso folgt für einen analogen Punkt P der $y\,z$-Ebene $b \geq OP' \geq c$; und daraus ist der Satz bereits zu folgern.

Ein schärferer algebraischer Beweis ist der folgende. Sei P zunächst irgend ein Punkt der E_2 und $OP = r$, so ist $r^2 = x^2 + y^2 + z^2$, wo zugleich x, y, z den obigen Gleichungen des $\mathfrak{E}_2$ und von ε genügen. Für den Vektor r in der $x\,y$-Ebene folgt insbesondere

$$z = 0, \quad r^2 = x^2 + y^2, \quad \frac{x^2}{a^2} + \frac{y^2}{b^2} = 1, \quad \text{also}$$

$$\frac{r^2}{b^2} = \frac{x^2}{b^2} + \frac{y^2}{b^2} \geq \frac{x^2}{a^2} + \frac{y^2}{b^2} = 1; \quad r^2 \geq b^2.$$

Dies gilt für jede Lage von ε. Das *Maximum* von r^2 für alle diese Ebenen ist also sicher *nicht kleiner* als b^2 (für die $y\,z$-Ebene ist es gleich b^2). Für den Vektor r in der $y\,z$-Ebene ist analog

$$x = 0, \quad r^2 = y^2 + z^2, \quad \frac{y^2}{b^2} + \frac{z^2}{c^2} = 1,$$

woraus ebenso $r^2 \leq b^2$ gefolgert wird. Das *Minimum* von r^2 für alle Ebenen ε ist also *nicht größer* als b^2 (für die $x\,y$-Ebene ist es gleich b^2).

Setzt man $x = a\,\xi$, $y = b\,\eta$, $z = c\,\zeta$, so ergibt sich

$$\xi^2 + \eta^2 + \zeta^2 = 1, \quad r^2 = a^2 \xi^2 + b^2 \eta^2 + c^2 \zeta^2,$$

und die vorstehenden Maximum-Minimum-Resultate gelten in dem Sinn, daß sie sich auf die Werte der quadratischen Form $a^2 \xi^2 + b^2 \eta^2 + c^2 \zeta^2$ beziehen, während zugleich $\xi^2 + \eta^2 + \zeta^2 = 1$ ist. Man wird (mittels Transformation auf die Hauptachsen) leicht beweisen, daß sie analog für jede quadratische Form von x, y, z gelten, die einer zentrischen Fläche entspricht.

---

[1] Für die Abkürzungen vgl. S. 120, 136, 235, 239. Der Buchstabe B verweist auf die Beispiele, S. 288 ff.

Druck der Spamerschen Buchdruckerei in Leipzig.

Die Grundlehren der mathematischen Wissenschaften in Einzeldarstellungen mit besonderer Berücksichtigung der Anwendungsgebiete. Gemeinsam mit W. Blaschke, Hamburg, M. Born, Göttingen, C. Runge, Göttingen herausgegeben von **R. Courant**, Göttingen.

Bd. XI: **Vorlesungen über numerisches Rechnen.** Von **C. Runge**, o. Professor der Mathematik an der Universität Göttingen, und **H. König**, o. Professor der Mathematik an der Bergakademie Clausthal. Mit 13 Abbildungen. (379 S.) 1924.
16.50 Goldmark; gebunden 17.70 Goldmark

Bd. XII: **Methoden der mathematischen Physik.** Von **R. Courant**, ord. Professor der Mathematik an der Universität Göttingen, und **D. Hilbert**, Geh. Reg.-Rat, ord. Professor der Mathematik an der Universität Göttingen. Erster Band. Mit 29 Abbildungen. (463 S.) 1924.
22.50 Goldmark; gebunden 24 Goldmark

Bd. XIII: **Vorlesungen über Differenzenrechnung.** Von **Niels Erik Nörlund**, ord. Professor der Mathematik an der Universität Kopenhagen. Mit 54 Textfiguren. (560 S.) 1924.　　24 Goldmark; gebunden 25.20 Goldmark

Bd. XIV: **Elementarmathematik** vom höheren Standpunkte aus. Von **Felix Klein**. Dritte Auflage. Erster Band: Arithmetik — Algebra — Analysis. Ausgearbeitet von E. Hellinger. Für den Druck fertig gemacht und mit Zusätzen versehen von Fr. Seyfarth. Mit 125 Abbildungen. (333 S.) 1924.　　15 Goldmark; gebunden 16.50 Goldmark

Bd. XV: **Elementarmathematik** vom höheren Standpunkte aus. Von **Felix Klein**. Dritte Auflage. Zweiter Band: **Geometrie**. Ausgearbeitet von E. Hellinger. Für den Druck fertiggemacht und mit Zusätzen versehen von Fr. Seyfarth. Mit 149 Abbildungen.
Erscheint im Sommer 1925

Bd. XVI: **Elementarmathematik** vom höheren Standpunkte aus. Von **Felix Klein**. Dritte Auflage. Dritter Band: **Anwendung der Differential- und Integralrechnung auf Geometrie.**　　In Vorbereitung

Bd. XVII: **Analytische Dynamik der Punkte und starren Körper.** Mit einer Einführung in das Dreikörperproblem und mit zahlreichen Übungsaufgaben. Von **E. T. Whittaker**, Professor der Mathematik an der Universität Edinburgh. Nach der zweiten Auflage übersetzt von Dr. F. und K. Mittelsten Scheid in Marburg a. d. Lahn. (474 S.) 1924.
21 Goldmark; gebunden 22.50 Goldmark

Bd. XVIII: **Relativitätstheorie in mathematischer Behandlung.** Von **A. S. Eddington**, Plumian Professor of Astronomy and experimental Philosophy in the University of Cambridge. Autorisierte Übersetzung von Dr. Alexander Ostrowski, Privatdozent an der Universität Göttingen, und Prof. Dr. Harry Schmidt, Dozent am Friedrichs-Polytechnikum, Cöthen. Mit Zusätzen und Ergänzungen sowie mit einem Anhang: Eddingtons Theorie und Hamiltonsches Prinzip von **Albert Einstein**. (391 S.) 1925.
18 Goldmark; gebunden 19.50 Goldmark

Bd. XIX: **Aufgaben und Lehrsätze aus der Analysis.** Von **G. Pólya**, Tit. Professor an der Eidgenössischen Technischen Hochschule Zürich, und **G. Szegö**, Privatdozent an der Friedrich-Wilhelms-Universität Berlin. Erster Band: Reihen-Integralrechnung. Funktionentheorie. (354 S.) 1925.　　15 Goldmark; gebunden 16.50 Goldmark

Bd. XX: **Aufgaben und Lehrsätze aus der Analysis.** Von **G. Pólya**, Tit. Professor an der Eidgen. Technischen Hochschule Zürich und **G. Szegö**, Privatdozent an der Friedrich-Wilhelms-Universität Berlin. Zweiter Band: Funktionentheorie. Nullstellen. Polynome. Determinanten. Zahlentheorie. (417 S.) 1925.
18 Goldmark; gebunden 19.50 Goldmark